Redefiniendo la nutrición mineral

Redefiniendo la nutrición mineral

Editado por

J.A. Taylor-Pickard

L.A. Tucker

Traducción a cargo de

Dra. Martina Pérez Serrano
Personal Investigador Docente
Departamento de Producción Animal
E.T.S.I. Agrónomos
Universidad Politécnica de Madrid

y

Dr. Diego García Valencia
Departamento Técnico de Nutral, S.A.

en colaboración con

Gonzalo González Mateos
Departamento de Producción Animal
E.T.S.I. Agrónomos
Universidad Politécnica de Madrid

Editorial ACRIBIA, S.A.
ZARAGOZA (España)

Título original: Re-defining Mineral Nutrition

Editores: J.A. Taylor-Pickard and L.A. Tucker

Editorial: Nottingham University Press
Manor Farm, Main Street, Thrumpton
Nottingham NG11 0AX, United Kingdom

I.S.B.N.: 978-84-200-1158-5

www.editorialacribia.com

IMPRESO EN ESPAÑA PRINTED IN SPAIN

Depósito legal: Z-72/2018 Editorial ACRIBIA S.A. - Royo, 21 - 50006 Zaragoza (España)

Imprime: ULZAMA DIGITAL 2018

Índice de contenido

Introducción

La nutrición mineral, como otras ramas de la nutrición, ha sido poco investigada desde los años 70. En la última década, la información se ha obtenido de forma indirecta, por ejemplo, mediante el estudio y el desarrollo de las fitasas. A partir de los años 90 se produjo un incremento de la preocupación por la contaminación medioambiental generada por las granjas intensivas, particularmente en ciudades con alta densidad de polución como es el Norte de Europa o en áreas donde las condiciones geológicas aumentan el potencial contaminante de las aguas subterráneas. Estos hechos han obligado a los productores a estudiar cómo están influyendo sobre la contaminación en primer lugar respecto a la liberación de fósforo y de nitrógeno y, posteriormente, respecto a otros micronutrientes y elementos traza como cinc y cobre.

La información existente muestra que la base de las necesidades de nutrientes inorgánicos de los animales de granja, en la mayoría de los casos, se estableció hace medio siglo. Los animales utilizados entonces eran de una genética completamente diferente, con bajo potencial de crecimiento, producidos bajo sistemas menos intensivos y alimentados con dietas que en nada se parecen a las utilizadas en la actualidad. El bajo coste de los minerales inorgánicos utilizados en premezclas y en dietas completas ha dado lugar a una inversión escasa en la investigación de los elementos traza. Teniendo en cuenta estos puntos de vista, parece que la industria de piensos no está preparada para hacer cambios importantes en el suministro de minerales a reproductores y a animales con elevado ritmo de crecimiento sin sobrepasar los objetivos de contaminación establecidos. Por ello, es oportuno examinar detalladamente el estado actual de la nutrición mineral de las especies de granja dentro de un contexto comercial. Asimismo, es necesario identificar y comparar innovaciones en los minerales suministrados vía pienso que minimicen su excreción sin comprometer la productividad de los animales.

En octubre de 2004, Alltech impartió una serie de seminarios con el fin de dar a nutricionistas, veterinarios y productores una visión concisa y enfocada sobre el estado actual y futuro de la nutrición mineral de aves, porcino y rumiantes. Los objetivos clave de estos seminarios fueron examinar cómo y por qué se consumen los minerales, las necesidades comerciales, las restricciones para incluir minerales en la dieta, la legislación actual, las disposiciones futuras en cuanto a excreción de minerales y las nuevas estrategias para suministrar minerales en dosis más bajas, más naturales y con menos pérdidas. Este último punto dio lugar al título de este libro *Redefiniendo la nutrición mineral*.

Contar con una información completa sobre este tema es de gran valor para los nutricionistas y los veterinarios actuales. Los seminarios son una forma útil y eficiente de revisar la información existente, de transferir los conceptos nuevos y de tomar decisiones que permitan mejorar la productividad o disminuir la contaminación.

Los temas tratados en los seminarios especializados en nutrición patrocinados por Alltech, han generado gran interés en los sectores de la sanidad y de la producción animal de diferentes partes del mundo. Confiamos en que los lectores de este libro encuentren en él un estímulo.

Dr. Julie Taylor-Pickard
Dr. Lucy Tucker

Capítulo 1

Modelos del NRC para minerales: ¿Teníamos razón?

Gary L. Cromwell[1] y Charlotte Kirk Baer[2]

[1] *Departamento de Ciencias Animales, Universidad de Kentucky, Lexington, KY 40546, Estados Unidos*

[2] *Consejo de Agricultura y Recursos Naturales, Academia Nacional de la Ciencia, National Research Council, Suite 686 500 Fifth Street NW, Washington, DC 20001, Estados Unidos*

Los animales utilizan la energía y los nutrientes esenciales, tales como los aminoácidos, los minerales y las vitaminas, para numerosos procesos vitales que incluyen mantenimiento, crecimiento, reproducción, lactación y producción. Por ello es importante tener estimaciones exactas de las necesidades de nutrientes. Deficiencias de incluso un solo nutriente de la dieta limitarán la productividad y el bienestar. Asimismo dietas con exceso de nutrientes son costosas e incrementan la polución ambiental.

El National Research Council (NRC) desempeña un papel fundamental a la hora de establecer las necesidades nutricionales de los animales. A menudo nutricionistas de la academia y de la industria de piensos se cuestionan si las estimaciones de las necesidades de nutrientes son exactas o no. Antes de centrarnos en esta cuestión, vamos a revisar qué es el NRC y en qué se basa para establecer los requerimientos nutricionales de los animales destinados a producir alimentos, lana, trabajo y recreo.

Antecedentes del National Research Council

En contra de lo que la gente cree, el NRC no forma parte del Gobierno Federal sino que es una organización privada sin ánimo de lucro con una larga historia. El NRC se fundó en 1916 para aconsejar al Gobierno Federal de Estados Unidos en ensayos de ciencia y tecnología. El NRC es el equipo de trabajo de las Academias Nacionales, que incluyen la Academia Nacional de las Ciencias (NAS), como sociedad honorífica constituida en 1863 por el presidente Abraham Lincoln en un acto del Congreso. Los miembros son elegidos para formar parte de la academia con base en sus contribuciones científicas. El NRC tiene diez unidades mayores, una de las cuales es el Consejo de Agricultura y Recursos Naturales (BANR). El Comité de Nutrición Animal (CAN) es el comité más antiguo del BANR y del NRC. Antes de aparecer el NRC, el CAN llevaba dirigiendo ensayos sobre nutrición animal desde 1917. Las publicaciones sobre necesidades de nutrientes, escritas por los subcomités y supervisadas por el CAN, engloban a cerca de 30 especies animales destinadas a la alimentación humana, a la compañía y a la experimentación. Estas publicaciones han sido traducidas a siete idiomas y se utilizan en todo el mundo. Recientemente se han publicado revisiones sobre la historia del CAN y del NRC (CAN, 1998; Ullrey, 2001).[1]

Las primeras publicaciones sobre necesidades nutricionales, *Recommended Nutrient Allowances for Swine* y *Recommended Nutrient Allowances for Poultry*, aparecieron en 1944 (NRC, 1944a; b). Son documentos breves (la publicación sobre cerdos tenía 10 páginas) que recogen los conocimientos sobre nutrientes que se consideraban esenciales en ese momento en cerdos y aves y que contienen un listado de los requerimientos nutricionales de algunos nutrientes. Al año siguiente aparecieron publicaciones similares para vacas de carne y leche y para ovejas (NRC, 1945a; b; c). La primera publicación de este tipo para caballos se publicó cuatro años más tarde (NRC, 1949).

En 1953 las publicaciones del NRC pasaron de llamarse «Recommended Nutrient Allowances» a «Nutrient Requirements». Este fue el principal cambio en la filosofía del NRC a la hora de establecer los estándares para cada nutriente. Antes de 1953, las recomendaciones incluían factores de seguridad subjetivos que aseguraban que se cubrían las necesidades mínimas de nutrientes bajo cualquier circunstancia. En algunos casos, las recomendaciones se basaban en la experiencia práctica. A partir de 1953, los requerimientos del NRC se consideran como la concentración mínima de un nutriente de la dieta necesaria para cubrir las necesidades vitales y obtener una productividad normal.

Proceso de elaboración de las publicaciones del NRC sobre requerimientos nutricionales

La elaboración de las publicaciones del NRC sobre requerimientos nutricionales es relativamente simple pero cuidadosa, rigurosa y, en algunas ocasiones, llevó mucho tiempo. El estudio propuesto puede comenzar una vez que haya sido aprobado y que exista un entendimiento entre el patrocinador y el BANR. Los

[1] El Comité de Nutrición Animal (CAN) se disolvió a finales de 2003 debido a la falta de financiación para mantenerlo como una actividad permanente de las Academias Nacionales. Para mejorar la eficiencia del programa operativo de nutrición animal y dirigir las necesidades del soporte operativo, el programa ha sido reestructurado y las responsabilidades del CAN, incluyendo las series sobre requerimientos nutricionales, han sido asumidas por el Consejo de Agricultura y Recursos Naturales.

estudios pueden tener uno o varios patrocinadores del gobierno, del sector privado o de ambos. Dado que el NRC ofrece un servicio único, que no realizan otras organizaciones, no compete la realización de contratos federales. El NRC ofrece un servicio público financiado por los usuarios de sus productos. En el caso de las publicaciones sobre requerimientos nutricionales, el NRC produce los artículos sin beneficio económico y la *National Academy Press* los publica y difunde mundialmente sin ánimo de lucro. Esto es posible gracias al trabajo de expertos voluntarios y a la financiación de los usuarios de las publicaciones realizadas para estar a disposición de la industria, el gobierno, la investigación y la enseñanza.

El personal supervisor de la junta pertinente inicia la búsqueda de los candidatos a ser miembros del subcomité. Una vez definidas las áreas de experiencia que deberían estar representadas en el subcomité e identificados los individuos cualificados, el personal revisa literatura científica y consulta con los miembros de las National Academies, el BANR, las autoridades pertinentes y las asociaciones profesionales. Los patrocinadores pueden ofrecer sugerencias pero no son los responsables de la selección de los miembros del subcomité. Los miembros del subcomité son elegidos con base en su experiencia en varias áreas de nutrición, y después de una minuciosa revisión por parte del BANR, son designados por el presidente del NRC que también es el presidente del NAS. Los miembros del subcomité actúan de forma independiente puesto que no representan a organizaciones o grupos de interés y se eligen en función de sus antecedentes, de su experiencia en la docencia, en el gobierno o en la industria, de su buen criterio y de lo que se espera que constituya de acuerdo con la investigación unas fuentes potenciales de predisposición y conflictos de interés. Todas estas consideraciones son asuntos importantes que se tienen en consideración en la selección de los miembros del subcomité.

Un informe satisfactorio es el resultado de un proceso dinámico que requiere que los miembros del subcomité estén abiertos a nuevas ideas, a soluciones innovadoras y a aprender de otros investigadores. Los subcomités revisan objetivamente la literatura mundial, particularmente las publicaciones que hayan aparecido desde la última edición. Aunque todas las partes interesadas deberían ser escuchadas y tenidas en consideración, uno de los papeles primordiales del subcomité es separar los hechos de las opiniones. Los modelos científicos son esenciales para evaluar todos los argumentos y las alternativas. La experiencia sugiere que alcanzar el consenso y escribir una publicación que represente claramente al comité es complicado y frustrante teniendo como única recompensa haber participado en un estudio del subcomité. Muchos sectores, tales como la legislación, la investigación o la industria, por nombrar unos pocos, utilizan estos informes. Por esta razón, los informes deben ser de la mayor calidad posible. Aunque cada subcomité puede enfocar la preparación de su informe de forma independiente, cada trabajo debería ser el producto colectivo de un grupo.

Los informes deberán basarse en hechos y en análisis rigurosos. Todos los informes han de ser revisados por un panel de expertos anónimos. La revisión es un proceso paulatino que asegura la mayor calidad posible diferenciando a los sistemas del NRC de cualquier otra organización. Mientras científicos expertos revisan el trabajo, un coordinador-revisor, un monitor y el subcomité del NRC supervisan el proceso global.

Una vez que la publicación está completa, la National Academy Press la publica. La imprenta la imprime y la vende a su precio de coste esforzándose por divulgar las publicaciones a nivel mundial en la mayor medida posible.

Establecimiento de las necesidades nutricionales para porcino

El proceso para establecer las necesidades nutricionales es similar para varias especies. Sin embargo, este trabajo se centra en la última edición del *Nutrient Requirements of Swine* (1998). El subcomité para porcino se fijó en 1994 y estuvo formado por los siguientes miembros:

Dr. David H. Baker, Universidad de Illinois.
Dr. Richard C. Ewan, Universidad del Estado de Iowa.
Dr. E.T. Kornegay, Universidad Estatal e Instituto Politécnico de Virginia.
Dr. Austin J. Lewis, Universidad de Nebraska.
Dr. James E. Pettigrew, Consultora Internacional Pettigrew, Universidad de Illinois.
Dr. Norman C. Steele, Departamento de Agricultura-Servicio de Investigación Agrícola de Estados Unidos.
Dr. Philip A. Thacker, Universidad de Saskatchewan.
Dr. Gary L. Cromwell, Universidad de Kentucky (Presidente).

El subcomité inicial se reunió en 1994 bajo la dirección del Director del Programa del CAN, Charlotte Kirk Baer. En la primera reunión se incluyó al presidente del Nutrition Council Swine Committee de la Asociación Americana de la Industria de Piensos, el Dr. Kevin Halpin que hizo llegar las propuestas de los nutricionistas a las fábricas de piensos y a los suministradores de materias primas quienes, a su vez, ayudaron al subcomité a fijar los objetivos y los criterios para revisar la versión anterior. Los nutricionistas se prestaron a aportar información sobre composición de materias primas y necesidades de nutrientes siempre que el subcomité la necesitara.

En la primera reunión, el subcomité decidió utilizar un modelo para determinar las necesidades nutricionales. Pero dado que este sistema llevaría mucho tiempo, se decidió utilizarlo sólo para la energía y los aminoácidos. El subcomité repartió el trabajo y durante los meses siguientes se revisó la literatura sobre necesidades de nutrientes tanto en Norteamérica como a nivel mundial prestando especial atención a los trabajos publicados después de la última edición. El subcomité se reunió en varias ocasiones a lo largo de los dos años siguientes para recopilar información y preparar la publicación. Para determinar las necesidades de nutrientes se utilizaron tanto los datos empíricos como las relaciones matemáticas del modelo.

Modelos para porcino.
Un nuevo método para estimar las necesidades

Los modelos para estimar las necesidades nutricionales se han utilizado en numerosas ocasiones como en el caso de los subcomités de vacuno de carne en su publicación de 1996 (NRC, 1996, 2000) o el de vacuno lechero (NRC, 2001). En la actualidad, el subcomité para caballos está revisando su publicación y prevé incluir modelos.

Para ilustrar la importancia de los modelos en la estimación de las necesidades vamos a revisar algunos antecedentes que se utilizaron para diseñar los modelos para porcino. En todas las ediciones previas, la estimación de las necesidades para crecimiento se basó principalmente en rangos de peso de cerdos y en estimaciones individuales de cerdas gestantes y lactantes sin considerar las diferencias entre genéticas o los factores ambientales que se sabe que influyen sobre las necesidades de nutrientes, lo que según el comité no es aceptable en la nutrición porcina actual.

En la nueva edición se han utilizado modelos (series de ecuaciones matemáticas) que tienen en cuenta factores que se sabe que influyen sobre las necesidades de nutrientes. El modelo de crecimiento tiene en cuenta no sólo el peso vivo (PV) sino también la tasa de deposición de magro (proteína), el sexo y algunos factores ambientales. En los modelos de gestación y lactación se considera, además del PV, la ganancia de peso durante la gestación, las pérdidas de peso durante la lactación, el número de lechones de la camada, la ganancia de peso de la camada (reflejo del rendimiento de leche) y algunos factores ambientales.

Desafortunadamente, no se han encontrado modelos disponibles puesto que los propietarios guardaban celosamente las ecuaciones de los modelos comerciales utilizados en la industria porcina. Además, la mayoría de los modelos predecían la producción del animal cuando se introducían como datos ciertos niveles de nutrientes y varios factores ambientales. Los modelos del NRC son justo lo opuesto; predicen los niveles de nutrientes (resultado del modelo) necesarios para alcanzar un determinado nivel de producción bajo unas condiciones ambientales dadas (datos para el modelo). Por estos motivos, el subcomité se vio obligado a desarrollar su propio modelo.

El subcomité del NRC para porcino se basó en cinco principios para desarrollar los modelos. Los principios básicos fueron: (1) que fueran fáciles de utilizar por usuarios con diferentes niveles de experiencia en nutrición y con información limitada; (2) que fueran de relevancia en los años siguientes (por ej., hasta la siguiente edición); (3) que tuvieran una estructura sencilla y fueran fáciles de entender; (4) transparencia: que todas las ecuaciones estuvieran disponibles y (5) que estuvieran basados en datos empíricos y no en valores teóricos.

La tediosa tarea de construir los modelos y de testarlos partiendo de cero llevó al subcomité dos años. Una vez desarrollados, los modelos se testaron con las necesidades establecidas con anterioridad y con datos de trabajos recientes. Los modelos se modificaron y se ajustaron para asegurar que las estimaciones de las necesidades obtenidas estuvieran respaldadas por datos empíricos. Finalmente, los modelos se validaron con datos independientes de experimentos que no se habían utilizado en la construcción de los mismos. Para permitir comprender la base de los modelos a los nutricionistas, la publicación contiene todas las ecuaciones.

Se desarrollaron tres modelos independientes: crecimiento, gestación y lactación. El modelo de crecimiento estima las necesidades en aminoácidos de los cerdos desde el destete hasta el peso al sacrificio y los modelos de gestación y lactación estiman las necesidades en energía y en aminoácidos. Además de las necesidades de energía y aminoácidos, el programa permite estimar las necesidades de vitaminas y minerales. Los modelos se comercializan en un disco compacto (CD-ROM) de fácil manejo junto con la publicación del NRC.

Modelo de crecimiento para porcino

Aunque este libro se basa en necesidades de minerales, es apropiado realizar una breve descripción de los modelos de otros nutrientes para porcino. El modelo de crecimiento estima las necesidades de aminoácidos de cerdos de 20 a 120 kg PV sobre la base de disponibilidad de aminoácidos (absorbidos en el íleon terminal) que está basada en la absorción verdadera de los aminoácidos en el íleon terminal. Las necesidades de aminoácidos se estiman diariamente (gramos/día) y son la suma de las necesidades diarias para (1) mantenimiento y (2) deposición de proteína.

En la práctica, la lisina es el primer aminoácido limitante en las dietas para cerdos por lo que se estima en primer lugar. Las necesidades diarias de lisina para mantenimiento están relacionadas con el peso metabólico (kg de PV elevado a 0,75) y se consideran como 0,036 g de lisina por kg de $PV^{0,75}$. Asimismo se estima que las necesidades diarias de lisina para deposición de proteína son de 0,12 g de lisina digestible ileal verdadera por gramo de proteína depositada. Dicho valor engloba dos componentes: el contenido de lisina de la proteína corporal (~7,0%) y la eficiencia parcial de transformación de lisina digestible en proteína corporal (~58%) (por ej., 7,0/0,58 = 0,12).

Para utilizar esta información, es necesario conocer la tasa diaria de deposición proteica en los tejidos corporales. Dicha tasa se calcula a partir del ritmo de deposición de magro que, a su vez, se puede determinar a partir de ecuaciones que utilizan datos de las plantas de sacrificio y envasado o a partir de una ecuación basada en el peso de la canal caliente, el espesor de la grasa dorsal y el área de lomo (NPPC, 2000)[2]. En el modelo, la proteína depositada en la canal se

[2] Tejido magro libre de grasa, % = 100 × [3,899 + (0,465 × peso de la canal caliente, kg) – (3,914 × espesor de grasa dorsal a nivel de la 10ª costilla, cm) + (0,21146 × área del músculo longissimus, cm^2)]/peso de la canal caliente, kg.

calcula a partir del magro libre de grasa utilizando un factor de conversión de 2,55. Este factor se obtuvo a partir de los resultados de trabajos en los que se midieron magro y proteína en el mismo experimento. El contenido de magro de la canal se divide por 2,55 para obtener la proteína corporal. Así, un cerdo que tenga un incremento diario de magro de 325 g es de esperar que tenga un incremento diario de proteína corporal de 127 g (325/2,55 = 127).

El usuario introduce la ganancia media diaria de magro de 20 a 120 kg PV como dato y el modelo calcula la deposición diaria de proteína a un peso determinado. Este cálculo se basa en la ganancia media diaria de magro asumiendo una curva determinada de ganancia de magro (deposición de proteína).

El modelo utiliza una curva por defecto para hacer sus cálculos (Figura 1). Dicha curva asume que el ritmo diario de deposición proteica aumenta en animales jóvenes hasta que se estabiliza alcanzando una meseta y a partir de ahí disminuye durante el cebo. Cerdos con diferentes tasas de crecimiento magro siguen el mismo modelo general de deposición proteica pero las alturas de las curvas son diferentes (Figura 2). El programa permite al usuario, si lo desea, generar curvas con diferentes formas.

Una vez determinadas las necesidades diarias de lisina, los requerimientos de los otros aminoácidos se estiman utilizando un patrón de mezclas de aminoácidos. Se utiliza el concepto de «proteína ideal», el cual asume que hay un patrón ideal de aminoácidos para mantenimiento y otro para deposición de proteína. Los dos patrones se combinan en función de la proporción de lisina que se esté utilizando para mantenimiento y para deposición de proteína en una situación dada. Las necesidades diarias de aminoácidos se pasan a porcentaje dividiéndolas por el

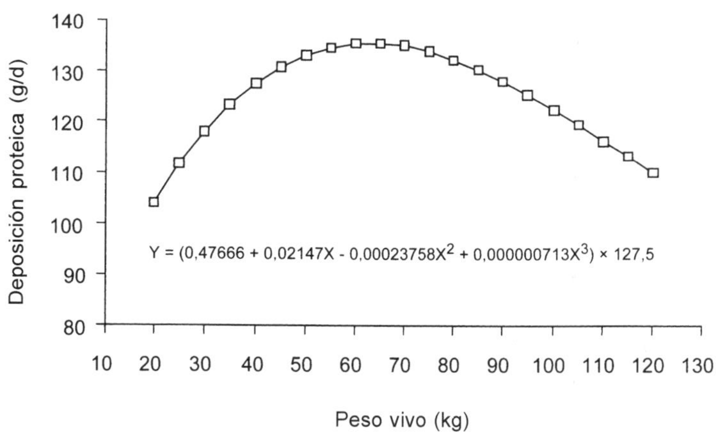

Figura 1 Ritmo potencial de deposición de proteína para cerdos de 20 a 120 kg PV con una tasa de crecimiento magro alta-media (ganancia media diaria de magro libre de grasa de 325 g) según el modelo de crecimiento del NRC (1998). El ritmo de deposición de magro de 325 g/día se convierte en un ritmo de deposición de proteína corporal medio de 127,5 g/día (325/2,55 = 127,5).

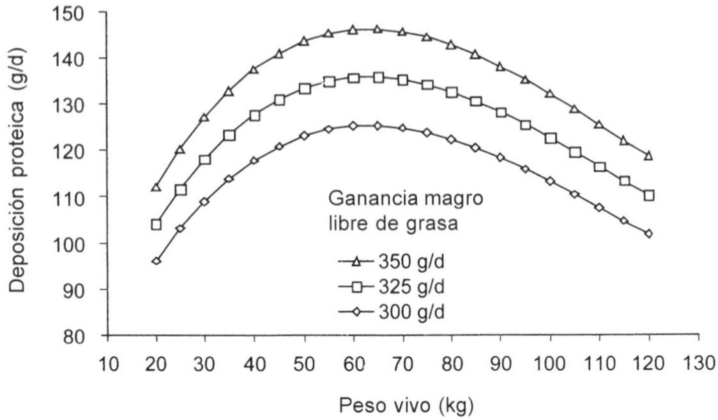

Figura 2 Ritmos de deposición de proteína para cerdos de 20 a 120 kg PV con tasas de crecimiento magro media, alta-media y alta (ganancias medias diarias de magro libre de grasa de 300, 325 y 350 g) según el modelo de crecimiento del NRC (1998).

consumo diario de pienso. Asimismo, el consumo diario de pienso se estima a partir del PV utilizando la ecuación de ingestión de energía digestible (ED) (Figura 3). Alternativamente, el consumo puede ser introducido por el usuario como un dato.

Las necesidades en aminoácidos como porcentaje de la dieta dependen del sexo (las hembras enteras y los machos enteros necesitan mayores porcentajes de aminoácidos que los castrados), de la temperatura ambiental, del espacio disponible por cerdo y de la densidad energética de la dieta. Estos factores, que se introducen como datos, afectan al consumo de energía que, a su vez, afecta a las necesidades expresadas como porcentaje de la dieta. Tanto los requerimientos de

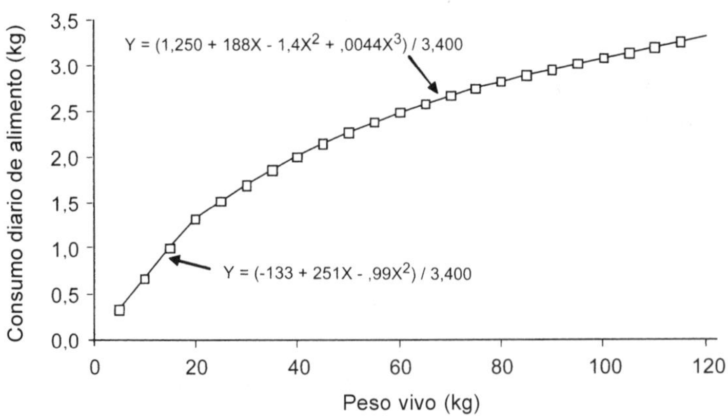

Figura 3 Consumo estimado de una dieta con 3.400 kcal ED/kg para cerdos de 3 a 120 kg PV según el modelo de crecimiento del NRC (1998).

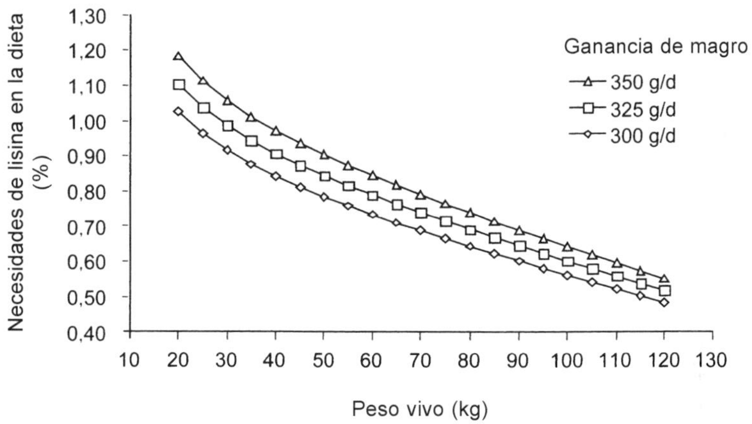

Figura 4 Necesidades de lisina en la dieta (%) en cerdos de 20 a 120 kg PV con ritmos de deposición diaria de magro libre de grasa medio, alto-medio y alto (300, 325 y 350 g) según el modelo de crecimiento del NRC (1998). Las necesidades son para lisina total con una dieta maíz-soja.

aminoácidos totales como los de aminoácidos digestibles ileales verdaderos y aparentes se pueden calcular a partir de estas ecuaciones. Los tres juegos de requerimientos se ofrecen al usuario.

El modelo para crecimiento estima efectivamente las necesidades de aminoácidos de los cerdos basándose en su capacidad genética para depositar magro. La Figura 4 muestra las necesidades de lisina como porcentaje de la dieta en cerdos de 20 a 120 kg PV (1:1 mezcla de hembras enteras y machos castrados) con ritmos de deposición diaria de magro libre de grasa medio, alto-medio y alto (300, 325 y 350 g) bajo condiciones estándar. El modelo ajusta las necesidades de lisina si se producen cambios en la proporción de sexos, la densidad energética de la dieta, la temperatura ambiental, el espacio permitido por animal u otros factores.

Las necesidades de aminoácidos de lechones (3 a 20 kg PV) se estiman únicamente a partir de datos empíricos dada la falta de información necesaria para modelizar las necesidades de la misma manera que para crecimiento-cebo. El modelo utiliza una ecuación que corresponde a una regresión curvilínea estimada a partir de las necesidades de lisina a varias categorías de peso. Los otros aminoácidos se calculan combinando modelos ideales para mantenimiento y deposición de proteína.

Modelos para gestación y lactación

Estos dos modelos son similares al modelo de crecimiento en términos de requerimientos de aminoácidos. Las necesidades diarias de aminoácidos para cerdas gestantes se basan en las necesidades de mantenimiento y de deposición de proteína corporal de la propia cerda y de los productos de la concepción (útero, fetos, tejido placentario, fluidos, etc.). Estas necesidades se estiman a partir de los datos introducidos por el usuario sobre el peso de cada raza en particular, de la ganancia de peso durante la gestación y del tamaño de la camada estimado. De forma similar, las necesidades diarias de aminoácidos para lactación se basan en las necesidades de mantenimiento, en el incremento o en las pérdidas de proteína corporal y en la producción de leche de la cerda. El modelo calcula estas necesidades a partir del peso de la cerda después del parto y del cambio de peso durante la lactación, de la duración de la lactación, del número de lechones amamantados y de la ganancia de peso diaria de los mismos (datos introducidos por el usuario).

Al igual que para crecimiento, en primer lugar se estima la lisina y después el resto de los aminoácidos a partir de la combinación de las proporciones ideales de aminoácidos para mantenimiento, deposición de proteína, síntesis de leche y movilización de proteína corporal. El modelo estima las necesidades diarias de energía

Tabla 1 Necesidades de minerales para lechones y cerdos en crecimiento y cebo alimentados *ad libitum* (90% de materia seca)[a] según el NRC (1998).

	Peso vivo (kg)					
Parámetro	***3-5***	***5-10***	***10-20***	***20-50***	***50-80***	***80-120***
Peso medio del rango, kg	4	7,5	15	35	65	100
Consumo estimado kcal ED/kg	855	1.690	3.400	6.305	8.760	10.450
Consumo estimado g pienso/día[b]	250	500	1.000	1.855	2.575	3.075
Necesidades de macrominerales				%		
Calcio[c]	0,90	0,80	0,70	0,60	0,50	0,45
Fósforo[c]	0,70	0,65	0,60	0,50	0,45	0,40
Fósforo disponible[c]	0,55	0,40	0,32	0,23	0,19	0,15
Sodio	0,25	0,20	0,15	0,10	0,10	0,10
Cloro	0,25	0,20	0,15	0,08	0,08	0,08
Magnesio	0,04	0,04	0,04	0,04	0,04	0,04
Potasio	0,30	0,28	0,26	0,23	0,19	0,17
Necesidades de microminerales[d]				*ppm*		
Cobre	6,0	6,0	5,0	4,0	3,5	3,0
Yodo	0,14	0,14	0,14	0,14	0,14	0,14
Hierro	100	100	80	60	50	40
Manganeso	4,0	4,0	3,0	2,0	2,0	2,0
Selenio	0,30	0,30	0,25	0,15	0,15	0,15
Cinc	100	100	80	60	50	50

[a] Ratio 1:1 de machos castrados y hembras enteras. Las necesidades de algunos minerales podrían ser ligeramente mayores para cerdos con alta capacidad de deposición de tejido magro (>325 g/día de tejido magro libre de grasa).

[b] Para una dieta con 3.400 kcal de ED/kg.

[c] Los porcentajes de calcio y de fósforo total y disponible deberían incrementarse en 0,05 y 0,10 unidades porcentuales cuando se trate de verracos en crecimiento y cerdas de reemplazo de 50 a 120 kg PV.

[d] No se han establecido las necesidades de cromo aunque se considera esencial.

y el consumo de pienso y, a partir de ellos, se calculan las necesidades como porcentaje de la dieta. El usuario también tiene la opción de introducir como dato el consumo diario de energía. En este caso, el modelo calcula la ganancia de peso durante la gestación o las pérdidas (o ganancias) de peso durante la lactación.

Necesidades de minerales: Cómo se estimaron

Debido a la falta de información, el subcomité no utilizó un modelo propio de minerales para estimar sus necesidades. Como resultado, todas las estimaciones se basaron en datos empíricos procedentes de trabajos experimentales. Las necesidades se estimaron para seis rangos de peso en crecimiento y cebo (Tabla 1) y para cerdas gestantes y lactantes (Tabla 2).

Tabla 2 Necesidades de minerales para gestación y lactación (90% de materia seca[a] según el NRC (1998).

Necesidades	*Dieta*		*Diarias*	
	Gestación	*Lactación*	*Gestación*	*Lactación*
Consumo estimado:				
Mcal ED/kg	6,29	17,85	6,29	17,85
kg pienso/día[b]	1,85	5,25	1,85	5,25
Macrominerales	*%*		*g/día*	
Calcio	0,75	0,75	13,9	39,4
Fósforo	0,60	0,60	11,1	31,5
Fósforo disponible	0,35	0,35	6,5	18,4
Sodio	0,15	0,20	2,8	10,5
Cloro	0,12	0,16	2,2	8,4
Magnesio	0,04	0,04	0,7	2,1
Potasio	0,20	0,20	3,7	10,5
Microminerales[c]	*ppm*		*mg/día*	
Cobre	5,00	5,00	9,3	26,3
Yodo	0,14	0,14	0,3	0,7
Hierro	80	80	148	420
Manganeso	20	20	37	105
Selenio	0,15	0,15	0,3	0,8
Cinc	50	50	93	263

[a] Las necesidades están basadas en el consumo diario de 1,85 y 5,25 kg de pienso para gestación y lactación, respectivamente. Si el consumo es menor, los porcentajes de algunos minerales en la dieta, particularmente de calcio y de fósforo, deberían incrementarse.

[b] Dieta con 3,40 Mcal de ED/kg.

[c] No se han establecido las necesidades de cromo aunque se considera esencial.

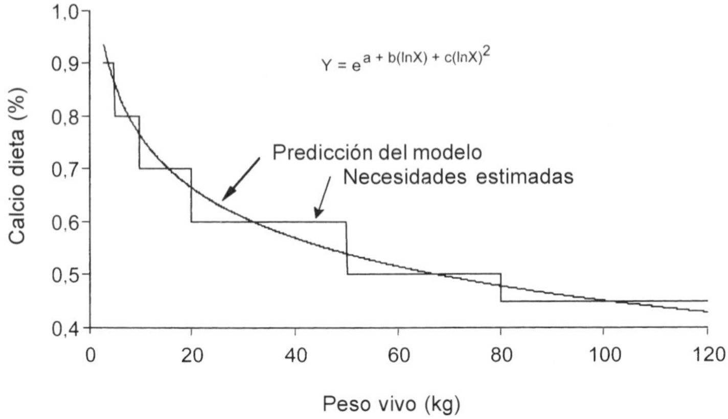

Figura 5 Necesidades de calcio en la dieta (%) en cerdos de 3 a 120 kg PV según la ecuación exponencial generalizada del modelo de crecimiento del NRC (1998).

Las estimaciones se hicieron con base en la concentración de minerales de la dieta en todos los casos. Las necesidades diarias se determinaron multiplicando la concentración del nutriente en la dieta por el consumo diario de pienso. El consumo se estimó a partir del modelo de predicción de ingestión de energía dividido entre la concentración energética de la dieta.

Se utilizaron ecuaciones matemáticas para estimar las necesidades de minerales de lechones y de cerdos en crecimiento-cebo a cualquier PV entre 3 y 120 kg. Esto se consiguió gracias al uso de ecuaciones exponenciales generalizadas para los minerales para los cuales su concentración en la dieta disminuye a medida que el cerdo aumenta de PV. Las ecuaciones tuvieron la forma general de $Y = e^z$, donde $z = a + b(\text{Ln } X) + c(\text{Ln } X)^2$ y estuvieron basadas en las necesidades estimadas para el PV medio de cada rango. La Figura 5 muestra una ecuación para las necesidades de calcio en cerdos de 3 a 120 kg PV.

Existe información suficiente para determinar las necesidades de minerales como el calcio o el fósforo. Sin embargo, no hay tanta información disponible sobre otros minerales como el sodio, el cobre, el hierro, el cinc y el selenio aunque la que existe es de calidad. Otros minerales como cloro, magnesio, potasio, manganeso y yodo se han investigado menos por lo que sus necesidades son más difíciles de establecer. Asimismo, a pesar de que el cromo se considera esencial, el subcomité no ha estimado sus necesidades dada la falta de información.

Posibilidad de modelizar las necesidades de minerales

En la actualidad la información existente sobre minerales que permita construir un modelo semejante a la que el subcomité del NRC para porcino utilizó para aminoácidos y energía es escasa. Recientemente, se han llevado a cabo ensayos en la Universidad de Kentucky para obtener información que permita modelizar las necesidades de fósforo en cerdos en crecimiento-cebo. Asimismo, se han realizado varias pruebas para estimar las necesidades de fósforo para mantenimiento (Pettey y col., 2003a; 2004a) y otras para valorar su ritmo de deposición (Pettey y col., 2003b; 2004b; c. Figura 6). Los datos indican que nuestras estimaciones de las necesidades de fósforo, basadas en la suma de necesidades de mantenimiento y de deposición en los tejidos corporales, fueron similares a las necesidades de fósforo disponible del NRC (1998), especialmente en el rango medio de peso. Los dos grupos diferían en los pesos inferiores y superiores de los cerdos, para los cuales nuestras estimaciones fueron inferiores a las del NRC (1998). Este estudio se realizó con un único genotipo por lo que han de realizarse más trabajos con otros genotipos que permitan determinar los efectos (si los

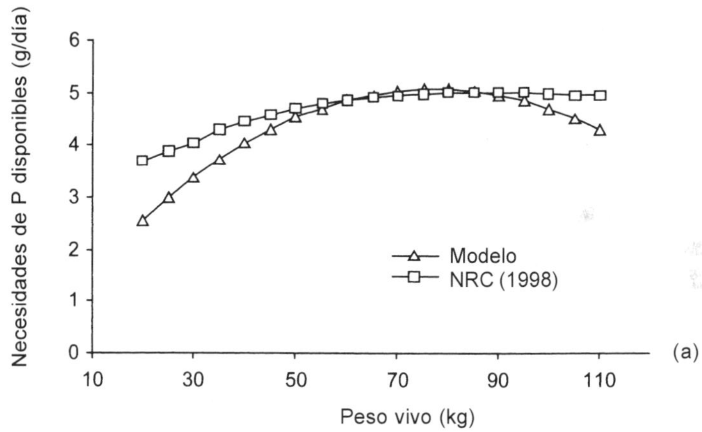

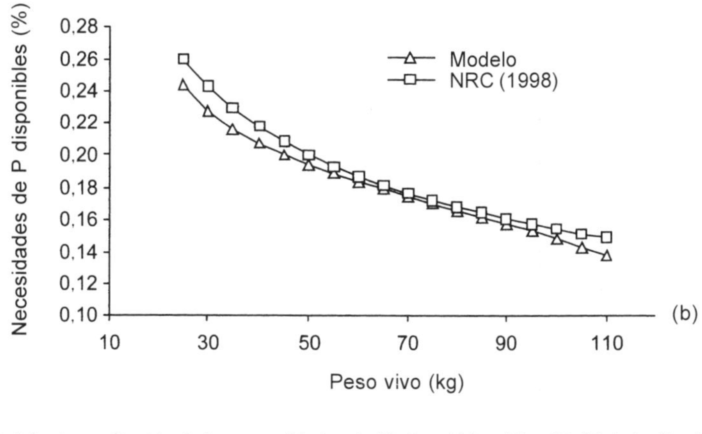

Figura 6 Modelo de predicción de las necesidades de fósforo [(a): g/día; (b): % de la dieta] de cerdos de 20 a 110 kg PV combinando las necesidades de fósforo para mantenimiento y para deposición corporal comparado con las necesidades de fósforo disponible del NRC (1998). Pettey y colaboradores (2004a; c), Universidad de Kentucky.

hubiera) del ritmo de deposición de magro o quizás de otros factores que podrían influir sobre las necesidades de fósforo.

¿Son exactas las estimaciones de necesidades de minerales?

De alguna manera, la dificultad para responder a esta pregunta depende de quién la realice. El subcomité, incluyéndome a mí mismo, debería responder: «¡sí, por supuesto que son exactas!» basándose en el elevado número de horas que se han empleado para revisar toda la literatura (533 publicaciones sobre minerales citadas en 13 páginas) y para alcanzar un consenso (lo que, en algunas ocasiones, fue muy comprometido) a la hora de fijar las necesidades. Las estimaciones son tan exactas como la cantidad y la calidad científica de los datos a partir de los cuales se han generado. Desafortunadamente, los estudios sobre necesidades de algunos minerales fueron escasos o inexistentes. Asimismo, algunos resultados eran confusos y difíciles de interpretar. Para cerdas, los datos de algunos minerales fueron incluso muy escasos. En algunos casos (como por ejemplo, el yodo), las estimaciones para cerdas se basaron en datos de cerdos en crecimiento.

Antes de responder a esta cuestión cabe recordar algunos puntos claves:

- Las necesidades del NRC son estimaciones de las necesidades nutricionales mínimas para alcanzar una productividad normal. No tienen márgenes de seguridad que consideren la variabilidad de la composición nutricional de las materias primas o la variabilidad entre animales. Estas recomendaciones no son valores inamovibles para la alimentación de cerdos o de cerdas reproductoras. Son simplemente guías que los nutricionistas en la industria y en la docencia lo pueden utilizar como punto de partida, no sólo para minerales, sino también para otros nutrientes.
- En la mayoría de los casos, las necesidades se basan en la cantidad de un nutriente que dará lugar a un crecimiento, a una eficiencia de la utilización del alimento y a un óptimo desarrollo reproductivo y de lactación. A pesar de que se sabe que niveles de calcio y fósforo superiores a los recomendados por el NRC incrementarían la mineralización y la fortaleza ósea (lo cual mejoraría la productividad a largo plazo), este aspecto no se tuvo en cuenta a la hora de estimar las necesidades de estos minerales.
- Los animales han sufrido cambios (genética, patologías, etc.), por lo que las necesidades de los cerdos de hace 20 años son diferentes a las de los cerdos actuales o a las de los cerdos de dentro de 20 años. Lo que fue exacto entonces, no lo es ahora. Pero como no hay investigaciones con cerdos actuales se utilizan los datos disponibles para estimar las necesidades.
- Las estimaciones de las necesidades han de irse modificando según vaya apareciendo nueva información. Un buen ejemplo es el caso de las necesidades de manganeso en cerdas. En la publicación del NRC (1988), las necesidades eran de 10 ppm, mientras en la de 1998 es de 20 ppm. En realidad, las necesidades

de las cerdas no se duplicaron entre 1988 y 1998. El incremento del valor de 1998 se debió simplemente a que los estudios que se realizaron durante esos 10 años aportaron información más concisa.

- Las necesidades de minerales del NRC están basadas en la concentración en la dieta, no en la cantidad diaria. Las necesidades diarias se calculan a partir del consumo de pienso estimado. En algunos casos, los animales podrían no consumir todo el alimento estimado por el modelo del NRC como en el caso de las cerdas lactantes hiperprolíficas en ambientes cálidos. En estos casos, se necesitarían mayores porcentajes de calcio y de fósforo en la dieta para cubrir las necesidades diarias de estos minerales para producción de leche.
- Niveles muy elevados de determinados minerales, tales como el cobre (100-250 ppm de cobre como sulfato de cobre o cloruro de cobre) y el cinc (1.500-3.000 ppm de cinc como óxido de cinc), mejorarán el crecimiento en lechones. Sin embargo, estas respuestas se consideran como un resultado farmacológico y no se incluyen en las estimaciones de las necesidades de estos minerales.
- La mayoría de las necesidades de minerales del NRC no tienen en cuenta su disponibilidad. La única excepción es el caso del fósforo, para el cual el NRC da necesidades de fósforo total y disponible teniendo en cuenta las estimaciones de disponibilidad de fósforo en las materias primas. Para otros minerales, las estimaciones son del nivel total. Generalmente, la disponibilidad de las formas orgánicas de los minerales es mayor que la de las inorgánicas, tales como las levaduras selenizadas (Sel-Plex®) en comparación con el selenito de sodio. Sin embargo, este aspecto no se tiene en cuenta a la hora de establecer las necesidades de nutrientes. Asimismo se conoce la mayor disponibilidad de las formas orgánicas de otros muchos minerales (tales como los minerales de Alltech Bioplex™).
- Por último, cada vez está más reconocido que determinados minerales tienen un impacto en la función inmune de los animales. En algunos casos, se sabe que deficiencias prolongadas de la mayoría de los minerales pueden comprometer dicha función. Recientemente, se ha observado que determinados microminerales tales como el cobre, el cinc, el selenio y el cromo refuerzan el estado inmunitario en cerdos y otros animales cuando se suministran niveles altos y quizás en una forma más biodisponible (orgánica). Aunque se conocía este tipo de respuesta no se tuvo en cuenta al establecer las necesidades de los minerales.

Por lo tanto, ¿son exactas las recomendaciones del NRC? La respuesta dependerá de quién haga la pregunta. Aunque algunas de las recomendaciones podrían no ser totalmente exactas, se establecieron con base en el conocimiento científico en el momento de la publicación bajo el criterio de un distinguido grupo de nutricionistas para porcino. ¿Se modificarán algunas recomendaciones en la nueva publicación? Posiblemente sí dado que se generará nueva información que permitirá al siguiente subcomité mejorar la estimación de las necesidades de determinados nutrientes. ¿Deberían utilizar todos los nutricionistas estas recomendaciones en todas las situaciones? Probablemente no. Será necesario ajustar requerimientos con base en el conocimiento y la experiencia del nutricionista en cada caso en particular.

Resumen

El NRC desempeña un papel importante a la hora de determinar las necesidades de nutrientes de animales utilizados para el consumo humano, servicios, recreo, compañía y otros fines. Es importante conocer cómo se estiman las necesidades para comprender que son los mejores estimadores en el momento de la publicación. Las necesidades cambiarán según avance la mejora genética y según vaya existiendo nueva información que permita establecer las necesidades de nutrientes de los animales bajo diferentes ambientes y estados de salud.

Publicidad

La publicación del NRC, *Nutrient Requirements of Swine* y el disco compacto que contiene los modelos pueden obtenerse en: National Academy Press, 2101 Constitution Avenue N.W., Lockbox 285, Washington, DC 20055 y en la página web de la National Academy Press, www.nap.edu. La publicación y los modelos como tal, así como el resto de publicaciones del NRC, pueden descargarse gratuitamente a través de la web en «Reading Room». Para más información, contacte con el Consejo de Agricultura y Recursos Naturales, National Research Council, Suite 686, 500 Fifth Street N.W., Washington, DC 20001.

Referencias bibliográficas

CAN (1998). The First 70 Years, 1928-1998. Committee on Animal Nutrition, National Research Council. National Academy Press, Washington, DC.

NPPC (2000). Pork Composition and Quality Assessment Procedures. National Pork Producers Council. Des Moines, IA.

NRC (1944a). Recommended Nutrient Allowances for Swine. National Research Council, National Academy of Sciences, Washington, DC.

NRC (1944b). Recommended Nutrient Allowances for Poultry. National Research Council, National Academy of Sciences, Washington, DC.

NRC (1945a). Recommended Nutrient Allowances for Beef Cattle. National Research Council, National Academy of Sciences, Washington, DC.

NRC (1945b). Recommended Nutrient Allowances for Dairy Cattle. National Research Council, National Academy of Sciences, Washington, DC.

NRC (1945c). Recommended Nutrient Allowances for Sheep. National Research Council, National Academy of Sciences, Washington, DC.

NRC (1949). Recommended Nutrient Allowances for Horses. National Research Council, National Academy of Sciences, Washington, DC.

NRC (1988). Nutrient Requirements of Swine. Novena edición revisada. National Research Council, National Academy Press, Washington, DC.

NRC (1994). Nutrient Requirements of Poultry. Novena edición revisada. National Research Council, National Academy Press, Washington, DC.

NRC (1996). Nutrient Requirements of Beef Cattle. Séptima edición revisada. National Research Council, National Academy Press, Washington, DC.

NRC (1998). Nutrient Requirements of Swine. Décima edición revisada. National Research Council, National Academy Press, Washington, DC.

NRC (2000). Nutrient Requirements of Beef Cattle. Update 2000. National Research Council, National Academy Press, Washington, DC.

NRC (2001). Nutrient Requirements of Dairy Cattle. Séptima edición revisada. National Research Council, National Academy Press, Washington, DC.

Pettey, L.A., Cromwell, G.L. and Lindemann, M.D. (2003a). Phosphorus balance in growing pigs fed semi-purified diets adequate or low in dietary phosphorus. *Journal of Animal Science* **81**(Suppl. 2): 61.

Pettey, L.A., Cromwell, G.L. and Lindemann, M.D. (2003b). Whole body composition and phosphorus accretion in growing pigs. *Journal of Animal Science* **81**(Suppl. 2): 61.

Pettey, L.A., Cromwell, G.L. and Lindemann, M.D. (2004a). Estimation of endogenous phosphorus loss in growing-finishing pigs. Abstract 179 of the *Midwestern Section Meeting of the American Society of Animal Science*, Des Moines, IA, 15-17 March, 2004. American Society of Animal Science, Savoy, IL.

Pettey, L.A., Cromwell, G.L. and Lindemann, M.D. (2004b). Prediction of phosphorus requirements utilizing phosphorus accretion in whole empty body of growing-finishing pigs. Abstract 179 of the *Midwestern Section Meeting of the American Society of Animal Science*, Des Moines, IA, 15-17 March, 2004. American Society of Animal Science, Savoy, IL.

Pettey, L.A., Cromwell, G.L. and Lindemann, M.D. (2004c). Estimation of Ca and P retention in bone, fat-free soft tissue, and other whole body and carcass components in growing-finishing pigs from 18 to 109 kg. *Journal of Animal Science* **82** (Suppl. 1): 254.

Ullrey, D.E. (2001). Scientific advances in animal nutrition. *Proceedings of a Symposium – Promise for a New Century*, December 9, Washington DC. pp. 7-12. National Academy Press, Washington DC.

Capítulo 2

Microminerales: Lo que los libros no cuentan

G.G. Mateos, R. Lázaro, J.R. Astillero y M. Pérez Serrano
Departamento de Producción Animal, Universidad Politécnica de Madrid, España

Introducción

Los elementos traza son necesarios para una producción animal eficiente pero las necesidades varían en función del tipo de animal, estadio productivo y objetivos de producción. Un problema relacionado con su estudio es que la mayor parte de las investigaciones en las cuales nos basamos hoy día para recomendar niveles de inclusión fueron realizadas hace más de 30 años por lo que probablemente no sean aplicables en producción intensiva moderna con animales más productivos. Hasta hace pocos años los microminerales se añadían a las dietas para controlar deficiencias nutricionales tales como la anemia (hierro), la paraqueratosis (cinc) y el bocio (yodo). Sin embargo, trabajos publicados en los últimos años han demostrado de forma fehaciente que cantidades adicionales de ciertos elementos traza mejoran aspectos productivos distintos de los clásicos síntomas de deficiencia. A este particular, la suplementación extra de cinc y selenio mejora el estado inmunitario y la resistencia a enfermedades y la de cromo y manganeso la calidad de la canal. De gran importancia práctica es la inclusión de niveles farmacológicos de cobre y cinc para reducir problemas digestivos y mejorar el crecimiento en lechones. Como consecuencia, numerosos elementos traza son hoy día incorporados a la dieta con una finalidad distinta a la de evitar síntomas típicos de deficiencia. Por ello, los niveles de uso en piensos son superiores a lo recomendado por instituciones científicas tales como el ARC (1981), el INRA (1989) o el NRC (1998). Sin embargo, un trabajo reciente ha puesto sobre la mesa un problema de interés; en contra de criterios preestablecidos, Peters y Mahan (2004) observaron que la suplementación mineral extra de piensos para cerdas reproductoras con base en fuentes inorgánicas no sólo no mejoraba la productividad, sino que incluso era contraproducente.

En los últimos años ha aumentado la presión legislativa para limitar la utilización de minerales y reducir la contaminación ambiental. Esta presión que afecta a numerosos países, es especialmente intensa en la Unión Europea-25. Gran parte de los oligoelementos ingeridos por las diversas especies domésticas (hasta el 99%) no es retenida y aparece en heces y orina (Mohana y Nys, 1998; Nys, 2001). La emisión de elementos traza al medio ambiente aumenta la polución, especialmente en el caso del cobre y del cinc, un problema que puede reducirse mediante la inclusión juiciosa de los minerales en la dieta (Ferket y col., 2002; Jondreville y col., 2002; Revy y col., 2003).

El objetivo de este capítulo es revisar la información disponible para conocer mejor las necesidades y el uso por el animal de las distintas fuentes minerales existentes. Una parte importante de esta información se refiere al uso de niveles farmacológicos de cobre y cinc en distintas especies, fundamentalmente lechones recién destetados. Otra parte importante trata de las interacciones existentes entre minerales y nutrientes o entre minerales entre sí que reducen la absorción y la utilización en condiciones prácticas. Esta puesta al día puede ayudar a modificar la composición actual de las premezclas de vitaminas y minerales comerciales.

Elementos traza incluidos en dietas para monogástricos

Minerales, tales como hierro, cobre, cinc, manganeso, selenio y yodo, son normalmente añadidos en las premezclas de vitaminas y minerales para aves, conejos y porcino. En numerosas situaciones las premezclas de vitaminas y minerales incorporan cobalto (razonable en el caso de los conejos) y ocasionalmente se añade molibdeno (más frecuente en el caso de rumiantes y a veces pollos). El presente estudio se va a centrar en porcino y, por ello, ofrecemos las recomendaciones de diversos centros de investigación y desarrollo sobre la composición de las premezclas de microminerales para lechones (Tabla 1), cerdos en crecimiento (Tabla 2) y cerdas lactantes (Tabla 3). Asimismo, en las Tablas 4, 5 y 6 se detalla la composición media, moda y coeficiente de variación de muestras representativas de las premezclas de vitaminas y minerales para lechones, cerdos en crecimiento-cebo y cerdas reproductoras utilizados en la Península Ibérica. Los datos han sido tomados de un total de 32 premezclas de vitaminas y minerales (28 de España y 4 de Portugal) para cada categoría de cerdos. De ellos, catorce pertenecen a empresas que comercializan premezclas de vitaminas y minerales, diez a integradores de porcino y el resto a fabricantes de venta libre de piensos. En total representan más del 55% del pienso producido en la Península Ibérica para esta especie. En general, las premezclas de vitaminas y minerales estudiadas incluyen niveles de microelementos superiores a lo recomendado por la mayoría de las instituciones y centros de investigación. Las mayores diferencias se observan para el cobre y el manganeso en cerdas y para cobalto y yodo en los tres tipos de animales. En la Tabla 7 se ofrece un estudio comparativo entre la composición de las premezclas de vitaminas y minerales para porcino según Mateos y colaboradores (2004) y la composición media de los mismos hace veinte años (Mateos,

Tabla 1 Recomendaciones sobre las necesidades en elementos traza (mg/kg de pienso) en lechones.

	INRA 1989	*NRC 1998*[a]	*Hypor 1999*	*NSU 2000*[a,b]	*Rostagno 2000*	*BSAS 2003*[d]	*KSU 2003*[c]	*Mateos y col. 2004*
Hierro	100	100	80	90-150	100	120	150	90
Cobre	10	6	10	6-15	10	6	15	8
Cinc	100	100	70	90-150	100	100	+[e]	120
Manganeso	40	4	40	3-30	30	30	36	40
Selenio	0,30	0,30	0,30	0,30	0,30	0,20	0,27	0,30
Yodo	0,60	0,14	0,50	0,15-0,50	1,00	0,20	0,27	0,60
Cobalto	0,30	–	0,25	–	0,20	0,20	–	–

[a] De 5 a 10 kg de peso vivo. [b] Universidad de Nebraska y Dakota del Sur. [c] Universidad de Kansas. [d] De 10 a 30 kg de peso vivo. [e] 2.700 ppm en forma de óxido de cinc como preventivo.

Tabla 2 Recomendaciones sobre las necesidades en elementos traza (mg/kg de pienso) en cerdos en crecimiento.

	INRA 1989	*KSU 1995*[a]	*NRC 1998*[b]	*Hypor 1999*	*NSU 2000*[a,c]	*Rostagno 2000*	*BSAS 2003*[d]	*Mateos y col. 2004*
Hierro	80	150	60	60	70-150	100	80	75
Cobre	10	15	4	10	4-15	10	6	6
Cinc	100	150	60	60	70-150	100	100	110
Manganeso	40	36	2	30	3-30	30	30	25
Selenio	0,10	0,09	0,15	0,20	0,30	0,30	0,20	0,30
Yodo	0,20	0,27	0,14	0,50	0,15-0,50	1,00	0,20	0,40
Cobalto	0,10	–	–	0,20	–	0,20	0,20	–

[a] Universidad de Kansas. [b] De 20 a 50 kg de peso vivo. [c] Universidad de Nebraska y Dakota del Sur. [d] De 30 a 60 kg de peso vivo.

Tabla 3 Recomendaciones sobre las necesidades en elementos traza (mg/kg de pienso) en cerdas lactantes.

	INRA 1989	*KSU 1997*[a]	*NRC 1998*	*Hypor 1999*	*NSU 2000*[b]	*Rostagno 2003*	*BSAS 2003*	*Mateos y col. 2004*
Hierro	80	150	80	80	80-150	100	80	70
Cobre	10	15	5	10	5-15	10	6	10
Cinc	100	150	50	50	80-150	100	80	110
Manganeso	40	36	20	40	20-40	30	20	35
Selenio	0,1	0,27	0,15	0,2	0,3	0,3	0,25	0,3
Yodo	0,6	0,27	0,14	0,75	0,15-0,5	1	0,2	0,7
Cobalto	0,1	–	–	0,15	–	0,2	0,2	–

[a] Universidad de Kansas. [b] Universidad de Nebraska y Dakota del Sur.

Tabla 4 Composición en elementos traza de los correctores para lechones fabricados en la Península Ibérica (mg/kg de pienso) (Mateos y col., 2004).

	Media[a]	*Moda*[a]	*CV, %*[a,b]	*NRC 1998*	*BSAS 2003*
Hierro	103	100	32,9	100	120
Cobre	131[c]	150[c]	36,3	6	6
Cinc	123	100	39,7	100	100
Manganeso	51	50	15,4	4	30
Selenio	0,20	0,20	38,2	0,30	0,20
Yodo	0,97	1,00	48,1	0,14	0,20
Cobalto	0,34	0,40	60,3	–	0,20

[a] Península Ibérica. [b] Coeficiente de variación. [c] Utilizado como promotor de crecimiento.

Tabla 5 Composición en elementos traza de los correctores para cerdos en crecimiento-cebo utilizados en la Península Ibérica (mg/kg de pienso) (Mateos y col., 2004).

	Media[a]	*Moda*[a]	*CV, %*[a,b]	*NRC 1998*[b]	*BSAS 2003*[c]
Hierro	94	80	35,4	60	80
Cobre	99	90	46,7	4	6
Cinc	109	110	29,6	60	100
Manganeso	46	50	18,3	2	30
Selenio	0,19	0,10	46,9	0,15	0,20
Yodo	0,77	1,00	44,2	0,14	0,20
Cobalto	0,27	0,40	61,5	–	0,20

[a] Península Ibérica. En el caso del cobre, se utilizaba como promotor de crecimiento. [b] Coeficiente de variación. [c] De 20 a 50 kg de peso vivo. [d] De 30 a 60 kg de peso vivo.

Tabla 6 Composición en elementos traza de los correctores para cerdas reproductoras utilizados en la Península Ibérica (mg/kg de pienso) (Mateos y col., 2004).

	Media[a]	*Moda*[a]	*CV, %*[a,b]	*NRC 1998*[c]	*BSAS 2003*[c]
Hierro	82	100	27,1	80	80
Cobre	16	10	63,6	5	6
Cinc	105	100	21,2	50	80
Manganeso	55	50	25	20	20
Selenio	0,22	0,20	47	0,15	0,25
Yodo	0,95	1,00	34,9	0,14	0,20
Cobalto	0,41	0,50	60,9	–	0,20

[a] Península Ibérica. [b] Coeficiente de variación. [c] Dietas de lactación.

Tabla 7 Cambios en la concentración de minerales traza utilizados en los correctores de la Península Ibérica desde 1986 a 2004.[a]

	Lechones		*Cebo*		*Cerdas*	
	1986	*2004*	*1986*	*2004*	*1986*	*2004*
Hierro	90	103	85	94	95	82
Cobre	175	131	125	99	19	16
Cinc	100	123	90	109	100	105
Manganeso	40	51	50	46	60	55
Selenio	0,18	0,20	0,16	0,19	0,19	0,22
Yodo	1,30	0,97	1,00	0,77	0,90	0,95
Cobalto	0,36	0,34	0,30	0,27	0,50	0,41
Vitamina E	15	44	10	17	12	32

[a] 12 fuentes en el año 1986 (Mateos, 1987) y 32 fuentes en el año 2004 (Mateos y col., 2004).

1987). Se observa que los niveles de cinc y selenio han aumentado en las dos últimas décadas mientras que los de cobre, yodo y cobalto han disminuido.

Hierro

El hierro es el elemento traza más abundante en el organismo animal, donde aproximadamente el 60% forma parte de la hemoglobina. El hierro es necesario en reacciones bioquímicas tales como síntesis de DNA, transporte de oxígeno y metabolismo general de los nutrientes. Su capacidad para oxidarse y reducirse hacen del hierro un elemento traza único en reacciones intracelulares de oxidación-reducción. Una deficiencia prolongada en hierro produce anemia, pérdida del apetito, letargia, aumento del índice respiratorio y muerte del animal. La deficiencia en hierro es la deficiencia más frecuente en el hombre a nivel mundial. Sin embargo, en producción ganadera la suplementación con hierro no siempre va acompañada por una mejora de los rendimientos productivos lo que indica que, en general, el suministro es superior a las necesidades. Por ejemplo, las cerdas lactantes son muy exigentes en nutrientes pero las necesidades extra de hierro son limitadas porque la leche es pobre en hierro debido a que este mineral no es capaz de atravesar la barrera de la glándula mamaria.

Los ingredientes vegetales utilizados en piensos comerciales contienen grandes cantidades de hierro, aunque su concentración y biodisponibilidad es muy variable dependiendo de la fuente y del tipo y del grado de contaminación por tierra. Los granos de cereales contienen entre 30 y 70 ppm, las semillas de leguminosas entre 60 y 100 ppm y las harinas de oleaginosas entre 200 y 400 ppm y aún más en el caso de la harina de palmiste. Los ingredientes de origen animal, excepto los derivados lácteos son buenas fuentes de hierro (Tabla 8). Además, las fuentes de cobre, caso del sulfato, contienen cantidades variables de cobre, nor-

Tabla 8 Contenido en hierro de ingredientes utilizados en fabricación de piensos (mg/kg).

Materia prima	*NRC 1998*	*INRA-AFZ 2002*	*CVB 2002*	*AINPROT 1984*	*FEDNA 2003*
Cereales					
Maíz	29	32	29	40	35
Trigo blando	60	47	51	32	55
Cebada	78	158	54	10	85
Leguminosas y semillas oleaginosas					
Guisantes	65	92	80	100	82
Altramuces	54[a]	61[b,c]	52[b]	60[b]	80[b]
Soja integral tostada	80	143	230	80	100
Harinas de oleaginosas					
Harina de girasol, 32%	254	207	313	280	280
Harina de soja, 44%	202	283	373	132	180
Harina de palmiste, 15%	–	534	611	190	480
Harina de colza, 34%	142	172	578	80	260
Productos de origen animal					
Harina de pescado, 66%	181[d]	351	359	360	300
Suero dulce, 70/12	130	10	4	10	1,5
Otras materias primas					
Gluten	460	218	169	300	260
Salvado de trigo	84	143	158	110	150
Mandioca, 65% almidón	18	15	635	700	280
Melaza de caña	68	188	157	60	190
Harina de alfalfa, 16%	333	312	712	210	300

[a] Altramuz blanco (*Lupinus albus*). [b] Altramuz azul (*Lupinus angustifolius*). [c] 24 ppm para el *Lupinus albus*. [d] Harina de arenque.

malmente superiores a 25-60 ppm. La biodisponibilidad en ratas y aves del hierro de las materias primas con respecto al sulfato de hierro utilizado como patrón varía entre el 30 y el 70% para los forrajes, es algo superior para la harina de soja y los granos de cereales y aún más elevada para las fuentes de origen animal. Las fuentes de calcio y fósforo utilizados de forma rutinaria en piensos comerciales, son ricas en hierro. Así, el NRC (1998) y FEDNA (2003) indican que el contenido en hierro varía entre 600 y 800 ppm para el carbonato cálcico y entre 1.500 y 8.000 ppm para los diversos fosfatos de calcio. Poco se sabe sobre la naturaleza de estos contaminantes ferrosos y de su disponibilidad en monogástricos. Ammerman y colaboradores (1993) observaron en pollos que la biodisponibilidad del hierro, en comparación con el hierro del sulfato patrón era del 71% para el fosfato bicálcico y del 50% para el fosfato tricálcico.

Las mayores necesidades de hierro se dan en lechones jóvenes con alta capacidad de crecimiento. En estos casos, el metabolismo está acelerado por lo que se precisa más oxígeno y, por tanto, más hierro. El hierro interviene en el proceso de elaboración del ácido clorhídrico estomacal por lo que la deficiencia reduce la digestibilidad de las proteínas, sobre todo de las de origen vegetal. Además, los tejidos del lechón recién nacido son deficientes en hierro ya que este mineral atraviesa con dificultad la barrera placentaria. Se estima que las necesidades en hierro en el lechón joven podrían estar cercanas a los 100 ppm (Rincker y col., 2004).

Numerosos estudios han intentado mejorar el estatus de hierro del lechón mediante la suplementación de los piensos de gestación con diversas fuentes de hierro. Los resultados han sido pobres, especialmente cuando se han utilizado fuentes inorgánicas (ARC, 1981). Sin embargo, la inclusión de quelatos de hierro, bien en forma de proteinatos bien de aminoácidos, en dietas para cerdas en dosis de 60 mg/kg aumentó el contenido en hierro del hígado, la formación de hemoglobina y el crecimiento de los lechones (Ashmead, 1979). Una posible explicación de estos resultados es que el hierro en forma de quelatos atraviesa mejor que el inorgánico las barreras placentaria y mamaria. También podría ocurrir que el lechón haya tenido acceso a las heces maternas ricas en hierro y pasar así, sin graves problemas, la barrera digestiva. Por ello, no todos los autores están de acuerdo en la necesidad o conveniencia de suplementar con hierro orgánico las dietas para reproductoras (Fox y col., 1997).

La importancia del hierro en relación con la inmunidad empezó a estudiarse a finales de los años 1960 y principios de los 1970 y, en general, se asociaba con estados anémicos del animal. En ratas, pollos y lechones la resistencia a la infección es menor cuando reciben dietas pobres en hierro. Por ejemplo, Osborne y Davis (1968) observaron que lechones deficientes en hierro eran más susceptibles a las endotoxinas producidas por *Escherichia coli* que lechones controles. Más recientemente numerosos autores han encontrado una asociación negativa entre el estatus del hierro y la incidencia de procesos infecciosos de forma que numerosas respuestas inmunes se alteran en caso de deficiencia en hierro (Kuvibidla y Surendra, 2002). Sin embargo, el hierro también es esencial para el crecimiento bacteriano y el exceso favorece su crecimiento. Knight y colaboradores (1983) demostraron que una inyección de hierro reducía el índice de supervivencia de pollitos infectados en laboratorio con *Clostridium perfringens* o con *Salmonella typhimurium*. Por tanto, dosis extras de hierro por encima de las necesidades podrían estimular el crecimiento bacteriano y perjudicar el estado sanitario del animal. En situaciones prácticas, una contaminación férrica crónica del agua de bebida podría contribuir a mantener la persistencia de infecciones en granja debido a *Escherichia coli*. En caso de infecciones insidiosas por bacterias coliformes es recomendable controlar tanto el nivel de hierro del pienso como su concentración en el agua de bebida. La concentración de hierro en plasma varía durante la respuesta inmunitaria de fase aguda que tiene lugar ante cualquier agresión. Así, Klasing (1984) observó una reducción del hierro y un aumento del cobre en plasma durante los procesos de inflamación. La reducción del nivel de hierro plasmático durante los procesos infecciosos puede ser un mecanismo defensivo del organismo que bloquea el hierro orgánico para evitar su utilización por bacterias patógenas.

Es bien conocida la interacción cobre e hierro en el sentido de que el exceso del primero reduce la absorción del segundo. Por tanto, la normativa europea (DOCE, 2003) que limita los niveles máximos de utilización de cobre en pienso reduce la necesidad de suplementar con hierro.

Por otra parte, el contenido en hierro del organismo animal como porcentaje del peso vivo disminuye desde los 20 hasta los 145 kg de peso vivo (Mahan y

Tabla 9 Contenido en hierro de materias primas utilizadas en la fabricación de piensos en España (mg/kg).[a]

Materia prima	*Media 1998*	*Rango 2002*	*CV, %[b] 2002*	*Número de muestras*	*FEDNA 2003*
Cereales					
Maíz	17	–	–	1	30
Trigo	37	–	–	1	45
Cebada	53	46-60	19	2	80
Leguminosas y oleaginosas					
Guisantes	84	68-116	23	5	85
Altramuz blanco	49	–	–	1	38
Altramuz azul	79	49-103	33	4	75
Harinas de oleaginosas					
Harina de girasol, 32%	227	196-282	17	5	240
Harina de soja, 44%	173	125-247	24	9	180
Harina de palmiste, 15%	307	175-796	81	9	430
Harina de colza, 34%	238	–	–	1	230
Proteínas animales					
Harina de pescado, 70%	146	–	–	1	250
Suero dulce	10	8-12	18	4	10
Otras materias primas					
Gluten feed	243	100-340	42	4	220
Salvado de trigo	124	89-150	17	7	140
Mandioca	896	–	–	1	490
Melaza de caña	159	–	–	1	180
Harina de alfalfa, 16%	255	110-789	88	8	300
Fosfato monocálcico	721	178-1.475	94	3	1.500
Fosfato bicálcico	767	269-1.707	106	3	1.800
Carbonato cálcico	742	8-1.600	109	5	560
Cloruro sódico	14	12-15	16	2	13

[a] Altramuz blanco (*Lupinus albus*). [b] Altramuz azul (*Lupinus angustifolius*).

Shields, 1998) lo que indica que las necesidades de este mineral disminuyen con la edad. Por tanto, los niveles actuales de inclusión de hierro en la premezcla de vitaminas y minerales no están justificados en cerdos en cebo y probablemente tampoco en pollos de engorde, gallinas ponedoras y conejos.

En la Tabla 9 se ofrece el contenido en hierro de diversos ingredientes de uso común en dietas para monogástricos. El valor varía en función de la fuente consultada. Para el gluten feed el rango va desde 169 ppm (CVB, 2002) a 460 ppm (NRC, 1998) a pesar de que probablemente en ambos casos el producto sea de procedencia americana. Para la harina de soja los valores varían entre 202 y 373 ppm y para el haba de soja entre 80 y 230 ppm (NRC, 1998 y CVB, 2002). Para la mandioca encontramos un rango entre 15 ppm (INRA-AFZ, 2002) y 635 ppm (CVB, 2002) e incluso 700 ppm (AINPROT, 1984). En los derivados del haba de soja, las diferencias podrían ser debidas a la distinta procedencia de las muestras analizadas; en general, las habas de origen sudamericano, especialmente las brasileñas, tienen un mayor contenido en hierro que las producidas en los Estados Unidos lo que podría deberse al diferente contenido en hierro de los suelos. Para la mandioca, la variabilidad podría explicarse por el distinto nivel de contaminación con tierra de las muestras analizadas.

En la Tabla 9 se detallan valores de hierro de diversos ingredientes de uso común en piensos comerciales según análisis realizados en España. Los valores son muy dispares pero en general, no difieren en demasía de los tabulados en FEDNA (2003). Los valores FEDNA parecen infravalorar el contenido en hierro de los cereales y la mandioca y supervalorar el de las harinas proteicas. Se precisan más análisis sobre el contenido en hierro de las fuentes de fósforo y calcio utilizados en nuestro país.

Cobre

El cobre es necesario para la actividad de numerosas enzimas relacionadas con el transporte y metabolismo del hierro, la formación del colágeno y el desarrollo armónico de los huesos, la producción de melanina y la integridad del sistema nervioso central. Sin embargo, las necesidades del animal para prevenir estas deficiencias fisiológicas son muy reducidas. En general, las gramíneas contienen menos cobre que las leguminosas y los granos más que los tallos y las hojas. Cereales, semillas de leguminosas y derivados lácteos son pobres en cobre (2 a 10 ppm) mientras que las harinas oleaginosas son fuentes aceptables (15 a 30 ppm) (Tabla 9). Un problema adicional es que la biodisponibilidad del cobre en los ingredientes de origen vegetal es sólo del 50% en relación con los ingredientes de origen animal, aunque el cobre de los granos de cereales es hasta diez veces más disponible que el de los forrajes. A menudo olvidado, pero no por ello falto de interés, es la contribución del cobre de cañerías, utensilios y equipos para satisfacer las necesidades en animales en intensivo. Aunque la deficiencia en cobre no sea frecuente en monogástricos es preciso suplementar los piensos con pequeñas

Tabla 10 Contenido en cobre de ingredientes utilizados en fabricación de piensos (mg/kg).

Materia prima	*NRC 1998*	*INRA-AFZ 2002*	*CVB 2002*	*AINPROT 1984*	*FEDNA 2003*
Cereales					
Maíz	3	2	1	3	3
Trigo blando	7	5	3	8	6
Cebada 2C	7	9	4	6	7
Leguminosas y semillas oleaginosas					
Guisantes	9	7	7	12	8
Altramuces	6[a]	5[b]	5[b]	4[b]	4[b]
Soja integral tostada	16	34	12	16	17
Harinas de oleaginosas					
Harina de girasol, 32%	26	62	36	25	33
Harina de soja, 44%	20	18	8	14	19
Harina de palmiste, 15%	–	21	23	42	28
Harina de colza, 34%	6	7	7	5	7
Productos de origen animal					
Harina de pescado, 66%	6	7	6	16	8
Suero dulce, 70/12	13	2	1	4	3
Otras materias primas					
Gluten feed	48	5	5	4	8
Salvado de trigo	10	17	10	10	13
Mandioca, 65% almidón	4	4	3	4	5
Melaza de caña	17	29	6	22	19
Harina de alfalfa, 16%	10	5	9	7	15

[a] Altramuz blanco (*Lupinus albus*). [b] Altramuz azul (*Lupinus angustifolius*).

cantidades (5 a 15 ppm según especie) a través de la premezcla de vitaminas y minerales. Estudios realizados en el Reino Unido en la década de los años 60 con ganado porcino, indican que la inclusión de 250 ppm de cobre en forma de sulfato mejora las ganancias de peso en torno al 8% y el índice de conversión en torno al 5,5% en comparación con cerdos control (Braude, 1980). Por ello, numerosos productores incluyen niveles farmacológicos de cobre en la dieta (125 a 250 ppm) para mejorar la salud y los parámetros productivos en lechones y en cerdos en crecimiento-cebo (Barber y col., 1955, 1957; Davis y col., 2002).

Efectos similares, aunque probablemente de menor magnitud, han sido observados en pollos (Pesti y Bakalli, 1996; Ewing y col., 1998; Nilipour y col., 1999), pavos (Guenthner y col., 1978) y conejos (Mateos y De Blas, 1998). La revisión bibliográfica de Nys (2001) indica que aportes de 100 a 240 mg cobre/kg de pienso tienden a incrementar las ganancias de peso en pollos en un rango comprendido entre 0 y 6,6%, valores inferiores a los observados para porcino. De hecho, dosis superiores a las 200 ppm redujeron el consumo y la productividad en varios ensayos. En cualquier caso, la utilización de altas dosis de cobre en estas especies está prohibida en la Unión Europea-25.

Las razones del efecto beneficioso del cobre sobre el crecimiento y la productividad de los cerdos (y otras especies) no es conocido pero el cobre podría contribuir al menos mediante cuatro mecanismos diferentes: 1) agente antimicrobiano; 2) mejora de la digestibilidad de ciertos nutrientes; 3) mejora de la respuesta inmune; y 4) protección de las células contra la oxidación y los daños producidos por los radicales libres. El efecto estimulante del cobre va unido a un mayor consumo de pienso, lo que indica que su mecanismo de acción podría ser similar al observado para los promotores de crecimiento de tipo antibiótico (Johnson y col., 1985; Zhou y col., 1994a). De hecho niveles altos de cobre en el pienso son más eficaces en lechones post-destete en situaciones precarias de manejo y con pobre estatus sanitario que en cerdos en cebo bajo sistemas de crianza adecuados (Bradley y col., 1983). Zhou y colaboradores (1994b) observaron que inyecciones intravenosas de cobre también estimulaban el crecimiento de los lechones, lo que parece indicar que el modo de acción del cobre podría ser doble y que la acción sistémica podría complementar la acción antimicrobiana directa. Este mecanismo sistémico podría explicar los beneficios que se obtienen al sustituir el cobre inorgánico de la dieta por fuentes orgánicas (Carlson, 2004). La respuesta de los lechones a niveles farmacológicos de cobre parece ser independiente de la presencia de antibióticos (Cromwell y col., 1998; Hill y col., 2001) pero no de altos niveles de cinc en la dieta (Smith y col., 1997; Hill y col., 2000; Vieira y Shigueru, 2003). Hill y colaboradores (2000) indicaron que tanto el cobre a 250 ppm como el cinc a 3.000 ppm reducían la incidencia de diarreas y mejoraban el crecimiento del lechón. Sin embargo, los efectos de la combinación de 250 ppm de cobre en forma de sulfato y de 3.000 ppm de cinc como óxido no fueron aditivos (Tabla 11). En aves, Nys (2001) indicó que el efecto positivo del cobre sobre el crecimiento podría deberse a su acción antimicrobiana o a un aumento

Tabla 11 Productividad en lechones alimentados con dietas con alta concentración de cinc y (o) cobre (Hill y col., 2000).[a]

Item		*Dieta*			*EEM*[b]
Cinc, ppm	125	3.125	125	3.125	
Cobre, ppm	12	12	262	262	
Ganancia de peso, g/día[c,d,e]	375	422	409	415	4,7
Consumo de pienso, g/dic[e]	637	690	671	681	7,9
Índice de conversión, g/g[c,d,e]	586	611	611	612	4,7

[a] De 22 a 50 días de edad. [b] Error estándar de la media. [c] Aporte de cinc ($P < 0,01$). [d] Aporte de cobre ($P < 0,01$). [e] Interacción cinc × cobre ($P < 0,01$).

de la secreción de neuropéptidos activos. Xia y colaboradores (2004) observaron que la utilización de montmorillonita (arcilla del tipo alumino-silicato) enriquecida con cobre reducía el número de *Escherichia coli* y *Clostridium* ssp. en intestino delgado y ciego de pollos de engorde.

El cobre se utiliza en numerosos países vía agua en forma de sulfato para el tratamiento fúngico y el control de microorganismos en aves de carne y puesta (Stewart y col., 1977; Applegate y col., 2004). Diversos trabajos de campo han demostrado que la suplementación extra con cobre reduce la incidencia de micosis en el buche de los pollos y de ruptura de aorta en pavos (Applegate y col., 2004; Shivaprasad, 2004). En Estados Unidos se suele añadir sulfato de cobre al agua de bebida durante cinco o más días en la fase de crecimiento de pollos y pavos y periódicamente en ponedoras (Ward y col., 1994). En porcino, niveles altos de cobre reducen el olor de las heces disminuyendo el impacto ambiental de las explotaciones (Armstrong y col., 2000) lo que podría deberse a un mejor control de la población microbiana presente en el intestino (McDowell, 2003). Por otra parte, la suplementación con cobre a niveles farmacológicos (en torno a 250 ppm) en gallinas ponedoras y pollos de carne durante periodos largos reducen de forma significativa el nivel de colesterol en plasma, músculo y yema de huevo (Bakalli y col., 1995; Ankari y col., 1998). Ankari y colaboradores (1998) indicaron que la suplementación con 50 a 250 mg/kg de cobre reducía la cantidad de triglicéridos de la yema hasta en un 30% y la del colesterol hasta en un 14%. Sin embargo, altos niveles de cobre reducen la productividad y empeoran la puesta y los índices de conversión (Stevenson y Jackson, 1981; Nys, 2001). Dove (1995) observó que la suplementación de las dietas de lechones con cobre mejoraba de forma significativa la utilización de la grasa animal cuya digestibilidad pasó de un 75,6% a un 85,1%. En gallos cecotomizados, Oayagi y Baker (1995) también observaron que niveles farmacológicos de cobre mejoraban el contenido en energía metabolizable de los piensos y la digestibilidad de la materia seca y de la fracción hemicelulosa, lo que podría explicar parte de sus efectos beneficiosos.

El cobre regula la actividad de numerosas enzimas con carácter antioxidante y facilita o potencia la respuesta inmunológica del animal ante una agresión (Strain, 1994). La acción protectora del cobre en los tejidos corporales contra el estrés de la oxidación tiene lugar al menos mediante dos vías; una relacionada con el metabolismo del hierro y otra como componente de la enzima superóxido dismutasa. La actividad de la catalasa hepática, enzima que contiene grupos hemos ricos en hierro, disminuye en casos de deficiencia en cobre. Se han observado niveles elevados de ceruloplasmina, enzima que contiene cobre, en pollos tras sufrir una infección por *Salmonella* spp., y *Escherichia coli*. También, el cobre a través de la superóxido dismutasa, enzima que contiene cinc, manganeso o cobre, está relacionado con los fenómenos de fagocitosis y puede influir sobre la acción de neutrófilos y macrófagos. Sin embargo, Kornegay y colaboradores (1989) no observaron influencia alguna de la inclusión de 200 ppm de cobre sobre el estatus inmunitario de los lechones.

El cobre es un metal de transición y, como tal, es muy eficiente catalizando reacciones de oxidación-reducción. El cobre ionizado favorece la oxidación de los lípidos y de las vitaminas liposolubles de la dieta, lo que puede afectar a la palatabilidad y a la calidad general del pienso, reduciendo el consumo y el rendimiento productivo del animal. La inclusión de sulfato de cobre en partículas finas da lugar a índices de oxidación de la grasa dietética superior a los que se obtienen con la inclusión de sulfato de cobre grosero (Miles y col., 1998). Ciertas vitaminas son muy susceptibles a la degradación durante el almacenaje y al proceso de fabricación del pienso en presencia de sulfato de cobre. La suplementación de la dieta con 250 ppm de cobre como sulfato de cobre aumentó la velocidad de degradación del tocoferol presente en ingredientes naturales (Dove y Ewan, 1990) o adicionado como acetato de DL-α-tocoferol (Dove y Ewan, 1991). Por contra, dentro del organismo, el cobre actúa como cofactor de las enzimas superóxido dismutasa y ceruloplasmina, complejos que protegen los ácidos grasos poliinsaturados presentes en las membranas celulares de la acción de los radicales de oxígeno libre. Por tanto, la influencia del cobre sobre los procesos oxidativos es diferente según el cobre se encuentre en forma libre en el pienso o en forma de complejo orgánico dentro del organismo (Strain, 1994; Jondreville y col., 2002; Applegate y col., 2004).

El exceso de cobre crea problemas a varios niveles y los efectos son más evidentes en aves que en cerdos. Así, dosis farmacológicas (250 a 500 ppm) bien por vía pienso o vía pienso y agua en combinación, reducen el consumo y la productividad en pollos, pavos y ponedoras (NRC, 1980; Ward y col., 1994, 1995; Chiou y col., 1997, 1998; Ankari y col., 1998; Miles y col., 1998). Además, aumentan el número y la gravedad de las lesiones de la cavidad bucal (Smith y col., 1998) y de la capa protectora interna de la molleja (Poupolis y Jensen, 1976) así como la incidencia de proventriculitis (Bayyari y col., 1995; Wideman y col., 1996). En pavos, Zubair y colaboradores (1996) y Leeson y colaboradores (1997) han observado que el exceso de cobre modifica el modelo de fermentación en ciego y aumenta la viscosidad de la digesta y la pegajosidad de las heces, lo que redunda en una peor calidad de la yacija y en un mayor peligro de contaminación microbiana en matadero. Además, niveles farmacológicos de cobre con base en sulfato de cobre reducen la retención aparente del fósforo en pollitos (Banks y col., 2003).

El cobre puede modificar el perfil en ácidos grasos de la grasa subcutánea aumentando el grado de insaturación del tocino dorsal (Amer y Elliot, 1973). Este efecto puede ser importante en la producción de carnes de calidad, tales como las del jamón de Parma o de los productos curados de cerdo Ibérico, donde un exceso de ácidos grasos insaturados perjudica la calidad del producto final. Sin embargo, Bossi y colaboradores (2000) no encontraron efecto alguno de 175 ppm de cobre sobre el perfil lipídico o la calidad de la carne de cerdos destinados a la producción de jamón de Parma. Un problema adicional del exceso de cobre es su acúmulo en vísceras, hígado y riñón principalmente. Nys (2001) indicó que aportes elevados aumentan la concentración en hígado hasta en 10 y 20 veces debido a su

Tabla 12 Entrada de cobre en la cadena humana a partir de productos de cerdo (adaptado de Jondreville y col., 2002).

Escenario	*A*	*B*
Cobre en pienso, ppm		
Lechones	30	175
Cerdos crecimiento	15	175
Cerdos cebo	15	100
Suministro diario, mg[a]	1,5	3,6
Necesidades en adultos, mg/día	2-3	–

[a] A partir de productos de porcino.

acúmulo en la metalotionina, una proteína capaz de fijar 12 moléculas de cobre por mol. Jondreville y colaboradores (2002) estimaron que dietas para porcino con 250 ppm de cobre suministradas durante 100 a 150 días daban lugar a niveles de cobre en el tejido hepático de 400 a 500 ppm. Por tanto, el exceso en la dieta da lugar a exceso del mineral en carne y vísceras, muy por encima de las necesidades de la población (Tabla 12). Cuando la capacidad del hígado para secuestrar el cobre se ve superada, el cobre se excreta al medio. La utilización de purines ricos en cobre provocan graves problemas medioambientales; el exceso perjudica tanto al crecimiento de las plantas como al desarrollo de las bacterias responsables de la degradación de los residuos orgánicos en las fosas de decantación.

Las premezclas de vitaminas y minerales comerciales utilizadas en la Península Ibérica contienen niveles altos de cobre en piensos de lechones donde está permitido (170 ppm en total en pienso para lechones hasta las 12 semanas de vida). Un problema con el que se encuentra el productor español es que la mayoría de los programas comerciales prevén cambios del pienso a los 18-20 kg y a los 60-70 kg de peso vivo, y a menudo, el productor utiliza un solo pienso desde los 20 kg hasta el sacrificio. Por tanto, en estos casos el cerdo joven no se puede beneficiar de los aportes extras de cobre hasta las 12 semanas permitidas por la legislación. A veces, el nivel de cobre total en la dieta está excesivamente próximo al nivel autorizado lo que se debe, por un lado, al alto aporte de las premezclas de vitaminas y minerales y, por otro, a que el contenido en cobre de las materias primas no siempre es analizado ni tenido en cuenta por el fabricante.

En la Tabla 10 se ofrecen datos sobre el contenido en cobre de diversos ingredientes clave de acuerdo con la información publicada por distintas instituciones. Llama la atención la variabilidad de los datos para el gluten feed con un rango entre 4 ppm (AINPROT, 1984) y 48 ppm (NRC, 1998) y para la harina de girasol que varía desde 25-26 ppm (AINPROT, 1984 y NRC, 1998) hasta 62 ppm (INRA-AFZ, 2002). Para la harina de soja los valores tabulados varían de 8 a 20 ppm y para la soja integral tostada entre 12 a 34 ppm (CVB, 2002 e INRA-AFZ, 2002). Es de interés analizar el contenido en cobre de las sales y fuentes utilizadas para suministrar manganeso y cinc. Li y colaboradores (2004) analiza-

Tabla 13 Contenido en cobre de materias primas utilizadas en la fabricación de piensos en España (mg/kg).[a]

Materia prima	*Media*	*Rango*	*CV, %*[b]	*Número de muestras*	*FEDNA 2003*
Cereales					
Maíz	33	0-6	12	7	3
Trigo	7	4-8	26	5	6
Cebada	8	3-10	37	10	7
Arroz	1	0	28	2	3
Centeno	4	3-4	20	2	6
Sorgo	3	–	0	2	6
Avena	7	3-10	76	2	5
Leguminosas y oleaginosas					
Guisantes	9	4-15	47	7	8
Altramuz blanco	4	–	–	1	–
Altramuz azul	4	3-6	43	3	4
Haba de soja entera	15	12-17	19	3	17
Semilla de algodón	11	29-30	13	2	10
Semilla de girasol	13	12-14	7	4	21
Harinas de oleaginosas					
Harina de girasol, 32%	26	7-36	35	23	33
Harina de soja, 44%	18	7-39	41	16	19
Harina de palmiste, 15%	40	19-65	39	7	28
Harina de colza, 34%	6	–	–	1	7
Proteínas animales					
Harina de pescado, 70%	10	6-14	32	6	8
Suero dulce[c]	16	0-44	109	9	3
Otras materias primas					
Gluten feed[d]	7	4-11	36	6	8
Salvado de trigo	12	7-18	29	7	13
Mandioca	3	–	–	1	5
Melaza	10	–	–	1	19
Harina de alfalfa, 16%	12	5-18	30	26	15
Pulpa de remolacha	4	3-5	35	2	15
Fosfato monocálcico	14	8-19	40	3	8
Fosfato bicálcico	14	4-20	51	4	15
Carbonato cálcico	6	4-9	32	6	12
Cloruro sódico	3	2-3	28	2	3

[a] Análisis realizados por Alkemi, S.A, INA, S.L., Labocor, S.A y Nutral, S.A. [b] Coeficiente de variación. [c] Se incluyen en el análisis tres muestras que contenían 30, 40 y 44 mg/kg de cobre. [d] No se incluye en el análisis una muestra que contenía 71 mg/kg de cobre.

ron doce muestras de manganeso de origen orgánico y encontraron un contenido entre 20 ppm y 11.300 ppm de cobre. Aunque no en condiciones europeas, Juarena y Danelon (2001) tabulan un contenido medio en cobre para el óxido de cinc utilizado para rumiantes en Argentina del 4%. En cualquier caso las fuentes de óxido de cinc utilizadas en España vienen a contener entre 0,02% y 0,07% de cobre. En la Tabla 13 se ofrecen datos de análisis realizados en España del contenido en cobre de ingredientes de uso común en fabricación de piensos. Cabe destacar que los valores no difieren sustancialmente de los tabulados en la matriz FEDNA (2003), excepto para el maíz (33 *vs.* 3 ppm), el suero (16 *vs.* 3 ppm) y la pulpa de remolacha (4 *vs.* 15 ppm).

Cinc

El primer síntoma clínico asociado con una deficiencia en cinc fue el retardo del crecimiento y la aparición de anormalidades en la piel y el pelo en ratas, hace más de 70 años. En la década de los años 50 algunos trabajos ya indicaban que el cinc era esencial en cerdos y pollos. El cinc está relacionado con la replicación celular y el desarrollo de cartílagos y huesos y una deficiencia origina el retardo del crecimiento, dermatitis (paraqueratosis en porcino) y problemas de fertilidad en la hembra y en el macho (Dozier, 2004). Además, el cinc influye sobre la regulación del apetito lo que puede estar relacionado con la expresión de genes; en caso de carencia de cinc, la rata rechaza de forma selectiva consumir hidratos de carbono en beneficio de proteínas y grasas (Kennedy y col., 1998). El papel del cinc puede ser importante en el lechón donde un inicio rápido del consumo es de particular interés. Las necesidades del lechón son relativamente altas y, en torno a las 100 ppm, pero disminuyen rápidamente con la edad (Tabla 14).

El contenido en cinc de cereales y semillas de leguminosas es relativamente bajo y en torno a las 20 a 30 ppm. En los cereales, la distribución del cinc no es homogénea siendo las cubiertas más ricas que las partes internas. Por tanto, salvado y gluten feed son buenas fuentes de cinc (60 a 90 ppm). Las harinas de oleaginosas (50 a 80 ppm) y las proteínas de origen animal, caso de la harina de pescado, son buenas fuentes, pero no así azúcares y aceites (Tabla 15). Li y colaboradores (2004) observaron que el contenido en cinc de 12 fuentes de man-

Tabla 14 Necesidades de cinc en cerdos cebo (NRC, 1998 y Revy y col., 2003).[a]

Peso vivo	*NRC, 1998*	*Revy y col., 2003*[b]
6-15	80-100	80
15-25	60-80	65
25-50	60	50
50-100	50	50

[a] Cinc total (mg/kg de dieta). Incluye el cinc aportado por los ingredientes y por el sulfato. [b] Necesidades estimadas con base en el estatus del mineral en plasma (6 a 50 kg) o en hueso (50 a 100 kg).

Tabla 15 Contenido en cinc de ingredientes utilizados en fabricación de piensos (mg/kg).

Materia prima	*NRC 1998*	*INRA-AFZ 2002*	*CVB 2002*	*AINPROT 1984*	*FEDNA 2003*
Cereales					
Maíz	18	19	21	10	16
Trigo blando	28	27	22	23	23
Cebada, 2C	25	30	23	15	27
Leguminosas y semillas oleaginosas					
Guisantes	23	32	31	–	30
Altramuces	32[a]	31[b]	37[b]	34[b]	30[b]
Soja integral tostada	39	40	38	38	45
Harinas de oleaginosas					
Harina de girasol, 32%	66	69	100	120	75
Harina de soja, 44%	50	47	50	58	51
Harina de palmiste, 15%	–	32	41	60	40
Harina de colza, 34%	69	65	62	70	65
Productos de origen animal					
Harina de pescado, 66%	132	85	83	105	83
Suero dulce, 70/12	10	20	18	–	25
Otras materias primas					
Gluten feed	70	53	68	59	60
Salvado de trigo	92	74	85	110	80
Mandioca, 65% almidón	10	15	8	–	11
Melaza de caña	5	13	9	12	10
Harina de alfalfa, 16%	24	19	22	30	21

[a] Altramuz blanco (*Lupinus albus*). [b] Altramuz azul (*Lupinus angustifolius*).

ganeso orgánico utilizado en uno de sus ensayos variaba entre 82 y 53.200 ppm. Análisis laboratoriales realizados en España (Romero, comunicación personal) indican una alta variabilidad en el contenido en cinc del suero lácteo con algunas muestras cuyo contenido superaba las 100 ppm. Estos valores, inesperadamente altos, son probablemente debidos a contaminaciones durante el procesado de la leche y la obtención industrial del suero. Tuberías y equipos galvanizados pueden enriquecer en cinc el aporte de agua y prevenir deficiencias. Una situación similar podría darse en cerdas en jaulas cincadas o lechones en instalaciones del mismo material. De hecho, en experimentos realizados con ganado porcino es frecuente encontrar valores de retención de cinc anormalmente elevados y superiores a lo estimado lo que podría deberse a no haber considerado el aporte extra que obtienen los animales al lamer los equipos.

La deficiencia en cinc es más frecuente en dietas basadas en ingredientes de origen vegetal y ricas en calcio. La razón es la formación de complejos cinc-calcio-fitatos en la sección proximal del aparato digestivo tal y como ha sido demostrado en ratas por Davies y Olpin (1979). Por tanto, cabe esperar que el uso de fitasas exógenas y la reducción del nivel de calcio de la dieta beneficien el crecimiento de pollos y cerdos, especialmente si las dietas son deficientes en cinc (Roberson y Edwards, 1994; Adeola y col., 1995; Ashida y col., 1999).

Recientemente, se ha observado que el estatus de cinc influye sobre las funciones orgánicas relacionadas con la inmunidad y el desarrollo de las células fagocitarias (Kidd y col., 1996). Asimismo, el cinc juega un papel importante en la expresión de genes y en los procesos de mitosis celular (Prasad, 2002). El cinc participa en procesos relacionados con la producción y la regeneración de la queratina y tiene un efecto directo sobre la integridad del epitelio de recubrimiento de la glándula mamaria. Por tanto, una deficiencia, aún de menor grado, afecta a numerosos factores involucrados en los fenómenos de inmunidad, desde la integridad de la barrera de protección física (piel y epitelios) hasta la inmunidad celular adquirida o la inmunidad humoral.

En reproductoras pesadas el aporte de cinc a dietas ligeramente deficientes en este elemento aumenta el título de anticuerpos (antiglóbulos rojos de carnero) de la descendencia (Stahl y col., 1989). Asimismo, la inclusión de 140 a 180 mg de cinc/kg de pienso mejora la supervivencia de aves de puesta infectadas con *Escherichia coli* (Flinchum y col., 1989; citado por Kidd y col., 1996). Sin embargo, Pimentel y colaboradores (1991) no observaron beneficio alguno de la concentración de cinc sobre la respuesta inmunológica en pollitos.

La utilización de altos niveles de cinc en dietas para lechones reduce la incidencia de procesos diarreicos debido a infecciones por *Escherichia coli*. Trabajos realizados a principios de 1990 demostraron de forma clara que el cinc a dosis comprendidas entre 2.000 y 3.000 ppm en forma de óxido o de sulfato mejoraban los crecimientos en lechones recién destetados (Hahn y Baker, 1993). Estos resultados han sido confirmados posteriormente por numerosos autores (Hill y col., 2000, 2001) que, además, encontraron que niveles altos del óxido mejoraban la consistencia de las heces y alteraban el color de las mismas. Sin embargo, no todos los estudios han encontrado una respuesta consistente en cuanto a crecimientos e índices de conversión al añadir cinc a la dieta (Schell y Kornegay, 1996; Augspurger y col., 2004). Nuestra experiencia indica que en condiciones prácticas y en ausencia de promotores de tipo antibiótico, la inclusión de óxido de cinc a niveles de 2.500 ppm o superiores reducen de forma consistente y clara la incidencia de diarreas a la vez que mejoran la calidad de las heces y aumentan el rendimiento productivo de los lechones jóvenes (Mateos, 2004). En Estados Unidos se utilizan niveles farmacológicos de cinc de forma rutinaria como promotor del crecimiento mientras que en Europa se usa (en aquellos países donde está autorizado) como preventivo frente a infecciones digestivas. Por tanto, el óxido de cinc es un producto a utilizar, si la legislación lo permite, como preventivo y promotor de crecimiento, aunque su efecto positivo tiende a disminuir con la edad (Poulsen, 1995; Mavromichalis y col., 2000).

Diversos investigadores indican que los efectos beneficiosos del cinc no están relacionados con la biodisponibilidad de la fuente utilizada sino más bien lo contrario. De hecho, si el objetivo es su utilización como promotor de crecimiento, el óxido es más recomendable que el sulfato (Kansas State University, 2003). En aves, niveles farmacológicos de cinc no mejoran la productividad. La inclusión de 2.000 ppm en el pienso causa lesiones en la molleja y en el páncreas, aunque no afecta a la mortalidad (Nys, 2001). En gallinas ponedoras, niveles altos de cinc (2.500 ppm) como óxido de cinc, han sido utilizados en programas de muda forzada (Berry y Brake, 1987).

El contenido en cinc de las materias primas de uso más común en dietas para monogástricos se detalla en la Tabla 15. Las mayores diferencias entre las fuentes consultadas se observa para la harina de pescado con un valor de 83 ppm según el CVB (2002) y de 132 ppm de acuerdo con el NRC (1998). Para el maíz los valores varían desde 10 ppm (AINPROT, 1984) hasta 21 ppm (CVB, 2002). En la Tabla 16 se ofrecen datos sobre el contenido en cinc de diversas materias primas analizadas en laboratorios españoles. Estos valores servirán de base para completar la próxima edición de las tablas FEDNA. Las premezclas de vitaminas y minerales para porcino comercializadas en la Península Ibérica contienen aproximadamente un 20% más de cinc en el año 2004 que en el año 1986 (Tabla 7) lo que parece razonable. En base al contenido en cinc de los ingredientes y las necesidades de los animales es probable que los niveles de uso actuales (90 a 125 ppm) sean adecuados.

Tabla 16 Contenido en cinc de materias primas utilizadas en la fabricación de piensos en España (mg/kg).[a]

Materia prima	*Media*	*Rango*	*CV, %*[b]	*Número de muestras*	*Propuesta FEDNA*
Cereales					
Maíz	15	12-18	21	3	16
Trigo	18	15-23	24	3	23
Cebada	19	16-24	25	3	27
Arroz	12	10-13	18	2	13
Centeno	19	18-19	4	2	20
Sorgo	18	17-18	4	2	19
Avena	22	15-29	45	2	24
Leguminosas y oleaginosas					
Guisantes	40	29-53	21	8	35
Altramuz blanco	32	–	–	1	30
Altramuz azul	26	19-39	42	3	30
Haba de soja entera	75	–	–	1	45
Semilla de algodón	30	29-30	4	2	30
Semilla de girasol	40	36-43	7	4	45

(*continúa*)

Tabla 16 (*Continuación*)

Materia prima	*Media*	*Rango*	*CV, %*[b]	*Número de muestras*	*Propuesta FEDNA*
Harinas de oleaginosas					
Harina de girasol, 32%	115	80-148	21	7	108
Harina de soja, 44%	58	48-78	17	9	51
Harina de palmiste, 15%	51	41-73	24	6	40
Harina de colza, 34%	76	–	–	1	65
Proteínas animales					
Harina de pescado, 70%	102	68-183	47	5	85
Suero dulce[c]	38	0-116	120	7	25
Otras materias primas					
Gluten feed	61	50-79	18	5	60
Salvado de trigo	91	71-126	21	7	80
Mandioca	13	–	–	1	12
Melaza de caña	20	–	–	1	15
Harina de alfalfa, 16%	23	18-38	28	9	21
Pulpa de aceituna	19	–	–	1	20
Pulpa de remolacha	17	16-17	4	2	19
Fosfato monocálcico	240	170-357	42	3	200
Fosfato bicálcico	108	86-134	23	3	68
Carbonato cálcico	7	3-12	48	6	10
Cloruro sódico	3	2-3	28	2	2

[a] Análisis realizados por Alkemi, S.A., Labocor, S.A. y Nutral, S.A. [b] Coeficiente de variación. [c] Se incluyen en el análisis dos muestras que contenían 79 y 116 mg de cinc/kg.

Manganeso

La importancia del manganeso en dietas para monogástricos ha sido un área activa de investigación en los últimos veinte años. Este elemento traza es necesario para la actividad enzimática, el metabolismo de lípidos e hidratos de carbono, el crecimiento de los huesos y el funcionamiento adecuado de los procesos reproductivos tanto en hembras como en machos. Una deficiencia produce como síntomas más típicos condodistrofia en pollitos recién nacidos y perosis en aves en crecimiento. En ponedoras, la deficiencia produce cáscaras de escaso grosor con anormalidades en la capa mamilar (Leach y Gross, 1983). Mabe y colaboradores (2003) indicaron que la suplementación con manganeso parecía mejorar la elasticidad y la calidad de la cáscara aunque no existe consenso en la literatura a este particular. El manganeso está ampliamente distribuido en los tejidos orgánicos pero a concentraciones muy reducidas. El contenido en granos y semillas es muy variable dependiendo en gran medida del pH del suelo donde se cultivan (menor contenido en la semilla según aumenta el pH del suelo). En general, trigo y avena (30 a 45 ppm) son más ricos que el maíz (5 a 8 ppm). El manganeso se concentra en las capas externas del grano y, por tanto, el gluten feed (20 a 25 ppm) y, sobre todo, el salvado de trigo (100 a 130 ppm) son buenas fuentes. La diferencia más notable observada en cuanto a contenido en este mineral en las diversas materias primas ocurre con el altramuz; las semillas del altramuz blanco (*Lupinus albus*) contienen entre 750 y 1.500 ppm de manganeso que es entre 15 y 30 veces más que la concentración en la variedad azul (*Lupinus angustifolius*) aún creciendo en el mismo tipo de suelo.

Las necesidades en manganeso son elevadas en aves en crecimiento pero muy limitadas en porcino. En porcino en cebo es difícil provocar síntomas de deficiencia aún cuando no se añada manganeso al pienso. Ensayos realizados desde el destete al sacrificio utilizando dietas semisintéticas que contenían menos de 2 ppm de manganeso no crearon síntomas de deficiencia alguno (Liebholz y col., 1962). Sin embargo, las necesidades en manganeso para reproducción podrían ser sustancialmente superiores a las de crecimiento-cebo. El manganeso juega un papel importante en los procesos inmunológicos y existe una interacción entre su contenido en la dieta y la actividad de neutrófilos y macrófagos. Una deficiencia en manganeso empeora la respuesta inmune y perjudica el funcionamiento del sistema nervioso central (Underwood y Suttle, 2001). Atherton (1993) ha observado que la suplementación extra con manganeso de dietas para cerdos en cebo mejora la calidad de la canal. Asimismo, Apple y colaboradores (2004) observaron que al suplementar las dietas de cerdos en cebo con 320 a 350 ppm de un complejo aminoácido-manganeso mejoraban la eficiencia alimenticia y el color y la terneza de la carne. D'Souza y colaboradores (1998) han observado que la suplementación con magnesio mejora el color y la capacidad de retención de agua de la carne de porcino. Apple y colaboradores (2004) indicaron que la mejora observada podría deberse a que el manganeso actúa de forma similar al magnesio sobre la calidad de la carne. Sin embargo, en este mismo ensayo la utilización de 700 ppm de manganeso no aportó mejora alguna. Además, Kats y colaboradores (1994) compararon dietas para cerdos en cebo que contenían 24 ó 88 ppm de manganeso en forma inorgánica o como quelato orgánico sin observar efecto beneficioso alguno ni sobre los rendimientos productivos ni sobre la calidad de la canal. Por tanto, se precisan más trabajos antes de recomendar suplementar con cantidades extra de manganeso las dietas de porcino en cebo.

La concentración en manganeso de la mayoría de las premezclas de vitaminas y minerales para porcino de la Península Ibérica no ha cambiado mucho en los últimos 20 años y, en cualquier caso, es superior a lo recomendado por la mayoría de las instituciones. No es de esperar que niveles altos de manganeso en la premezcla de vitaminas y minerales (hasta 100 ppm añadidos en algunos casos) mejoren la productividad en lechones y, menos aún, en cerdos en cebo. El contenido en manganeso de las materias primas más comunes utilizadas en alimentación de monogástricos se ofrece en la Tabla 17. La mayor diferencia entre fuentes se observa para los altramuces lo que, en gran medida, se debe a que las muestras analizadas correspondían a variedades distintas. Para la harina de palmiste

Tabla 17 Contenido en manganeso de ingredientes utilizados en fabricación de piensos (mg/kg).

Materia prima	*NRC 1998*	*INRA-AFZ 2002*	*CVB 2002*	*AINPROT 1984*	*FEDNA 2003*
Cereales					
Maíz	7	8	5	5	6
Trigo blando	37	34	26	43	30
Cebada	18	16	16	8	15
Leguminosas y semillas oleaginosas					
Guisantes	23	9	16	–	11
Altramuces	1.390[a]	38[b,c]	34[b]	70[b]	35[b]
Soja integral tostada	30	28	34	30	28
Harinas de oleaginosas					
Harina de girasol, 32%	41	48	56	40	45
Harina de soja, 44%	29	38	50	36	35
Harina de palmiste, 15%	–	131	281	221	210
Harina de colza, 34%	49	52	47	40	49
Productos de origen animal					
Harina de pescado, 66%	8	13	18	23	8
Suero dulce, 70/12	3	3	0	5	1
Otras materias primas					
Gluten feed	24	18	21	12	24
Salvado de trigo	100	112	115	100	110
Mandioca	28	26	26	–	26
Melaza de caña	15	59	18	6	25
Harina de alfalfa, 16%	32	49	38	30	40

[a]Altramuz blanco (*Lupinus albus*). [b]Altramuz azul (*Lupinus angustifolius*). [c]1.707 ppm para *Lupinus albus*.

el rango va desde 131 ppm (INRA-AFZ, 2002) hasta 281 ppm (CVB, 2002). Para el trigo los valores varían desde 26 ppm (CVB, 2002) hasta 43 ppm (AINPROT, 1984) y para la harina de pescado el rango fluctúa entre 8 ppm (NRC, 1998) y 23 ppm (AINPROT, 1984). En la Tabla 18 se detallan valores sobre contenido en manganeso de diversas materias primas analizadas en laboratorios españoles. Estos datos servirán de base para completar los datos de contenido en minerales de los ingredientes de la nueva edición de las Tablas FEDNA.

Selenio

El selenio es un constituyente de las selenoproteínas y juega un papel estructural y enzimático importante en nutrición animal. La historia del selenio como nutriente en dietas para el ganado ha sufrido grandes vaivenes; desde la prohibición de su

Tabla 18 Contenido en manganeso de materias primas utilizadas en la fabricación de piensos en España (mg/kg).

Materia prima	*Media*	*Rango*	*CV, %*[b]	*Número de muestras*	*Propuesta FEDNA*
Cereales					
Maíz	5	4-6	25	3	6
Trigo	29	26-34	15	3	30
Cebada	16	15-18	11	3	15
Arroz	10	0	2	2	10
Centeno	25	23-26	9	2	27
Sorgo	11	0	0	2	10
Avena	48	38-57	28	2	45
Leguminosas y oleaginosas					
Guisantes	11	7-16	26	8	11
Altramuz blanco	24	–	–	1	–
Altramuz azul	967	1.026-925	5	3	35
Haba de soja entera	25	–	–	1	28
Semilla de algodón	17	15-18	13	2	15
Semilla de girasol	16	12-21	23	4	20
Harinas de oleaginosas					
Harina de girasol, 32%	115	25-47	6	7	45
Harina de soja, 44%	30	17-39	25	8	35
Harina de palmiste, 15%	167	62-308	55	6	210
Harina de colza, 34%	56	–	–	1	49
Proteínas animales					
Harina de pescado, 70%	11	2-17	50	5	8
Suero dulce[c]	3	0-7	84	7	1
Otras materias primas					
Gluten feed	31	20-52	53	5	24
Salvado de trigo	118	92-163	18	7	110
Mandioca	33	–	–	1	26
Melaza de caña	11	–	–	1	25
Harina de alfalfa, 16%	35	17-54	35	9	40
Pulpa de aceituna	19	–	–	1	20
Pulpa de remolacha	26	23-29	16	2	27
Fosfato monocálcico	21	13-29	38	3	20
Fosfato bicálcico	32	8-79	127	3	75
Carbonato cálcico	66	2-134	94	5	70
Cloruro sódico	2	1-2	47	2	2

[a] Análisis realizados por Labocor, S.A y Nutral, S.A. [b] Coeficiente de variación. [c] Variabilidad alta debido al origen de las muestras (2 fuentes para el fosfato monocálcico, 2 fuentes para el fosfato bicálcico y 3 fuentes para el carbonato cálcico).

uso por su posible toxicidad hasta el reconocimiento de la necesidad de incluirlo en dietas prácticas. En un principio, el selenio estaba considerado como un tóxico con propiedades carcinogénicas y su utilización en piensos estaba muy controlada. Paradójicamente hoy día se cree que es un potente anticancerígeno. En la década de los años 50 los nutricionistas llegaron a la conclusión de que dietas formuladas con base en maíz y harina de soja procedentes de ciertas regiones del globo, caracterizadas por la acidez de los suelos y los bajos contenidos en selenio, necesitaban de un aporte exógeno para optimizar la productividad. En 1987, la Food and Drug Administration (FDA) autorizó un aumento de 0,1 a 0,3 ppm en los niveles de utilización. Pero en el año 1993 hubo un problema de mortalidad de aves acuáticas en el embalse de Keterson, en el estado de California, que fue atribuido por las autoridades a una contaminación del agua por selenio. Consecuentemente, la Food and Drug Administration dio marcha atrás en su decisión y redujo el nivel máximo de uso al original 0,1 ppm. En 1994, el nivel permisible volvió a subir a 0,3 ppm. En la Unión Europea-25 el nivel máximo autorizado es 0,5 ppm para todas las especies (Tabla 19). En el cerdo, el selenio es tóxico a dosis de 20 ppm (toxicidad aguda) o de 5 a 10 ppm (toxicidad crónica) (Kim y Mahan, 2001a; b; c). El pato es particularmente sensible al selenio y dosis de 4 ppm ya son teratogénicas (Hoffman y col., 1996). Davis y colaboradores (1996) observaron que la extrasuplementación con cobre reducía la toxicidad por selenio mientras que Kahn y colaboradores (1996) indicaron que la monensina reforzaba su toxicidad en pollos de carne.

Aunque la deficiencia en selenio ha sido reconocida desde 1954, resultados obtenidos en diversos programas de investigación muestran que deficiencias subclínicas, que no producen síntomas de carencia, pueden afectar a la salud del animal. La influencia del selenio sobre los fenómenos de inmunomodulación y el mantenimiento de la inmunidad a nivel celular y humoral pueden ocurrir a través

Tabla 19 Niveles máximos de minerales traza (mg/kg) permitidos en dietas para porcino en la Unión Europea-25 (DOCE, 2003, 2004).

Elementos traza	*Antes de febrero/2004*	*Después de febrero/2004*
Hierro	1.250	750
Cobre	35[a]	25[b]
Cinc	250	150
Manganeso	250	150
Cobalto	10	2
Selenio	0,5	0,5
Yodo	10	10
Molibdeno	2,5	2,5

[a,b] En dietas para lechones el nivel máximo permitido ha pasado de 175 ppm hasta las 16 semanas de edad a 170 ppm hasta las 12 semanas de edad. Los valores en cebo antes de febrero de 2004 dependían de la edad del cerdo y de la región europea considerada.

de tres mecanismos: 1) efectos antiinflamatorios; 2) alteración del estatus redox de las células debido a su acción antioxidante; y 3) producción de compuestos anticancerígenos y citostáticos (McKenzie y col., 2002). Niveles supranutricionales de selenio, con respecto a las necesidades estrictamente dietéticas, mejoran la respuesta inmune y protegen al huésped contra ciertas infecciones virales (Levander y col., 1995; McKenzie y col., 2002; Rayman, 2002). Larsen y colaboradores (1997) observaron que la mortalidad causada por *Escherichia coli* se reducía de 86 a 21% en pollitos al incluir 0,3 mg de Se/kg de pienso en la dieta base maíz-soja (0,14 mg de Se/kg dieta).

Los efectos beneficiosos de la inclusión de selenio sobre la salud animal fueron observados por primera vez en ratas que consumían una dieta deficiente en vitamina E, indicando la existencia de una fuerte relación metabólica entre ambos micronutrientes. El selenio es un componente clave de los mecanismos de defensa del organismo contra la oxidación y trabaja en íntima conexión con otros antioxidantes, en particular con la vitamina E. Selenio y vitamina E son complementarios y cada uno de ellos tiende a reducir las necesidades del otro en la prevención de enfermedades, tales como la necrosis del hígado y la diátesis exudativa. Sin embargo, este ahorro mutuo no se observa con otras enfermedades (Levander y col., 1995; Surai, 2003). Situaciones asociadas con estrés oxidativo o estados inflamatorios, tal y como ocurre en animales jóvenes en el momento del destete, pueden modificar el estatus en selenio y en vitamina E y afectar al crecimiento. Muchos de los beneficios observados al incluir selenio y vitamina E en la dieta podrían explicarse de forma razonada con base en sus propiedades antioxidantes.

Algunos datos parecen indicar que ciertas formas de selenio, tal como la seleniometionina, están mejor adaptadas para ayudar en la reparación de los tejidos que el selenio en forma de selenito (Surai, 2003). La Se-metionina se incorpora con preferencia sobre la metionina en la proteína de los músculos; por tanto, su utilización enriquece en selenio la carne y reduce el riesgo de carencia de la población. Un punto importante a destacar es que en el conejo la influencia del selenio sobre los procesos de oxidación no está tan clara como en otras especies, lo que probablemente se deba a que el selenio no sea cofactor de la enzima glutatión peroxidasa (GSH-Px). Por tanto en esta especie, las necesidades en selenio van a ser inferiores al del resto de especies domésticas.

Hasta muy recientemente se consideraba que la principal y casi única función del selenio en el organismo animal era formar parte de la glutatión peroxidasa, enzima que ayuda a mantener la integridad de las membranas celulares evitando o reduciendo el efecto de los peróxidos formados durante el metabolismo celular. Sin embargo, a día de hoy, se han caracterizado más de catorce selenoproteínas algunas de ellas con actividad enzimática redox y otras con funciones estructurales y de transporte (Gladyser, 2001; McKenzie y col., 2002). De hecho, el selenio es el único elemento traza que está especificado en el código genético como Se-cisteína y es considerado hoy día como el aminoácido número 21 (Rayman, 2002). Las nuevas funciones reconocidas del selenio incluyen la producción y regulación del nivel de activación de las hormonas del tiroides a partir de la tiroxina y la estabilización de las proteínas relacionadas con la maduración del esperma y el mantenimiento de la fertilidad en machos (Rayman, 2002). El papel del selenio en el desarrollo de la espermatogénesis y la calidad del semen puede que sea más importante que el de la propia vitamina E (Marin-Guzman y col., 1997, 2000; Kolodziej y Jacyno, 2004). Sin embargo, una práctica común de la industria es aumentar las dosis de vitamina E de los piensos de verracos sin modificar los niveles de selenio.

El contenido en selenio total de un producto dado no sirve como indicador de su valor en nutrición animal. Se ha considerado que la biodisponibilidad del selenio en las fuentes de origen animal era baja y en el rango comprendido entre el 10 y el 25%, mientras que la de las fuentes de origen vegetal era superior y en torno al 80% (selenito sódico como patrón). Sin embargo, Henry y Ammerman (1995) indicaron que el selenio de los ingredientes de origen animal tiene una disponibilidad entre el 60 a 90% y el de origen vegetal del 25% o menos en comparación con el selenito de sodio. En cualquier caso, la biodisponibilidad depende del criterio utilizado en su valoración. Las mayores discrepancias se observan cuando se comparan fuentes inorgánicas con fuentes que contienen Se-metionina. Por ejemplo, la mayor parte del selenio de los granos de cereales y de la harina de soja se encuentran en forma de Se-metionina mientras que en la paja de trigo el selenio se encuentra como selenato que es probablemente menos activo (Whanger, 2003). Las estimaciones de biodisponibilidad basadas en criterios de retención corporal favorecen a la forma orgánica, ya que la Se-metionina se incorpora y almacena de forma directa en las proteínas corporales.

El contenido medio en selenio de las premezclas de vitaminas y minerales para porcino utilizadas en la Península Ibérica es de 0,20 ppm en lechones; 0,19 ppm en crecimiento-cebo y 0,22 ppm en cerdas (Tablas 4, 5 y 6). Estos niveles son ligeramente superiores a los que se utilizaban en 1986; 0,18, 0,16 y 0,19 ppm, respectivamente (Tabla 7). Sin embargo, en este mismo periodo los niveles de vitamina E han aumentado desde 15 a 44 ppm en lechones, desde 10 a 17 ppm en cerdos en crecimiento-cebo y desde 12 a 32 ppm en cerdas reproductoras. Estos datos indican que, en general, los nutricionistas no han tenido en cuenta que selenio y vitamina E actúan en gran medida de forma conjunta y que la suplementación con uno de ellos reduce la necesidad de suplementar con el otro. Tiene sentido desde el punto de vista económico aumentar no sólo el nivel de vitamina E sino también, y en algunos casos de forma preferente, el nivel de selenio. En cualquier caso, el uso de selenio está limitado en la Unión Europea-25 a 0,5 ppm y un exceso provoca toxicidad y supresión de inmunidad por lo que debe evitarse.

Yodo

El yodo es necesario para la síntesis de las hormonas tiroideas y su deficiencia provoca daños cerebrales irreversibles. El efecto más obvio de la deficiencia es el bocio, que resulta del engrosamiento del tiroides para compensar la escasez de hormonas tiroideas. Dado el interés de la población urbana, los huevos enriquecidos en este elemento se ofrecen y comercializan en numerosos países desarrollados. Dentro del tiroides, el yodo es rápidamente oxidado y combina con la tirosina para producir yodo orgánico. La tirosina yodada forma las hormonas del tiroides: tri-yodotironina (T_3) y tiroxina (T_4) (Lewis, 2004). Una deficiencia en yodo es difícil de observar en aves pero puede ocasionar una reducción del crecimiento y de la puesta, una disminución del tamaño del huevo y un aumento de la mortalidad embrionaria. En el cerdo la deficiencia produce fallos reproductivos y lechones que nacen débiles y de dimensiones inusualmente alargadas.

El contenido en yodo de los ingredientes utilizados en piensos es muy variable; las plantas cercanas al litoral son buenas fuentes pero las que crecen en suelos graníticos, lavados, del interior de los continentes, son deficientes. Cereales y semillas de oleaginosas son pobres en yodo mientras que la harina de pescado es una fuente excelente. Por otra parte, cuando se utiliza sal yodada (3 g de KI/kg NaCl) o sal marina, la suplementación exógena no es tan necesaria. Las materias primas normalmente utilizadas en los piensos contribuyen con 0,10-0,15 ppm de yodo al pienso (Lewis, 2004) mientras que las recomendaciones para ponedoras y porcino están alrededor de 0,3-0,4 ppm.

Problemas de deficiencia pueden ocurrir en animales que consumen dietas aparentemente adecuadas en yodo. El grado de estabilidad de las fuentes de yodo no es perfecto especialmente cuando la premezcla de vitaminas y minerales se almacena bajo condiciones de humedad y temperatura elevadas. La forma yodato o el tiosulfato de sodio estabilizan el mineral reduciendo su vaporización. Asimismo, ciertos problemas relacionados con la deficiencia en yodo pueden deberse a la utilización de ingredientes ricos en goitrógenos. Por ejemplo, la contaminación con semillas de mostaza, muy ricas en glucosinolatos, es bastante frecuente en las harinas de colza importadas de países en vías de desarrollo, tales como India. También la harina seca de ciertas hierbas y tréboles puede añadir cantidades indeseables de estos compuestos cianogénicos. En estos casos, es conveniente controlar el contenido en glucosinolatos de las materias primas e incluir yodo extra en la premezcla de vitaminas y minerales. Finalmente, una deficiencia en selenio puede producir bocio, un problema que no se resolverá aunque se añada yodo a la dieta (Underwood y Suttle, 2001). El contenido en yodo de las premezclas de vitaminas y minerales para porcino utilizadas en la Península Ibérica se ha reducido con respecto a hace dos décadas pero todavía es superior al recomendado por la mayoría de las instituciones y organismos de investigación. Por tanto, el yodo de las premezclas de vitaminas y minerales, especialmente los de crecimiento-cebo, podría reducirse de forma considerable sin poner en peligro la productividad (Tabla 5).

Cromo

Desde hace 45 años el cromo ha sido considerado como un nutriente esencial en dietas para monogástricos pero se pensaba que los ingredientes naturales aportaban más de lo que el animal necesitaba. Por tanto, no había necesidad de aportes exógenos. El cromo forma parte del factor de tolerancia a la glucosa responsable de la sensibilidad de los tejidos a la insulina. Por tanto, facilita la absorción y la utilización de la glucosa a nivel celular. La forma biológicamente activa es la trivalente (Cr^{3+}) y es necesaria para el metabolismo óptimo de lípidos e hidratos de carbono. Afortunadamente, una deficiencia en cromo es difícil de producir incluso en condiciones experimentales. De hecho, en monogástricos nunca han sido descritos síntomas de deficiencia. Sin embargo, algunos trabajos indican que en el hombre la suplementación adicional con cromo puede ser beneficiosa, especialmente en personas sometidas a estrés de carácter físico o metabólico. Se ha demostrado que en estos casos las pérdidas urinarias de cromo aumentan (NRC, 1997). El cromo ha alcanzado gran popularidad como suplemento alimenticio en la población urbana donde se utiliza de forma frecuente como ayuda para perder peso y en atletas para mejorar el desarrollo del sistema muscular. De hecho, los suplementos minerales basados en cromo son, tras los que incluyen calcio, los más vendidos en Estados Unidos dentro de esta categoría (Nielsen, 1996). Diversos autores han mostrado que la suplementación de la dieta con 100 a 200 ppb de cromo orgánico mejora la digestibilidad de los nutrientes (Kornegay y col., 1997) y aumenta el porcentaje de músculo a la vez que reduce el porcentaje de grasa en cerdos en cebo (Page y col., 1993; Boleman y col., 1995; Southern, 2001; Matthews y col., 2003). Uno de los efectos más consistentes de la suplementación con Cr, bien como picolinato o como acetato, es la mejora en la capacidad de retención de agua (Matthews y col., 2003; Shelton y col., 2003). Además, otros investigadores han mostrado que 200 ppb de cromo orgánico aumentan la fertilidad y el número de lechones nacidos vivos (Lindeman y col., 1995; Lindeman y col., 2004) y mejoran el estatus inmunitario de animales sometidos a estrés (Kegley y Spears, 1995). Sin embargo, estos efectos no siempre son cuantificables ni en humanos (Vincent, 2003, 2004) ni en porcino (Savoini y col., 1998; Van Heugten y Spears, 1997; Van de Ligt y col., 2002a; b; c). Debido a la inconsistencia en la respuesta, el NRC (1998) no hace ninguna recomendación en cuanto a necesidades mínimas para porcino. No obstante, el estudio realizado por el NRC (1997) concluyó que la inclusión de cromo en forma de cloruro o picolinato de cromo mejoraba la cantidad de magro de la canal en 9 de 24 ensayos y reducía el porcentaje de grasa en 11 de 26 ensayos publicados. En base a este estudio, el comité concluye que aunque la respuesta al cromo exógeno es inconsistente, niveles extras podrían mejorar en algunas circunstancias el metabolismo del animal, dando lugar a mejoras en el crecimiento, la calidad de la canal y los parámetros reproductivos. Por tanto, hoy por hoy, no se puede recomendar su utilización en todas las circunstancias y es preciso valorar en cada situación la conveniencia o no de su uso. Los efectos beneficiosos de 200 ppb de cromo sobre el crecimiento y la calidad de la canal son menos evidentes en aves que en porcino, con resultados positivos en sólo 2 de 7 ensayos (NRC, 1997) por lo que su uso es infrecuente.

En conejos, la información es aún más escasa por lo que el efecto de su inclusión es incierto. No obstante, un exceso de cromo puede aliviar parte de los efectos tóxicos del vanadio en pollos en crecimiento y gallinas ponedoras (NRC, 1997). En cualquier caso, la decisión de suplementar o no con cromo dependerá del costo de inclusión y obviamente debe tener en cuenta la confianza que nos da el suministrador y la calidad y las características de la fuente de cromo a utilizar.

Cobalto

La única función conocida hasta el momento del cobalto es su participación como cofactor en el metabolismo de la vitamina B_{12}. De hecho no existe ninguna publicación que haya descrito síntomas de deficiencia en cobalto en las diversas especies domésticas en presencia de esta vitamina. Desgraciadamente, los tejidos orgánicos de aves y mamíferos son incapaces de incorporar el cobalto (grupo prostético) a la vitamina ya que carecen de la enzima necesaria, capacidad que está limitada a microorganismos tales como ciertas bacterias y algas. Por tanto, rumiantes, conejos y animales con acceso a sus propias heces podrían beneficiarse de esta posibilidad. Sin embargo, la eficiencia de la síntesis de vitamina B_{12} en el intestino distal de los monogástricos es limitada, por lo que se recomienda suministrar el cobalto en su forma activa. Su inclusión en la premezcla de vitaminas y minerales está sólo, y parcialmente justificada, en animales con acceso a sus propias heces, tal y como ocurre en producciones extensivas (cerdo Ibérico en montanera y aves en libertad con acceso al suelo). En consecuencia, los niveles de cobalto utilizados en la actualidad por los fabricantes de pienso de la Península Ibérica no están justificados (Tablas 4 a 6). De hecho, diversos grupos productores de porcino y pollos no han incorporado cobalto en la premezcla de vitaminas y minerales en los últimos 20 años y no por ello han observado síntomas de deficiencia alguna.

Biodisponibilidad de los minerales traza

La determinación de la concentración de minerales traza en ingredientes, piensos y tejidos animales se realiza con una reproducibilidad aceptable mediante nuevas técnicas de laboratorio disponibles (Tabla 20), pero desafortunadamente estos análisis no proporcionan información alguna sobre su posible utilización por el animal (Ammerman y col., 1995). Diversos investigadores han mostrado que la disponibilidad de las fuentes minerales varía en función de factores tales como la especie, el tipo animal, el estado fisiológico, la alimentación previa, el criterio de respuesta elegido para la valoración, las interacciones entre minerales y, entre minerales y otros nutrientes, y la forma química y la solubilidad de la fuente

Tabla 20 Variaciones analíticas (VA) permitidas para la detección de microelementos (AAFCO, 1999).

Elemento traza	*Método*[a]	*AV, %*	*Rango*
Hierro	968,08	25	0,01-5%
Cobre	968,08	25	0,01-5%
Cinc	968,08	20	0,01-5%
Manganeso	968,08	30	0,01-5%
Selenio	969,06	25	ppm
Yodo[b]	934,02	40	ppm
Cobalto	968,08	25	0,01-0,016%

[a]AOAC (2000); [b] 935,14 y 925,56.

testada. Solamente los nutrientes que son absorbidos pueden participar en procesos biológicos dentro del animal por lo que sólo ellos son utilizables. Los microminerales, bien libres, bien unidos a ligandos de bajo peso molecular, pueden ser absorbidos y estar presentes en los fluidos y tejidos orgánicos pero, aún así, podrían no ser utilizados. El término «biodisponibilidad» describe las propiedades y las características de absorción y utilización de un nutriente dado.

Tradicionalmente, la suplementación mineral se realizaba mediante la inclusión de sales inorgánicas tales como cloruros, sulfatos, carbonatos y óxidos en la premezcla de vitaminas y minerales. En general, cloruros y sulfatos son más disponibles que los carbonatos y éstos más que los óxidos (McDowell, 2003). Por ejemplo, los cerdos son menos tolerantes a niveles farmacológicos de cinc con base en sulfato que con base en óxido de cinc, lo que indica que la disponibilidad del cinc es

Tabla 21 Biodisponibilidad de distintas fuentes de cinc (Zn) en pollos (Edwards y Baker, 1999).

Fuente	*Cinc suplementado mg/kg*[a]	*Ganancia peso g*	*BR %*[b]
Control	0	104	–
$ZnSO_4 \cdot 7H_2O$	10,12	228	100^{x}
ZnO (fuente 1)	7,46	180	$89^{x,y}$
ZnO (fuente 2)	7,75	187	97^{x}
ZnO (fuente 3)	8,23	139	41^{z}
$ZnSO_4 \cdot H_2O$ (fuente 1)	7,29	176	$89^{x,y}$
$ZnSO_4 \cdot H_2O$ (fuente 2)	7,25	173	$86^{x,y}$
$ZnSO_4 \cdot H_2O$ (fuente 3)	7,04	171	$87^{x,y}$
Zn metálico en polvo	7,88	161	67^{y}
EEM[c]		6	8

[a] La dieta basal contenía 13,5 ppm de cinc. [b] Biodisponibilidad relativa del cinc con respecto al $ZnSO_4 \cdot 7H_2O$.
[c] Error estándar de la media.
Letras diferentes en la misma columna indican diferencias significativas ($P < 0,05$).

menor para el segundo (Hahn y Baker, 1993). Sin embargo, la biodisponibilidad de diversas fuentes de óxido de cinc con respecto al sulfato de cinc varía entre el 41 y el 97% (Tabla 21). Bien pudiera ocurrir que el óxido de cinc utilizado en un momento dado tuviera mayor disponibilidad que el sulfato. Para el cobre, numerosos informes indican que el sulfato cúprico es la fuente más disponible tanto en especies domésticas como en animales de laboratorio. El cobre en forma de óxido se absorbe peor que en forma de sulfato con el carbonato en posición intermedia. El cloruro cúprico es probablemente más biodisponible que el sulfato (Miles y Henry, 1999) y el acetato más que el carbonato (Zanetti y col., 1991).

La disponibilidad del hierro sigue un modelo similar a lo comentado para el cinc y el cobre; el hierro del óxido férrico es pobremente utilizado y existen grandes diferencias en cuanto a biodisponibilidad entre las fuentes de carbonato disponible. Asimismo, Baker y Halpin (1987) encontraron que la disponibilidad biológica del manganeso es superior para el sulfato de manganeso que para el óxido de manganeso y similar a la del cloruro de manganeso. El carbonato de manganeso es una fuente cuya biodisponibilidad es intermedia entre el sulfato y el óxido. En cualquier caso, y a pesar de su menor disponibilidad, es frecuente utilizar en premezclas de vitaminas y minerales comerciales carbonatos u otras sales en vez de sulfatos. La razón es que los sulfatos son muy reactivos y tienden a apelmazar la premezcla de vitaminas y minerales con el consiguiente desprecio comercial. Asimismo, el óxido de cinc es más utilizado que el sulfato de cinc cuando el objetivo es reducir la incidencia de diarreas y mejorar la productividad en lechones. Finalmente, en España era frecuente incluir niveles altos de óxido de hierro (hasta un 0,5%) en piensos de gamas camperas o que no incluían maíz en su formulación. La razón es que esta sal proporciona un tono amarillo-dorado al pienso muy apreciado por el ganadero. En cualquier caso, la nueva legislación europea (DOCE, 2003) ha reducido a un mínimo esta práctica comercial.

En la Tabla 22 se ofrecen datos estimativos sobre la biodisponibilidad de las fuentes inorgánicas más comunes de los diversos elementos traza (NRC, 1998).

En la última década, diversos ensayos han mostrado que el uso de microminerales altamente biodisponibles mejoran la salud y la productividad animal. Estos trabajos indican que las formas orgánicas pueden reemplazar a las inorgánicas a menores niveles de uso, manteniendo e incluso mejorando la productividad (Fremaut, 2003). Miles y Henry (1999) han recogido los siguientes beneficios percibidos de las formas orgánicas tal y como aparece en revistas de divulgación:

- Los quelatos se absorben mediante mecanismos diferentes a los minerales inorgánicos.
- La estructura tipo anillo de las fuentes orgánicas protege al mineral de reacciones indeseadas dentro del tracto gastrointestinal.
- Los quelatos atraviesan fácilmente la barrera intestinal pasando intactos al torrente sanguíneo.
- El uso de fuentes orgánicas facilita la absorción pasiva ya que las interacciones entre minerales y entre minerales y nutrientes son mínimas.

Tabla 22 Biodisponibilidad de diferentes fuentes inorgánicas de elementos traza en porcino (NRC, 1998).

Mineral	*Fuente*	*Fórmula*	*Contenido, %*	*BR, %*[a]
Cobre	Acetato de cobre	$Cu(C_2H_3O_2)_2$	100	–
	Carbonato de cobre	$CuCO_3{\cdot}Cu(OH)_2$	50 a 55	60 a 100
	Cloruro de cobre[b]	$Cu_2(OH)_3Cl$	58	100
	Óxido cúprico	CuO	75	0 a 10
	Sulfato de cobre	$CuSO_4{\cdot}5H_2O$	25,2	100
Yodo	EEDI[c]	$NH_2CH_2CH_2NH_2{\cdot}HI$	79,5	100
	Yodato de calcio	$Ca(IO_3)_2$	64,0	100
	Yoduro de potasio	KI	68,8	100
Hierro	Cloruro de hierro	$FeCl_3{\cdot}6H_2O$	20,7	40 a 100
	Óxido férrico	Fe_2O_3	69.9	0
	Carbonato de hierro	$FeCO_3$	38	15 a 80
	Fumarato de hierro	$FeC_4H_2O_4$	32,5	95
	Óxido ferroso	FeO	77,8	Descon.[d]
	Sulfato de hierro ($1H_2O$)	$FeSO_4{\cdot}H_2O$	30	100
	Sulfato de hierro ($7H_2O$)	$FeSO_4{\cdot}7H_2O$	20	100
Manganeso	Dióxido de manganeso	MnO_2	63,1	35 a 95
	Carbonato de manganeso	$MnCO_3$	46,4	30 a 100
	Cloruro de manganeso	$MnCl_2{\cdot}4H_2O$	27,5	100
	Óxido de manganeso	MnO	60	70
	Sulfato de manganeso	$MnSO_4{\cdot}H_2O$	29,5	100
Selenio	Selenato sódico	$Na_2\,SeO_4{\cdot}10H_2O$	21,4	100
	Selenito sódico	Na_2SeO_3	45	100
Cinc	Carbonato de cinc	$ZnCO_3$	56	100
	Óxido de cinc	ZnO	72	50 a 80
	Sulfato de cinc ($1H_2O$)	$ZnSO_4{\cdot}H_2O$	35,5	100
	Sulfato de cinc ($7H_2O$)	$ZnSO_4{\cdot}7H_2O$	22,3	100

[a] Biodisponibilidad relativa (valores expresados en relación a la biodisponibilidad de la fuente más común para ese mineral). [b] Tribásico. [c] Etilenodiamina dihidroyodada. [d] Desconocido pero probablemente por debajo del 20%.

- El mineral orgánico se presenta en los tejidos «objetivos» de forma similar a como éste lo necesita.
- Cada mineral de un quelato facilita la absorción del resto de minerales dentro del quelato.
- Los quelatos están cargados negativamente y, por ello, los minerales de un complejo se absorben y metabolizan más eficientemente que los minerales de las formas inorgánicas.

- El proceso de quelación aumenta la solubilidad y facilita el movimiento del mineral a través de las membranas celulares.
- La quelación aumenta la solubilidad en agua y en lípidos del mineral lo que facilita la absorción pasiva.
- Los quelatos son más estables que las fuentes inorgánicas a pH bajo.
- Los minerales contenidos en ciertos quelatos se transportan y absorben mediante el mismo mecanismo que los aminoácidos, lo que facilita su absorción.

Tal y como indican estos autores, faltan ensayos para validar experimentalmente y dirimir cuáles de estos mecanismos y beneficios percibidos son reales. En la práctica, el interés por el uso de estas fuentes minerales está aumentando, en gran medida, como consecuencia de que los técnicos perciben que son más biodisponibles que las fuentes inorgánicas (Wedekind y col., 1992). Hahn y Baker (1993) han encontrado que la concentración de cinc en plasma de cerdos suplementados con sulfato de cinc, cinc-lisinato o cinc-metionato era sustancialmente superior a la que se encontraba en cerdos que recibían óxido de cinc. Estos resultados, que tampoco muestran ventaja adicional por sustituir fuentes inorgánicas por orgánicas sobre la productividad, han sido corroborados por Wedekind y colaboradores (1994a), Cheng y colaboradores (1998) y Revy y colaboradores (2002 y 2004). Sin embargo, la situación parece ser distinta en aves donde diversos investigadores (Wedekind y col., 1992; Caó y col., 2002) sí han encontrado mayor biodisponibilidad del cinc para las fuentes orgánicas. En corderos, Spears (1989) observó que la retención de cinc era superior con metionato de cinc que con óxido de cinc lo que era debido, en gran medida, a una menor excreción urinaria de cinc con el quelato. La razón de estas diferencias entre especies en el metabolismo del cinc es desconocida pero probablemente esté relacionada con el distinto contenido en fitatos y calcio de las dietas, así como a diferencias en el pH y en las condiciones del tracto intestinal entre especies que pueden afectar a la solubilidad de las fuentes minerales y a su tiempo de permanencia en el tubo digestivo (Revy y col., 2004).

En el caso del cobre, la biodisponibilidad de las fuentes disponibles ha sido evaluada utilizando el sulfato cúprico como estándar. Baker y Ammerman (1995) indicaron que la biodisponibilidad estimada del cobre de diversas fuentes de uso común variaba entre el 88% y el 147% en comparación con el sulfato cúprico. En general, el cobre de quelatos tipo cobre-aminoácido y cobre-proteinato se absorbe con mayor eficacia que el sulfato (Hahn y Baker, 1993). Coffey y colaboradores (1994) y Zhou y colaboradores (1994a) han observado que el efecto positivo del cobre sobre el crecimiento del lechón fue superior con un complejo cobre-lisina que con sulfato de cobre. Asimismo, Eckhart y colaboradores (1999) han observado que el proteinato de cobre activaba en mayor medida la ceruloplasmina que cantidades equivalentes de sulfato de cobre.

La utilización del hierro suministrado como citrato, fumarato o gluconato es esencialmente similar a la que se obtiene con el sulfato ferroso heptahidratado, que es la fuente normalmente utilizada como patrón. Sin embargo, en porcino, el proteinato y el metionato de hierro se utilizan mejor que el sulfato (Ammerman y col., 1995). Close (1999) llevó a cabo un ensayo comercial en el que se suministró a las cerdas una fuente de hierro adicional en forma de proteinato desde una semana antes del parto hasta el final de la lactación a los 26 días. El proteinato mejoró el consumo de pienso de las cerdas y el peso de los lechones al destete. De acuerdo con el autor, los datos sugieren que el hierro orgánico atraviesa en cierta medida la barrera placentaria y es transferido a los fetos con mayor eficacia que el hierro de las fuentes inorgánicas. Smith y colaboradores (1995) estudiaron la biodisponibilidad relativa de diversas fuentes de manganeso en pollos de engorde de 21 días y encontraron que, en relación con el sulfato de manganeso (100%), la disponibilidad del proteinato de manganeso era del 120% y la del óxido de manganeso, 91%. Diferencias similares fueron encontradas a los 49 días de edad (125% y 83% para el proteinato y el óxido, respectivamente).

En relación con el selenio, se sabe que fuentes orgánicas tales como la Se-cistina, la Se-metionina y la Se-levadura propiamente producida son similares al selenito sódico en cuanto a su capacidad para potenciar la actividad de la enzima glutatión peroxidasa. Sin embargo, cuando el criterio de respuesta elegido es el de retención corporal, los valores de biodisponibilidad son superiores para las fuentes orgánicas (Mahan y Parret, 1996). Mahan (2004) observó que el suministro de selenio orgánico, a partir de levaduras enriquecidas, a cerdas reproductoras mejoraba el estatus del selenio tanto de la reproductora como de su descendencia en comparación con cerdas controles que recibían selenito sódico. Este autor encontró que el selenio orgánico pasaba mejor a calostro y leche que la forma inorgánica, pero que ambas fuentes fueron similares en cuanto a mejora de la actividad de la enzima glutatión peroxidasa. Asimismo, Surai (2003) indicó que la transferencia del selenio orgánico de pienso a huevo o a tejidos embrionarios, o de pienso a feto, calostro o leche es más eficiente que la transferencia de selenio en forma de selenito. Las diferencias se deben probablemente a las distintas vías metabólicas que siguen uno y otro; el selenio orgánico es parte integral del aminoácido lo que no ocurre con las formas inorgánicas (Ammerman y col., 1995). Por otro lado, Kim y Mahan (2001b) observaron que ambas fuentes de selenio, orgánica con base en levaduras enriquecidas o inorgánicas a partir del selenito sódico, son tóxicas para el cerdo cuando se suministran a niveles de 7 a 10 ppm durante periodos prolongados de tiempo. Sin embargo, estos autores observaron que la fuente orgánica afectaba de forma más negativa que la fuente inorgánica a los parámetros relacionados con la reproducción mientras que para los parámetros relacionados con la lactación ocurría lo contrario. Estos datos sugieren la existencia de diferencias metabólicas en el uso del selenio de estas dos fuentes de selenio en el cerdo.

A pesar de los resultados expuestos, numerosos autores no han observado beneficio alguno en cuanto a biodisponibilidad o mejoras productivas al sustituir la fuente inorgánica de hierro (Lewis y col., 1995), cinc (Wedekind y col., 1994a; Schell y Kornegay, 1996; Revy y col., 2002), cobre (Baker y Ammerman, 1995; Chowdhury y col., 2004) o manganeso (Baker y Halpin, 1987; Scheideler, 1991) por diferentes fuentes orgánicas. Schell y Kornegay (1996) encontraron que en porcino la disponibilidad del cinc era superior para el sulfato de cinc que para el óxido de cinc y que los complejos de lisinato de cinc y de metionato de cinc daban valores intermedios. Revy y col. (2002) observaron en lechones recién destetados que la biodisponibilidad del cinc era similar entre el sulfato de cinc y un complejo de metionato-cinc. El cinc retenido, medido mediante la técnica de los balances, fue del 27% del ingerido independientemente de la fuente testada.

Las razones para las inconsistencias encontradas en cuanto al beneficio extra al utilizar fuentes orgánicas, no son conocidas pero pudiera ocurrir que los procesos técnicos seguidos para la obtención de las fuentes orgánicas sean diferentes. Así, podría darse el caso de que dos productos de nombre similar (por ej., quelato genérico) contengan diferentes cantidades biodisponibles del mineral. Se precisa pues, disponer de un método simple, fácil de estandarizar, para verificar y, en su caso, comparar el tipo y calidad de las diversas fuentes orgánicas comercializadas. Más aún, no existe método alguno que permita por un lado conocer el

Tabla 23. Biodisponibilidad de diversas fuentes de cobre en ganado porcino (adaptado de Jondreville y col., 2002).

Fuente	*Crecimiento*	*Índice de conversión*	*Concentración en hígado*	*Número estudios*
CuS	=	=	$<$	1
CuO	=	=	$<$	6
$CuCO_3$	=	$>$	=	2
$Cu_2(OH)_3Cl$	=	=	=	6
Quelato Cu-aminoácidos	=	=	=	2
Complejo Cu-lisina	=$>$	=	=	11
Complejo Cu-metionina	=	=	=	2

Tabla 24 Biodisponibilidad de diversas fuentes de cinc en ganado porcino (adaptado de Revy y col., 2003)[a]

	Valor relativo[a]	*Número estudios*
Sulfato de cinc	100	Control
Óxido de cinc	55-87	6
Quelato cinc-aminoácidos	100	1
Complejo cinc-metionina	77-120	5
Complejo cinc-lisina	79-110	6

[a] Valores relativos de cinc en suero/plasma.

grado de quelación y la calidad del complejo elemento mineral y ligando orgánico y, por otra, relacionar estos datos con la biodisponibilidad *in vivo*. Li y colaboradores (2004) han propuesto un método basado en el análisis polarográfico para predecir la biodisponibilidad relativa de diversas fuentes orgánicas de manganeso con base en características químicas. El método parece ser más sensible que los métodos basados en la solubilidad pero es necesario ahondar más en los mismos, previamente a su implantación comercial. Hoy día resulta difícil evaluar correctamente los diversos productos disponibles en el mercado, tanto orgánicos como inorgánicos. Un resumen de la disponibilidad de diversas fuentes de cobre se muestra en la Tabla 23 (Jondreville y col., 2002). Datos similares para el cinc se detallan en la Tabla 24 (Revy y col., 2003).

Interacciones entre minerales traza y entre minerales traza y otros nutrientes

Hill y Matrone (1970) fueron los primeros en proponer que elementos con características físicas y químicas similares, podrían actuar de forma antagonística entre sí en los sistemas biológicos y que la configuración electrónica de cada elemento en cuestión puede ser utilizada para predecir posibles interacciones. En base a esta teoría, es de esperar que metales relacionados entre sí compitan por los puntos de anclaje a las proteínas de transporte o por las enzimas que requieran metales como coenzimas. En esta sección describiremos muy sucintamente aquellas interacciones que pueden tener un impacto significativo en nutrición práctica de monogástricos.

Influencia del ácido fítico y de la concentración de calcio de la dieta

El fósforo se encuentra predominantemente en las semillas maduras donde queda almacenado en forma de mioinositol, un complejo tipo fitato. Estos complejos tienen una fuerte carga negativa y disponen de capacidad para quelar cationes divalentes y trivalentes, de forma que no son disponibles para monogástricos. Así, los fitatos no sólo reducen la disponibilidad del fósforo sino también la de otros cationes tales como el calcio, cobalto, cobre, hierro, magnesio y cinc (Revy y col., 2004), aunque parecen tener mayor afinidad por cinc y cobre que por el resto. Investigaciones realizadas en diversas especies han confirmado que el ácido fítico reduce la absorción de cinc y que el efecto inhibitorio aumenta con el nivel de calcio de la dieta, lo que probablemente se debe a la formación de complejos insolubles tipo cinc-calcio-fitato en el lumen de la porción proximal del tracto gastrointestinal (Lowe y col., 2002). La solubilidad del complejo y, consecuentemente, la biodisponibilidad del mineral van a depender en gran medida del pH, de la relación molar entre calcio, fitato y cinc y de la presencia de otros minerales (Revy y col., 2003). De aquí que quepa esperar que la suplementación con fitasas mejore la utilización del cinc y del cobre tanto en aves como en porcino. De hecho, Adeola y colaboradores (1995) han observado que la retención aparente del cinc en cerdos era aproximadamente del 29%, independientemente del nivel de cinc ingerido. Sin embargo, cuando se añadían fitasas, la retención aumentaba hasta un 43 y un 48% en las dietas que incluían 0 y 100 mg de cinc extra/kg de dieta, respectivamente. Revy y colaboradores (2003) estimaron que 1.000 unidades de fitasa exógena añadida por kg de pienso, equivalían a incluir 24 ppm de cinc como sulfato de cinc en dietas para lechones de 15 kg de peso vivo. Datos similares o incluso más positivos para las fitasas han sido presentados por Revy y colaboradores (2004). Estos autores encontraron que al añadir 1.200 unidades de fitasa por kg de pienso, la biodisponibilidad del cinc aumentaba entre el 111 y el 269% en función del criterio elegido para su evaluación.

Wedekind y colaboradores (1992) compararon la biodisponibilidad del metionato y del sulfato de cinc en pollos utilizando una dieta sintética, una dieta semisintética o una dieta basada en maíz-soja. El cinc del metionato se absorbió mejor que el del sulfato y las diferencias fueron más notables cuando se utilizaron dietas comerciales. Los autores estimaron que la biodisponibilidad del cinc del metionato en relación con la del sulfato era del 117% en la dieta sintética pero del 206% en la dieta comercial basada en vegetales. Los resultados indican que fitatos y fibra de la dieta reducen la absorción del cinc, especialmente cuando se utilizan fuentes inorgánicas. De forma similar, Wedekind y colaboradores (1994b) observaron que la biodisponibilidad del metionato era del 166% en relación con la del sulfato de cinc cuando la dieta contenía 0,60% de calcio y de un 292% cuando el contenido en calcio era del 0,74%. Por otra parte, Augspurger y colaboradores (2004) han demostrado que niveles farmacológicos de cinc pueden quelar el complejo fitato, reduciendo la capacidad de las fitasas exógenas para liberar fósforo en un 30%. Por tanto, el efecto del cinc sobre la eficacia de las fitasas puede tener enorme significancia práctica en lechones recién destetados, donde el uso de altos niveles de cinc es una práctica común. Sin embargo, en este mismo informe, se demostró que niveles farmacológicos de cobre (200 mg/kg de dieta) no tuvieron efecto alguno sobre la actividad de estas enzimas.

Interacción entre minerales

Las interacciones entre minerales son frecuentes a lo largo de toda la cadena alimentaria pero las más importantes tienen lugar en el tracto gastrointestinal. Los mecanismos son diversos e incluyen competencia para unirse a los ligandos para la absorción, co-adaptación y modificación de diversas variables fisiológicas (Fairweather-Tait, 1995). El antagonismo mutuo entre cinc y cobre es un buen ejemplo de interacciones biológicas de tipo competitivo entre metales con propiedades similares. Niveles altos de cinc inhiben la absorción intestinal, la acumulación en hígado y la transferencia del cobre a través de la placenta. Asimismo, el exceso de cinc induce síntomas clínicos de deficiencia en cobre (Bremmer y

Beattie, 1995). La interacción reversa, es decir, del exceso de cobre sobre el metabolismo del cinc, es menos clara y no hay evidencias consistentes de que el exceso de cobre reduzca la absorción del cinc. Bremmer y Beattie (1995) recomiendan cantidades supra nutricionales de cinc para reducir la acumulación de cobre que tiene lugar en personas que ingieren altas cantidades de cobre o que están afectadas por problemas genéticos relacionados con el metabolismo del cobre. Estos autores advierten que debe evitarse el exceso de cinc cuando el estatus del cobre es subóptimo. En casos de intoxicación por cobre en ganado ovino, la inclusión de cinc puede aliviar el problema. Por otro lado, en lechones altos niveles de cinc pueden poner en peligro el estatus del hierro (y del cobre).

Niveles altos de cobre y hierro deprimen la absorción del cinc y el exceso de cualquiera de ellos tiende a aumentar las necesidades de los otros dos (Yu y col., 1994; Fairweather-Tait, 1995). La presencia de cobre y hierro en el contenido gastrointestinal afecta a la absorción de cinc pero no está claro si el problema se debe a interferencias a nivel celular (competencia por transportadores comunes presentes en la membrana celular o por proteínas citosólicas relacionadas con el transporte intracelular del cinc) o a que cobre y hierro interaccionan con el cinc formando complejos no absorbibles dentro del lumen intestinal (Swinkels y col., 1994). En lechones, un exceso de cobre en la dieta reduce las reservas de hierro en hígado lo que puede aumentar la incidencia de anemias. Por tanto, cuando se utilizan niveles altos de cobre puede ser recomendable añadir hierro extra a la dieta (hasta 250 g/kg pienso) (Bradley y col., 1983). En casos de interacción, también puede ser recomendable el uso de minerales en forma orgánica. Así, Du y colaboradores (1996) alimentaron ratas con dietas sintéticas que contenían 1.000 ppm de cinc y observaron que el suministro de cobre en forma orgánica (lisinato o proteinato) daba lugar a niveles de cobre, hierro y cinc en hígado superiores a los que se obtenían cuando se usaba sulfato como fuente de cobre. Estos resultados parecen indicar que el cobre orgánico se absorbe mediante mecanismos diferentes al cobre inorgánico y que el primero no interfiere con la absorción del cinc o del hierro. Por otro lado, aunque menos importante que los que existen entre ellos, debe prestarse atención a las interacciones entre minerales y vitaminas. Así, una deficiencia en riboflavina deprime la absorción del hierro y aumenta las pérdidas de hierro endógeno en el tracto gastrointestinal lo que puede aumentar aún más las necesidades del lechón joven en este elemento (Powers, 1995).

Una interacción interesante, de particular importancia en rumiantes, es la del cobre, molibdeno y azufre. Un exceso de molibdeno reduce la retención del cobre, así como la síntesis de ceruloplasmina y, como consecuencia, aumenta la excreción urinaria de cobre. El exceso de azufre exacerba y potencia esta interacción primaria lo que probablemente se deba a la formación de complejos insolubles cobre-molibdeno-azufre en el tracto gastrointestinal, con la consiguiente reducción de la absorción. Por tanto, cuando utilicemos niveles farmacológicos de cobre en cerdos o en ganado ovino que paste en praderas contaminadas con cobre, podría ser conveniente incluir cantidades adicionales de molibdeno y azufre en la mezcla mineral. Asimismo, en presencia de altos contenidos de molibdeno, el quelato orgánico de cobre podría ser utilizado mejor por los animales que las formas inorgánicas tradicionales, ya que se evita la formación de complejos con el molibdeno y el azufre en el tracto digestivo.

Minerales traza y contaminación ambiental

La acumulación de nutrientes proveniente de residuos orgánicos animales en aguas superficiales, corrientes fluviales y acuíferos está generando problemas e interfiriendo con el desarrollo de los sistemas de producción intensivos. En las condiciones actuales, más del 95 al 99% de todos los elementos traza ingeridos aparecen en las heces (Nys, 2001). La mayor parte de la problemática se ha relacionado con la excreción de nitrógeno y fósforo, pero muchas áreas geográficas europeas son sensibles actualmente a la contaminación con cobre y cinc lo que se debe al uso de dosis farmacológicas para controlar problemas digestivos en lechones. En contraposición a lo que ocurre con el nitrógeno y el fósforo, cobre y cinc permanecen firmemente unidos al terreno y no migran con las aguas de lluvia, excepto en caso de erosión (Ferket y col., 2002). Por tanto, a menos que sean absorbidos y utilizados para el crecimiento de las plantas, se acumularán en el suelo causando toxicidad y reducción del rendimiento de las cosechas. Williams y colaboradores (1999) proponen cinco estrategias básicas para reducir la problemática ganadera relacionada con la contaminación ambiental: 1) utilizar los purines como fertilizantes; 2) reciclar los purines a través de la alimentación de rumiantes; 3) redistribuir los purines producidos transportando el exceso desde las áreas de producción hasta las áreas deficientes; 4) reducir la concentración mineral de los piensos; y 5) mejorar la eficiencia de utilización por el animal. Claramente, las mejores estrategias son utilizar el purín como fertilizante y reducir el nivel de los elementos traza en los piensos.

Un exceso de cinc en el suelo es tóxico para las plantas y, si la concentración es superior a 200-300 ppm, reduce la actividad de la microflora presente en el suelo. El purín producido por cerdos en cebo alimentados con dietas suplementadas con 100 a 250 ppm de cinc contiene entre 850 y 1.300 mg de cinc/kg de materia seca (Levasseur y Texier, 2001; Revy y col., 2003). Paboeuf y colaboradores (2001) han observado que al reducir el cinc en los piensos de 150 a 90 ppm, el contenido en las heces se reducía en un 40%. Asimismo, Revy y colaboradores (2003) indicaron que al reducir el nivel de cinc en el pienso de lechones de 3.000 a 150 ppm y del pienso de cerdos de 100 a 60 ppm, se reducía la concentración del mineral en las heces en un 400% (desde 1.860 a 450 mg/kg de materia seca) (Tabla 25). De forma similar, Jondreville y colaboradores (2002) observaron que la reducción del nivel de cobre del pienso de 175 a 6 ppm en lechones y de 100 a 4 ppm en cebo reducía hasta treinta veces el contenido en cobre de las heces (de 911 a 31 mg/kg de materia seca) (Tabla 26). En pollos, Dozier y colaboradores (2003) han encontrado valores similares; una reducción en el contenido de cinc

Tabla 25 Estimación de la contaminación del suelo debido al cinc contenido en los purines de cerdo (adaptado de Revy y colaboradores, 2003).

	Escenario		
	A	*B*	*C*
Cinc en alimento, ppm			
Lechones	100	2.000	3.000
Cerdos de engorde	60	100	150
Cinc excretado			
g de cinc/cerdo	14	36	60
mg de cinc/kg materia seca purín	450	1.120	1.860
Tiempo necesario para alcanzar 300 mg de cinc/kg materia seca de suelo[a]			
Mínimo, años	270	110	55
Máximo, años	1.100	390	190

[a] Variable según el proceso y la forma de aporte de purín utilizado el modelo.

Tabla 26 Estimación de la contaminación del suelo debido al cobre contenido en los purines de cerdo (adaptado de Jondreville y colaboradores, 2002)

	Escenario		
	A	*B*	*C*
Cobre en alimento, ppm			
Lechones	6	175	175
Cerdos de engorde	4	35	100
Cobre excretado			
g de cobre/cerdo	1	14	29
mg de cobre/kg materia seca purín	31	443	911
Tiempo necesario para alcanzar 100 mg de cobre/kg materia seca de suelo[a]			
Mínimo, años	647	83	16
Máximo, años	16.024	289	56

[a] Variable según el proceso y la forma de aporte de purín utilizado el modelo.

de los piensos de 120 a 40 mg/kg redujo la excreción en un 50% y una reducción del cobre añadido de 12 a 4 mg/kg lo hizo en un 35%. Estos trabajos muestran de forma clara la necesidad de controlar y, en su caso reducir, el nivel de elementos traza en pienso, niveles que por otra parte son en muchos casos innecesarios. Es muy posible que la Unión Europea-25 continúe reduciendo el contenido máximo en elementos traza de los piensos (DOCE, 2003), una decisión que puede favorecer a medio plazo el uso de enzimas tipo fitasas y de fuentes minerales de mayor disponibilidad.

Conclusiones

La información disponible sobre las necesidades de los animales y la biodisponibilidad de las fuentes comerciales utilizadas es escasa e incompleta. Dada la importancia de preservar el medio ambiente es necesario realizar ensayos en esta área crítica con animales más productivos. Con la información existente no es posible ni conveniente recomendar a la industria niveles de uso fijos y absolutos sino más bien un rango de utilización con base en los estudios científicos disponibles y a la experiencia práctica de cada nutricionista. Así, los valores inferiores dentro del rango recomendado estarían mejor adaptados a productores para los que el coste es importante y donde el nutricionista tiene un buen control e información de lo que ocurre en la cadena de producción con acceso rápido a granjas, mataderos y lineal del supermercado. En casos como éste, representado por empresas con integración vertical de la cadena, un buen seguro a coste elevado no es probablemente la mejor solución. Por otra parte, los valores superiores dentro del rango son más aceptables cuando queremos, o necesitamos, un buen seguro. Sería el caso de empresas de genética o granjas con alto potencial de producción, integraciones horizontales con venta a mercados de calidad pero sin interrelación entre las partes y venta libre de piensos. En estas circunstancias, un buen seguro, como el que da la extra suplementación mineral, con respecto a las recomendaciones de los centros institucionales, puede ser conveniente. El uso de fitasas y de fuentes orgánicas ha aumentado de forma espectacular en los últimos años y es posible que ayude a mejorar la productividad y a reducir el problema de polución ambiental. Sin embargo, se necesitan más datos para evaluar correctamente su valor en monogástricos y mientras estos datos llegan, conviene ser cuidadoso al comparar y decidir qué fuente utilizar dentro de las disponibles en el mercado.

Referencias bibliográficas

AAFCO (1999). *Official Publication. Assoc. Amer. Feed Control Officials*. Inc. St. Louis. MO. pp. 165-167.

Adeola, O., Lawrence, B.V., Sutton, A.L. y Cline, T.R. (1995). Phytase-induced changes in mineral utilization in cinc-supplemented diets for pigs. *Journal of Animal Science* **73:** 3384-3391.

AINPROT (1984). *Tablas de composición de primeras materias primas para nutrición animal.* AINPROT y MAPA, Madrid.

Amer, M.A. y Elliot, J.I. (1973). Effects of level of copper supplement and removal of supplemental copper from the diet on the physical and chemical characteristics of porcine depot fat. *Canadian Journal of Animal Science* **53:** 139-145.

Ammerman, C.B., Henry, P.R. y Miles, R.D. (1993). *Feed phosphates serve as source of iron for chicks*. Feedstuffs: May 3; 14-21.

Ammerman, C.B., Baker, D.H. y Lewis, A.J. (1995). *Bioavailability of Nutrients for Animals. Amino Acids, Minerals, and Vitamins.* Academic Press, New York, Estados Unidos.

Ankari, A.A., Najib, H. y Al Hozab, A. (1998). Yolk and serum colesterol and production traits, as affected by incorporating a supraoptimal of copper in the diet of the Leghorn hen. *British Poultry Science* **39:** 393-397.

AOAC (1996). *Official Methods of Analysis* (16ª ed.). AOAC. Gaithersburg, Maryland, Estados Unidos.

Apple, J.K., Roberts, W.J., Maxwell, C.V., Boger, C.B., Fakler, T.M., Friesen, K.G. y Johnson, Z.B. (2004). Effect of supplemental manganese on performance and carcass characteristics of growing-finishing swine. *Journal of Animal Science* **82:** 3267-3276.

Applegate, T.J., Banks, K.M. y Pang, Y. (2004). Copper in poultry diets: benefits and consequences. Proc. California Animal Nutr. Conf. Fresno, California, Estados Unidos. pp. 246-254.

ARC (1981). *The Nutrient Requirements of Pigs.* CAB. Farnham Royal. Reino Unido.

Armstrong, T.A., Williams, C.M., Spears, J.W. y Schiffman, S.S. (2000). High dietary copper improves odor characteristics of swine waste. *Journal of Animal Science* **78:** 859-864.

Ashida, K.Y., Tamura, A., Matsui, T., Yano, H. y Nakajima, T. (1999). Effect of dietary microbial phytase on cinc bioavailability in growing pigs. *Journal of Animal Science* **70:** 306-311.

Ashmead, D. (1979). The influence of chelated iron proteinate fed to sows with no iron supplementation to their baby pigs. *Journal of Animal Science* **49** (Suppl. 1): 235 (Abst.).

Atherton, D. (1993). A nutritional approach to maximizing carcass leanness. In: The roles of amino acid chelates in animal nutrition. Ashmead, H.J.D. (eds.). Thomas y Joseph Limited. Norwich, Inglaterra.

Augspurger, N.R., Spencer, J.D., Webel, D.M. y Baker, D.H. (2004). Pharmacological cinc levels reduce the phosphorus-releasing efficacy of phytase in young pigs and chickens. *Journal of Animal Science* **82:** 1732-1739.

Bakally, R.I., Pesti, G.M., Ragland, W.L. y Konjufka, V. (1995). Dietary copper in excess of nutritional requirement reduces plasma and breast muscle cholesterol of chickens. *Poultry Science* **74:** 360-365.

Baker, D.H. y Halpin, K.M. (1987). Research note: Efficacy of a manganese-protein chelate compared with that of manganese sulfate for chicks. *Poultry Science* **66:** 1561-1563.

Baker, D.H. y Ammerman, C.B. (1995). Copper availability. In: *Bioavailability of Nutrients for Animals. Amino Acids, Minerals, and Vitamins*. Ammerman, C.B., Baker, D.H., y Lewis, A.J. (eds.). Academic Press. New York, Estados Unidos. pp. 127-156.

Banks , K.M., Thompson, K.L., Rush, J.K. y Applegate, T.J. (2003). The effects of copper source on performance and phosphorus retention in broiler chicks. *Poultry Science* 92 (Suppl. 1): 36 (Abst.).

Barber, R.S., R. Braude, y K.E. Mitchell. 1955. Antibiotic and copper supplements for fattening pigs. *British Journal of Nutrition* **9:** 378-381.

Barber, R.S., Braude, R., Mitchell, K.E., Rook, J.A.F. y Rowell, J.G. (1957). Further studies on antibiotic and copper supplements for fattening pigs. *British Journal of Nutrition* **11:** 70-79.

Bayyari, G.R., Huff, W.E., Beasley, J.N., Balog, J.M. y Rath, N.C. (1995). The effect of dietary copper sulfate on infectious proventriculitis. *Poultry Science* **75:** 1961-1969.

Berry, W.D. y Brake, J. (1987) Post-moult performance of laying hens moulted by high dietary cinc, low dietary sodium, and fasting: Egg production and eggshell quality. *Poultry Science* **66:** 218-226.

Boleman, S.L., Boleman, S.J., Bidner, T.D., Southern, L.L., Ward, T.L., Pontif, J.E. y Pike, M.M. (1995) Effect of chromium picolinate on growth, body composition, and tissue accretion in pigs. *Journal of Animal Science* **73:** 2033-2042.

Bossi, P., Cacciavillani, J.A., Casini, L., Fiego, D.P.L., Marchetti, M. y Mattuzzi, S. (2000). Effects of dietary high-oleic acid sunflower oil, copper and vitamin E levels on the fatty acid composition and the quality of dry cured Parma ham. *Meat Science* **54:** 119-126.

Bradley B.D, Graber, G., Condon, R.J. y Frobish, L.T. (1983). Effects of graded levels of dietary copper on copper and iron concentrations in swine tissues. *Journal of Animal Science* **56:** 625-630.

Braude, R. (1980). Twenty five years of widespread use of copper as an additive to diets of growing pigs. In: *Copper in animal wastes and sewage sludge.* L'Hermite, P., y Dehandtschutter, J. (eds.). Proceedings EEC Workshop, INRA Publisher. Bordeaux, Francia. pp. 3-15.

Bremner, I. y Beattie, J.H. (1995). Copper and cinc metabolism in health and disease: speciation and interactions. *Proceedings of the Nutrition Society* **54:** 489-499.

BSAS (2003). *Nutrient Requirement Standards for Pigs*. British Society of Animal Science. Penicuik, Reino Unido.

Cao, J., Henry, P.R., Davis, P.R., Cousins, R.J., Miles, R.D., Littell, R.C. y Ammerman, C.B. (2002). Relative bioavailability of organic cinc sources based on tissue and metallothionein in chicks fed conventional dietatary cinc concentrations. *Animal Feed Science and Technology* **101:** 161-170.

Carlson, M. (2004). Piglet diets- can we do without zinc oxide and copper sulfate? In: *Alltech Mineral Simposio*, Dublín. Nottingham University Press (en prensa).

Cheng, J., Kornegay, E.T. y Schell, T. (1998). Influence of dietary lysine on the utilization of cinc from cinc sulfate and a cinc-lysine complex by young pigs. *Journal of Animal Science* **73:** 1064-1074.

Chiou, P.W., Chen, K.L. y Yu, B. (1997). Toxicity, tissue accumulation and residue in egg and excreta of copper in laying hens. *Animal Feed Science and Technology* **67:** 49-60.

Chiou, P.W., Chen, K.L. y Yu, B. (1998). Effect of dietary organic arsenicals and cupric sulfate on copper toxicity, liver accumulation and residue in eggs and excreta of laying hens. *Animal Feed Science and Technology* **73:** 161-171.

Chouwdhury., S.D., Paik, I.K., Namkung, H. y Lim, H.S. (2004). Responses of broiler chickens to organic copper fed in the form of copper-methionine chelate. *Animal Feed Science and Technology* **115:** 281-293.

Close, W.H. (1999). Organic minerals for pigs: an update. In: *Nutritional Biotechnology in the Feed Industry*. Lyons. T.P. y Jacques, K.A. (eds.). Alltech 15th Annual Symposium. Nottingham University Press. Nottingham. Reino Unido. pp. 51-60.

Coffey, R.D., Cromwell, G.L. y Monegue, H.J. (1994). Efficacy of a copper-Lysine complex as a growth promotant for weanling pigs. *Journal of Animal Science* **72:** 2880-2886.

Cromwell, G.L., Lindemann, M.D., Monegue, H.J., Hall, D.D. y Orr, D.E. (1998). Tribasic copper chloride and copper sulfate as copper sources for weanling pig. *Journal of Animal Science* **76:** 118-123.

CVB (2002). *Veevoedertabel. Chemische samenstelling, verteerbaarheid en voederwaarde van voedermiddelen.* Centraal Veevoederbureau. Lelystad. Países Bajos.

Davies, N.T. y Olpin, S.E. (1979). Studies on the phytate: cinc molar contents in diets as a determinant of Zn availability to young rats. *British Journal of Nutrition* **41:** 590-603.

Davis, R.H., Fear, J. y Winton, A.C. (1996). Interactions between dietary selenium, copper and sodium nitroprusside, a source of cyanide in growing chicks and laying hens. *British Poultry Science* **37:** 87-94.

Davis, M.E., Maxwell, C.V., Brown, D.C., de Rodas, B.Z., Johnson, Z.B., Kegley, E.B., Hellwig, D.H. y Dvorak, R.A. (2002). Effect of dietary mannan oligosaccharides and (or) pharmacological additions of copper sulfate on growth performance and immunocompetence of weanling and growing/finishing pigs. *Journal of Animal Science* **80:** 2887-2894.

DOCE (2003). Reglamento (CE) Nº 1334/2003 de la comisión por la que se modifican las condiciones para la autorización de una serie de aditivos en la alimentación animal pertenecientes al grupo de los oligoelementos. *Boletín Oficial del Estado,* Madrid.

DOCE (2004). Reglamento 2004/C 50/01 de la comisión. Listado de los aditivos autorizados en los piensos. Publicada conforme a lo dispuesto en la letra b) del artículo 9 unvicies de la Directiva 70/524/CEE del Consejo sobre aditivos en la alimentación animal. *Boletín Oficial del Estado,* Madrid.

Dove, C.R. (1995). The effect of copper level on nutrient utilization of weanling pigs. *Journal of Animal Science* **73:** 166-171.

Dove, C.R. y Ewan, R.C. (1990). Effect of excess dietary copper, iron, or cinc on the tocopherol and selenium status of growing pigs. *Journal of Animal Science* **68:** 2407-2413.

Dove, C.R. y Ewan, R.C. (1991). Effect of trace minerals on the stability of vitamin E in swine grower diets. *Journal of Animal Science* **69:** 1994-2000.

Dozier, W.A. (2004). *Proceedings Arkansas Nutrition Conference Feed Manufacture.* Rogers, Arkansas, Estados Unidos. pp. 1-11.

Dozier, W.A., Davis, A.J., Freeman, M.E. y Ward, T.L. (2003). Early growth and environmental implications of dietary cinc and copper concentrations and sources of broiler chicks. *British Poultry Science* **44:** 726-731.

D'Souza, D.N., Warner, R.D., Leury, B.J. y Dunshea, F.R. (1998). The effect of dietary magnesium aspartate supplementation on pork quality. *Journal of Animal Science* **76:** 104-109.

Du, Z., Hemken, R.W., Jackson, J.A. y Trammell, D.S. (1996). Utilization of copper in copper proteinate, copper lysine, and cupric sulfate using the rat as an experimental model. *Journal of Animal Science* **74:** 1657-1663.

Eckhart, G.E., Greene, L.W., Carstens, G.E. y Ramsey, W.S. (1999). Copper status of ewes fed increasing amounts of copper from copper sulfate or copper proteinate. *Journal of Animal Science* **77:** 244-249.

Edwards, H.M. y Baker, D.H. (1999). Bioavailability of cinc in several sources of cinc oxide, cinc sulfate, and cinc metal. *Journal of Animal Science* **77:** 2730-2735.

Ewing, H.P., Pesti, G.M., Bakalli, R.I. y Menten, J.F. (1998). Studies on the feeding of cupric sulfate pentahydrate, cupric citrate, and copper oxychloride to broiler chickens. *Poultry Science* **77:** 445-448.

Fairweather-Tait S.J. (1995). Iron-cinc and calcium-Fe interactions in relation to Zn and Fe absorption. *Proceedings Nutrition Society* **54:** 465-473.

FEDNA (2003). *Tablas de composición y valor nutritivo de alimentos para la fabricación de piensos compuestos*. 2ª edición. De Blas C., Mateos, G.G. y Rebollar, P.G. (eds.). Fundación Española para el Desarrollo de la Nutrición Animal, Madrid, España.

Ferket, P.R., Van Heugten, E., van Kempen, T.A.T.G. y Angel, R. (2002). Nutritional strategies to reduce environmental emissions from nonruminants. *Journal of Animal Science* **80** (Suppl. 2): 168-182.

Fox, T.E., Eagles, J. y Fairweather-Tait, S.J. (1997). Bioavailabilty of an iron glycine chalate for use as a food fortificant compared with ferrous sulphate. In: *Trace Elements in Man and Animals.* Proceedings of the Ninth International Symposium. Fisher, P.W.F., L'Abbé, M.R., Cockell, K.A. y Gibson, R.S. (eds.). NRC Research Press, Ottawa. pp. 460-462.

Fremaut, D. (2003). Trace mineral proteinates in modern pig production: reducing mineral excretion without sacrificing performance. In: *Nutritional Biotechnology in the Feed and Food Industries.* Lyons. T.P. y Jacques, K.A. (eds). Alltech 19th Annual Symposium. Nottingham University Press. Nottingham. Reino Unido. pp. 171-178.

Gladyser, V.N. (2001). Identity, evolution and function of selenoproteins and selenoprotein genes. In *Selenium: Its Molecular Biology and Role in Human Health.* Hatfield, D.L., (ed). Kluwer Academic Publishers. Dordrecht, Países Bajos. pp. 99-104.

Guenthner, E., Carlson, C.W. y Emerich, R.J. (1978). Cu salts for growth stimulation and alleviation of aortic rupture losses in turkeys. *Poultry Science* **57:** 1313-1324.

Hahn, J.D. y Baker, D.H. (1993). Growth and plasma cinc responses of young pigs fed pharmacological levels of cinc. *Journal of Animal Science* **71:** 3020-3024.

Henry, P.R. y Ammerman, C.B. (1995). Selenium availability. In: *Bioavailability of Nutrients for Animals*. Ammerman, C.B., Baker, D.H. y Lewis, A.J. (eds.). Academic Press, New York. pp. 303-348.

Hill, C.H. y Matrone, G. (1970). Chemical parameters in the study of in vivo and in vitro interactions of transition elements. *Federation Proceedings* **29:** 1474-1481.

Hill, M.G., Cromwell, G.L., Crenshaw, T.D., Dove, C.R., Ewan, R.C., Knabe, D.A., Lewis, A.J., Libal, G.W., Mahan, D.C., Shurson, G.C., Shurson, G.C., Southern, L.L. y Veum, T.L. (2000). Growth promotion effects and plasma changes from feeding high dietary concentrations of cinc and copper to weanling pigs (regional study). *Journal of Animal Science* **78:** 1010-1016.

Hill, M.G., Mahan, D.C., Carter, S.D., Cromwell, G.L., Ewan, R.C., Harrold, R.L., Lewis, A.J., Miller, P.S., Shurson, G.C. y Veum, T.L. (2001). Effect of pharmacological concentrations of cinc oxide with or without the inclusion of an antibacterial agent on nursery pig performance. *Journal of Animal Science* **79:** 934-941.

Hoffman, D.J., Heinz, G.H., Lecaptain, L.J., Eiseman, J.D. y Pendleton, G.W. (1996). Toxicity and oxidative stress of different forms of organic selenium and dietary protein in mallard ducklings. *Archives Environmental Contamination and Toxicology* **31:** 120-127.

Hypor. (1999). *Guía de necesidades de nutrientes de ganado porcino*. Boxmeer, Países Bajos.

INRA-AFZ (2002). *Tables de composition et de valeur nutritive des matières premières destinèes aux animaux d'élevage: Porcs, volailles, bovins, ovins, caprins, lapins, chevaux and poissons*. Sauvant, D., Pérez, J.M. y Tran, G. (eds.). INRA, París, Francia.

INRA (1989). L´alimentation des animaux monogastriques: Porc, lapin, volailles. (2ª ed.). INRA, París, Francia.

Johnson, E., Nicholson J. L. y Doerr, J.A. (1985). Effect of dietary copper on litter microbial population and broiler performance. *British Poultry Science* **26:** 171-177.

Jondreville, C., Revy, P.S., Jaffrezic, A. y Dourmad, J.Y. (2002). Le cuivre dans l´alimentation du porc: oligoélément essential, facteur de croissance et risqué potential pour I´homme et l´environnement. INRA *Productions Animales* **15:** 247-265.

Juarena, G. y Danelon, J. (2001). *Tablas de composición de alimentos para rumiantes de la región Pampeana Argentina*. Hemisferio Sur, S.A. Buenos Aires, Argentina.

Kahn, M.Z., Szarek, J., Marchaluk, E, Macig, A. y Bartlewski, P.M. (1996). Effects of concurrent administration of monensin and selenium on erythrocyte glutathione peroxidase activity and liver selenium concentration in broiler chickens. *Biological Trace Elements Research* **49:** 129-138.

KSU (Kansas State University) (1995). *Swine Nutrition Guide*. Cooperative Extension Service. Manhattan, Kansas, Estados Unidos.

KSU (Kansas State University) (1997). *Swine Nutrition Guide*. Cooperative Extension Service. Manhattan, Kansas, Estados Unidos.

KSU (Kansas State University) (2003). *Starter pig and breeding herd recommendations.* Cooperative Extension Service. Manhattan, Kansas, Estados Unidos.

Kats, L.J., Nelssen, J.L., Goodband, R.D., Tokach, M.D., Friesen, K.G., Owen, K.Q. y Richert, B.T. (1994). Effect of manganese level and source on growth performance and carcass characteristics of finishing pigs. *Journal of Animal Science* **72** (Suppl. 1): 217(Abst.).

Kegley, E.B. y Spears, J.W. (1995). Immune response, glucose metabolism, and performance of stressed feeder calves fed inorganic or organic chromium. *Journal of Animal Science* **73:** 2721-2726.

Kennedy, K.J., Rains, T.M. y Shay, N.F. (1998). Cinc deficiency changes preferred macronutrient intake in subpopulations of Sprague-Dewley outbred rats and reduces hepatic pyruvate kinase gene expression. *Journal of Nutrition* **128:** 43-49.

Kidd, M.T., Ferket, P.R. y Qureshi, M.A. (1996). Cinc metabolism with special reference to its role in immunity. *World's Poultry Science Journal* **52:** 309-324.

Kim, Y.Y. y Mahan, D.C. (2001a). Effect of dietary selenium source, level and pig hair color on various selenium indices. *Journal of Animal Science* **79:** 949-955.

Kim, Y.Y. y Mahan, D.C. (2001b). Prolonged feeding of high dietary levels of organic and inorganic selenium to gilts from 25 kg to body weight through one parity. *Journal of Animal Science* **79:** 956-966.

Kim, Y.Y. y Mahan, D.C. (2001c). Comparative effects of dietary levels of organic and inorganic selenium on selenium toxicity of growing-finishing pigs. *Journal of Animal Science* **79:** 942-948.

Klasing, K. (1984). Effect of inflammatory agents and interleukin 1 on iron and cinc metabolism. *American Journal of Physiology* **247:** 901-904.

Knight, C.D., Klasing, K.C. y Forsyth, D.M. (1983). *E. coli* growth in serum of iron dextran-supplemented pigs. *Journal of Animal Science* **57:** 387-395.

Kolodziej, A. y Jacyno, E. (2004). Effect of dietary selenium and vitamin E supplementation in reproductive performance of young boars. *Electronic Journal of Polish Agricultural Universities* **7:** 102-107.

Kornegay, E.T., Heugten, P.H.G., Lindemann, M.D. y Blodgett, D.J. (1989). Effects of biotin and high copper levels on performance and immune response of weanling pigs. *Journal of Animal Science* **67:** 1471-1477.

Kornegay, E.T., Wang, Z., Wood, C.M. y Lindemann, M.D. (1997). Supplemental chromium picolinate influences nitrogen balance, dry matter digestibility, and carcass traits in growing-finishing pigs. *Journal of Animal Science* **75:** 1319-1323.

Kuvibidla, S. y Surendra, B. (2002). Role of iron in immunity and infection. In: *Nutrition and Immune Function.* Calder, P.C., Field, C.J. y Gill, H.S. (editores). CABI Publishing. Wallingford. Reino Unido. pp. 209-228.

Larsen, C.T., Piersen, F.W. y Gross, W.B. (1997). Effect of dietary selenium on the response of stressed and unstressed chickens to *Escherichia coli* challenge and antigen. *Biological Trace Elements Research* **58:** 169-176.

Leach, R.M. y Gross, J.R. (1983). The effect of manganese deficiency upon the ultrastructure of the eggshell. *Poultry Science* **62:** 499-504.

Leeson, S., Zubair, A.K., Squires, E.J. y Forsberg, C. (1997). Influence of dietary levels of fat, fiber and copper sulfate and fat rancidity on cecal activity in the growing turkey. *Poultry Science* **76:** 59-66.

Levander, O.A., Ager, A.L. Jr. y Beck, M.A. (1995). Vitamin E and selenium: contrasting and interacting nutritional determinants of host resistance to parasitic and viral infections. *Proceedings Nutrition Society* **54:** 475-487.

Levasseur, P. y Texier, C. (2001). Teneurs en éléments trace métalliques des aliments et des lisiers de porcs à l'engrais, de truies et de porcelets. *Journées de la Recherche Porcine en France* **33:** 57-62.

Lewis, A.J., Miller, P.S. y Wolverton, C. K. (1995). Bioavailability of iron in iron methionine for weanling pigs. *Journal of Animal Science* **73** (Suppl. 1): 172 (Abst.).

Lewis, P.D. (2004). Responses of domestic fowl to excess iodine: a review. *British Journal of Nutrition* **91:** 29-39.

Li, S., Luo, X., Liu, B., Crenshaw, T.D., Kuang, X., Shao, G. y Yu, S. (2004). Use of chemical characteristics to predict the relative bioavailability of supplemental organic manganese sources for broilers. *Journal of Animal Science* **82:** 2352-2363.

Liebholz, J.M., Speer, V.C. y Hays, V.W. (1962). Effect of dietary manganese on baby pig performance and tissue manganese levels. *Journal of Animal Science* **21:** 772-776.

Lindemann, M.D., Carter, S.D., Chiba, L.I, Dove, C.R., LeMieux, F.M. y Southern, L.L. (2004). A regional evaluation of chromium tripicolinate supplementation of diets fed to reproducing sows. *Journal of Animal Science* **82:** 2972-2977.

Lindemann, M.D., Wood, C.M., Harper, A.F., Kornegay, E.T. y Anderson, R.A. (1995). Dietary chromium picolinate additions improve gain:feed and carcass characteristics in growing-finishing pigs and increase litter size in reproducing sows. *Journal of Animal Science* **73:** 457-465.

Lowe, N.M., Fraser, W.D. y Jackson, M.J. (2002). Is there a potential therapeutic value of copper and cinc for osteoporosis? *Proceedings Nutrition Society* **61:** 181-185.

Mabe, I., Rapp, C., Bain, M.M. y Nys, Y. (2003). Supplementation of a corn-soybean meal diet with manganese, copper, and cinc from organic or inorganic sources improves eggshell quality in aged laying hens. *Poultry Science* **82:** 1903-1913.

Mahan, D. (2004). The role of selenium and Sel-Plex® in sow reproduction. In: *Nutritional Biotechnology in the Feed and Food Industries*. Lyons. T.P. y Jacques, K.A. (eds.). Alltech 20th Annual Symposium. Nottingham University Press. Nottingham. Reino Unido, pp. 131-139.

Mahan, D.C. y Parrett, N.A. (1996). Evaluating the efficacy of selenium-enriched yeast and sodium selenite on tissue selenium retention and serum glutathione peroxidase activity in grower and finisher swine. *Journal of Animal Science* **74:** 2967-2974.

Mahan, D.C. y Shields, R.G. (1998). Macro- and micromineral composition of pigs from birth to 145 kilograms of body weight. *Journal of Animal Science* **76:** 506-512.

Marin-Guzman, J., Mahan, D.C., Chung, Y.K., Pate, J.L. y Pope, W.F. (1997). Effects of dietary selenium and vitamin E on boar performance and tissue responses, semen quality, and subsequent fertilization rates in mature gilts. *Journal of Animal Science* **75:** 2994-3003.

Marin-Guzman, J., Mahan, D.C. y Pate, J.L. (2000). Effect of dietary selenium and vitamin E on spermatogenic development in boars. *Journal of Animal Science* **78:** 1537-1543.

Mateos, G.G. (2004). Óxido de cinc y sulfato de cobre. *Suis* **10:** 3-4.

Mateos, G.G. (1987). Alimentación de porcino. En: *Nutrición y alimentación del ganado*. De Blas, C., Mateos, G.G. y Argamenteria, A. (editores). Mundi-Prensa. Madrid, España. pp 337-356.

Mateos, G.G. y De Blas, C. (1998). Minerals, vitamins and additives. In: *The Nutrition of the Rabbit.* De Blas, C. y Wiseman, J. (eds.). CABI Publishing. Wallingford, Reino Unido.

Mateos, G.G., Valencia, D.G. y Jiménez-Moreno, E. (2004). Microminerales en alimentación de monogástricos. Aspectos técnicos y consideraciones legales. FEDNA **20:** 275-323.

Matthews, J.O., Higbie, A.D., Southern, L.L., Coombs, D.F., Bidner, T.D. y Odgaard, R.L. (2003). Effect of chromium propionate and metabolizable energy on growth, carcass traits, and pork quality of growing-finishing pigs. *Journal of Animal Science* **81:** 191-196.

Mavromichalis, I., Peter, C.M., Parr, T.M., Ganessunker, D. y Baker, D.H. (2000). Growth-promoting efficacy in young pigs of two sources of cinc oxide having either high or low bioavailability of cinc. *Journal of Animal Science* **78:** 2896-2902.

McDowell, L.R. (2003). *Minerals in Animal and Human Nutrition.* (2ª ed.). Elsevier. Países Bajos.

McKenzie, R.C., Arthur, J.R., Miller, S.M., Rafferty, T.S. y Beckett, G.J. (2002). Selenium and the immune system. In: *Nutrition and immune function.* Calder, P.C., Field, C.J. y Gill, H.S. (eds.). CABI Publishing. Wallingford. Reino Unido. pp. 239-250.

Miles, R.D. y Henry, P.R. (1999). Relative trace mineral bioavailability. *Proceedings California Animal Nutrition Conference.* Fresno, CA, Estados Unidos. pp. 1-24.

Miles, R.D., O'Keefe, S.F., Henry, P.R., Ammerman, C.B. y Luo, X.C. (1998). The effect of dietary supplementation with copper sulfate or tribasic copper chloride on broiler performance, relative copper bioavailability, and dietary prooxidant activity. *Poultry Science* **77:** 416-425.

Mohana, C y Nys, I. (1998). Influence of age, sex and cross on body concentrations of trace elements (cinc, iron, copper and manganese) in chickens. *British Poultry Science* **39:** 536-543.

Nebraska and South Dakota State University. (2000). *Swine Nutrition Guide.* Nebraska Cooperative Extension. EC 95-273-C, Lincoln Nebraska, Estados Unidos.

Nielsen, F. (1996). Controversial chromium: does the superstar mineral of the mountebanks receive appropriate attention from clinicians and nutritionists? *Nutrition Today* **31:** 226-233.

Nilipour, A.H., Diaz, C., Rosales, C y Savage, T.F. (1999). Effects of varying levels of dietary copper sulfate on broiler male and female production performance. *Poultry Science* **78:** 26 (Abstract).

NRC (1980). *Mineral tolerance of domestic animals.* Nat. Acad. Press. Washington, DC, Estados Unidos.

NRC (1997). *The role of chromium in animal nutrition.* Nat. Acad. Sci., Washington DC, Estados Unidos.

NRC (1998). *Nutrient Requirements of Swine.* 10ª rev. ed. Nat. Acad. Sci., Washington DC, Estados Unidos.

Nys. Y. (2001). Oligo-éléments, croissance et santé du poulet de chair. INRA *Productions Animales* **14:** 171-180.

Oayagi, S y Baker, D.H. (1995). Effect of high copper dosing on hemicellulose digestibility in cecectomized cockerels. *Poultry Science* **74:** 208-211.

Osborne, J.C. y Davis, J.W. (1968). Increased susceptibility to bacterial endotoxin of pigs with iron-deficiency anaemia. *Journal American Veterinary Medical Society Association* **152:** 1630-1632.

Paboeuf, F., Calvar, C., Landrain, B. y Roy, H. (2001). Impact de la reduction des niveaux alimentaires en matières azotée totale, en phosphore, en cuivre et en cinc sur les performances et les rejets des porcs charcutiers. *Journal Recherche Porcine en France* **33:** 49-56.

Page, T.G., Southern, L.L., Ward, T.L. y Thompson, D.L. Jr. (1993). Effect of chromium picolinate on growth and serum and carcass traits of growing-finishing pigs. *Journal of Animal Science* **71:** 656-662.

Pesti, G.M. y Bakalli, R.I. (1996). Studies on the feeding of cupric sulfate pentahydrate and cupric citrate to broiler chickens. *Poultry Science* **75:** 1086-1091.

Peters, J.C. y Mahan, D.C. (2004). *Journal of Animal Science* **82:** 52 (Abstract).

Pimentel, J.L., Cook, M.E. y Greger, J.L. (1991). Immune response of chicks fed various levels of cinc. *Poultry Science* **70:** 947-954.

Poulsen, H.D. (1995). Cinc oxide for weanling piglets. *Acta Agriculture Scandinavica Section A Animal Science* **45:** 159-167.

Poupoulis, C. y Jensen, L.S. (1976). Effects of high dietary copper on gizzard integrity of the chick. *Poultry Science* **54:** 113-121.

Powers, H.J. (1995). Riboflavine-iron interactions with particular emphasis on the gastrointestinal tract. *Proceedings Nutrition Society* **57:** 509-517.

Prasad, A.S. (2002). Cinc, infection and immune function. In: *Nutrition and immune function.* Calder, P.C., Field, C.J. y Gill, H.S. (eds.). CABI Publishing. Wallingford. Reino Unido. pp. 193-207.

Rayman, M.P. (2002). The argument for increasing selenium intake. *Proceedings Nutrition Society* **61:** 203-215.

Revy, P.S., Jondreville, C., Dourmad, J.Y., Guinotte, F. y Nys, Y. (2002). Bioavailability of two sources of cinc in weanling pigs. *Animal Research* **51:** 315-326.

Revy, P.S., Jondreville, C., Dourmad, J.Y. y Nys, Y. (2003). Le cinc dans l'alimentation du porc: oligoélément essential et risque potential pour l'environnement. INRA *Productions Animales* **16:** 3-18.

Revy, P.S., Jondreville, C., Dourmad, J.Y. y Nys, Y. (2004). Effect of cinc supplemented as either an organic or an inorganic source and of microbial phytase on cinc and other minerals utilisation by weanling pigs. *Animal Feed Science and Technology* **116:** 93-112.

Roberson, K.D. y Edwards, H.M. (1994). Effects of 1,25-dihydroxycholecalciferol and phytase on cinc utilization in broiler chicks. *Poultry Science* **73:** 1312-1326.

Rostagno, H.S. (2000). *Tabelas brasileiras para aves e suinos*. Universidad Federal de Viçosa. Viçosa, Brasil.

Rincker, M.J., Hill, G.M., Link, J.E. y Rowntree, J.E. (2004). Effects of dietary iron supplementation on growth performance, hematological status, and whole-body mineral concentrations of nursery pigs. *Journal of Animal Science* **82:** 3189-3197.

Savoini, G., Cheli, F., Bontempo, V., Baldi, A., Fantuz, F., Politis, I. y Dell'Orto, V. (1998). Effect of chromium yeast supplementation on performance, reproduction and immune function in pigs. *Annales Zootechnie* **47:** 273-278.

Scheideler, S.E. (1991). Interaction of dietary calcium, manganese and manganese source (manganese oxide or manganese methionine chelate) on chick performance and manganese utilization. *Biological Trace Element Research* **29:** 217-223.

Schell, T.C. y Kornegay, E.T. (1996). Cinc concentration in tissues and performance of weanling pigs fed pharmacological levels of cinc from ZnO, Zn-Methionine, Zn-Lysine, or $ZnSO_4$. *Journal of Animal Science* **74:** 1584-1593.

Shelton, J.L., Payne, R.L., Johnson, S.L., Bidner, T.D., Southern, L.L., Odgaard, R.L. y Page, T.L. (2003). Effect of chromium propionate on growth, carcass traits, pork quality, and plasma metabolites in growing-finishing pigs. *Journal of Animal Science* **81:** 2515-2524.

Shivaprasad, H. (2004). Coronary artery rupture in male commercial turkeys. *Avian Pathology* **33:** 226-232.

Smith, J.W, Tokach, M.D., Goodband, R.D., Nelssen, J.L. y Richert, B.T. (1997). Effects of the interrelationship between cinc oxide and copper sulfate on growth performance of early-weaned pigs. *Journal of Animal Science* **75:** 1861-1866.

Smith, M.O., Sherman, I.L., Miller, L.C. y Robbins, K.R. (1995). Relative biological availability of manganese from manganese proteinate, manganese sulfate, and manganese monoxide in broilers reared at elevated temperatures. *Poultry Science* **74:** 702-707.

Smith, T.N., Bakalli, R.I., Pesti, G.M., y Garcia, M. (1998). *Poultry Science* **77:** 118 (Abstract).

Southern, L.L. (2001). Increasing profit by optimizing nutrition-chromium. *Advance Pork Production* **12:** 153-158.

Spears, J.W. (1989). Cinc methionine for ruminants: Relative bioavailability of cinc in lambs and effects on growth and performance of growing herfers. *Journal of Animal Science* **67:** 835-843.

Stahl, J.L., Cook, M.L., Sunde, M.L. y Greger, J.L. (1989). Enhanced humoral immunity in progeny chicks fed practical diets supplemented with cinc. *Applied Agriculture Research* **4:** 86-89.

Stevenson, M.H. y Jackson, N. (1981). An attempt to distinguish between the direct and indirect effects, in the laying domestic fowl, of added dietary copper sulphate. *British Journal of Nutrition* **46:** 71-76.

Stewart, R.G., Wyatt, R.D. y Ashmore, M.D. (1977). The effect of various antifungal agents on aflatoxin production and growth characteristics of *Aspergillus flavus* and *A. parasiticus* in liquid medium. *Poultry Science* **56:** 1630-1635.

Strain, J.J. (1994). Newer aspects of micronutrients in chronic disease: copper. *Proceedings Nutrition Society* **53:** 583-598.

Surai, P.F. (2003). Selenium - Vitamin E interactions: does 1 + 1 equal more than 2? In: *Nutritional Biotechnology in the Feed and Food Industries.* Lyons. T.P. y Jacques, K.A. (eds.). Alltech 19th Annual Symposium. Nottingham University Press. Nottingham. Reino Unido. pp. 51-58.

Swinkels, J.W., Kornegay, E.T. y Verstegen, M.W.A. (1994). Biology of cinc and biological value of dietary organic cinc complexes and chelates. *Nutrition Research Reviews* **7:** 129-149.

Underwood E.J. y Suttle, N.F. (2001). *The Mineral Nutrition of Livestock.* (3ª ed.). CABI Publishing. Wallingford. Reino Unido.

Van de Ligt, C.P.A., Lindemann, M.D. y Cromwell, G.L. (2002a). Assessment of chromium tripicolinate supplementation and dietary protein level on growth, carcass, and blood criteria in growing pigs. *Journal of Animal Science* **80:** 2412-2419.

Van de Ligt, C.P.A., Lindemann, M.D. y Cromwell, G.L. (2002b). Assessment of chromium tripicolinate supplementation and dietary energy level and source on growth, carcass, and blood criteria in growing pigs. *Journal of Animal Science* **80:** 483-493.

Van de Ligt, C.P.A., Lindemann, M.D., Harmon, R.J., Monegue, H.J. y Cromwell, G.L. (2002c). Effect of chromium tripicolinate supplementation on porcine immune response during the postweaning period. *Journal of Animal Science* **80:** 449-455.

Van Heugten, E. y Spears, J.W. (1997). Immune response and growth of stressed weanling pigs fed diets supplemented with organic or inorganic forms of chromium. *Journal of Animal Science* **75:** 409-416.

Vieira, I.A. y Shigueru, V. (2003). Cobre orgânico e inorgânico como promotores do crescimento de leitoes recém-desmamados. *Revista Brasileira de Zootecnia* **32:** 1657-1662.

Vincent, J.B. (2003). The potential value and potential toxicity of chromium picolinate as a nutritional supplement, weight loss agent, and muscle development agent. *Sports Medicine* **33:** 213-230.

Vincent, J.B. (2004). Recent advances in the nutritional biochemistry of trivalent chromium. *Proceedings Nutrition Society* **63:** 41-47.

Ward, T.L., Watkins, K.L. y Southern, L.L. (1994). Interactive effects of dietary copper and water copper level on growth, water intake, and plasma and liver copper concentrations of poults. *Poultry Science* **73:** 1306-1311.

Ward, T.L., Watkins, K.L. y Southern, L.L. (1995). Interactive effects of dietary copper, water copper, and Eimeria spp. infection on growth, water intake, and plasma and liver copper concentrations of poults. *Poultry Science* **74:** 502-509.

Wedekind, K.J., Hortin, D.E. y Baker, D.H. (1992). Methodology for assessing cinc bioavailability: efficacy estimates for cinc-methionine, cinc sulfate and cinc oxide. *Journal of Animal Science* **70:** 178-187.

Wedekind, K.J., Lewis, A.J., Giesemann, M.A. y Miller, P.S. (1994a). Bioavailability of cinc from inorganic and organic sources for pigs fed corn-soybean meal diets. *Journal of Animal Science* **72:** 2681-2689.

Wedekind, K.J., Collings, G., Hancock, J. y Titgemeyer, E. (1994b). The bioavailability of cinc-methionine relative to cinc sulfate is affected by calcium level. *Poultry Science* **73:** 114 (Abst.).

Whanger, P.D. (2003). Metabolic pathways of selenium in plants and animals and their nutritional significance. In: *Nutritional Biotechnology in the Feed and Food Industries.* Lyons. T.P. y Jacques, K.A. (eds.). Alltech 19th Annual Symposium. Nottingham University Press. Nottingham. Reino Unido. pp. 51-58.

Wideman, R.F., Kirby, Y., Barton, T.L., Clark, D., Bayyari, G.R., Huff, W.E. y Moore, P.A. (1996). *Journal Applied Poultry Research* **5:** 219-230.

Williams, C.M., Barker, J.C. y Sims, J.T. (1999). Management and utilization of poultry wastes. *Environmental Contamination Toxicology* **162:** 105-157.

Xia, M.S., Hu, C.H. y Xu, Z.R. (2004). Effects of copper-bearing montmorillonite on growth performance, enzyme activities, and intestinal microflora and morphology of male broilers. *Poultry Science* **83:** 1868-1875.

Yu, S., West, C.E. y Beynen, A.C. (1994). Increasing intakes of iron reduce status, absorption and biliary excretion of copper in rats. *British Journal of Nutrition* **71:** 887-895.

Zanetti, M.A., Henry, P.R., Ammerman, C.B. y Miles, R.D. (1991). Estimation of the relative bioavailability of copper sources in chicks fed on conventional dietary amounts. *British Poultry Science* **32:** 583-588.

Zhou, W., Kornegay, E.T., van Laar, H., Swinkels, J.W., Wong, E.A. y Lindemann, M.D. (1994a). The role of feed consumption and feed efficiency in copper-stimulated growth. *Journal of Animal Science* **72:** 2385-2394.

Zhou, W., Kornegay, E.T., Lindemann, M.D., Swinkels, J.W., Welten, M.K. y Wong, E.A. (1994b). Stimulation of growth by intravenous injection of copper in weanling pigs. *Journal of Animal Science* **72:** 2395-2403.

Zubair, A.K., Forsberg, C. y Leeson, S. (1996). Effect of dietary fat, fiber, and monensin on cecal activity in turkeys. *Poultry Science* **75:** 891-899.

Capítulo 3

Alimentación de la cerda y el lechón con el objetivo de alcanzar la máxima concentración de antioxidantes y de protección inmune

Don Mahan

Profesor, Ciencias Animales, Universidad Estatal de Ohio, Columbus, Ohio, Estados Unidos

Resumen

La introducción de genotipos modernos permite alcanzar ritmos de deposición de tejido magro elevados y una productividad reproductiva elevada. Sin embargo, también conlleva algunos problemas. Uno de los más importantes es la elevada mortalidad que se produce tanto en cerdas como en lechones siendo la escasa longevidad de las cerdas uno de los principales problemas a nivel comercial. Dada la alta productividad y el elevado ritmo de crecimiento, es común que se produzcan «muertes súbitas» tanto en reproductoras como en lechones. Nuestros estudios sugieren que la capacidad antioxidante de los lechones y de las cerdas es menor cuantas más muertes súbitas se producen. La suplementación de la dieta con microminerales por encima de los niveles de seguridad podría dar lugar a una protección inmune contra los procesos oxidativos superior ya que se ha observado que cuando los animales están estresados aumentan los casos de muerte súbita. Sin embargo, niveles elevados de determinados minerales reducen los parámetros reproductivos y la longevidad de las cerdas e incrementan la formación de radicales libres. Además, determinados microminerales inorgánicos podrían incrementar la incidencia de lechones con patas separadas y cerdos nacidos muertos. La vitamina E, el selenio y el complejo cinc-metionina quizá influyan en la mejora del estado sanitario de la ubre de la cerda y de los parámetros reproductivos en general. Los resultados sugieren que los minerales orgánicos podrían prevenir la acumulación de radicales libres y mejorar la productividad de la cerda.

Introducción

Los sistemas de defensa naturales protegen al organismo contra las enfermedades, el estrés y su interacción. Generalmente, se considera que las reacciones de oxidación no controladas causadas por varios factores estresantes pueden no sólo conducir a un empeoramiento de la productividad sino también a un empeoramiento del estado inmunitario y, en algunos casos, incluso podrían causar la muerte. Varios agentes estresantes de carácter ambiental, genético y fisiológico pueden incrementar la debilidad de los sistemas de defensa tanto en animales como en humanos. Aunque muchas de las enfermedades que comúnmente afectan a humanos (como por ejemplo Parkinson, Alzheimer, esclerosis lateral amiotrófica o Lou Gehrig, diabetes, enfermedades autoinmunes, cáncer, etc.) están influenciadas por factores genéticos, también podrían estar directamente relacionadas con la incapacidad de las células y de las neuronas para manejar los productos finales de la oxidación o radicales libres (Markesbery y col., 2001). Algunas de las enfermedades que afectan comúnmente a los animales (alta mortalidad de las reproductoras, muerte súbita de los cerdos, etc.) podrían ser resultado del daño ocasionado por los radicales libres que tiene lugar, en mayor medida, en condiciones de estrés o de alta productividad.

Un aumento de las reacciones de oxidación en el interior de la célula o cerca de las paredes celulares da lugar a un incremento de radicales libres o a moléculas que pueden dañar las funciones o las membranas celulares y, en consecuencia, destruir la célula. Las reacciones de oxidación-reducción ocurren de manera controlada en los procesos metabólicos. Sin embargo, cuando estas reacciones tienen lugar de manera incontrolada y los productos finales de la oxidación se acumulan (por ej., radicales libres) se dañan los tejidos. Generalmente, los radicales libres aparecen en forma de O_2*, O*, OH*, NO* o C-C=C-C. Esta última forma se produce en el citoplasma celular mientras que las anteriores se sintetizan en la capa lipoproteica de la membrana celular y en la grasa corporal. A modo de defensa, las células intentan prevenir la acumulación de radicales libres mediante la acción de numerosos antioxidantes presentes en el organismo (Tabla 1).

Tabla 1 Antioxidantes presentes en los tejidos corporales (Markesbery y col., 2001).

Enzimáticos	*No enzimáticos*
Cobre-cinc superóxido dismutasa	Ácido ascórbico
Manganeso superóxido dismutasa	Ceruloplasmina
Catalasa	Ácido úrico
Glutatión peroxidasa	Bilirrubina
Glutatión reductasa	Melatonina
Alfa y gama tocoferol	Isoflavona
	Glutatión
	Metionina

La acumulación de radicales libres que dañan los tejidos está ocasionada por varios factores. Generalmente es la conjunción de varios factores de estrés (tales como elevadas temperaturas u otros factores ambientales, elevadas demandas fisiológicas, etc.) la que obliga a trabajar intensamente a la célula dando lugar a la muerte del animal. De hecho, en animales propensos a sufrir estrés bajo condiciones de producción intensivas y en animales con elevados ritmos de crecimiento aumenta la incidencia de muerte súbita. Se cree que cada una de estas condiciones contribuye a una acumulación excesiva de radicales libres que no pueden ser metabolizados por el animal. Obviamente, si los antioxidantes que previenen la formación de radicales libres están ausentes o a bajos niveles o si no están en el lugar de la célula donde tiene lugar la formación de radicales libres se pueden producir daños celulares.

Deficiencia o exceso del aporte de nutrientes a los tejidos

Cuando las células no reciben los nutrientes adecuados, los componentes celulares no pueden llevar a cabo su función metabólica lo que se traduce en un empeoramiento de la productividad. Por otro lado, cuando existe un exceso en el suministro de nutrientes, los tejidos han de librarse de estos excesos o bien almacenarlos. Si el nutriente tiene propiedades oxidativas, el tejido sufre daños y, a menudo, podría dar lugar a la muerte.

Un ejemplo de una enfermedad común en la producción porcina comercial es la muerte súbita de los cerdos durante el periodo post-destete. En esta situación, cerdos con crecimientos muy elevados aparecen muertos sin causa aparente. En este momento el cerdo está empezando a sintetizar vitamina C y la síntesis de vitamina E y selenio está disminuyendo por lo que el nivel de antioxidantes es escaso. Estos animales no muestran ningún signo de deficiencia o enfermedad pero aparecen muertos de repente. Al considerar que estos cerdos probablemente hayan consumido cantidades elevadas de alimento (de aquí el elevado crecimiento) también están metabolizando altas cantidades de nutrientes y produciendo numerosos radicales libres procedentes de la actividad metabólica. No sólo tienen mayores requerimientos de nutrientes sino que también presentan mayores requerimientos de antioxidantes que eviten la acumulación de los radicales libres. Parece ser que cuando además se impone una situación adicional de estrés (por ej., lucha contra una enfermedad, lucha por la dominancia, etc.), la actividad metabólica adicional da lugar a una sobreproducción de radicales libres y, si no se controla, el animal podría morir. El elevado metabolismo de los carbohidratos junto con el alto rendimiento productivo generan O_2*, OH* y NO* que se acumulan y que, potencialmente, pueden provocar la muerte. Las necropsias de estos animales generalmente muestran acumulación de fluidos en el pericardio, corazones en forma de mora y, en algunos casos, hígados degenerados y pigmentos en la grasa. Todos ellos son fenómenos indicadores de la acumulación de radicales libres.

Funciones de los microminerales

Algunos microminerales tienen una elevada capacidad oxidante tales como hierro, cobre, selenio y, en menor medida, cinc. Además, en el organismo se puede modificar su valencia química siendo menos reactivos cuando la valencia está en estado de reducción que de oxidación. En la naturaleza y en el organismo, estos minerales orgánicos están ligados a proteínas donde su capacidad de reacción está bajo control. Los minerales también son componentes de los antioxidantes (por ej., el hierro en la catalasa; el cinc y el cobre en la superóxido dismutasa; el selenio en la glutatión peroxidasa) y, por ello, son necesarios para el organismo. El NRC (1998) recomienda niveles en la dieta sin «factores de seguridad» añadidos. Sin embargo, la mayoría de los nutricionistas recomiendan utilizar estos «factores de seguridad». Por todo ello, las principales cuestiones son: ¿qué efecto tiene sobre la productividad la inclusión de estos microminerales a altos niveles en la dieta? y ¿cuál es el efecto de suministrar estos minerales en forma orgánica en vez de una forma inorgánica más reactiva?

Peters y Mahan (2004) compararon la influencia de suministrar microminerales en la dieta de cerdas reproductoras en los niveles convencionales (generalmente con base en las recomendaciones de la Universidad o de los nutricionistas de las empresas) o en los niveles recomendados por el NRC (1998; Tabla 2) sobre su eficacia reproductiva. Estos autores observaron que la eficacia reproductiva de las cerdas era inferior cuando se suministraron los niveles medios recomendados por la industria que cuando se suministraban los valores recomendados por el NRC (1998; Figura 1).

El ácido ascórbico es un excelente antioxidante soluble en agua que, en el organismo, está presente de dos formas: oxidado y reducido. La forma biológicamente activa como antioxidante es la forma reducida. Cuando se estudió la relación entre la forma oxidada y la reducida en reproductoras (Figura 2), la cantidad de ácido ascórbico oxidado fue mayor (tanto para la forma orgánica como para la inorgánica) cuando los niveles de microminerales en la dieta eran altos. Dado que el ácido ascórbico es un excelente antioxidante, los resultados de este estudio

Tabla 2 Comparación de las recomendaciones de minerales (ppm) según el NRC (1998) y los nutricionistas de la industria y la universidad.

Mineral	*NRC (1998) (ppm)*	*Industria y universidad (ppm)*
Cobre	5,0	10 - 20
Yodo	0,14	0,15 - 0,20
Hierro	80	100 - 200
Manganeso	20	40 - 80
Selenio	0,15	0,2 - 0,5
Cinc	50	100 - 150

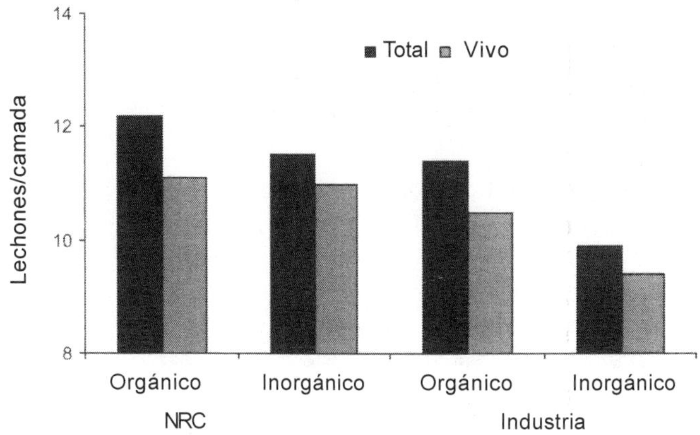

Figura 1 Influencia del nivel de microminerales de la dieta (modelos NRC e industria) y la fuente (inorgánico u orgánico) sobre la eficacia reproductiva de las cerdas reproductoras (2 partos) (Peters y Mahan, 2004).

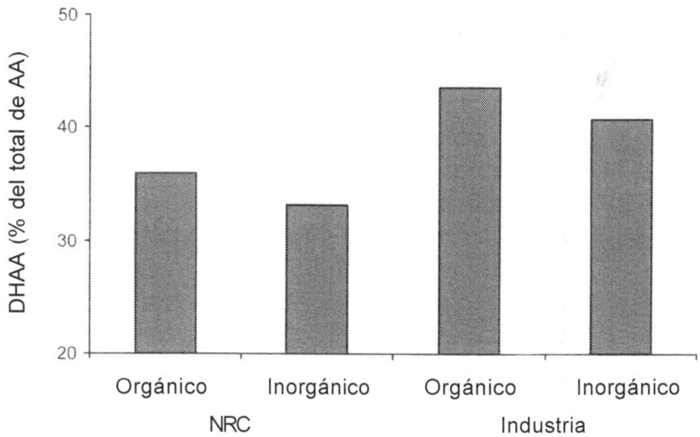

Figura 2 Ratio de ácido ascórbico oxidado y reducido en cerdas alimentadas con minerales traza (inorgánicos u orgánicos) a dos niveles (recomendaciones del NRC o de la industria). Mahan y Peters (sin publicar). DHAA = ácido dehidroascórbico (forma oxidada de la vitamina C).

sugieren que la cantidad de antioxidante utilizada por la cerda para reducir los radicales libres es elevada.

Otro trabajo de Mahan y Peters (2004) indicó que el porcentaje de cerdas que llegaban al cuarto parto era mayor cuando consumían selenio inorgánico u orgánico según las recomendaciones del NRC (1998) de 0,15 ó 0,30 ppm comparado con una ración basal (sin suplementar). Los resultados demostraron un beneficio reproductivo al consumir selenio orgánico, pero cuando el nivel de selenio de la dieta (orgánico o inorgánico) se incrementó a 0,30 ppm, el porcentaje de cerdas que llegaron al cuarto parto fue menor (Figura 3).

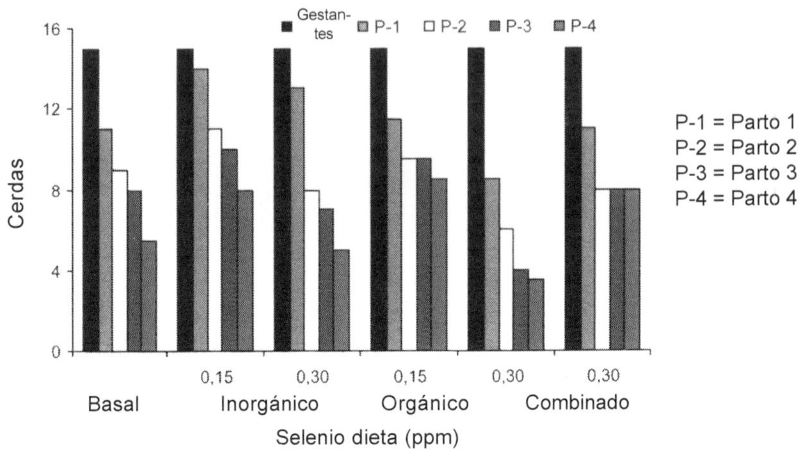

Figura 3 Influencia de la fuente (orgánico como Sel-Plex™ o inorgánico como selenito) y el nivel de selenio de la dieta sobre el número de cerdas que permanecen en el ensayo hasta el cuarto parto (Mahan y Peters, 2004).

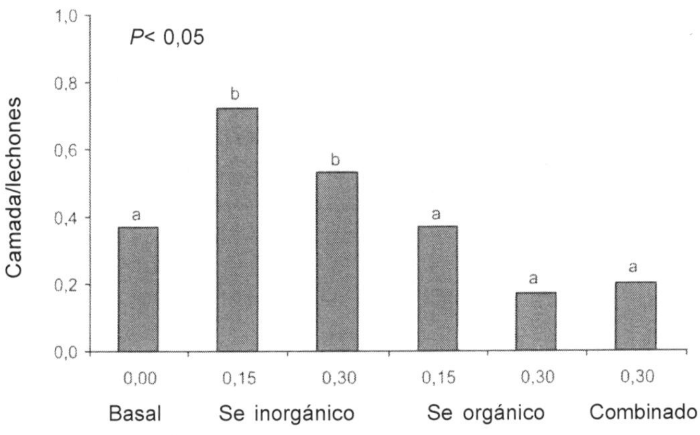

Figura 4 Influencia de la fuente (orgánico como Sel-Plex™ o inorgánico como selenito) y el nivel de selenio en la dieta de la cerda reproductora sobre el número de lechones nacidos vivos (Mahan y Peters, 2004).

Curiosamente el número de lechones nacidos vivos ($P< 0,05$; Figura 4) y el número de casos de lechones con problemas de patas separadas fueron superiores (Figura 5) con el selenio inorgánico que con el orgánico (Sel-Plex™). Ambos trabajos sugieren que niveles elevados de microminerales podrían empeorar el estado sanitario y disminuir la longevidad de las cerdas.

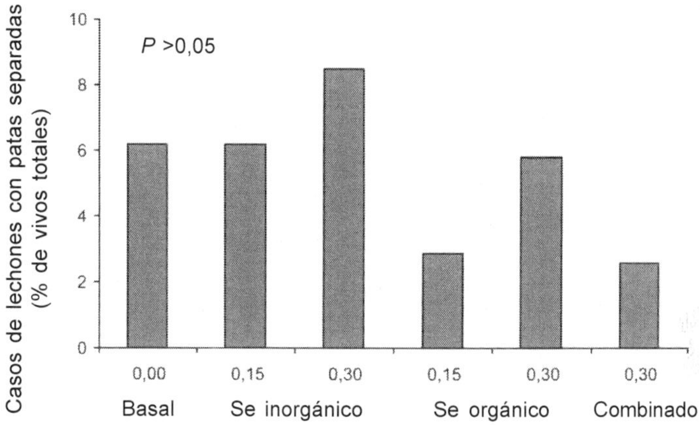

Figura 5 Influencia de la fuente (orgánico como Sel-Plex™ o inorgánico como selenito) y el nivel de selenio de la dieta de las cerdas reproductoras hasta el cuarto parto sobre el porcentaje de lechones con problemas severos de patas separadas (Mahan y Peters, 2004).

Influencia de los microminerales y las vitaminas sobre la respuesta inmune

El estudio de la influencia de la vitamina E y el selenio sobre los procesos inmunológicos del cerdo es reciente. Peplowski y colaboradores (1981) demostraron que cuando se inyectaba o se suministraba en la dieta selenio o vitamina E en lechones después del destete, la respuesta del anticuerpo al antígeno mejoraba mientras que la combinación de ambos nutrientes mejoraba la respuesta hemaglutinadora (Figura 6).

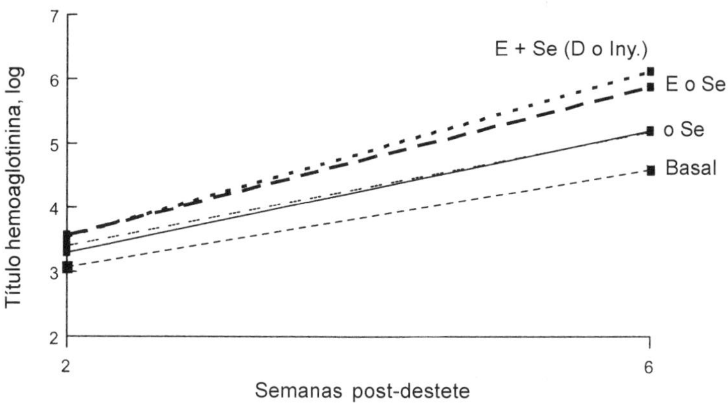

Figura 6 Influencia del selenio, la vitamina E o su combinación (inyectada o en la dieta) sobre el título de la hemaglutinina en lechones después del destete (Peplowski y col., 1981).

Hayek y colaboradores (1989) demostraron que el nivel de inmunoglobulina M (IgM) y G (IgG) se incrementaba en el calostro de la cerda al inyectar vitamina E y selenio (Tabla 3). Estos resultados sugieren que el estado sanitario de los lechones al destete podría mejorar si se le suministraran a las cerdas niveles adecuados de ambos nutrientes. Wuryastuti y colaboradores (1993) demostraron que el calostro y la leche de la cerda alimentada con vitamina E y selenio presentaba mayor actividad fagocitaria que la de las alimentadas con dietas sin estos nutrientes (Tabla 4).

Whitehair y Miller (1985) estudiaron la influencia de la alimentación deficitaria en selenio y vitamina E sobre el estado sanitario de la cerda bajo distintas prácti-

Tabla 3 Influencia del aporte de vitamina E, selenio o ambos sobre la concentración de inmunoglobulinas A, M y G en el calostro de la cerda reproductora (Hayek y col., 1989).

Inmunoglobulina	*Tratamiento*[a]				
	Control	*Vitamina E*	*Selenio*	*Vitamina E + Selenio*	*EEM*[b]
Inmunoglobulina A	13,8	12,7	14,5	12,4	1,9
Inmunoglobulina M	8,4	9,8	10,0	9,6	0,8[c]
Inmunoglobulina G	54,0	63,9	64,3	64,1	7,0

[a] Administrados intramuscularmente a los 100 días de gestación. Control = 1 mL salino; vitamina E = 100 Unidades Internacionales de α-tocoferol; selenio = 5 mg. [b] Error estándar de la media. [c] Selenio *vs.* control (P< 0,05).

Tabla 4 Influencia de la alimentación de las cerdas reproductoras con dietas con vitamina E y/o selenio desde la concepción hasta los 4 días post-parto sobre la actividad fagocitaria y microbicida de células polimorfonucleadas (PMN) del calostro y la leche (Wuryastuti y col., 1993).

	Actividad fagocitaria[a]		*Actividad microbicida*[b]	
Dieta	*Calostro*	*Leche*	*Calostro*	*Leche*
Control negativo (sin E/Se)[e]	35,2 ± 0,9[e]	21,2 ± 2,5	3,2 ± 2,7[e]	1,2 ± 0,10[e]
Control (+E/Se)[c]	50,2 ± 5,4[d]	27,5 ± 3,0	6,2 ± 0,8	2,7 ± 0,2
(-E)	43,6 ± 3,2	23,7 ± 1,5	3,6 ± 0,6[e]	2,2 ± 0,5
Control (+E/Se)[f]	44,6 ± 8,3	30,2 ± 5,0	6,2 ± 1,0	2,4 ± 0,1
(-Se)	33,4 ± 5,1	19,9 ± 3,4	2,6 ± 0,60[e]	1,6 ± 0,4

[a] Porcentaje de células PMN que contienen dos o más partículas de levadura.
[b] Porcentaje de células PMN que contienen dos o más partículas de levadura muertas.
[c] Control para las cerdas deficientes en vitamina E.
[d] Media ± error estándar de la media.
[e] Diferencia significativa (P< 0,05) respecto al control.
[f] Control para las cerdas deficientes en selenio.

Tabla 5 Influencia de la suplementación de la dieta de las cerdas reproductoras con selenio (Se) y vitamina E (E) sobre la eficacia reproductiva (Whitehair y Miller, 1985).

Ítem	*Maíz alta humedad*			
	Basal	*Basal + Se + E*	*EEM*[a]	
Número de cerdas	10	9	–	
Casos de MMA, núm.[b]	5	0	–	
Camada				
Número de nacidos	8,8	10,9	0,7	
Peso nacimiento, kg	11,2	15,2	0,9	(0,02)
Peso a 21 días, kg	31,4	45,1	3,4	(0,05)
Destetes, %	80,2	86,8	5,7	
Ganancia camada (9-21 días), kg	20,2	29,9		
Ganancia camada (0-21 días), kg	3,4	3,7		

[a] Error estándar de la media.
[b] Mastitis, metritis y agalactia.

cas de alimentación. Los síntomas clínicos de mastitis, metritis y agalactia (MMA) aparecían cuando las cerdas consumían una dieta basal (Tabla 5). Sin embargo, cuando la dieta se suplementaba con selenio y vitamina E, el síndrome MMA desaparecía. Además de mejorar el estado sanitario, la producción de leche se incrementaba como consecuencia de los mayores crecimientos de unas camadas más numerosas y de un mayor porcentaje de lechones destetados.

Larsen y Tollersud (1981) demostraron que el selenio o la vitamina E o su combinación mejoraban las respuestas inmunológicas. Asimismo, estos autores observaron que la hemoaglutinación de las células sanguíneas mejoraba al incluir en la dieta selenio y vitamina E y, en mayor medida, al combinarlos (Tabla 6).

Tabla 6 Influencia del contenido de selenio y vitamina E de la dieta sobre la respuesta linfocitaria de la hemoaglutinina (Larsen y Tollersud, 1981).

Dieta experimental		
Se (ppm)	*Vitamina E (mg/día)*	*Respuesta (log)*
0,0	0	0,97
0,0	40	1,88
0,05	0	1,65
0,05	40	2,16
0,10	0	1,31
0,10	40	1,68

Tabla 7 Influencia del déficit de vitamina E (E) y selenio (Se) de la dieta sobre la blastogénesis linfocitaria sanguínea, la actividad fagocitaria de las células polimorfonucleadas (PMN) y la actividad microbicida de las células PMN (Wuryastuti y col., 1993).

	***Vitamina E*[a]**					***Selenio*[b]**				
	90 días gestación		***Parto***			***90 días gestación***		***Parto***		
Ítem	***+E***	***–E***	***+E***	***–E***	***EEM*[c]**	***+Se***	***–Se***	***+Se***	***+Se***	***EEM***
Blastogénesis linfocitaria										
FHG[d]	4,90	4,54[e]	5,13	3,93[e]	0,22	5,19	5,20	5,32	4,50	0,21
FTL[d]	5,19	4,64[e]	5,17	3,79[e]	0,20	5,28	5,18	5,31	4,67	0,23
Respuesta inmune de las células sanguíneas PMN										
Fagocítico, %	90,7	86,2[e]	90,1	83,8	2,3	92,9	80,5[e]	90,2	72,2[e]	3,2
Microbicida, %	57,6	48,7[e]	58,1	40,6	2,6	53,1	38,4[e]	56,3	34,3[e]	2,9

[a] Dietas suplementadas con 60 Unidades Internacionales de vitamina E/kg.
[b] Dietas suplementadas con 0,3 ppm de selenio.
[c] Error estándar de la media.
[d] La sensibilidad de los linfocitos se determinó mediante la medida de sus respuestas a un mitógeno como la fitohemaglutinina (FHG) y el de fitolaca (FTL).
[e] Diferencia significativa ($P < 0,05$) respecto al control en este periodo.

Wuryastuti y colaboradores (1993) demostraron que la blastogénesis linfocitaria y las respuestas inmunes de las células sanguíneas polimorfonucleadas mejoraban durante el ciclo reproductivo de la hembra al incluir vitamina E y selenio en la dieta (Tabla 7).

Aunque previamente se ha sugerido que el cinc orgánico mejora el estado sanitario, una revisión de los trabajos publicados con vacas lecheras demuestra que el rendimiento de leche aumenta y la salud de la ubre mejora cuando el complejo cinc-metionina se incluye en la dieta. Asimismo, se ha observado que el

Tabla 8 Influencia de la suplementación de la dieta de vacas lecheras con cinc-metionina sobre el conteo de células somáticas (CCS) (Kellogg y col., 2004).

	Dieta	
Ítem	***Control*[a]**	***Cinc-metionina*[b]**
Número de vacas	363	368
Rendimiento leche, kg/día	29,7	31,2
CCS ($\times 10^3$/mL)	282	184

[a] Suplemento de la dieta con cinc inorgánico.
[b] Dieta control suplementada con 180-400 mg de cinc diarios en forma de cinc-metionina.

conteo de células somáticas (CCS) se reduce cuando la cinc-metionina se añade a las dietas. Este estudio se repitió en varias ocasiones, obteniéndose siempre la misma respuesta general (Tabla 8). La aplicación de dichos resultados en la industria porcina es evidente. Dado que la producción de leche en cerdas mejoradas es similar a la de una vaca lechera, expresada en peso vivo, el estado sanitario de la ubre y el rendimiento en leche son extremadamente importantes. Estos resultados sugieren que el cinc orgánico podría ser un factor importante para mantener el estado sanitario y la longevidad de las cerdas.

Conclusiones

En general, los estudios existentes sobre microminerales se han llevado a cabo utilizando fuentes inorgánicas siendo el objetivo determinar las necesidades de los animales y su biodisponibilidad en función de la fuente. Ciertos minerales son muy reactivos tanto en la naturaleza como en el organismo. Varios trabajos recientes han sugerido que el suministro de microminerales en exceso podría afectar negativamente a los animales y, en particular, a los reproductores. La utilización de minerales orgánicos en la dieta podría tener un papel más beneficioso de lo que se pensaba hace unos años. Por ello, es necesario llevar a cabo estudios que resuelvan estas incógnitas.

Referencias bibliográficas

Hayek, M.G., Mitchell, G.E. Jr., Harmon, R.J., Stahly, T.S., Cromwell, G.L., Tucker, R.E. y Baker, K.B. (1989). Porcine immunoglobulin transfer after preparatum treatment with selenium or vitamin E. *Journal of Animal Science* **67:** 1299-1306.

Kellogg, D.W., Tomlinson, D.J., Socha, M.T. y Johnson, A.B. (2004). Review: Effects of cinc methionine complex on milk production and somatic cell count of dairy cows: Twelve-trial summary. *Professional Animal Scientist* **20:** 295-301.

Larsen, H.J. y Tollersud, S. (1981). Effect of dietary vitamin E and selenium on the phytohaemagglutinin response of pig lymphocytes. *Research in Veterinary Science* **31:** 301-305.

Mahan, D.C. y Peters, J.C. (2004). Long-term effects of dietary organic and inorganic selenium sources and levels on reproducing sows and their progeny. *Journal of Animal Science* **82:** 1343-1358.

Markesbery, W.R., Montine, T.J. y Lovell, M.A. (2001). Oxidative alterations in neurodegenerative diseases. In: *Pathogenesis Disorders* (Mattson, M.P. ed.) Humans Press Inc. Totowa, NJ, Estados Unidos.

NRC (1998). *Nutrient Requirement of Swine* (10th ed.). National Academy Press. Washington, DC, Estados Unidos.

Peplowski, M.A., Mahan, D.C., Murray, F.A., Moxon, A.L., Cantor, A.H. y Ekstrom, K.E. (1981). Effect of dietary and injectable vitamin E and selenium in weanling swine antigenically challenged with sheep red blood cells. *Journal of Animal Science* **51:** 344-351.

Peters, J.C. y Mahan, D.C. (2004). Sow and litter responses to dietary trace mineral source and level over two parities. *Journal of Animal Science* (Abstr.), pp. 52.

Whitehair, C.K. y Miller, E.R. (1985). Vitamin E and selenium in swine production. In: *Selenium Responsive Diseases in Food Animals*. West States Veterinary Conference, pp. 11.

Wuryastuti, H., Stowe, H.D., Bull, R.W. y Miller, E.R. (1993). Effects of vitamin E and selenium on immune responses of peripheral blood, colostrums, and milk leukocytes of sows. *Journal of Animal Science* **71:** 2464-2472.

Capítulo 4

Dietas para lechones: ¿Se puede prescindir del óxido de cinc y del sulfato de cobre?

Marcia Carlson Shannon
Universidad de Missouri, Columbia, MO, Estados Unidos

Desde la aparición de los primeros trabajos que aseguraban que la adición de cinc y cobre a la dieta de los lechones mejoraba la productividad post-destete, en general, se han venido añadiendo rutinariamente, combinados o individualmente, altas concentraciones de óxido de cinc inorgánico (2.000 a 3.000 ppm cinc) o de sulfato de cobre (125 a 250 ppm cobre). Estas concentraciones son muy superiores a las necesidades de los lechones en cinc (100 ppm) y cobre (6 ppm) (NRC, 1998). Sin embargo, suplementar la dieta con altas concentraciones de un mineral traza durante periodos prolongados podría influir negativamente sobre la productividad debido a las interacciones que tienen lugar entre los diferentes microminerales (O'Dell, 1989).

Paralelamente al incremento de la preocupación por la sostenibilidad del medio ambiente también se ha producido un aumento del interés por disminuir las concentraciones de cinc y cobre de las dietas para lechones ajustándose a la nueva legislación sin comprometer la productividad. Los complejos de microminerales orgánicos se desarrollaron basándose en la teoría de que son más biodisponibles o más similares a las formas que se producen de manera natural en el organismo que los microminerales inorgánicos. Por tanto, la mejora de su utilización metabólica resulta en una mejora de la productividad y en una menor excreción de nutrientes (Wedekind y col., 1994) al medio ambiente. Las combinaciones que se utilizan para formar complejos minerales o quelatos varían, pero en la mayoría de los productos orgánicos, el micromineral de interés está ligado a aminoácido/s, proteínas hidrolizadas o polisacáridos (Spears, 1993). Todos los microminerales orgánicos no se comportan de la misma forma de manera que la naturaleza del ligando al que se unen podría afectar al grado de mejora o a otros aspectos de la productividad. Por tanto, podrían existir algunas diferencias biológicas según el ligando utilizado. Estas diferencias serían la causa de la variabilidad observada en los resultados de los ensayos llevados a cabo con lechones. Este capítulo es una revisión de los trabajos que se han publicado recientemente sobre la suplementación con cinc y cobre de las dietas para lechones con el objetivo de obtener conclusiones prácticas.

Historia del cinc

La práctica comercial de suministrar elevadas concentraciones de cinc en las dietas para lechones surgió a partir de estudios europeos (Poulsen, 1995) que sugerían que suplementar con óxido de cinc disminuía la incidencia de diarreas específicas post-destete y, lo que es más importante, la proliferación de *Escherichia coli* disminuyendo la mortalidad. Además, estudios realizados en Estados Unidos han demostrado que la adición de elevadas concentraciones de cinc en forma de óxido de cinc puede actuar como promotor del crecimiento en los lechones recién destetados (Tabla 1). La suplementación de dietas para lechones con altas cantidades de cinc, inorgánico u orgánico, mejora claramente la productividad.

Muchas de las condiciones que no se incluyen en las publicaciones o que no se controlan, tales como las condiciones ambientales de los alojamientos (comerciales o experimentales), los niveles iniciales de microminerales en el lechón, los niveles de minerales antagónicos (cinc, hierro, cobre o calcio), otros componentes de la dieta (fitatos); el peso molecular de los microminerales orgánicos o el estado sanitario del cerdo, podrían afectar a la cuantía de la respuesta de la productividad. En estos trabajos tras suplementar las dietas con cantidades altas de cinc durante al menos dos semanas inmediatamente después del destete, la ganancia media diaria (GMD) mejoró una media del 7,85% en lechones destetados precozmente (< 21 días de edad) y del 8,3% en lechones destetados con más de 22 días de edad (Tabla 1). Los trabajos de Smith y colaboradores (1997) y Hill y colaboradores (2001) observaron una mejora de la GMD de los lechones al suplementar con cinc mayor que cuando se destetaban con menos de 21 días de edad. Sin embargo, Carlson y colaboradores (1999) y Case y Carlson (2002) observaron que la GMD mejoraba más en lechones destetados después de los 21 días de edad. La mayoría de los trabajos suplementan con cinc durante cuatro semanas después del destete aunque no se han observado efectos aditivos a partir de la segunda semana post-destete. De hecho, Carlson y colaboradores (1999) observaron que la mayor parte de la mejora de la productividad asociada a la suplementación de dietas para lechones con cinc tenía lugar durante las dos primeras semanas tras el destete. En estos trabajos, se estudió un rango muy amplio de concentraciones de cinc en la dieta (de 80 a 3.000 ppm). Un trabajo de la North Central Region Swine Nutrition (Hill y col., 2001) demostró que 2.000 ppm son tan eficaces como 3.000 ppm de cinc como óxido de cinc para mejorar la productividad de los lechones después del destete. Además, la inclusión de óxido de cinc inorgánico podría disminuirse hasta 1.000 ppm cuando se incluyen fitasas (500 FTU/kg) en la dieta de los lechones (Martínez y col., 2004). Probablemente la biodisponibilidad relativa de la fuente de óxido de cinc utilizada en estos traba-

Tabla 1 Revisión de trabajos acerca de la influencia de la suplementación con cinc (Zn) de dietas para lechones sobre la ganancia media diaria (GMD) en comparación con cerdos alimentados según las recomendaciones del NRC.

Referencia[a]	*Fuente Zn*[b]	*Nivel (ppm)*	*Duración inicial (días)*	*Edad inicial (días)*	*Peso (kg)*	*D GMD (%)*[c]
Carlson y col.,	OX	3.000	28	11,5	3,8	9,1
1999	OX	3.000	28	24,5	7,2	19,0
Case y Carlson,	AA	500	28	24	6,45	5,4
2002	PLS	500				20,5
	OX	500				7,9
	OX	3.000				23,9
	AA	500	28	18	5,47	–6,2
	PLS	500				8,6
		OX	500			3,0
	OX	3.000				20,0
Carlson y col.,	PLS	125	42	17	5,14	2,0
2004	OX	2.000				4,3
	PRT	100	28	17	5,27	5,7
	OX	2.000				8,0
Cheng y col.,	SUL	100	28	20,5	7,25	2,85
1998	LIS	100				4,1
Davis y col.,	OX	2.500	10	19	6,2	21,3
2004	OX	2.500	38	19	4,6	19,3[d]
						6,0[e]
	OX	500	35	19	5,6	–1,4
	OX	2.500				1,1
de Rodas y col., 1999	AA	100	52	19,5	6,1	–/+[f]
Hahn y Baker,	OX	3.000	21	35	8,33	12,6
1993	SUL	3.000				14,3
	OX	3.000	14	28	7,93	11,0
	SUL	3.000				–7,0
	MET	3.000				–1,8
Hill y col., 2000	OX	3.000	28	22	6,55	11,1
	OX + $CuSO_4$	3.000				9,6
Hill y col., 2001	OX	500	28	12,8	4,15	11,2
	OX	1.000				11,2
	OX	2.000				22,8
	OX	3.000				15,8
	OX	500	28	22,7	7,09	–0,8
	OX	1.000				4,9
	OX	2.000				9,2
	OX	3.000				7,0

(continúa)

Tabla 1 (*Continuación*)

Referencia[a]	*Fuente Zn*[b]	*Nivel (ppm)*	*Duración inicial (días)*	*Edad inicial (días)*	*Peso (kg)*	*D GMD (%)*[c]
Mavromichalis, 2000	OX (HS)	1.500	21	28	6,5	20,4
	OX (HS)	3.000				34,1
	OX (W)	1.500	21	28	6,1	19,5
	OX (HS)	1.500				25,5
	OX (W)	1.500	17	21	5,4	21,0
	OX (HS)	1.500				19,6
McCalla y col., 1999	OX	2.000	35	18	NR	10,0
	AA	100				–
	AA	200				–
	AA	300				–
	AA	400				–
Mullan y col., 2002	OX	1.500	21	21	8,0	26,0
	OX	2.500				34,0
	OX	3.500				2,0
	OX	2.000	39	21	6,58	5,7
	PRT	100				9,4
	PRT	250				14,1
Schell y Kornegay, 1996	OX	3.000	14	28	7,5	13,3
	MET	3.000				7,7
	LIS	3.000				SC
	SUL	3.000				–25,0
	OX	2.000	14	26	7,1	SC
	MET	2.000				–13,3
	LIS	2.000				SC
	SUL	2.000				16,7
	OX	1.000	14	23	5,3	–13,3
	MET	1.000				–6,7
	LIS	1.000				6,7
	SUL	1.000				SC
Smith y col., 1997	OX	3.000	28	17	4,95	–2,9
	OX	3.000	28	21	5,67	–1,1
	OX	3.000	28	15	4,45	21,4
	OX + $CuSO_4$	3.000				16,8
	OX	3.000	28	12	4,17	4,2
	OX + $CuSO_4$	3.000				–6,3
Van Heugten y col., 2003	SUL	80	35	21	6,45	–1,3
	MET	80				5,7
	LIS	80				–3,8
	MET + LIS	40 + 40				–2,0
Ward y col., 1996	OX	2.000	33	19	6,5	5,5
	MET	250				4,8
	OX	2.000	38	19	6,0	4,0
	MET	250				4,5

(continúa)

Tabla 1 (*Continuación*)

Referencia[a]	*Fuente Zn*[b]	*Nivel (ppm)*	*Duración (días)*	*Edad inicial (días)*	*Peso inicial (kg)*	*D GMD (%)*[c]
Woodworth y col., 1999[b]	AA	100	34	12	4,25	–
	AA	200				–
	AA	300				–
	AA	400				–
	AA	500				–
	OX	3.000				+

[a] Los trabajos difieren entre sí en el número de cerdos por departamento; en la duración del periodo en el que se suplementa con cinc; en las condiciones en las que se realizó el ensayo (comerciales o experimentales); en la dieta; en la concentración de nutrientes y en la inclusión de antibióticos.
[b] OX: Óxido. OX (W): Óxido procesado por el método de Waelz. AA: Aminoácido. PLS: Polisacárido. PRT: Proteinato. SUL: Sulfato. LIS: Lisina. MET: Metionina.
[c] Mejora (+) o no mejora (–) de la productividad. [d] De 1 a 10 días; [e] De 1 a 38 días. [f] –: Dieta simple. + : Dieta compleja.

jos no afectó a la respuesta de la productividad de los lechones (Mavromichalis y col., 2000).

La información existente sobre la suplementación con cinc orgánico de dietas para lechones post-destete indica que el ligando o la fuente tiene poco efecto sobre la mejora de la productividad con un incremento medio del 3,1%. Varios trabajos (Ward y col., 1996; de Rodas y col., 1999; Case y Carlson, 2002; Mullan y col., 2002) han demostrado que los cerdos alimentados con bajas concentraciones de cinc orgánico presentan una mejora del crecimiento similar a la de los cerdos alimentados con 3.000 ppm de cinc en forma de óxido de cinc. Por otro lado, McCalla y colaboradores (1999) y Woodworth y colaboradores (1999) demostraron que concentraciones inferiores de cinc orgánico procedente de un complejo de cinc y aminoácidos no mejoraban el crecimiento de los lechones de la misma manera que 3.000 ppm de cinc en forma de óxido de cinc hasta los 34 días post-destete. La respuesta de la productividad parece depender de la forma de la suplementación de la dieta para lechones (de Rodas y col., 1999). En general, la mejora de la GMD observada en lechones después del destete no parece ser tan alta cuando se utilizan concentraciones bajas de una fuente de cinc orgánico como cuando se utilizan 2.000-3.000 ppm cinc de óxido de cinc inorgánico aunque, aún en este caso, exista una mejora de la productividad.

Historia del cobre

Barber y colaboradores (1955) observaron por primera vez una mejora de la productividad en los cerdos que recibían 250 ppm de cobre en forma de sulfato

Tabla 2 Revisión de trabajos acerca de la influencia de la suplementación con cobre (Cu) de dietas para lechones sobre la ganancia media diaria (GMD) en comparación con cerdos alimentados según las recomendaciones del NRC.

Referencia[a]	*Fuente Cu*[b]	*Nivel (ppm)*	*Duración inicial (días)*	*Edad inicial (días)*	*Peso (kg)*	*D GMD (%)*[c]
Apgar y col., 1995	SUL	100	35	31	8,3	23,8
	SUL	150				17,9
	SUL	200				26,6
	LIS	100				20,2
	LIS	150				18,3
	LIS	200				29,6
Armstrong y col., 2004	SUL	62	45	17	4,99	1,7
	SUL	125				10,8
	SUL	250				10,8
	CIT	15				2,9
	CIT	31				5,5
	CIT	62				4,6
	CIT	125				9,2
Coffey y col., 1994	LIS	50-200	28-35	30	7,4	16,8
	SUL	50-200				11,5
Cromwell y col., 1998	CLO	100	28	29	13,7	5,5
	CLO	200				7,0
	SUL	200				9,0
Davis y col., 2002	SUL	175	38	18	6	50,9[d]
						13,7[e]
Dove, 1995	SUL	250	21	26	6,8	20,7
Dove, 1993	SUL	125	28	25	6,6	8,2
	SUL	250				13,7
Dove y Haydon, 1992	SUL	250	28	26	6,9	15,0
Hill y col., 2000	SUL	250	28	22	6,55	8,3
	SUL + ZnO	250				9,6
Roof y Mahan, 1982	SUL	125	33	28	6,8	5,7
	SUL	250				2,9
	SUL	375				2,9
	SUL	500				–9,1
Smith y col., 1997	SUL	250	28	15	4,45	11,8
	SUL + ZnO	250				16,8
	SUL	250	28	12	4,17	–4,7
	SUL + ZnO	250				–6,3
Stahly y col., 1980	SUL	250	28	28	6,4	8,3
	SUL	62,5	28	28	6,3	5,4
	SUL	125				13,1
	SUL	250				11,4
Stansbury y col., 1990	SUL	125	28	28	6,4	5,0
	ORG	31,25				2,6
	ORG	62,5				7,3
	ORG	125				5,0

(*continúa*)

Tabla 2 (*Continuación*)

Referencia[a]	*Fuente Cu*[b]	*Nivel (ppm)*	*Duración inicial (días)*	*Edad inicial (días)*	*Peso (kg)*	*D GMD (%)*[c]
Veum y col., 2004	PRT	25	28	19	6,3	5,2
	PRT	50				10,1
	PRT	100				8,8
	PRT	200				2,3
	SUL	250				SC

[a] Los trabajos difieren entre sí en el número de cerdos por departamento; en la duración del periodo en el que se suplementa con cobre; en las condiciones en las que se realizó el ensayo (comerciales o experimentales); en la dieta; en la concentración de nutrientes y en la inclusión de antibióticos.
[b] SUL: Sulfato. ORG: Orgánico. PRT: Proteinato. LIS: Lisina. CIT: Citrato. CLO: Cloruro.
[c] Mejora (+) o no mejora (–) de la productividad. [d] De 1 a 10 días. [e] De 1 a 38 días. SC = sin cambio.

($CuSO_4$). En la Tabla 2 se muestra una revisión de los trabajos que han estudiado la respuesta de los lechones a altas concentraciones de cobre en la dieta. Algunos aspectos que no se hayan publicado o que no se hayan controlado podrían influir sobre la respuesta de la productividad de manera similar a lo que sucede con el cinc. En general, los trabajos sobre suplementación con cobre van de concentraciones de 15 a 250 ppm (independientemente de la fuente) suministradas al menos durante 28 días después del destete, resultando en un incremento medio de la GMD del 5,2%. La suplementación con cobre parece tener mayor efecto sobre la GMD (14,5% *vs.* 7,1%) cuando los lechones se destetan con más de 22 días de edad que cuando se destetan precozmente (< 21 días de edad). Estos resultados son similares a los obtenidos para el cinc con la diferencia de que la suplementación con cobre parece tener una mayor influencia cuando se suministra durante al menos 28 días post-destete. De forma similar a lo que ocurre con el cinc, la inclusión de antibióticos no mejora la respuesta de la productividad observada a la suplementación de la dieta para lechones con cobre (Stahly y col., 1980; Roof y Mahan, 1982).

La mayoría de los trabajos coinciden en que los complejos de cobre orgánico parecen tener igual efectividad que el sulfato de cobre sobre la mejora de la productividad de los lechones. La revisión de los trabajos publicados refleja que los complejos de cobre orgánico mejoran la GMD de los lechones (Coffey y col., 1994; Zhou y col., 1994a, b; De Rodas y col., 1999; Veum y col., 2004) en una media del 10,7% comparado con un 10,5% de los cerdos alimentados con dietas suplementadas con diferentes concentraciones de sulfato de cobre.

La concentración de cobre de la dieta no parece mejorar el crecimiento observado cuando los lechones se suplementan con cinc. Smith y colaboradores (1997) y Hill y colaboradores (2000) observaron que la GMD disminuía una media del 3% cuando se añadían cinc y cobre conjuntamente con respecto a cuando se suministraba sólo cinc durante las 4 primeras semanas post-destete.

Mecanismos que podrían influir en la respuesta del crecimiento

El mecanismo hipotético de actuación de la respuesta del crecimiento se basa en que el cinc (2.000-3.000 ppm como óxido de cinc) y el cobre (125-250 ppm como sulfato de cobre) actuarían como agentes antimicrobianos sobre la microflora intestinal disminuyendo la regeneración de las células intestinales y dejando más nutrientes disponibles para la absorción (Fuller y col., 1960). Carlson y colaboradores (1998) observaron que suministrando concentraciones farmacológicas de cinc (3.000 ppm de cinc como óxido de cinc) se alteraba la morfología del duodeno (criptas más profundas y con mayor espesor) y se incrementaban las concentraciones intestinales de metalotioneínas indicando que altas concentraciones de cinc podrían tener un efecto entérico sobre el crecimiento de los cerdos. Un trabajo más reciente (Owusu-Asiedu y col., 2003) demostró que el óxido de cinc puede utilizarse para disminuir la incidencia de diarreas post-destete causadas por la bacteria *Escherichia coli.* Asimismo, Roselli y colaboradores (2003) observaron que el óxido de cinc podría proteger a las células intestinales de las infecciones causadas por *Escherichia coli* no por un efecto antibacteriano directo sino por la inhibición de la adhesión y la penetración de la bacteria, previniendo la rotura de la integridad de la barrera y modulando la expresión genética de la citoquina. Por tanto, el trabajo de Roselli y colaboradores (2003) posiblemente explique porqué la mayoría de los trabajos no muestran una respuesta aditiva en la GMD cuando se suministran a los lechones después del destete ambos suplementos de cinc o cobre y (o) antibiótico (Hill y col., 2001).

Zhou y colaboradores (1994 a y b) observaron que la mejora del crecimiento se debía a un efecto sistemático en el organismo más que a un efecto antimicrobiano en el tracto intestinal. Esta teoría se basa en que existe una amplia variedad de funciones biológicas que están relacionadas con el crecimiento. Si el efecto sistemático fuera el modo de acción, los nutricionistas y la industria de piensos necesitarían mejorar la eficacia de liberación de cobre a la circulación lo que se podría facilitar suministrando microminerales orgánicos a los cerdos en crecimiento.

Se sabe que la retención de cobre y cinc depende del nivel de estos minerales en el cerdo y en la dieta. Poulsen y Larsen (1995) observaron que al aumentar la concentración de cinc en la dieta aumentaba su excreción fecal disminuyendo su retención. Los cerdos que consumieron 2.000 ppm de cinc como óxido de cinc excretaron más cinc en las heces y en la orina pero también presentaron una mayor retención de cinc debido al mayor consumo diario de este mineral (Carlson y col., 2004). Los cerdos que consumieron 400 ppm de cinc en forma orgánica o 2.000 ppm de cinc como óxido de cinc presentaron mayores absorciones y retenciones de este mineral en comparación con los cerdos que recibieron 200 ppm de cinc como cinc orgánico o la dieta basal (Carlson y col., 2004). Estos resultados indican que altas concentraciones de cinc en la dieta podrían aumentar su retención. Poulsen y Larson (1995) observaron que la retención de cinc en cerdos en crecimiento aumentaba linealmente según se aumentaba la cantidad de óxido de cinc hasta 0,30 g diarios.

Según Veum y colaboradores (2004), los cerdos que consumen dietas que contienen complejos de cobre orgánico o sulfato de cobre inorgánico por encima de sus necesidades presentan mayores retenciones de cobre a pesar de que la excretan mayores cantidades de este mineral en heces y orina, de forma similar a lo que ocurre al suplementar con cinc. Estos mismos autores observaron que los cerdos alimentados con 50 o 100 ppm de cobre como cobre orgánico con concentraciones normales de cinc inorgánico (150 ppm cinc) presentaban una mayor retención y una mayor absorción de cinc y, por tanto, una menor concentración de cinc en las heces, posiblemente debido a la interacción entre nutrientes (O'Dell, 1989) y a la mayor biodisponibilidad del complejo orgánico (Wedekind y col., 1994). Apgar y Kornegay (1996) observaron que machos castrados de 71 kg de peso vivo excretaban 6,9 veces más cobre cuando se alimentaban con 250 en vez de con 36 ppm de cobre como sulfato de cobre. En líneas generales, cuando aumentan las concentraciones de cobre y cinc de la dieta aumenta su excreción en heces y en orina así como su retención y su absorción.

Conclusión

La mejora de la productividad justifica el suministro de concentraciones altas de cinc o cobre a los lechones, al menos, durante las dos primeras semanas post-destete. La decisión de utilizar concentraciones elevadas de cinc o cobre en lechones debe ser tomada en cada caso en particular (bajo supervisión veterinaria) dado que no se han definido unas condiciones específicas bajo las que se deban suplementar las dietas. Asimismo, es fundamental controlar a los cerdos con el objetivo de determinar si están existiendo respuestas positivas a la suplementación con cinc o cobre. De no ser así, se debe dejar de suplementar las dietas con estos minerales ya que los productores podrían estar corriendo riesgos innecesarios en cuanto a contaminación medioambiental y a interacciones entre nutrientes y, posiblemente, podría estarse empeorando la productividad. Sin embargo, la sustitución de una fuente de micromineral inorgánico por una orgánica es una cuestión a tener en cuenta dada su mayor biodisponibilidad. Como resultado del incremento de la biodisponibilidad de las fuentes de microminerales orgánicos, los ritmos de digestión y absorción a nivel intestinal mejoran, por lo que se necesita menos concentración en la dieta para cubrir las necesidades de estos minerales. La legislación actual de la Unión Europea permite un máximo para el cinc de 150 mg/kg de dieta y para el cobre de 170 mg/kg de dieta hasta las 12 semanas de edad y 25 mg/kg a partir de esta edad. La lógica sugiere que la alimentación con una menor concentración de cinc o cobre orgánicos (cumpliendo con la legislación europea) en vez de con fuentes inorgánicas dará lugar a una productividad óptima con una menor excreción de nutrientes al medio ambiente.

Referencias bibliográficas

Apgar, G.A., Kornegay, E.T., Lindemann, M.D. y Notter, D.R. (1995). Evaluation of copper sulfate and a copper lysine complex as growth promoters for weanling swine. *Journal of Animal Science* **73:** 2640-2646.

Apgar, G.A. y Kornegay, E.T. (1996). Mineral balance of finishing pigs fed copper sulfate or copper-lysine complex at growth-stimulating levels. *Journal of Animal Science* **74:** 1594-1600.

Armstrong, T.A., Cook, D.R., Ward, M.M., Williams, C.M. y Spears J.W. (2004). Effect of dietary copper source (cupric citrate and cupric sulfate) and concentration on growth performance and fecal copper excretion in weanling pigs. *Journal of Animal Science* **82:** 1234-1240.

Barber, R.S., Braude, R. y Mitchell, K.G. (1955) Antibiotic and copper supplements for fattening pigs. *British Journal of Nutrition* **9:** 378-382.

Carlson, M.S., Hoover, S.L., Hill, G.M., Link, J.E. y Turk, J.R. (1998). Effect of pharmacological cinc on intestinal metallothionein concentration and morphology in nursery pigs. *Journal of Animal Science* **76:** 57 (Abstr.).

Carlson, M.S., Hill, G.M. y Link, J.E. (1999). Early- and traditionally weaned nursery pigs benefit from phase-feeding pharmacological concentrations of cinc oxide: Effect on metallothionein and mineral concentrations. *Journal of Animal Science* **77:** 1199-1207.

Carlson, M.S., Boren, C.A., Wu, C., Huntington, C.E., Bollinger, D.W. y Veum, T.L. (2004). Evaluation of various inclusion rates of organic cinc either as polysaccharide or proteinate complex on the growth performance, plasma, and excretion of nursery pigs. *Journal of Animal Science* **82:** 1359-1366.

Case, C.L. y Carlson, M.S. (2002). Effect of feeding organic and inorganic sources of additional cinc on growth performance and cinc balance in nursery pigs. *Journal of Animal Science* **80:** 1917-1924.

Cheng, J., Kornegay, E.T. y Schell, T. (1998). Influence of dietary lysine on the utilization of cinc from cinc sulfate and a cinc-lysine complex by young pigs. *Journal of Animal Science* **76:** 1064-1074.

Coffey, R.D., Cromwell, G.L. y Monegue, H.J. (1994). Efficacy of copper-lysine complex as a growth promotant for weanling pigs. *Journal of Animal Science* **72:** 2880-2886.

Cromwell, G.L., Stahly, T.S. y Monegue, H.J. (1989). Effects of source and level of copper on performance and liver copper stores in weanling pigs. *Journal of Animal Science* **67:** 2996-3002.

Cromwell, G.L., Lindemann, M.D., Monegue, H.J., Hall, D.D. y Orr Jr., D.E. (1998). Tribasic copper chloride and copper sulfate as copper sources for weanling pigs. *Journal of Animal Science* **76:** 118-123

Davis, M.E., Brown, D.C., Maxwell, C.V., Johnson, Z.B., Kegley, E.B. y Dvorak, R.A. (2004). Effect of phosphorylated mannans and pharmacological additions of cinc oxide on growth performance and immunocompetence of weanling pigs. *Journal of Animal Science* **82:** 581-587.

Davis, M.E., Maxwell, C.V., Brown, D.C., De Rodas, B.Z., Johnson, Z.B., Kegley, E.B., Hellwig, D.H. y Dvorak, R.A. (2002). Effect of dietary mannan oligosaccharides and (or) pharmacological additions of copper sulfate on growth performance and immunocompetence of weanling and growing/finishing pigs. *Journal of Animal Science* **80:** 2887-2894.

De Rodas, B.Z., Maxwell, C.V., Brown, D.C., Davis, M.E., Johnson, Z.B. y Fakler, T.M. (1999). Effect of diet complexity and supplemental cinc amino acid complexes on performance of nursery pigs. *Journal of Animal Science* **77** (Suppl. 1): 177 (Abstr.).

Dove, C.R. (1995). The effect of copper level on nutrient utilization of weanling pigs. *Journal of Animal Science* **73:** 166-171.

Dove, C.R. (1993). The effect of adding copper and various fat sources to the diets of weanling swine on growth performance and serum fatty acid profiles. *Journal of Animal Science* **71:** 2187-2192.

Dove, C.R. y Haydon, K.D. (1992). The effect of copper and fat addition to the diets of weanling swine on growth performance and serum fatty acids. *Journal of Animal Science* **70:** 805-810.

Fuller, R.L., Newland, G.M., Briggs, C.A.E., Braude, R. y Mitchell, K.G. (1960). The normal intestinal flora of the pig. IV. The effect of dietary supplement, of penicillin, chlortetracycline or copper sulfate on fecal flora. *Journal of Applied Bacteriology* **23:** 195-202.

Hahn, J.D. y Baker, D.H. (1993). Growth and plasma cinc responses of young pigs fed pharmacological levels of cinc. *Journal of Animal Science* **71:** 3020-3024.

Hill, G.M., Mahan, D.C., Carter, S.D., Cromwell, G.L., Ewan, R.C., Harrold, R.L., Lewis, A.J., Miller, P.S., Shurson, G.C. y Veum, T.L. (2001). Effect of pharmacological concentrations of cinc oxide with or without the inclusion of an antibacterial agent on nursery pig performance. *Journal of Animal Science* **79:** 934-941.

Hill, G.M., Cromwell, G.L., Crenshaw, T.D., Dove, C.R., Ewan, R.C., Knabe, D.A., Lewis, A.J., Libal, G.W., Mahan, D.C., Shurson, G.C., Southern, L.L. y Veum, T.L. (2000). Growth promotion effects and plasma changes from feeding high dietary concentrations of cinc and copper to weanling pigs (regional study). *Journal of Animal Science* **78:** 1010-1016.

Martínez, M.M., Hill, G.M., Link, J.E., Raney, N.E., Tempelman, R.J. y Ernst, C.W. (2004). Pharmacological cinc and phytase supplementation enhance metallothionein mRNA abundance and protein concentration in newly weaned pigs. *Journal of Nutrition* **134:** 538-544.

Mavromichalis, I., Peter, C.M., Parr, T.M., Ganessunker, D. y Baker, D.H. (2000). Growth-promoting efficacy in Young pigs of two sources of cinc oxide having either a high or a low bioavailability of cinc. *Journal of Animal Science* **78:** 2896-2902.

McCalla, J.M., Gallaher, D.D., Johnston, L.J., Whitney, M.H. y Shurson, G.C. (1999). Evaluation of the optimal growth promoting level of dietary Zn from a Zn amino acid complex for weanling pigs. *Journal of Animal Science* **77:** 64 (Abstr.).

Mullan, B.P., Wilson, R.H., Harris,D., Allen, J.G. y Naylor, A. (2002). Supplementation of weaner pig diets with cinc oxide or Bioplex™ Zinc. In: *Nutritional Biotechnology in the Feed and Food Industries: Proceedings of Alltech's 18th Annual Symposium* (Lyons, T.P. y Jacques, K.A., eds.). Nottingham University Press, Nottingham, Reino Unido.

NRC (1998). *Nutrient Requirement of Swine* (10th ed.). National Academy Press. Washington, DC, Estados Unidos.

O'Dell, B.L. (1989). Mineral interactions relevant to nutrient requirements. *Journal of Nutrition* **119:** 1832-1838.

Owusu-Asiedu, A., Nyachoti, C.M. y Marquardt, R.R. (2003). Response of early-weaned pigs to an enterotoxigenic *Escherichia coli* (K88) challenge when fed diets containing spray-dried porcine plasma or pea protein isolate plus egg yolk antibody, zinc oxide, fumaric acid or antibiotic. *Journal of Animal Science* **81:** 1790-1798.

Poulsen, H.D. (1995). Zinc oxide for weanling piglets. *Acta Agriculturae Scandinavica Section A, Animal Science* **45:** 159-167.

Poulsen, H.D. y Larsen, T. (1995). Zinc excretion and retention in growing pigs fed increasing levels of cinc oxide. *Livestock Production Science* **43:** 235-241.

Roof, M.D. y Mahan, D.C. (1982). Effect of carbadox and various dietary copper levels for weanling swine. *Journal of Animal Science* **55:** 1109-1117.

Roselli, M., Finamore, A., Garaguso, I., Britti, M.S. y Mangheri, E. (2003). Zinc oxide protects cultured enterocytes from the damage induced by *Escherichia coli. Journal of Nutrition* **133:** 4077-4082.

Schell, T.C. y Kornegay, E.T. (1996). Zinc concentration in tissues and performance of weanling pigs fed pharmacological levels of zinc from ZnO, Zn-Methionine, Zn-Lysine, or $ZnSO_4$. *Journal of Animal Science* **74:** 1584-1593.

Smith, J.W.II, Tokach, M.D., Goodband, R.D., Nelssen, J.L. y Richert, B.T. (1997). Effects of the interrelationships between cinc oxide and copper sulfate on growth performance of early-weaned pigs. *Journal of Animal Science* **75:** 1861-1866.

Spears, J.W. (1993). Organic trace minerals in ruminant nutrition. In: *Proceedings of the 14th Canadian Western Nutrition Conference.* Calgary, Alberta, Canadá. pp. 269.

Stahly, T.S., Cromwell, G.L. y Monegue, H.J. (1980). Effects of the dietary inclusion of copper and (or) antibiotics on the performance of weanling pigs. *Journal of Animal Science* **51:** 1347-1351.

Stansbury, W.F., Tribble, L.F. y Orr Jr, D.E. (1990). Effect of chelated copper sources on performance of nursery and growing pigs. *Journal of Animal Science* **68:** 1318-1322.

Van Heugten, E., Spears, J.W., Kegley, E.B., Ward, J.D. y Qureshi, M.A. (2003). Effects of organic forms of cinc on growth performance, tissue cinc distribution, and immune response of weanling pigs. *Journal of Animal Science* **81:** 2063-2071.

Veum, T.L., Carlson, M.S., Wu, C., Bollinger, D.W. y Ellersieck, M.R. (2004). Copper proteinate in weanling pig diets for enhancing growth performance and reducing fecal copper excretion compared with copper sulfate. *Journal of Animal Science* **82:** 1062-1070.

Ward, T.L., Asche, G.A., Louis, G.F. y Pollmann, D.S. (1996). Zinc-methionine improves growth performance of starter pigs. *Journal of Animal Science* **74:** 303 (Abstr.).

Wedekind, K.J., Lewis, A.J., Giesemann, M.A. y Miller, P.S. (1994). Bioavailability of zinc from inorganic and organic sources for pigs fed corn-soybean meal diets. *Journal of Animal Science* **72:** 2681-2689.

Woodworth, J.C., Tokach, M.D., Nelssen, J.L., Goodband, R.D., Quinn, P.R.O. y Fakler, T.M. (1999). The effects of added cinc from an organic zinc complex or inorganic zinc sources on weanling pig growth performance. *Journal of Animal Science* **77:** 61 (Abstr.).

Zhou, W., Kornegay, E.T., Laarvan, H., Swinkels, J.W.G.M., Wong, E.A. y Lindeman, M.D. (1994a). The role of feed consumption and feed efficiency in copper-stimulated growth. *Journal of Animal Science* **72:** 2385-2394.

Zhou, W., Kornegay, E.T., Lindeman, M.D. Swinkels, J.W.G.M., Welten, M.K. y Wong, E.A. (1994b) Stimulation of growth by intravenous injection of copper in weanling pigs. *Journal of Animal Science* **72:** 2395-2403.

Capítulo 5

Función de los minerales orgánicos en la producción porcina actual

Bruce Mullan y Darryl D'Souza

Investigación y Desarrollo Animal, Departamento de Agricultura, Australia Occidental

Introducción

En la mayoría de los países, la industria porcina continúa enfrentándose a retos, que frecuentemente incluyen fluctuaciones importantes de la rentabilidad y de la seguridad, a pesar de que a nivel mundial el consumo de carne de cerdo es superior al de otras especies. Mientras que exista demanda, la producción seguirá aumentando especialmente con la mejora de los medios de producción de los países desarrollados altamente competitivos. El objetivo de la industria es mejorar la eficiencia, disminuir el coste de producción y generar productos que cumplan con las expectativas del consumidor. Estos productores y/o países que continúen produciendo porcino serán los que estén preparados para evaluar y adoptar nuevas tecnologías que les permitan ser competitivos en un mercado global en expansión. Este trabajo pretende revisar las modificaciones que ha sufrido el sector porcino en los últimos años, los principales retos que tiene que afrontar y el papel, en particular, de los minerales orgánicos en la producción porcina.

Producción porcina actual

Estructura de la industria

Uno de los cambios más importantes que ha tenido lugar en la mayoría de los países ha sido el paso de granjas familiares de autoabastecimiento a la producción en grandes integraciones o sistemas de producción múltiples. Paralelamente a estos cambios, se ha conseguido también disminuir la transmisión de enfermedades. Asimismo, en la mayoría de los países se han incrementado las integraciones verticales en las cuales la misma compañía está involucrada en la fabricación del pienso, la producción, el procesado y, algunos otros aspectos tales como la venta al público. Al aumentar el tamaño de las explotaciones se ha reducido el coste de producción ya que los costes se dividen entre un mayor número de animales. Por ejemplo, en Australia, el 87% de la cabaña de reproductoras pertenece al 24% de los productores (Australian Pork Limited, 2004). En Estados Unidos entre los años 1980 y 2000, el número de granjas disminuyó casi en un 90% mientras que el número de cerdos de cada una de las granjas que subsistieron se multiplicó casi por siete (Stalder y col., 2004). En la actualidad, la mayor parte de la producción porcina se desarrolla bajo contratos (con casas de genética, fabricantes de piensos, propietarios de alojamientos y programas sanitarios) sin que la responsabilidad recaiga sobre la persona que cuida diariamente a los animales.

Productividad

El objetivo principal de la producción porcina es la obtención de un beneficio. Desafortunadamente, hay pocos productores que puedan influir sobre el precio que reciben por sus productos por lo que la mayor parte de la atención recae sobre el coste y el volumen de producción obtenido por unidad de capital invertido. A pesar de la gran cantidad de fondos que se han invertido en investigación y desarrollo en producción porcina, en la mayor parte de los países, las mejoras obtenidas en la productividad a lo largo del tiempo han sido moderadas. Por ejemplo, mientras que algunos productores son capaces de destetar por encima de 15 lechones por cerda y año, la media para la mayoría está por debajo de 20 (Close, 2004). Existen numerosas causas por las que no se consiguen las mejoras de la productividad esperadas. En algunos casos, se han obtenido beneficios suficientes sin hacer grandes esfuerzos por mejorar la eficiencia. En otros, ha sido la falta de recursos, tales como la escasez de capital para mejorar las instalaciones o la falta de personal especializado, la que ha impedido el progreso y la mejora de la eficacia. Sin embargo, cada vez es mayor el interés que despierta la influencia de la suplementación de la dieta, especialmente con minerales, sobre la mejora de la productividad de la cerda y, por tanto, de los beneficios.

Para que los cerdos crezcan de acuerdo a su potencial genético, es necesario asegurar que reciben la cantidad óptima de nutrientes para cubrir sus necesidades. El principal coste de la producción porcina es el debido al pienso que supone entre el 60 y el 70% de los costes totales. Como consecuencia, se analizan con especial atención los aditivos que se añaden a los piensos, principalmente en los momentos en que los precios de las principales materias primas son elevados. En estos casos, se tiende a prescindir de algunos aditivos con el objetivo de reducir el coste por tonelada de pienso. Por ello, la industria de piensos debe tener un conocimiento exhaustivo del modo de actuación de los aditivos. Para ello es necesario llevar a cabo ensayos experimentales bajo condiciones controladas que suministren información sobre el coste de los beneficios que se obtienen cuando se añaden a las dietas. Este aspecto es particularmente importante en el uso de minerales orgánicos en los animales de cría, dado que podrían pasar meses hasta que se conocieran los beneficios obtenidos en parámetros tales como el número de lechones nacidos vivos por camada o la tasa de reposición de las reproductoras. Close y Turnley (2004) explicaron cómo se desarrolló el Premier Pig Program™ para suministrar información técnica personalizada a la industria a nivel mundial. Este programa pretende animar a los productores para conseguir objetivos mediante la identificación de acciones y soluciones que puedan ponerse en marcha en las granjas para mejorar la productividad. De esta manera, la productividad y la eficiencia económica podrían mejorar. El programa se ha lanzado en algunos países y ha sido bien recibido por los productores, indicando que gran parte de la escasez de mejoras tecnológicas se debe a la falta de información técnica de fácil utilización.

Cambios actuales y futuros en la industria porcina

Existen varios factores que determinarán la estructura y el funcionamiento de la industria porcina en el futuro. Entre estos factores, tres de particular importancia son el impacto ambiental, la preocupación cada vez mayor por el bienestar animal y la calidad final de los productos. Dado que las necesidades son diferentes según el país, el aumento del comercio internacional dará lugar a que todos los productores estén afectados de alguna manera.

Impacto ambiental

Stalder y colaboradores (2004) compararon la densidad porcina de varios países. Por ejemplo, en los Países Bajos hay una media de 14 cerdos por hectárea mientras que en Saskatchewan (Canadá) tan sólo hay 0,07 cerdos por hectárea. Basándonos únicamente en este aspecto, no es sorprendente que la presión para reducir la producción porcina en los Países Bajos, debido a problemas medioambientales, sea mayor que la que existe en Canadá. Sin embargo, incluso en países donde aparentemente existen enormes áreas disponibles, están aumentando los estudios sobre el impacto ambiental que tiene la actividad ganadera sobre el medio ambiente. Las principales preocupaciones públicas en cuanto a medio ambiente están relacionadas principalmente con el suelo (acumulación y emanación de minerales de la tierra donde se depositan los purines), el agua (superficial y profunda) y el aire (Stalder y col., 2004). Para reducir la concentración de minerales en el purín se deben ajustar los aportes de nutrientes a las necesidades de manera que no existan excesos o bien suministrar minerales en formas con mayor biodisponibilidad.

Bienestar animal

Los activistas a favor del bienestar animal han tenido un enorme impacto en la industria porcina de algunos países, particularmente en Europa. Desde un punto de vista nutricional, debe ser tan importante cubrir las necesidades en nutrientes esenciales como hacerlo de la mejor manera posible para el medio ambiente en el que se halla.

Consumidores

En la industria cárnica se sabe que las necesidades de los consumidores cambian constantemente por lo que hay que adaptar la producción a lo que se demanda en cada momento en particular. Los consumidores desean un producto que les dé satisfacción al consumirlo, sea adecuado nutricionalmente y que se haya producido bajo condiciones intensas de seguridad alimentaria. El precio también es un factor determinante en la elección del consumidor, por lo que el coste de producción ha de estar bajo control. Sea la persona que compra el pienso o el producto final en el supermercado, las características del producto demandadas por el cliente cada vez son mayores.

Suplementación mineral

Necesidades en minerales

Las necesidades en minerales son difíciles de valorar y la mayoría están basadas en estimaciones del nivel mínimo necesario para evitar síntomas de deficiencia y no necesariamente para mejorar la productividad o la inmunidad (Close, 2003). Además, muchos de los trabajos realizados para determinar las necesidades en minerales se realizaron hace más de 40 años con genotipos y sistemas de producción muy diferentes a los actuales que, como consecuencia, tienen necesidades en minerales muy diferentes. Whittemore y colaboradores (2002) llevaron a cabo en algunos países de la Unión Europea, un ensayo añadiendo a la dieta aditivos minerales. Estos autores observaron que existía una amplia variación (en algunos casos de 3 ó 4 veces superior) respecto a lo recomendado por el ARC o el National Research Council (Tabla 1). Van Lunen y Cole (1998) sugirieron que las necesidades en minerales para crecimiento en la producción porcina actual son aproximadamente el doble que lo que requerían los cerdos de hace 20 ó 30 años atrás. Asimismo, los ensayos realizados en 1960-1970 no se realizaron bajo las mismas condiciones que existen en la actualidad. Dado que la investigación es complicada y costosa y, en la mayoría de los casos hay otras áreas de investigación prioritarias, los ensayos de hace décadas no se han repetido con las condiciones actuales. Un área cuya importancia ha aumentado en la investigación es la relacionada con la sanidad animal y existe una evidencia creciente de la estrecha relación existente entre el sistema inmunitario de un animal y su nivel de minerales.

En explotaciones comerciales, la mayoría de los cerdos sufren una o más patologías a lo largo de su ciclo productivo. Williams (1998) demostró que cuan-

Tabla 1 Rango para algunos minerales en la dieta de la mayoría de los países de la UE (mg por kg de pienso; Whittemore y col., 2002).

Parámetro	*Lechón*	*Crecimiento*	*Finalización*	*Reproductora*
Peso vivo (kg)	- 20	20 - 50	50 - 120	
Cinc (mg)	100 - 200	100 - 200	70 - 150	80 -125
Manganeso (mg)	40 - 50	30 - 50	25 - 45	40 - 60
Hierro (mg)	80 - 175	80 - 150	65 - 110	80 -150
Cobre (mg)	6 - 18	6 - 12	6 - 8	6 - 20
Yodo (mg)	0,2 - 1,0	0,2 - 1,5	0,2 - 1,5	0,2 - 2,0
Selenio (mg)	0,2 - 0,3	0,15 - 0,3	0,2 - 0,3	0,2 - 0,4

do la activación del sistema inmune es mínima, el consumo, el crecimiento y la eficacia alimenticia son superiores a los de un animal cuyo sistema inmune está luchando para combatir una enfermedad. Por ello, se sugirió que el estado sanitario tenía una estrecha relación con las necesidades nutricionales. De hecho, Williams (1998) demostró que las necesidades en lisina dependían del grado de activación del sistema inmune. En cuanto a las necesidades en minerales, la mayoría de los trabajos se han realizado en granjas de investigación con animales sanos y poco se conoce sobre las necesidades en animales enfermos en granjas comerciales. De todas maneras, se puede especular con que las necesidades en minerales aumentarían, especialmente para los minerales con un papel directo sobre la función inmune y, por lo tanto, los minerales orgánicos podrían ser más beneficiosos que los mismos minerales en forma inorgánica dada su mayor biodisponibilidad.

Fuentes de minerales

Las sales inorgánicas como sulfatos, carbonatos, cloruros y óxidos se han venido añadiendo a la dieta para suministrar niveles adecuados que cubran las necesidades de los animales (Henman, 2001; Close, 2003). Estas sales se rompen en el tracto digestivo dando lugar a iones libres que pueden formar complejos con otras moléculas de la dieta dificultando su absorción. Además, los iones libres son muy reactivos y, por lo tanto, las interacciones que existen entre ellos han de tenerse en cuenta a la hora de desarrollar un programa nutricional. Por ejemplo, cuando Mullan y colaboradores (2002) suministraron dietas que contenían 0, 1,5, 3,0 ó 4,5 kg de óxido de cinc por tonelada de pienso, la concentración plasmática de cinc aumentó. Sin embargo, se detectó una correlación negativa entre el contenido de cinc y de cobre en el plasma; un incremento de aproximadamente tres veces en el contenido de cinc en plasma se correspondió con una disminución de cuatro veces el cobre plasmático, apareciendo cerdos con deficiencias de este mineral. Interacciones semejantes a ésta podrían explicar por qué en algunas ocasiones los animales no responden a los incrementos de un mineral inorgánico de la forma en la que se esperaría.

Close (2003) revisó los resultados de varios trabajos que estudiaban la biodisponibilidad de los minerales inorgánicos. La biodisponibilidad se define como el nivel al cual un nutriente ingerido de una forma determinada puede ser utilizado metabólicamente por el animal. Con el cinc, por ejemplo, se sugirió que el 75-80% del cinc ingerido en formas inorgánicas es excretado por el animal. Por ello, es deseable utilizar minerales en formas que sean absorbidas y utilizadas en mayor medida por los animales.

Cuando los microminerales se unen químicamente a un quelato, generalmente a una mezcla de aminoácidos o de péptidos pequeños, se pueden utilizar menores concentraciones en la dieta dada su mayor biodisponibilidad. Además, son menos reactivos con otros minerales. La utilización de minerales en forma orgánica confiere ventajas metabólicas que, a menudo, resultan en mejoras de la productividad.

Impacto de los minerales orgánicos en la industria porcina

Productividad

Nutrición de lechones

Tradicionalmente se ha venido añadiendo óxido de cinc (100 g de cinc añadido por tonelada de pienso o lo que es equivalente a aproximadamente 125 g de óxido de cinc por tonelada de pienso) a las dietas para lechones con el objetivo de prevenir deficiencias en dicho mineral. Recientemente se ha confirmado el efecto que tiene añadir cantidades elevadas de óxido de cinc sobre la reducción de diarreas post-destete (ver también el capítulo de Carlson en este mismo libro). Por ejemplo, Holm (1990) observó que en un ensayo bajo condiciones comerciales, la mortalidad disminuía del 2,2 al 0,7% y la ganancia media diaria aumentaba de 281 a 327 g cuando los cerdos consumían una dieta con 3.200 g de cinc añadido durante las dos semanas posteriores al destete. El uso de óxido de cinc se ha considerado como una alternativa económicamente rentable a la utilización de antibióticos para el control de diarreas después del destete sin que necesite receta veterinaria dentro de la Unión Europea. Como consecuencia, suplementar las dietas con óxido de cinc durante las 2 ó 3 primeras semanas posteriores al destete ha venido siendo una práctica común.

Sin embargo, la elevada concentración de cinc en las heces ha dado lugar a que, en algunos países, se haya prohibido el uso de niveles altos de óxido de cinc. Se han llevado a cabo algunos ensayos para evaluar el uso de cinc orgánico Bioplex™ cinc (Alltech Inc. Nicholasville) como alternativa a la suplementación con óxido de cinc dada su mayor biodisponibilidad. En uno de estos trabajos, Mullan y colaboradores (2002) suministraron una dieta control libre de cinc añadido (excepto el que contenía la premezcla de vitaminas y minerales); 1.500-2.250 ppm de cinc en forma de óxido de cinc o 100 ó 250 ppm de cinc como

Bioplex™ cinc a lechones destetados con 21 días de edad. Los lechones que consumieron la dieta con 250 ppm de Bioplex™ cinc crecieron más ($P < 0,05$) que los que consumieron la dieta control (Figura 1). En consecuencia, al final del ensayo, los lechones que consumieron la dieta con 250 ppm de Bioplex™ cinc presentaron un peso vivo un 11% superior al de los que habían recibido la dieta control sin cinc añadido. Estos resultados sugieren que añadir 250 ppm de Bioplex™ cinc a las dietas de lechones presenta ventajas frente a añadir altos niveles de óxido de cinc. Sin embargo, como no se observaron diarreas, este trabajo no sirvió para predecir el efecto del Bioplex™ cinc sobre el control de las diarreas post-destete.

En la práctica se han venido añadiendo elevados niveles de cinc a las dietas para lechones debido a los efectos farmacológicos que se obtienen. El cinc también tiene un efecto positivo sobre la respuesta inmune a los patógenos y sobre la prevención de enfermedades mediante el mantenimiento del estado sanitario de la mucosa intestinal (Close, 2003). Sin embargo, Carlson y colaboradores (1998) observaron que niveles altos de óxido de cinc alteraban la morfología duodenal (criptas más profundas y con mayor espesor) e incrementaban la concentración de metalotioneínas en el intestino. Estos resultados sugieren que elevadas concentraciones de cinc podrían tener un efecto entérico en los cerdos. Para disminuir o prohibir el uso de antibióticos en dietas para cerdos es importante conocer la manera en que los minerales como el cinc pueden influir en el impacto de determinados patógenos de manera que se puedan desarrollar estrategias nutricionales beneficiosas para el animal que sean económicamente rentables y respetuosas con el medio ambiente.

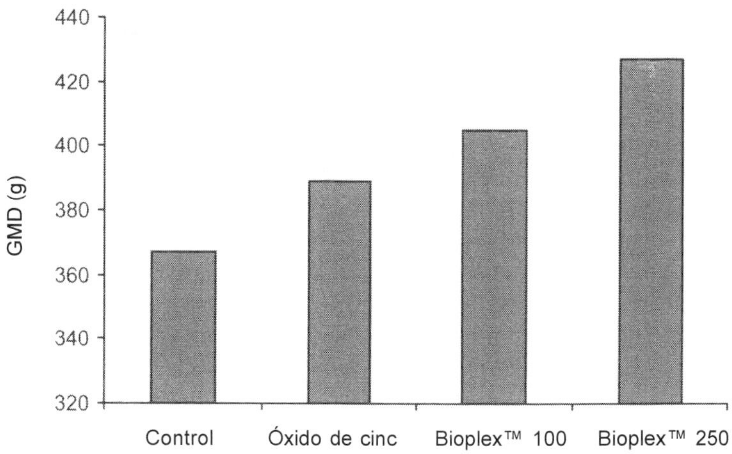

Figura 1 Ganancia media diaria (GMD, g) de lechones destetados a 21 días de edad alimentados con dietas que contenían óxido de cinc (2.300 ppm) o Bioplex™ cinc (100 ó 250 ppm) durante los 39 días siguientes al destete en comparación con lechones que consumieron una dieta control (190 ppm de cinc; Mullan y col., 2002).

Cerdos en crecimiento y cebo

Durante las fases de crecimiento y cebo, los cerdos consumen la mayor parte del pienso por lo que cualquier modificación nutricional que mejore el crecimiento, la conversión alimenticia o la calidad de la canal es de interés. Henman (2001) evaluó el impacto de suministrar dietas con sulfato de cobre o Bioplex™ cobre sobre el crecimiento de cerdos en crecimiento y cebo. En comparación con la dieta basal que contenía 20 ppm de sulfato de cobre, al suplementar la dieta con cobre mejoró un 5% la ganancia media diaria y un 3% el índice de conversión (Tabla 2) sin que existiera diferencia entre la productividad de los cerdos que consumieron 100 ppm de Bioplex™ cobre o 200 ppm de sulfato de cobre. Datos como los de este trabajo obtenidos bajo condiciones comerciales permiten evaluar la efectividad de utilizar alternativas al cobre inorgánico a nivel práctico.

En un ensayo más reciente, Mullan y colaboradores (2004) compararon cobre y cinc suministrado de forma inorgánica y orgánica (Bioplex™) a cerdos desde los 45 días de edad hasta el sacrificio con 134 días de edad. Los cerdos que consumieron cobre y cinc en forma orgánica fueron más magros que los que consumieron la fuente inorgánica (11,8 *vs.* 13,8 mm P_2, respectivamente; P = 0,016). Sin embargo, los autores no explicaron la causa de esta respuesta y la mejora de la calidad de la canal de los cerdos que consumieron la forma orgánica es objeto de la investigación actual. Debido a la elevada proporción de costes atribuibles a la alimentación de los cerdos en crecimiento y cebo, y también al posible impacto sobre la calidad final del producto, es importante ampliar el conocimiento de la respuesta de los cerdos al consumo de minerales orgánicos en función de la forma y el nivel de suplementación.

Reproductoras

Quizá la mejor demostración de que los cerdos en los sistemas de producción porcina actual no están siendo alimentados con suficiente cantidad de minerales

Tabla 2 Productividad y calidad de la canal de machos alimentados con dietas con dos niveles de sulfato de cobre (20 ó 200 ppm de $CuSO_4$) o con 100 ppm de Bioplex™ cobre (Henman, 2001).

Nivel de cobre	*$CuSO_4$ 20 ppm*	*$CuSO_4$ 200 ppm*	*Bioplex™ cobre 100 ppm*
Peso inicial (kg)	28,0	27,5	27,9
Peso final (kg)	88,7	90,7	91,7
GMD (g)[a]	726	731	766
IC (g/g)[b]	2,51	2,44	2,43
CMD (kg)[c]	1,82	1,78	1,86
Peso canal (kg)	64,3	67,7	68,8
EGD P_2 (mm)[d]	9,6	9,6	9,7
Rendimiento (%)[e]	74,5	74,8	75,1

[a] Ganancia media diaria, g. [b] Índice de conversión, g/g. [c] Consumo medio diario, kg. [d] Espesor de grasa dorsal a nivel P_2. [e] Rendimiento de la canal (peso canal/peso vivo).

es el trabajo de Mahan y Newton (1995) para cerdas lactantes de alta producción. Este trabajo demostró que el contenido mineral de la reproductora al final del tercer parto era considerablemente menor cuando el peso medio de la camada al destete a 21 días de edad era superior a 60 kg que cuando estaba por debajo de 55 kg. Para ambos fue en torno a un 20% menor que para el grupo control. Así, el mayor nivel de producción de la cerda se corresponde con unas necesidades superiores de minerales. Curiosamente, los niveles de minerales de la dieta eran los propuestos por el National Research Council (1988). Mahan y otros colaboradores han llevado a cabo numerosos ensayos para determinar la influencia de la suplementación de la dieta con minerales orgánicos sobre la productividad de las reproductoras demostrando claramente las ventajas de un suministro adecuado de minerales en formas biodisponibles. Por ejemplo, en un amplio estudio, se alimentaron cerdas desde los 28 kg hasta el final del cuarto parto con dietas que contenían un nivel basal de selenio (sin selenio añadido) o dos fuentes de selenio (orgánico como Sel-plex™, Alltech Inc. Nicholasville o inorgánico como selenito sódico) en 0,15 y 0,30 ppm de selenio o su combinación (cada una proveía 0,15 ppm de selenio). Ninguno de los tratamientos influyó sobre la productividad en la fase de crecimiento. Sin embargo a los 115 kg de peso, los niveles de selenio fueron superiores en las cerdas que habían consumido selenio orgánico que en las cerdas que consumieron la dieta control presentando valores intermedios las cerdas que consumieron selenio inorgánico. Los niveles de selenio en el neonato, el calostro, la leche y los tejidos corporales de la cerda fueron superiores para las cerdas que habían consumido selenio en forma orgánica que para las que recibieron selenio en forma inorgánica.

El selenio disminuye el número de nacidos muertos en el momento del parto y durante la lactación dado que la leche rica en selenio hace que los lechones sean vigorosos y sanos. Además, el selenio mejora la productividad de la cerda. Fehse y Close (2000) observaron una disminución de la tasa de reposición en cerdas con mayor número de partos sugiriendo que la productividad se mantiene cuando se suplementa con varios minerales orgánicos que influyen sobre la reproducción.

Existen pocos trabajos en verracos, pero es evidente que es importante que la calidad del semen sea óptima. Marin-Guzman y colaboradores (1997) estudiaron la influencia del nivel de selenio y vitamina E de la dieta sobre la calidad del semen. Los cerdos que consumieron las dietas con menores niveles de selenio presentaron un mayor porcentaje de espermatozoides anómalos. Aunque el papel de la vitamina E también es muy importante en verracos, su funcionamiento es diferente al del selenio. En un trabajo más reciente, Jacyno y colaboradores (2002) estudiaron la influencia de la fuente de selenio (orgánica como Sel-plex™ o inorgánica) al suministrar 0,2 ppm de selenio a las dietas de verracos jóvenes. Estos autores observaron que la concentración y el número de espermatozoides mejoraban significativamente ($P < 0,05$) cuando los verracos consumían la dieta que contenía la fuente orgánica de selenio. Asimismo, en los cerdos que consumieron selenio orgánico el porcentaje de espermatozoides defectuosos disminuyó en un 40% ($P < 0,01$) respecto a los cerdos que consumieron selenio inorgánico.

Calidad de la carne

La seguridad alimentaria, el precio, el valor nutricional, la conveniencia de un alimento y su apariencia juegan un papel importante en la elección del consumidor en el momento de la compra así como el tipo y la pieza de carne (D'Souza y Mullan, 2001). Sin embargo, son la experiencia previa y la calidad del producto los parámetros que influyen en mayor medida sobre la decisión de un consumidor para volver a comprar un determinado producto. En la industria cárnica existe una intensa competición por captar y retener clientes y este aspecto ha sido el que ha llevado a la industria a producir lo que el consumidor demanda, en algunas ocasiones, más que lo que podría ser lo más beneficioso.

Existe una compleja interacción entre el animal y las condiciones antes y después del sacrificio que pueden influir de manera importante sobre la calidad de la carne (D'Souza y Mullan, 2001). Defectos tales como carnes PSE (pálida, blanda y exudativa) o DFD (oscura o dark, firme o firm y seca o dry) son los principales problemas en cerdos, vacas y ovejas. Numerosos ensayos han tenido como objetivo identificar las estrategias que podrían mejorar la calidad de la carne. Sin embargo, estas estrategias a menudo son difíciles y costosas por lo que no se ponen en práctica. Una estrategia alternativa para mejorar la calidad de la carne es la suplementación de la dieta previa al sacrificio, en particular con magnesio y selenio orgánicos.

Magnesio

El magnesio es abundante en los fluidos intracelulares y es un cofactor importante de numerosos sistemas enzimáticos (Stryer, 1988). Además tiene un efecto relajante sobre el músculo esquelético (Hubbard, 1973) por lo que la suplementación con este mineral en la dieta ayuda a reducir los efectos del estrés mediante la disminución de los niveles de cortisol, norepinefrina, epinefrina y dopamina en plasma (Niemack y col., 1979; Kietzman y Jablonski, 1985). Por ello, se han publicado varios trabajos que estudian la influencia de la suplementación de la dieta con magnesio sobre la reducción de los efectos del estrés y la mejora de la calidad de la carne.

D'Souza y colaboradores (1998) observaron que la suplementación de la dieta con aspartato de magnesio (3,2 g de magnesio durante 5 días antes del sacrificio) mejoraba la calidad de la carne reduciendo las pérdidas por goteo y mejorando el color y el pH (Tabla 3). Asimismo, el uso de Bioplex^{TM} magnesio (1,6 g de magnesio) los dos últimos días antes del sacrificio (Tabla 4) redujo las pérdidas por goteo y la incidencia de carnes PSE (D'Souza y Mullan, 1999). En un trabajo en el que se comparaba la influencia de añadir a la dieta suplementos con magnesio orgánico o inorgánico sobre la calidad de la carne, D'Souza y colaboradores (2000) observaron que las mejoras en el color de la carne, las pérdidas por goteo y la reducción de carnes PSE eran superiores al suministrar magnesio orgánico. Esta diferencia se debió a la mayor biodisponibilidad de las fuentes orgánicas.

Tabla 3 Influencia de la suplementación de la dieta con aspartato de magnesio (AspMg) y el manejo previo al sacrificio sobre la calidad del *Longissimus thoracis* a las 24 horas post mórtem (D'Souza y col., 1998).

Dieta (D)	*Control*		*AspMg*		
Manejo (M)	*Mínimo*	*Negativo*	*Mínimo*	*Negativo*	*Probabilidad*
pH final	5,48	5,51	5,61	5,57	D**
Luminosidad, L*	48,7	49,1	45,2	47,4	D**
Pérdidas goteo, %	4,0	6,4	3,5	3,5	D**, M*
PSE, %[b]	8	33	0	0	D*

*: $P< 0{,}05$; **: $P< 0{,}01$. [b] Carnes pálidas, blandas y exudativas.

Tabla 4 Influencia de la suplementación de la dieta con Bioplex™ de magnesio (Mg) sobre la calidad del *Longissimus thoracis* a las 24 horas post mórtem (D'Souza y Mullan, 1999).

Parámetro	*Control*	*Dieta Bioplex™ Mg*	*Probabilidad*[a]
pH final	5,39	5,40	NS
Luminosidad, L*	54,10	52,30	NS
Pérdidas goteo, %	6,50	3,60	***
PSE, %[b]	50,00	15,00	*

[a] NS: $P >0{,}05$; *: $P< 0{,}05$; ***: $P< 0{,}001$. [b] Carnes pálidas, blandas y exudativas.

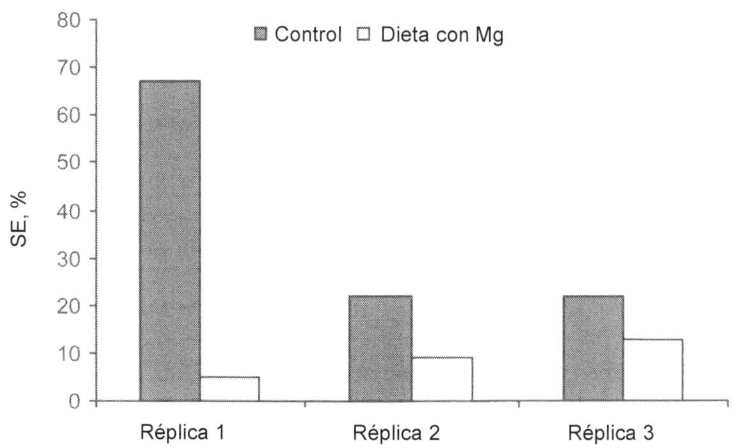

Figura 2 Influencia de la suplementación de la dieta con magnesio (Mg) orgánico sobre la incidencia de carnes blandas y exudativas (SE) en el *Longissimus thoracis* (Hofmeyr y col., 1999).

En un trabajo australiano realizado bajo condiciones comerciales, Hofmeyr y colaboradores (1999) demostraron que la suplementación de la dieta con magnesio orgánico es un método viable para mejorar la calidad de la carne de cerdo. La incidencia de carnes blandas y exudativas (SE) se redujo en las tres réplicas utilizadas en el ensayo cuando los cerdos consumieron magnesio orgánico dos días antes del sacrificio (Figura 2). La inusual elevada incidencia de carnes SE en la réplica 1 se debió al alto número de cerdos portadores del gen del halotano utilizados en dicha réplica.

Selenio

Aunque el selenio inorgánico (selenito sódico) se utiliza frecuentemente como fuente de selenio en dietas para cerdos de cualquier edad, numerosos trabajos realizados por Mahan y colaboradores han demostrado que el uso de selenio orgánico (Sel-Plex™) presenta beneficios adicionales frente a la utilización de selenito. Mahan y colaboradores (1999) observaron un incremento lineal del contenido de selenio en el tejido muscular de cerdos en crecimiento-cebo cuando se le suministró en la dieta selenio orgánico. En el mismo trabajo, la suplementación con selenio inorgánico únicamente produjo un incremento mínimo del selenio en el tejido muscular. Además, existen indicios sobre que el selenio inorgánico podría unirse al músculo de manera perjudicial para el mismo, mientras que el selenio orgánico se incorpora a las proteínas musculares sin afectar a la calidad del lomo. En un trabajo reciente, D'Souza (sin publicar) ha estudiado la influencia de la suplementación de la dieta con selenio y magnesio sobre la mejora de la calidad de la carne. La carne de los cerdos que consumieron dietas con magnesio (16 mg Bioplex™ y 0,4 g de Sel-Plex™/kg de pienso) presentó mejor color a las 24 h post mórtem y menores pérdidas por goteo a las 24 h y a 7 y 21 días post mórtem en comparación con la carne de los cerdos que consumieron la dieta control.

Además de los posibles efectos sobre la calidad de la carne, posiblemente el principal interés de suplementar con selenio orgánico las dietas de cerdos en crecimiento y cebo sea incrementar la concentración de dicho mineral en la carne con los consiguientes beneficios sobre la salud del consumidor. Schrauzer (2002) observó que el suplemento diario con 200 µg de selenio reducía el riesgo de padecer cáncer e incrementaba la resistencia a enfermedades virales en humanos. Por ello, en Corea, donde el consumidor prefiere la carne enriquecida en selenio, es común incorporar Sel-Plex™ en las dietas para cerdos. El producto se etiqueta como carne enriquecida en selenio (SelenPork) y el consumidor lo entiende como indicativo de un efecto beneficioso sobre el estado sanitario y la nutrición del consumidor. Según las encuestas realizadas a los consumidores coreanos, la carne enriquecida en selenio es más jugosa y presenta mejor apariencia que la carne de los cerdos que consumen dietas sin selenio (D'Souza y Mullan, 2001).

Utilización industrial de minerales orgánicos con el objetivo de mejorar la calidad de la carne

La suplementación con magnesio y selenio orgánicos de piensos para cerdos tiene un efecto positivo sobre la calidad de la carne. Dicho efecto es beneficioso tanto para el sector del procesado debido a la disminución de las pérdidas por goteo como para el consumidor debido a la mejora de la calidad de la carne y de su valor nutricional. A pesar de ello, el ritmo de aumento de su utilización en la práctica ha sido lento en la mayoría de países. En algunos países es habitual pagar al productor según la calidad de la canal (por ej., según el porcentaje de magro o el espesor de grasa dorsal) en vez de según aspectos relacionados con la calidad de la carne. Esto es debido, por un lado, a que es más complicado medir la calidad de la carne en la línea del matadero pero también a que algunos procesadores no reconocen el valor de la mejora al retribuir en función de la calidad de la carne en vez de la canal. A menos que los productores sean incentivados económicamente según la calidad de la carne, la adopción de estas estrategias nutricionales seguirá siendo escasa. Sin embargo, en muchos países en los que el nexo entre minoristas, procesadores y productores es cada vez más fuerte, la utilización de los suplementos minerales orgánicos de manera habitual es sólo cuestión de tiempo.

Impacto medioambiental

La expansión y la concentración de la industria porcina en algunas partes del mundo han aumentado la preocupación por el impacto ambiental que tiene el vertido de los purines. Los minerales más preocupantes son el nitrógeno y el fósforo. Sin embargo, también hay que considerar otros microminerales como el cobre o el cinc dado que pueden perjudicar a organismos acuáticos o al ganado que paste si los purines no se controlan y/o no se tratan. El cobre y el cinc inorgánicos han sido suministrados durante mucho tiempo a niveles farmacológicos por encima de las necesidades nutricionales para promover el crecimiento y prevenir diarreas, respectivamente. Sin embargo, las altas concentraciones que se generan en las granjas de porcino, y el consiguiente daño que pueden generar en el medio ambiente, ha conducido al Comité de Alimentación Animal de la Unión Europea a exigir niveles de inclusión máximos inferiores a los autorizados actualmente (Close, 2003). Por ello, el interés de evaluar el uso de microminerales orgánicos, tales como el Bioplex™ cobre o el Bioplex™ cinc, dada su mayor biodisponibilidad en comparación con los minerales inorgánicos.

Cinc

Mullan y colaboradores (2002) estudiaron la utilización de Bioplex™ cinc incluido a 100 ó 250 ppm como alternativa a la utilización de niveles elevados (1.500-2.500 ppm) de óxido de cinc en la dieta de lechones destetados a 21 días de edad (ver el apartado sobre nutrición de lechones de este mismo capítulo). Estas dietas se compararon con una dieta control que contenía niveles basales de cinc procedentes de la premezcla de vitaminas y minerales. Las dietas experimentales se suministraron durante los 19 días posteriores al destete y se recogieron muestras de heces para analizar su contenido en cinc. La concentración de cinc en las heces fue casi cuatro veces superior con el cinc inorgánico suministrado a nive-

Tabla 5 Concentración de cinc (ppm) en pienso y heces según Mullan y colaboradores (2002) (en materia seca).

Tratamiento	*Control*	*Óxido de cinc*	*Bioplex™ 100*	*Bioplex™ 250*	*P =*	*Desviación estándar*
Pienso	190	2.300	260	370		
Heces	2.290	8.910	1.960	1.830	0,001	931

les terapéuticos que con el nivel basal de cinc de la dieta control (Tabla 5). Sin embargo, cuando se suministró cinc orgánico (Bioplex™ cinc), la concentración de cinc en las heces fue similar a la de los cerdos que consumieron la dieta control.

Wu y colaboradores (2001) también observaron diferencias similares respecto al contenido de cinc de las heces a las del trabajo de Mullan y colaboradores (2002) cuando los cerdos consumían 2.000 ppm de cinc procedente de óxido de cinc en comparación con los cerdos que consumieron 200 ó 400 ppm de cinc orgánico. Una vez demostrado que la suplementación con cinc orgánico no reduce la productividad, los dos trabajos anteriores demuestran que el uso de formas orgánicas de cinc es una alternativa para reducir la concentración de cinc en los purines.

Cobre

Smits y Henman (2000) estudiaron la influencia de la suplementación de la dieta con sulfato de cobre (150 ppm de cobre) o con cobre orgánico (40 ppm de cobre) sobre la productividad de cerdos en crecimiento y cebo. Los cerdos que consumieron 40 ppm de cobre presentaron una productividad similar a los cerdos que consumieron 150 ppm de cobre (Tabla 6). Sin embargo, la cantidad de cobre excretado en las heces fue 3-4 veces menor en los cerdos alimentados con cobre orgánico. Pierce y colaboradores (2001) midieron el contenido de cobre fecal de cerdos en cebo que consumían una dieta control o dietas con sulfato de cobre o Bioplex™ cobre. Los cerdos alimentados con cobre orgánico presentaron una productividad similar a los que consumieron cobre inorgánico pero sus heces tuvieron un 46% menos de cobre.

En un trabajo similar llevado a cabo con lechones, Carlson (2001) estudió la influencia de suplementar la dieta con 50 ó 100 ppm de cobre orgánico (Bioplex™) o 250 ppm de sulfato de cobre sobre la excreción fecal de dicho mineral. La excreción fecal de cobre fue mayor en los cerdos que consumieron cobre en forma de sulfato (Figura 3), sin que se detectara influencia alguna de la fuente de cobre sobre la productividad. Asimismo, Wu y colaboradores (2001) observaron un efecto beneficioso sobre la excreción de cobre al suministrar Bioplex™ cobre en vez de sulfato de cobre. Por lo tanto, parece que la mejora del crecimiento que se obtiene al suplementar con cobre puede mantenerse añadiendo cobre orgánico

Tabla 6 Influencia de la fuente de cobre sobre la productividad y la excreción fecal de cobre en cerdos (Smits y Henman, 2000).

Dieta	***Control (sin cobre añadido)***	***Sulfato de cobre (150 ppm cobre)***	***Bioplex™ cobre (40 ppm cobre)***
Crecimiento (30-60 kg)			
Consumo (kg/día)	1,94	2,05	2,08
Crecimiento (g/día)	0,90	0,95	0,96
IC (kg/kg)	2,15	2,16	2,21
Cobre heces (mg/kg MS[a])	130	853	275
Cebo (60-90 kg)			
Consumo (kg/día)	2,35	2,59	2,65
Crecimiento (g/día)	0,85	0,87	0,84
IC (kg/kg)	2,84	2,98	3,02
Cobre heces (mg/kg MS)	108	776	198

[a] Materia seca.

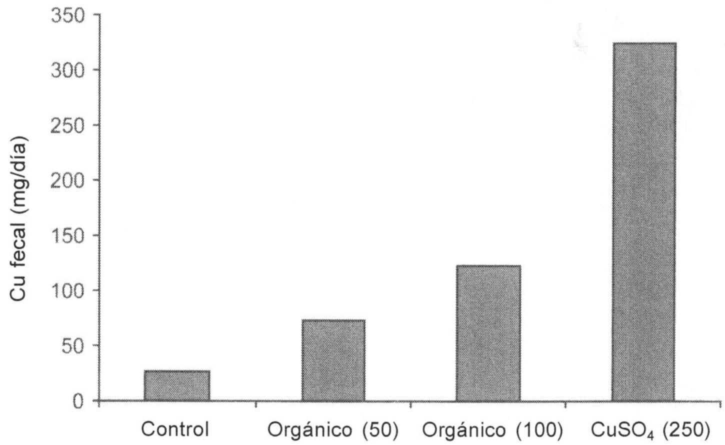

Figura 3 Excreción fecal de cobre en lechones alimentados con una dieta control, con dietas con 50 ó 100 ppm de cobre (Cu) orgánico o con 250 ppm de sulfato de cobre ($CuSO_4$; Carlson, 2001).

en vez de sulfato de cobre reduciendo, a su vez, el nivel de cobre en los purines y, por tanto, su impacto sobre el medio ambiente.

Conclusión

En la industria porcina mundial existe un creciente interés por mejorar la eficiencia y por reducir el coste de producción de la carne que el consumidor demanda teniendo en cuenta el impacto ambiental que la producción porcina pueda tener. Los minerales orgánicos juegan un papel importante en la producción porcina actual dada su mayor biodisponibilidad en comparación con las fuentes inorgánicas. Según se vaya mejorando el conocimiento acerca de la forma en la que actúan los minerales sobre la productividad, los comerciales y los fabricantes de pienso serán capaces de evaluar el uso de estos minerales como reemplazo total o parcial de las formas inorgánicas que se utilizan en la actualidad.

Referencias bibliográficas

Australian Pork Limited (2004). *Australian Pig Annual 2003*, Australian Pork Limited, Deakin West, Australia.

Carlson, M.S. (2001). Dietary trace elements for the growing pig. In: *Concepts in Pig Science* (editores Lyons, T.P. y Jacques, K.A.). Nottingham University Press, Nottingham, Reino Unido. pp. 147-156.

Carlson, M.S., Hoover, S.L., Hill, G.M., Link, J.E. y Turk, R.J. (1998). Effect of pharmacological cinc on intestinal metallothionein concentration and morphology in nursery pigs. *Journal of Animal Science* **76** (Suppl. 1): 57.

Close, W.H. (2004). Achieving production and economic targets: The Premier Pig Program™. In: *Proceedings from Alltech's 18th Asia-Pacific Lecture Tour*, pp. 85-102.

Close, W.H. y Turnley, K. (2004). Creating technical and educational forums that help pig producers meet performance and economic goals: the Premier Pig Program™. In: *Biotechnology in the Feed Industry, Proceedings of the 20th Annual Symposium* (eds. Lyons, T.P. y Jacques, K.A.). Nottingham University Press, Nottingham, Reino Unido. pp. 113-119.

Close, W.H. (2003). Trace mineral nutrition of pigs revisited: meeting production and environmental objectives. *Recent Advances in Animal Nutrition in Australia*, University of New England, NSW **14:** 133-142.

D'Souza, D.N. y Mullan, B.P. (2001). Dietary nutrient supplements improve meat quality. In: *Biotechnology in the Feed Industry, Proceedings of the 17th Annual Symposium* (eds. Lyons, T.P. y Jacques, K.A.). Nottinghan University Press, Nottinghan, Reino Unido. pp. 305-317.

D'Souza, D.N., Warner, R.D., Leury, B.J. y Dunshea, F.R. (2000). The influence of dietary magnesium supplement type, and supplementation dose and duration, on pork quality and the incidence of PSE pork. *Australian Journal of Agricultural Research* **51:** 185.

D'Souza, D.N. y Mullan, B.P. (1999). The influence of dietary magnesium Bioplex™ supplementation on pork quality. *Alltech Biotechnology Pig Research Report.*

D'Souza, D.N., Warner, R.D., Leury, B.J. y Dunshea, F.R. (1998). The effect of dietary magnesium aspartate supplementation on pork quality. *Journal of Animal Science* **76:** 104.

Fehse, R. y Close, W.H. (2000). The effect of the addition of organic trace elements on the performance of a hyper-prolific sow herd. In: *Biotechnology in the Feed*

Industry, Proceedings of the 16th Annual Symposium (eds. Lyons, T.P. y Jacques K.A.). Nottinghan University Press, Nottinghan, Reino Unido. pp. 309-325.

Henman, D. (2001). Organic mineral supplements in pig nutrition: performance and meat quality, reproduction and environmental responses. In: *Biotechnology in the Feed Industry, Proceedings of the 17th Annual Symposium* (eds. Lyons, T.P. y Jacques, K.A.). Nottinghan University Press, Nottinghan, Reino Unido. pp. 297-304.

Hofmeyr, C.D., Dunshea, F.R., Walker, P.J. y D'Souza, D.N. (1999). Magnesium supplementation to reduce the incidence of soft exudative pork under commercial conditions. In: *Manipulating Pig Production VII* (ed. Cranwell, P.D.). Australasian Pig Science Association: Werribee, Australia. pp. 179.

Holm, A. (1990). *E. coli* associated diarrhea in weaner pigs: zinc oxide added to the feed as a preventative measure? *Proceedings International Pig Veterinary Society Congress*, pp. 154.

Hubbard, J.I. (1973). Microphysiology of vertebrate neuromuscular transmission. *Physiology Reviews* **53:** 674.

Kietzman, M. y Jablonski, H. (1985) Bloking of stress in swine with magnesium aspartate hydrochloride. *Praktischer Tierarzt* **661:** 311.

Jacyno, E., Kawecka, M., Kamyczek, M., Koiodziej, A., Owsianny, J. y Delikator, B. (2002). Influence of inorganic Se and vitamin E and organic Se and vitamin E on reproductive performance of young boars. *Agricultural and Food Science in Finland* **11:** 175-184.

Mahan, D.C., Cline, T.R. y Richert, B. (1999). Effects of dietary levels of selenium-enriched yeast and sodium selenite as selenium sources fed to growing-finishing pigs on performance, tissue selenium, serum glutathione peroxidase activity, carcass characteristics, and loin quality. *Journal of Animal Science* **77:** 2172-2179.

Mahan, D.C. y Newton, E.A. (1995). Effect of organic and inorganic selenium sources and levels on sow colostrums and milk selenium content. *Journal of Animal Science* **73:** 151-158.

Marin-Guzman, J., Mahan, D.C., Chung, Y.K., Pate, J.L. y Pope, W.F. (1997). Effects of dietary selenium and vitamin E on boar performance and tissue responses, semen quality, and subsequent fertilization rates in mature gilts. *Journal of Animal Science* **75:** 2994-3003.

Mullan, B.P., Hernandez, A. y Pluske, J.R. (2004). Influence of the form and rate of Cu and Zn supplementation on the performance of growing pigs. In: *Biotechnology in the Feed Industry, Proceedings of the 20th Annual Symposium* (edis. Lyons, T.P. y Jacques, K.A.). Nottingham University Press, Notthingham, Reino Unido.

Mullan, B.P., Wilson, R.H., Harris, D., Allen, J.G. y Naylor, A. (2002). Supplementation of weaner pig diets with cinc oxide or Bioplex™ zinc. In: *Biotechnology in the Feed Industry, Proceedings of the 18th Annual Symposium* (eds. Lyons, T.P. y Jacques, K.A.). Nottingham University Press, Notthingham, Reino Unido. pp. 419-424.

Niemack, E.A., Stockli, F., Husmann, E., Sanderegger, J., Classen, H.G. y Helbig, J. (1979). Einfluss von Magnesium-Aspartat-Hydrochorid auf Kannibalismus,

Transportstress und den Electrolytegehalt im Herzen von Schweinen. *Magnesium Bulletin* **3:** 195.

National Research Council (NRC) (1998). *Nutrient Requirements of Swine.* 9th ed., National Academy Press, Washington, D.C.

Pierce, J., Driver, J., Herter-Dennis, J. y Henman, D. (2001). Reducing phosphorous and copper excretion from poultry and swine using phytase and organic minerals. In: Addressing Animal Production and Environmental Issues. *Proceedings of the Symposium International* (Havenstein, G.B., eds.). College of Agriculture and Life Sciences, North Carolina State University, Raleigh, NC, Estados Unidos.

Schrauzer, G.N. (2002). Selenium and human health: The relationship of selenium status to cancer and viral disease. En: *Biotechnology in the Feed Industry, Proceedings of the 18th Anual Symposium* (eds. Lyons, T.P. y Jacques, K.A.). Nottingham University Press, Notthingham, Reino Unido. pp. 263-272.

Smits, R.J. y Henman, D.J. (2000). Practical experiences with Bioplexes in intensive pig production. In: *Biotechnology in the Feed Industry, Proceedings of the 18th Anual Symposium* (eds. Lyons, T.P. y Jacques, K.A.). Nottingham University Press, Notthingham, Reino Unido. pp. 293-300.

Stalder, K.J., Powers, W.J., Burkett, J.L. y Pierce, J.L. (2004). Reducing the environmental impact of swine production through nutritional means. In: *Biotechnology in the Feed Industry, Proceedings of the 18th Anual Symposium* (eds. Lyons, T.P. y Jacques, K.A.). Nottingham University Press, Notthingham, Reino Unido. pp. 149-157.

Stryer, L. (1988). Glycolysis. In: *Biochemistry*, 3rd edición. Freeman, W.H. y Company, NY, Estados Unidos. pp. 352.

Van Lunen, T.A. y Cole, D.J.A. (1998). Growth and body composition of highly selected boars and gilts. *Animal Science* **67:** 107-116.

Whittemore, C.T., Close, W.H. y Hazzledine, M.J. (2002). The need for nutrient requirement standards for pigs. *Pig News and Information* **23:** 67N-74N.

Williams, N.H. (1998). Impact of immune system activation on pig growth and amino acid needs. In: *Progress in Pig Science* (eds. Wiseman, J., Varley, M.A. y Chadwick, J.P.). Nottingham University Press, Notthingham, Reino Unido. pp. 583-588.

Wu, C., Tsunoda, A., Bollinger, D.W., Carlson, M.S., Veum, T.L. y Tibbetts, G.W. (2001). Reducing pharmacological levels of copper and cinc in nursery pig diets: response to zinc and copper proteinates. In: *Biotechnology in the Feed Industry, Proceedings of the 17th Anual Symposium* (eds. Lyons, T.P. y Jacques, K.A.). Nottingham University Press, Notthingham, Reino Unido. pp. 285-295.

Capítulo 6

Necesidades de microminerales en aves: Validación de las recomendaciones del NRC

S. Leeson

Departamento de Ciencia Animal y Avicultura, Universidad de Guelph, Guelph, Ontario, N1G 2W1, Canadá

Introducción

En general, las necesidades de microminerales de las aves se cubren mediante premezclas de vitaminas y minerales que no representan más del 0,25% del coste total de la dieta. Por ello, ha existido una escasa motivación para redefinir las necesidades de microminerales en pollos, ponedoras y pavos. De hecho, una revisión de los trabajos publicados en revistas científicas durante los últimos 15 años indica que menos del 1,5% de toda la información publicada es sobre estos nutrientes. Cuando no existen deficiencias o excesos de microminerales en la dieta, los microminerales tienen poco impacto sobre la productividad de las aves. Sin embargo, el creciente interés sobre algunos aspectos de la nutrición mineral está relacionado con problemas medioambientales y, particularmente, con el nivel de los nutrientes en las excretas. Por ello, es inevitable el aumento que se está produciendo en la legislación que regula el contenido de microminerales y otros contaminantes relacionados en las deyecciones animales. Actualmente en Ontario, algunas aguas potables de determinadas zonas rurales contienen 0,2 ppm de cinc. Estos elevados niveles parecen ser consecuencia de varias prácticas agrícolas y del contenido de cinc de las excretas de las aves. Los niveles de microminerales en las dietas para aves podrían estar bajo un estrecho escrutinio por lo que el suministro de niveles por encima de las necesidades tendrá que ser restringido.

Necesidades de microminerales: Recomendaciones del NRC

El NRC trabaja bajo las órdenes de la Academia Nacional de las Ciencias de Washington, D.C. Sin embargo, durante los últimos 50 años, el NRC ha venido formando sus propios subcomités con el objetivo de definir las necesidades nutricionales de varias especies animales incluyendo la mayoría de los animales de granja, de laboratorio, gatos y perros. De hecho, a lo largo de los últimos 20 años, el subcomité para avicultura ha publicado recomendaciones sobre necesidades nutricionales cada 7-10 años (1977, 1984, 1994). Con la misma frecuencia, el ya desaparecido Consejo Europeo de Investigación Agrícola ha publicado recomendaciones nutricionales para animales de granja.

La misión de los diferentes subcomités del NRC es revisar la información científica existente y dar recomendaciones objetivas e imparciales sobre las necesidades nutricionales de varias especies. El último subcomité del NRC para avicultura se fundó en 1992. Su resultado fue la publicación en 1994 de la novena edición revisada de los requerimientos nutricionales para aves (NRC, 1994). Esta publicación incluye las necesidades de microminerales de ponedoras, reproductoras, pollos de engorde, pavos, faisanes y aves acuáticas. A la hora de recomendar cualquier valor nutricional, ios miembros del comité deben basarse únicamente en datos publicados en revistas científicas evitando la utilización de datos que no sean imparciales y objetivos. Este aspecto es particularmente importante en el caso de los microminerales basados en literatura muy anticuada dada la escasa información científica que se ha publicado en este campo desde los años 60. Es sabido por todos que durante los últimos 40 años se ha producido un importante aumento del ritmo de crecimiento de los pollos y de los pavos y un incremento de la producción total de huevos en el caso de las ponedoras. Por ello, con frecuencia aparecen críticas de las recomendaciones del NRC basadas en que no representan a las estirpes modernas que se utilizan de forma comercial en la avicultura actual. La Tabla 1 muestra los años en los que están basadas las recomendaciones de microminerales del NRC (1994). Como se puede observar, existe una carencia absoluta de información científica acerca de la nutrición micromineral durante los últimos 30-40 años.

Otro aspecto a destacar es el tipo de dieta utilizado en estos trabajos. Generalmente, se utilizaban dietas experimentales purificadas o semipurificadas dado el desconocimiento existente acerca del contenido y/o la biodisponibilidad de los

Tabla 1 Año de referencia utilizado para estimar las necesidades de microminerales (NRC, 1994).

Micromineral	*Pollitas*	*Ponedoras*	*Pollos de engorde*
Magnesio	1949, 1960, 1963	1967, 1968, 1969	1947, 1960, 1960, 1961, 1963, 1975
Manganeso	1939, 1971	1939,1969, 1971	1939, 1983
Cinc	1958, 1959,1961, 1972, 1972	1986	1958, 1958, 1958, 1960, 1961, 1983, 1984, 1990
Hierro	1961, 1961,1964, 1968	1981	1964, 1968, 1979, 1982
Cobre	1961	1978	1979

Tabla 2 Especificaciones para microminerales (NRC, 1994).

Ítem	*Especie*	*Datos estimados, %*
Huevo moreno:	Pollita ponedora	100%
Pollos de engorde:	Tras 3 semanas	100%
Reproductores:	No hay información disponible	100%
Pavos:	Tras 4 semanas	100%

microminerales de las dietas convencionales. Además, estos microminerales eran de una gran pureza pero también de un coste elevado. Por todos estos motivos, se podrían cuestionar las recomendaciones del NRC (1994) para microminerales en estirpes comerciales modernas. Además, a estos hechos hay que añadir que muchas de las recomendaciones del NRC (1994) son valores estimados. Estas estimaciones aparecen remarcadas en negrilla en la publicación del NRC (1994) indicando que no existe suficiente información como para definir un valor nutricional. Las estimaciones son valores aproximados basados en extrapolaciones de trabajos realizados a otras edades y/o con otras especies. La Tabla 2 muestra la proporción de valores estimados en las especificaciones para microminerales.

La mayor parte de la información publicada sobre necesidades de microminerales es para ponedoras blancas. Aunque no hay estimaciones para el cobre, los otros microminerales sí están definidos, habiéndose llevado a cabo un intenso trabajo con estas estirpes. Sin embargo, estas estimaciones son muy diferentes a las que actualmente se utilizan de manera comercial dado las recomendaciones del NRC (1994) son para aves bajo unas condiciones de estrés mínimas. En la Tabla 3 se comparan las recomendaciones de microminerales del NRC (1994) con valores comerciales. Los niveles comerciales de microminerales incluyen un margen de seguridad más amplio que para el resto de los nutrientes, ya que raramente el resto de nutrientes necesitan márgenes del 200-500% como ocurre con los minerales. Los valores de microminerales del NRC (1994) son valores absolutos a menudo estimados a partir de trabajos en los que se utilizan materias primas purificadas como la caseína o el almidón. En las dietas comerciales, la mayor parte de las materias primas suministran una can-

Tabla 3 Necesidades de microminerales (ppm) en ponedoras de huevos morenos con un consumo de pienso diario de 115 g.

Mineral	*NRC (1994)*	*Comercial*	*Factor*
Cobre	¿?	10	–
Hierro	45	80	× 2
Manganeso	20	80	× 4
Cinc	35	80	× 2
Selenio	0,06	0,30	× 5

Tabla 4 Aporte de microminerales de un pienso estárter para pollos de engorde basado en maíz-soja.

Mineral	*Maíz + soja*	*NRC (1994)*	*Comercial*	*Maíz-soja % Comercial*
Manganeso	12	60	80	15
Cobre	11	8	8	140
Hierro	120	80	80	150
Cinc	20	40	80	25
Selenio	0,06	0,15	0,30	20

tidad importante de microminerales, aunque es poco probable que esos minerales sean 100% disponibles.

La Tabla 4 muestra la cantidad total de microminerales suministrados por un pienso estárter para pollos de engorde basado en maíz-soja, comparado con las recomendaciones del NRC (1994) y con valores comerciales.

Teóricamente, el maíz y la harina de soja cubrirían las necesidades de cobre y cinc en pollitos jóvenes. Sin embargo, se conoce muy poco sobre la biodisponibilidad de los microminerales en estas materias primas. O'Dell y colaboradores (1972) y Nwokolo y Bragy (1980) observaron una disponibilidad del magnesio, manganeso, cobre y cinc entre 40-70% en la harina de colza y 50-78% en la harina de soja. Sin embargo, estos autores no encontraron la causa por la que la variabilidad en la biodisponiblidad de microminerales de las materias primas es tan alta. Algunas materias primas pueden contener elevados niveles de microminerales. Por ejemplo, Henry y colaboradores (1992) observaron que el fosfato defluorinado contiene más de 10.000 ppm de hierro con una biodisponibilidad superior al 50%. Por tanto, un 1% de este fosfato en la dieta suministrará 50 ppm de fósforo disponible lo cual es similar a las necesidades de este mineral de la mayoría de las aves. Sin embargo, no existen garantías de niveles mínimos de hierro en los fosfatos, por lo que a la hora de formular es mejor no contar con un aporte de hierro tan elevado por parte de esta materia prima.

En el 2002 se analizó el contenido en microminerales de varias materias primas utilizadas en algunos ensayos (Tabla 5). Es importante señalar la diferencia que existe con respecto a otros valores publicados (por ej., con respecto al NRC,

Tabla 5 Contenido en microminerales (ppm) de varias materias primas.

Materia prima	*Cinc*	*Manganeso*	*Hierro*	*Cobre*
Maíz	12	10	107	11
Harina de soja	37	19	184	15
Harina de carne	97	7	285	12
Salvado de trigo	76	104	203	16

1994; Leeson y Summers, 1997) lo que refleja la gran variabilidad existente entre distintas fuentes.

Otro aspecto importante a considerar en el estudio de las necesidades de microminerales, y que no está totalmente documentado por el NRC (1994), es la disponibilidad de los minerales en las sales. Tradicionalmente, los microminerales se han venido suministrando como óxidos inorgánicos, sulfatos y, en ocasiones, como carbonatos. Sin embargo, la información disponible sobre la disponibilidad de los minerales procedentes de estas sales es escasa (Ledoux y col., 1991; Smith y col., 1994; Roberson y Edwards, 1994; Peshi y Bakalli, 1996). En general, se cree que los sulfatos presentan una mayor disponibilidad que los óxidos. Otra área de discrepancia dentro de estos estudios es el objetivo de cada uno de ellos. Mientras que el ritmo de crecimiento y la eficacia alimenticia podrían ser los aspectos más importantes desde un punto de vista comercial, la deposición de los minerales en el tejido óseo podría ser un aspecto fundamental para minerales tales como el cinc o el manganeso.

Es importante señalar que determinados factores tales como el estado sanitario o la temperatura ambiental influyen sobre las necesidades de minerales del animal. Belay y colaboradores (1992) observaron que los niveles de magnesio fecal y urinario aumentaban bajo condiciones de estrés térmico por lo que las necesidades de este mineral podrían verse incrementadas hasta en un 50% bajo determinadas condiciones.

¿Exceso de minerales?

Dado que los microminerales inorgánicos son baratos, existe una tendencia a introducirlos en exceso para garantizar un amplio margen de seguridad. Las interacciones debidas al exceso de microminerales inorgánicos son bien conocidas de manera que el exceso de un único mineral puede impactar negativamente sobre el metabolismo de uno o de varios minerales. Estos antagonismos se suelen producir cuando se incluyen niveles elevados o bien cuando se desconoce que alguna de las materias primas mayoritarias es rica en algún mineral determinado.

En un ensayo preliminar que se realizó hasta los 17 días, se observó una mejora del ritmo de crecimiento en aves alimentadas con dietas a las que no se les

Tabla 6 Productividad de pollos de engorde macho de 0 a 17 días alimentados con dietas maíz-soja con o sin manganeso (Mn) añadido.

Ítem	*Ganancia de peso, g*	*Índice de conversión, g/g*
Control + Mn (70 ppm)	360	1,87
Control – Mn	439	1,55

Appleby y Leeson (datos sin publicar).

había suplementado con manganeso. En este trabajo, la dieta control (sin manganeso añadido) contenía 12 mg manganeso/kg de dieta, lo cual parecía ser adecuado para pollos de engorde de esta edad bajo las condiciones experimentales. Sin embargo, estos resultados podrían no reflejar las necesidades bajo condiciones comerciales ya que los resultados podrían deberse a un antagonismo con otros minerales cuando se añadieron 70 mg manganeso/kg a la dieta control.

Efecto confundido de las enzimas

En la actualidad, las enzimas se utilizan de manera común en dietas para aves y podrían liberar microminerales de los complejos que normalmente son indigestibles. Esto puede ocurrir con oligosacáridos como las xilanasas, las β-glucanasas y, especialmente, las fitasas. Las fitasas indudablemente incrementan la disponibilidad de los microminerales del ácido fítico presente en algunos granos como el maíz, el trigo o la soja. Teóricamente por cada 6 moles de fósforo liberado se libera un 1 mol de hierro, magnesio y cinc. Roberson y Edwards (1994) concluyeron que al utilizar fitasas no sería necesario suplementar con cinc mientras que también podrían reducirse los niveles de otros cationes como el manganeso o el cinc. Asimismo, Yi y colaboradores (1996) observaron una mayor retención de cinc cuando se añadían fitasas a la dieta (Tabla 7). Mediante un análisis de regresión, Yi y colaboradores (1996) sugirieron que 100 U de fitasas liberaban aproximadamente 1 mg de cinc. Por tanto, 600 U de fitasas suministrarán cerca del 10% de las necesidades de cinc de un pollito joven.

Microminerales orgánicos

El potencial impacto negativo de la suplementación excesiva de la dieta con microminerales junto con la creciente legislación en cuanto a contaminación am-

Tabla 7 Efecto de la fitasa sobre la utilización de cinc.

Cinc (ppm)	*Fitasa (U/kg)*	*Retención de cinc*	
		%	*mg/ave*
0	0	37,9	0,77
5	0	35,8	1,06
10	0	35,4	1,25
20	0	34,2	1,49
0	150	39,2	0,82
0	300	44,0	1,02
0	450	43,0	1,00
0	600	44,8	1,03

biental han dado lugar a un resurgimiento de la investigación sobre microminerales orgánicos. Los minerales orgánicos generalmente son quelatos de proteína o aminoácidos que contienen minerales cuya disponibilidad es similar a la de los aminoácidos (por ej., 90-95%). Los proteinatos minerales generalmente contienen aminoácidos, dipéptidos, tripéptidos o proteínas per se, y se cree que mejoran la digestibilidad y la biodisponibilidad de los minerales secuestrados por los ligandos. La mejora de la digestibilidad podría deberse a una mayor solubilización, a una mayor estabilidad en el lumen y/o a que el ligando actúa como un eficiente transportador de los minerales a través de la membrana borde de cepillo. Una vez que se han absorbido, la retención potencial es mayor dado que disminuye la probabilidad de secreción o de excreción previa a la incorporación en las moléculas finales. Los proteinatos parecen ser una elección ideal en la formulación de dietas que contengan bajos niveles de microminerales, situación en la que el conocimiento de la biodisponibilidad es crítico.

Como paso inicial en la investigación del uso de Bioplex® mineral con el objetivo de disminuir los niveles de microminerales en las excretas, se realizó un ensayo utilizando pollos de engorde alojados en jaulas. Se utilizaron dietas suplementadas con 100 ppm de cinc, 90 ppm de manganeso, 30 ppm de hierro y 5 ppm de cobre. Se asumió una biodisponibilidad del 70% para los sulfatos. El mismo nivel de minerales biodisponibles fue suministrado por Bioplex® mineral y además se redujeron estos niveles al 80%, 60%, 40% ó 20% (Tabla 8).

El nivel del resto de microminerales y vitaminas fue el mismo para los 6 tratamientos. Hasta 17 días, hubo 6 réplicas por tratamiento con 8 pollos alojados conjuntamente. De 17 a 42 días, hubo 5 réplicas por tratamiento con 5 pollos alojados conjuntamente. La Tabla 9 muestra la influencia del nivel de microminerales de la dieta sobre el peso vivo y la eficiencia alimenticia de los pollos.

Se observó una escasa influencia de la suplementación de la dieta con minerales de manera que los pollos que consumieron la dieta con el 20% del nivel normal de Bioplex® crecieron de manera adecuada a pesar de estar alojados en jaulas. Durante el ensayo, no hubo problemas sanitarios y no se detectaron diferencias entre tratamientos para la mortalidad. Se analizaron los microminerales del pienso y de las excretas recogidas de 15 a 17 días y de 39 a 42 días y

Tabla 8 Nivel de inclusión de microminerales (ppm).

	Inorgánico	*Disponible*[1]	*Nivel Bioplex®*				
			100%	*80%*	*60%*	*40%*	*20%*
Cinc	100	70	70	56	42	28	14
Manganeso	90	63	63	50	38	25	13
Hierro	30	18	18	14	11	7	3,6
Cobre	5	3	3	2,4	1,8	1,2	0,6

[1] Se asume una disponibilidad del 70%.

Tabla 9 Respuesta al contenido en microminerales de la dieta en pollos de engorde a 17 y 42 días de vida.

		Peso vivo (g)		*Índice de conversión (g/g)*	
		17 días	*42 días*	*0-17 días*	*0-42 días*
Inorgánico		489	2.217	1,45	1,75
Bioplex®	100%	470	2.351	1,51	1,70
	80%	472	2.239	1,47	1,73
	60%	467	2.285	1,53	1,72
	40%	444	2.185	1,48	1,74
	20%	459	2.291	1,50	1,69
	± DE[a]	36	97	0,08	0,05
		NS[b]	NS	NS	NS

[a] Desviación estándar.
[b] NS: no significativo ($P > 0{,}05$).

Tabla 10 Estimación del contenido de minerales de la excreta de una granja con 100.000 pollos de engorde machos/año (5 lotes).

		kg mineral/año			
		Cinc	*Manganeso*	*Hierro*	*Cobre*
Inorgánico		470[a]	273[a]	535	19[a]
Bioplex®	100%	318[b]	217[b]	523	17[ab]
	80%	294[b]	185[b]	491	18[ab]
	60%	309[b]	172[cd]	494	16[ab]
	40%	299[b]	156[d]	487	16[ab]
	20%	292[b]	130[e]	446	15[b]
	± DE[a]	37	13	50	1,7
		**	**	NS	*

[a] Desviación estándar.
[b] Medias de la misma columna con distinta letra son diferentes ($P < 0{,}05$).

con base en estos resultados, se calculó la excreción de microminerales de una granja con 100.000 pollos de engorde machos (Tabla 10).

El uso de Bioplex® mineral (incluido en un nivel que aporte la misma cantidad de microminerales que las sales inorgánicas de la dieta) redujo la excreción mineral. Dado que la biodisponibilidad estimada para las sales inorgánicas fue del 70%, las dietas con Bioplex® podrían tener un contenido mineral un 30% menor. Además el Bioplex® mineral podría incluso tener una biodisponibilidad relativa con respecto a las sales minerales superior a la estimada aunque el objetivo del ensayo no fue responder a esta cuestión.

En un ensayo posterior, se utilizaron pollos en suelo hasta 42 días. Los microminerales del pienso se suministraron bien mediante sales inorgánicas o bien me-

Tabla 11 Influencia de la fuente de microminerales sobre la productividad de pollos de engorde a 20 y 41 días de edad.

	Ganancia de peso (g)		*Índice de conversión (g/g)*	
	0-20 días	*20-41 días*	*0-20 días*	*20-41 días*
Control inorgánico	747[a]	1.888	1,35	1,73
Bioplex® ≡ 14% control	725[b]	1.880	1,39	1,68
Bioplex® ≡ 7% control	706[c]	1.892	1,38	1,70

Medias de la misma columna con distinta letra son diferentes ($P < 0,05$).

diante Bioplex® mineral disminuyendo un 14% o hasta en un 17% del total de minerales inorgánicos de la dieta. Los resultados se muestran en la Tabla 11.

Hasta los 20 días de edad, los pollos que consumieron la dieta con Bioplex® crecieron menos que los pollos que consumieron la dieta control con minerales inorgánicos. Sin embargo, estas diferencias desaparecieron de 20 a 41 días de edad. Bioplex® al 14% de los niveles control tuvo un coste similar al de la premezcla de vitaminas y minerales inorgánicos utilizado en la dieta control.

El efecto del suministro de Bioplex® también ha sido estudiado en ponedoras. Gallinas Single Comb White Leghorn alojadas en jaula recibieron dietas maíz-soja con niveles normales de microminerales (cobre, cinc, manganeso, hierro) en forma de sales inorgánicas o como Bioplex® mineral (en un 20% del total). El tercer tratamiento fue una dieta sin suplemento de microminerales. Las dietas experimentales se suministraron durante ocho periodos de 28 días cada uno a partir de las 28 semanas de edad. No se observó influencia alguna de la dieta sobre la producción de huevos aunque las gallinas que consumieron la dieta sin suplemento mineral tendieron a poner menos huevos. El tratamiento no influyó sobre la calidad de la cáscara. Sin embargo, el peso de huevo disminuyó cuando no se suministro un suplemento mineral en la dieta (Tabla 13).

Durante los primeros 28 días del ensayo, hubo una pérdida de 1 g en el peso del huevo ($P < 0,05$) y cuando no se suplementó la dieta con microminerales. Este efecto se mantuvo hasta el final del ensayo. En este ensayo se analizó el contenido en minerales de la excreta a 45 semanas de edad (Tabla 14). Al utilizar Bioplex® se redujo en un 60-70% el contenido de cinc y manganeso de la excreta, respectivamente y en un 11% el de cobre. Sorprendentemente, el contenido en minerales de la excreta fue similar para los pollos que habían consumido la dieta con Bioplex® y sin suplemento mineral.

Conclusiones

Las recomendaciones del NRC (1994) son criticadas con frecuencia por no adaptarse a las estirpes modernas en las condiciones comerciales actuales. En efecto,

Tabla 12 Influencia de la fuente de microminerales sobre la producción de huevos en gallinas Single Comb White Legorn de 28 a 60 semanas de edad.

Suplemento mineral	*Puesta (%)*								*Masa huevo (kg)*	*Huevos totales*
	1[a]	*2*	*3*	*4*	*5*	*6*	*7*	*8*		
Inorgánico	96,0	95,8	90,9	93,4	91,5	89,1	87,5	86,4	12,5	203,7
Bioplex®[b]	94,1	95,2	91,4	93,2	91,9	88,0	86,8	85,5	12,4	202,0
Ninguno	93,4	94,4	90,1	91,9	89,8	87,6	86,9	85,9	12,0	200,3
DE[c]	4,8	3,7	3,6	4,0	4,8	8,2	7,5	8,4	0,8	10,6
Probabilidad	NS[d]	NS	NS	NS	NS	NS	NS	NS	NS	NS

[a] Periodo de 28 días.
[b] 20% del nivel aportado por la fuente mineral inorgánica.
[c] Desviación estándar.
[d] NS: no significativo ($P > 0,05$).

Tabla 13 Influencia de la fuente de microminerales sobre el peso del huevo.

Suplemento mineral	***Peso del huevo (g)***							
	1[a]	*2*	*3*	*4*	*5*	*6*	*7*	*8*
Inorgánico	59,4[ab]	59,4	60,2	61,1[ab]	61,2	62,6	62,7	63,6
Bioplex®	59,6[a]	59,6	60,6	61,7[a]	62,0	63,0	63,4	63,9
Ninguno	58,2[b]	58,8	59,4	60,0[b]	60,2	61,3	61,6	62,3
DE[b]	1,9	1,9	2,4	2,0	2,3	2,4	2,5	2,6
Probabilidad	*	NS[c]	NS	*	NS	NS	NS	NS

[a] Periodo de 28 días.
[b] Desviación estándar.
[c] NS: no significativo ($P > 0,05$); *: $P < 0,05$.
Medias de la misma columna con distinta letra son diferentes ($P < 0,05$).

Tabla 14 Contenido mineral de la excreta en ponedoras Shaver White con 38 semanas de edad.

Suplemento mineral	***Cinc***	***Manganeso***	***Cobre***
Inorgánico	665,8[a]	770,5[a]	53,8
Bioplex®	222,9[b]	167,8[b]	47,5
Ninguno	218,8[b]	149,6[b]	38,3
DE[a]	41,2	29,3	12,3
Probabilidad	**	**	NS[b]

[a] Desviación estándar.
[b] NS: no significativo ($P > 0,05$); **: $P < 0,01$.
Medias de la misma columna con distinta letra son diferentes ($P < 0,05$).

las recomendaciones para niveles de microminerales son mucho más bajas que las que se utilizan en la práctica de manera comercial. Sin embargo, una elevada suplementación mineral (por encima de lo que recomienda el NRC, 1994) está siendo cuestionada en la actualidad dada la relación entre el contenido en minerales de la excreta y la contaminación ambiental. Los proteinatos minerales, tales como el Bioplex®, presentan una mayor biodisponibilidad por lo que es factible disminuir los niveles de minerales. En algunos estudios preliminares se ha observado que se puede suministrar Bioplex® hasta el 20% del nivel normal de microminerales en dietas de maíz-soja para pollos de engorde y ponedoras sin que se observe una reducción en la productividad. Además, a este nivel, el coste del Bioplex® es comparable al de la premezcla de vitaminas y minerales inorgánicos pero con la ventaja de disminuir el contenido mineral de la excreta. Si estos resultados se confirman en trabajos futuros, las recomendaciones del NRC (1994) podrían ser las correctas o, al menos, más correctas de lo que pensábamos hace 5-10 años.

Referencias bibliográficas

Belay, T., Wiernusz C.J. and Teeter R.G. (1992). Mineral balance and urinary fecal mineral excretion profile of broilers housed in thermoneutral and heat distressed environments. *Poultry Science* **71:** 1043-1047.

Henry, P.R., Ammerman C.B., Miles R.D. and Littell R.C. (1992). Relative bioavailability of iron in feed grade phosphates for chicks. *Journal of Animal. Science* **70:** 228.

Ledoux, D.R., Henry P.R., Ammerman C.B., Rao P.V., Miles R.D. (1991). Estimation of the relative bioavailability of inorganic copper sources for chicks using tissue uptake of copper. *Journal of Animal. Science* **69:** 215.

Leeson, S. and Summers J.D. (1997). Commercial Poultry Nutrition 7th Rev. Ed.

National Research Council, (1994). Nutrient Requirements of Poultry. 9th Rev. Ed. NAS-NRC, Washington, D.C.

Nwokolo, E. and Bragy D.B. (1980). Biological availability of minerals in rapeseed meal. *Poultry Science* **59:** 155-158.

O'Dell, B.L., Burpo C.E. and Savage J.E. (1972). Evaluation of zinc availability in foodstuffs of plant and animal origin. *Journal of Nutrition* **102:** 653-660.

Pesti, G.M. and Bakalli R.I. (1996). Studies on the feeding of cupric sulfate pentahydrate and cupric citrate to broiler chickens. *Poultry Science* **75:** 1086.

Roberson, K. D. and Edwards H.M. (1994). Effects of 1,25$(OH)_2$ D_3 and phytase on Zn utilization in broiler chicks. *Poultry Science* **73:** 1312-11326.

Smith, M.O., Sherman I.L., Miller L.C. and Robbins K.R. (1994) Bioavailability of manganese from different sources in heatdistressed broilers. *Poultry Science* **73:** 163.

Yi, Z., Karnegay E.T. and Dembow D.M. (1996). Supplemental microbial phytase improves zinc utilization in broilers. *Poultry Science* **75:** 540-546.

Capítulo 7

Minerales, patologías y función inmune

M. T. Kidd

Universidad de Mississippi, Departamento de Ciencia Avícola, Mississippi, MS, Estados Unidos 39762-9665

Introducción

Para los productores avícolas es de gran importancia tomar todas las precauciones posibles para prevenir enfermedades, morbilidad y mortalidad. Las medidas preventivas que se han venido tomando incluían programas vacunales, coccidiostatos, programas de bioseguridad y un manejo adecuado. Recientemente, se han empezado a utilizar regímenes nutricionales enfocados a aumentar la inmunidad para prevenir y/o controlar determinadas patologías. Sin embargo, a menudo, estas dietas tienen un coste superior sin que se observen mejoras en el estado sanitario. Investigaciones realizadas en las décadas de 1980 y 1990 dieron lugar a numerosos trabajos que estudiaban la relación entre los microminerales de la dieta y la respuesta inmune. Este trabajo se ha llevado a cabo teniendo en cuenta tanto nuestro conocimiento actual sobre necesidades de microminerales e inmunocompetencia como las publicaciones recientes que han ido apareciendo sobre inmunidad, prevención de enfermedades y necesidades de microminerales.

Necesidades de microminerales

Las recomendaciones de microminerales por kg de pienso estimadas por el National Research Council (1994) a lo largo de toda la vida del pollo de engorde (de 1 a 56 días) son: cobre, 8 mg; yodo, 0,35 mg; hierro, 80 mg; manganeso, 60 mg; selenio, 0,15 mg y cinc, 40 mg. Estas recomendaciones, de las cuales más de la mitad son estimaciones y no resultados empíricos, son para cubrir las necesidades de crecimiento pero no para inmunidad. Cabe destacar que predecir las necesidades de microminerales sin que exista suficiente información publicada (por ej., valoración de elementos o modelos predictivos basados en ensayos experimentales) es muy complicado. Además los trabajos publicados sobre microminerales después de la aparición del NRC en 1994 tratan sobre deficiencias o niveles de suplementación y no sobre dosis-respuesta. Por tanto, se hace necesario realizar trabajos para describir las necesidades de microminerales para inmunidad de manera que se puedan asegurar los aportes en condiciones prácticas. En la prevención o en el ataque de patologías vía inmune intervienen varios minerales. Los claves en aves son el cinc, el cobre, el selenio, el manganeso y el hierro.

Estado de los minerales durante un proceso de infección

Cuando se activa una respuesta inmune en el ave, los niveles de microminerales del torrente sanguíneo se alteran. Especialmente cuando intervienen bacterias, aumenta el nivel de cobre circulante y disminuyen los de cinc y hierro (Klasing y col., 1987). Los órganos, en particular el hígado, secuestran hierro y cinc para proteger al hospedador ya que muchas bacterias necesitan hierro disponible para propagarse. Sin embargo, el nivel de cobre plasmático aumenta junto con el de ceruloplasmina (una proteína que contiene cobre) vía IL-1β (Klasing y col., 1987). Así lo confirman ensayos con cobre en aves infectadas por bacterias y protozoos en las que se observó un aumento de la IL-1β (Laurent y col., 2001). La optimización de la función celular inmune con cinc y la capacidad de las aves para secuestrar este mineral durante un proceso infeccioso son conceptos que requieren un estudio más profundo.

Cinc

El cinc participa en la actividad de numerosas metaloenzimas tanto estructurales como catalíticas. Es el único micromineral necesario para que funcionen correctamente enzimas de 6 clases: oxidorreductasa (por ej., superóxido dismutasa), transferasa (por ej., ADN polimerasa), hidrolasa (por ej., fosfatasa alcalina), liasa (por ej., anhidrasa carbónica), isomerasa (por ej., fosfomanosa isomerasa) y ligasa (por ej., ARNt sintetasa). Los fagocitos mononucleares (heterófilos, monocitos y macrófagos) producen el ion superóxido para destruir patógenos por lo que la cinc-superóxido dismutasa es vital para mantener la integridad de estas células inmunes. El cinc ejerce varias funciones en las células de numerosas especies protegiendo al hospedador frente a las bacterias, hongos, parásitos y virus. Su papel en inmunidad y resistencia a enfermedades es clave en las aves.

En una infección, especialmente cuando está causada por bacterias, disminuyen los niveles de cinc (hipocincquemia) aunque este fenómeno es menos conocido que el de la disminución de hierro. La celulitis aparece en los pollos de engorde cuando una laceración cutánea (por ej., un rasguño) se infecta con bacterias. Este fenómeno es muy importante en la industria del pollo dadas las elevadas pérdidas económicas que se producen por desperfectos de las canales. Downs y colaboradores (2000) observaron que la combinación de 48 Unidades Internacionales de vitamina E por kg de dieta y de 40 mg de un complejo con cinc por kg de dieta disminuía significativamente la celulitis en pollos de engorde. Rostan y colaboradores (2002) publicaron una revisión sobre las necesidades cutáneas de cinc y concluyeron que el papel del cinc en el metabolismo celular ha sido muy estudiado. Sin embargo, no se ha estudiado su papel como antioxidante en la piel. De manera similar, se ha observado que el cinc actúa como agente protector cuando el corazón recibe un aporte sanguíneo deficiente (Powell y col., 1990). La descendencia de reproductoras alimentadas con 150 mg de cinc y 163 mg manganeso por kg de dieta presentó un mayor peso del ventrículo izquierdo (con el tabique ventricular incluido) y del total de los ventrículos sin que se observara un aumento de la resistencia a problemas de ascitis en comparación con las aves alimentadas con 75 mg de cinc y 80 mg de manganeso por kg de dieta (Virden y col., 2004). En una revisión realizada por Rivera y colaboradores (2003) se destacó el papel protector de los microminerales, incluyendo la participación del cinc, sobre la respuesta inmune durante infecciones parasitarias. Trabajos futuros deberían evaluar el papel del cinc en las repuestas inmunes relacionadas con cambios entéricos en pollos de engorde.

En cuanto a inmunidad en aves se han conseguido numerosos avances en lo que respecta a niveles adecuados o excesivos de cinc y sus posibles mecanismos de acción (Kidd y col., 1996). Las mejoras de la inmunidad (principalmente a nivel celular y de respuesta inmune) mediante el incremento de los niveles de cinc en la dieta han sido observadas en reproductoras (Dozier, 2004), en la descendencia de las reproductoras (Kidd y col., 1992, 1993), en pollos de engorde (Bartlett y Smith, 2003) y en pavos (Kidd y col., 1994a). Estas mejoras se traducen en un aumento de la resistencia a enfermedades. Por ejemplo, en pavitas jóvenes al aumentar el nivel de cinc de la dieta (en forma de cinc-metionina) disminuyó el conteo *in vivo* de *E. coli* en sangre (Kidd y col., 1994b). Estos resultados podrían deberse al aumento de la capacidad fagocítica de los macrófagos del bazo al aumentar la cantidad de cinc de la dieta. Por tanto, el efecto positivo del cinc sobre la respuesta inmune podría disminuir la mortalidad. Virden y colaboradores (2003) observaron una reducción de la mortalidad a edades tempranas en la descendencia de gallinas que habían consumido dietas suplementadas con niveles crecientes de cinc y manganeso suministrados como complejos proteicos. En el futuro, se deberían realizar trabajos para estudiar las necesidades de cinc en condiciones prácticas con el objetivo de mejorar la viabilidad y la inmunidad en avicultura comercial utilizando dietas libres de antibióticos.

Selenio

Los efectos beneficiosos del selenio en aves han sido ampliamente estudiados por Surai (2002). De manera similar al cinc, existen bastantes trabajos que estudian la influencia del nivel de selenio de la dieta sobre la inmunidad y la resistencia a patologías de las aves. Hegazy y Adachi (2000) observaron un aumento de los anticuerpos contra *Salmonella* al suministrar dietas enriquecidas con selenio a pollos. Estas mismas mejoras se han observado en ovejas con un aumento del número de glóbulos rojos (un antígeno T-dependiente) en presencia de estrés inducido por *E. coli* (Larsen y col., 1997). Además, en las aves que consumen dietas ricas en selenio se mejora la función de las células T (Marsh y col., 1987) y la fagocitosis de los monocitos (Dietert y col., 1983). Colnago y colaboradores (1984) observaron una mejora de la respuesta inmune contra *Eimeria tenella* al aumentar el contenido de selenio de la dieta de 0,25 a 0,50 mg/kg. Muchos de los trabajos publicados hacen referencia a la variación en las necesidades de selenio según el nivel de vitamina E de la dieta. Tanto el nivel como la fuente de selenio de la dieta deberían tenerse en cuenta en los sistemas de producción avícolas actuales para optimizar las propiedades antioxidantes y la capacidad para aumentar la resistencia a enfermedades.

Manganeso

El papel del manganeso en la función inmune es menos conocido que el de otros microminerales. Varios trabajos realizados en 1970 y 1980, incluyendo ponedoras, indicaron que la suplementación con manganeso aumentaba los títulos de anticuerpos manteniendo este incremento a lo largo del tiempo. De forma similar al cinc y al cobre, el manganeso participa en la actividad de la superóxido dismutasa que se encuentra principalmente en la mitocondria. El papel de las enzimas en las enfermedades ha sido estudiado por Macmillan-Crow y Cruthirds (2001) quienes demostraron que los ratones que expresan solamente el 50% del nivel normal de la manganeso superóxido dismutasa incrementaron la susceptibilidad al estrés oxidativo y empeoraron la actividad mitocondrial debido a los elevados niveles intermediarios de oxígeno reactivo.

La absorción de manganeso en aves es menor que la de otros microminerales en comparación con otras especies lo que indica que este mineral debería incluirse en la dieta por encima de las necesidades estándar (Underwood, 1977). Además, se ha observado que en las infecciones causadas por coccidios disminuye la absorción intestinal de manganeso (Turk y col., 1982). Smialowicz y colaboradores (1985) demostraron que inyecciones intramusculares de $MnCl_2$ mejoraban la función macrófaga en ratones. Ferket y Kidd (1997) encontraron estos mismos resultados en pavos. Por tanto, ha de prestarse atención a la respuesta inmune y a la resistencia a patologías en pollos alimentados con distintos niveles de manganeso.

Efectos de los microminerales *in ovo*: ¿Posibilidades futuras?

El suministro rápido de agua y pienso después de la eclosión, principalmente en pollos y pavos, es clave para asegurar una buena productividad futura. Una vez que el pollito abandona el ambiente del huevo queda expuesto a oxígeno, patógenos y vacunas modificándose la actividad de la respuesta inmune. La inclusión de determinados minerales en el huevo podría aumentar el crecimiento temprano del pollito y su viabilidad tras la eclosión. Tako y colaboradores (2004) inyectaron cinc-metionina en el saco amniótico a los 17 días de incubación y observaron una mejora de las funciones digestivas en los pollos. Gore y Qureshi (1997) suministraron vitamina E *in ovo* a los 18 días de incubación y observaron un incremento de los macrófagos y de los anticuerpos en los pollitos a las 4 y 5 semanas después de la eclosión. La inyección de selenio junto con vitamina E podría mejorar la inmunidad y el crecimiento de los pollos tras la eclosión. En futuras investigaciones *in ovo* con selenio y cinc, habría que prestar especial atención al elevado contenido de ácidos grasos poliinsaturados que existen en la fracción lipídica del embrión.

Agradecimientos

Al trabajo PS10571 de la Estación Experimental de Agricultura y Silvicultura del Mississippi financiado por MIS-322140. La utilización del nombre de marcas comerciales en este trabajo no implica beneficio económico alguno para la Estación Experimental de Agricultura y Silvicultura del Mississippi.

Referencias bibliográficas

Bartlett, J. R. and Smith M. O. (2003). Effects of different levels of zinc on the performance and immunocompetence of broilers under heat stress. *Poultry Science*. **82:** 1580-1588.

Colnago, G. L., Jensen L. S., and Long P. L. (1984). Effect of selenium and vitamin E on the development of immunity to coccidiosis in chickens. *Poultry Science*. **63:** 1136-1143.

Dietert, R. R., Marsh J. A. and Combs G. F. Jr. (1983). Influence of dietary selenium and vitamin E on the activity of chicken blood phagocytes. *Poultry Science* **62:** 1412 (abstract).

Downs, K. M., Hess J. B., Macklin K. S., and Norton R. A. (2000). Dietary zinc complexes and vitamin E for reducing cellulitis incidence in broilers. *Journal of Applied. Poultry Research.* **9:** 319-323.

Dozier, W. A. (2004). Mineral needs of broiler breeders. *Proceedings of Arkansas. Nutrition Conference* CD-ROM.

Ferket, P. R. and Kidd M. T. (1997). Organic zinc sources and performance and health in poultry. p 37-43 In: *Proceedings of the Maryland Nutrition Conference.* Baltimore, Maryland, USA.

Gore, A. B. and Qureshi M. A. (1997). Enhancement of humoral and cellular immunity by vitamin E after embryonic exposure. *Poultry Science* **76:** 984-991.

Hegazy, S. M. and Adachi Y. (2000). Comparison of the effects of dietary selenium, zinc, and selenium and zinc supplementation on growth and immune response between chick groups that were inoculated with *Salmonella* and aflatoxin or *Salmonella*. *Poultry Science* **79:** 331-335.

Kidd, M. T., N. B. Anthony, and S. R. Lee, 1992. Progeny performance when dams and chicks are fed supplemental zinc. *Poultry Science* **71:** 1201-1206.

Kidd, M. T., Anthony N. B., Newberry L. A., and Lee S. R. (1993). Effect of supplemental zinc in either a corn-soybean or a milo corn-soybean meal diet on the performance of young broiler breeders and their progeny. *Poultry Science* **72:** 1492-1499.

Kidd, M. T., Qureshi M. A., Ferket P. R., and Thomas L. N. (1994a). Dietary zinc-methionine enhances mononuclear-phagocytic function in young turkeys. *Biological Trace Element Research* **42:** 217-229.

Kidd, M. T., Qureshi M. A., Ferket P. R., and Thomas L. N. (1994b). Blood clearance of *Escherichia coli* and evaluation of mononuclear-phagocytic system as influenced by supplemental zinc-methionine in young turkeys. *Poultry Science* **73:** 1381-1389.

Kidd, M. T., Ferket P. R., and Qureshi M. A. (1996). Zinc metabolism with special reference to its role in immunity. *World's Poultry Science Journal* **52:** 309-324.

Klasing, K. C., Laurin D. E., Peng R. K., and Fry M. (1987). Immunologically mediated growth depression in chicks: Influence of feed intake, corticosterone and interleukin-1. *Journal of Nutrition* **117:** 1629-1637.

Larsen, C. T., Pierson F. W., and Gross W. B. (1997). Effect of dietary selenium on the response of stressed and unstressed chickens to *Escherichia coli* challenge and antigen. *Biological Trace Element Research* **58:** 169-176.

Laurent, F., Mancassola R., Lacroix S., Menezes R., and Naciri M. (2001). Analysis of chicken mucosal immune response to *Eimeria tenella* and *Eimeria maxima* infection by quantitative reverse transcription-PCR. *Infection Immunity* **69:** 2527-2534.

Macmillan-Crow, L. A. and Cruthirds D. L. (2001). Invited review: Manganese superoxide dismutase in disease. *Free Radical Research* **34:** 325-336.

Marsh, J. A., Dietert R. R., and Combs G. F. Jr. (1987). Effect of dietary selenium and vitamin E in the chicken on con A, induced splenocyte proliferation. *Progressive Clinical Biology Research* **238:** 333-345.

National Research Council. 1994. Nutrient Requirements of Poultry. 9th Rev. ed. National Academic Press, Washington, DC, USA.

Powell, S. R., Saltman P., Uretzky G., Chevion M. (1990). The effect of zinc on reperfusion arrhythmias in the isolated perfused rat heart. *Free Radical Biology and Medicine* **8:** 33-46.

Rivera, M. T., De Souza A. P., Araujo-Jorge T. C., Castro S. L., and Vanderpas J. (2003). Trace elements, innate immune response and parasites. *Clinical Chemistry Laboratory Medicine* **41:** 1020-1025.

Rostan, E. F., DeBuys H. V., Madey D. L. and Pinnell S. R. (2002). Evidence supporting zinc as an important anti-oxidant for skin. *International Journal of Dermatology* **41:** 606-611.

Smialowicz, R. J., Luebke R. W., Rogers R. R., Riddle M. M. and Rowe D. G. (1985). Manganese chloride enhances natural cell-mediated immune effector cell function: Effects on macrophages. *Immunopharmacy* **9:** 1-11.

Surai, P. F., (2002). Selenium in poultry nutrition 2. Reproduction, egg and meat quality and practical applications. *World's Poultry Science Journal* **58:** 431-450.

Tako, E., Ferket P. R., and Uni Z. (2004). Zinc-methionine enhances the intestine development and functionality in the late term embryos and chicks. *Poultry Science* **83**(Suppl. 1): 267.

Turk, D. E., Gunji D. S., and Molitoris P. (1982). Coccidial infections and manganese absorption. *Poultry Science* **61:** 2430-2434.

Virden, W. S., Yeatman J. B., Barber S. J., Zumwalt C. D., Ward T. L., Johnson A. B., and Kidd M. T. (2003). Hen mineral nutrition impacts progeny livability. *Journal of Applied Poultry Research* **12:** 411-416.

Virden, W. S., Yeatman J. B., Barber, S. J. Willeford K. O., Ward T. L., Fakler T. M., Wideman R. F.Jr., and Kidd M. T. (2004). Immune system and cardiac functions of progeny chicks from dams fed diets differing in zinc and manganese level and source. *Poultry Science* **83:** 344-351.

Capítulo 8

Lecciones sobre nutrición mineral en humanos: ¿Qué podemos aprender?

Liadhan McAnena
Centro de Nutrición y Salud de Irlanda del Norte, Universidad de Ulster, Irlanda

Introducción

Se considera que hay en torno a quince minerales esenciales en humanos. De los macrominerales, el calcio, el magnesio y el fósforo tienen un papel estructural en los huesos mientras que el potasio, el sodio y el cloro son electrolitos importantes. La deficiencia de cualquiera de estos seis nutrientes es muy rara en humanos siendo más frecuentes los excesos. Sin embargo, en cuanto a los microminerales, que constituyen menos del 0,01% del peso (Solomons y Rutz, 1998), son frecuentes las deficiencias de hierro, cinc, selenio y yodo mientras que las de cobre, molibdeno y manganeso sólo aparecen en ocasiones muy específicas. En los animales, el cobre es el micromineral que se asocia más frecuentemente con deficiencias que causan patologías. Sin embargo, en humanos la deficiencia de hierro es la más extendida y la de yodo la que más sufrimiento causa. El cromo y el flúor generalmente no dan problemas por deficiencia pero se consideran esenciales dados los numerosos efectos beneficiosos que tienen sobre la salud.

Esta revisión se centrará principalmente en los cuatro microminerales de los que más comúnmente se producen deficiencias en humanos junto con el cobre que tiene una importancia similar en nutrición animal. Para ello, se estudiarán sus funciones, los mecanismos homeostáticos que regulan su nivel corporal, las medidas utilizadas para valorar dichos niveles, las variaciones genéticas y las interacciones entre nutrientes que podrían influir sobre sus necesidades.

Hierro

En humanos prácticamente todo el hierro (4-5 g) está firmemente ligado a proteínas: la hemoglobina y la mioglobina (pigmentos transportadores de oxígeno en los eritrocitos y en las células musculares), las proteínas de almacenamiento del sistema retículo endotelial (tuétano óseo, hígado, bazo y macrófagos) y las proteínas transportadoras en el plasma. En condiciones óptimas de salud, el hierro no aparece libre como ion en el plasma y en los tejidos (Strain y Cashman, 2002). El hierro puede aparecer en su forma divalente o trivalente y esta propiedad clave es la base de la mayoría de sus funciones fisiológicas y la razón de su característica unión con las proteínas. Esta unión impide el potencial daño oxidativo que podría ocasionar el hierro a diferentes biomoléculas como proteínas, ácidos grasos y ácidos nucleicos. Además de sus importantes funciones como transportador de oxígeno, el hierro también es un componente importante de enzimas; por ejemplo de las que intervienen en el transporte de electrones y en el metabolismo de la energía.

El hierro se encuentra en numerosos alimentos. La carne, los huevos, los vegetales y los cereales son buenas fuentes de hierro. Las dietas típicas occidentales aportan 10-15 mg de hierro diarios. En las dietas británicas, aunque la carne es rica en hierro, los cereales aportan aproximadamente un tercio de la ingesta diaria (sitio web de la Fundación Británica para la Nutrición). El hierro en la proteína animal forma parte del grupo hemo, por ejemplo ligado a una porfirina, suponiendo en torno al 10% del hierro total de la dieta (FSAI, 1999) y más del 40% del hierro total absorbido en el intestino (Strain y Cashman, 2002). El hierro que no forma parte del grupo hemo, principalmente el de las plantas y el de los productos lácteos, aparece como sales férricas y enzimas en las que está unido a átomos de azufre residuales de la cisteína. Estas enzimas comúnmente se conocen como proteínas sulfuro-ferrosas.

Absorción del hierro

El hierro se absorbe principalmente en el duodeno siendo la absorción de en torno al 15% del total del hierro de la dieta en adultos sanos (FSA, 2003). Las células de la mucosa intestinal poseen un receptor específico para los grupos hemo que son endocitados a su interior donde el hierro se libera de dicho grupo gracias a la enzima hemo-oxigenasa. Sin embargo, la absorción del hierro que no está ligado a grupos hemo sigue un mecanismo diferente que también implica la actuación de receptores en la superficie celular. Cuanto mayor es el contenido de hierro que no está unido a grupos hemo menor es el ritmo de absorción. Este tipo de absorción del hierro aparentemente está regulado por una o varias proteínas de la superficie celular que aún no han sido identificadas.

La dieta tiene una escasa influencia sobre la absorción del hierro que está unido a grupos hemo. Sin embargo, la absorción del hierro no ligado a estos grupos depende, en gran medida, de la composición de la dieta. Determinados componentes de la dieta y el hierro pueden formar complejos insolubles o bien el hierro puede estar fuertemente ligado y, de igual manera, no ser absorbido. En general, los componentes de la dieta que solubilizan el hierro mejoran su absorción mientras los componentes que lo precipitan o polimerizan la disminuyen. El ion ascorbato mantiene el hierro en solución en el intestino reduciéndolo del estado divalente. El citrato, la fructosa y los aminoácidos actúan como ligandos promoviendo la absorción. La vitamina A, el β-caroteno, el alcohol y el hierro ligado a grupos hemo también mejoran la absorción. La inclusión de carne, pescado o pollo en la dieta aumenta la absorción de hierro no hemo aproximadamente en cuatro veces. Entre los inhibidores se incluyen las sales de calcio (por ej., el fosfato), los fitatos y los polifenoles semejantes a los que contiene el té (Strain y Cashman, 2002).

Cabe destacar que los términos hemo y no hemo-hierro se refieren sólo a las fuentes de hierro de la dieta. Sus mecanismos de absorción son diferentes pero, una vez en el torrente sanguíneo, ambos forman parte del mismo grupo. El hierro una vez absorbido es transportado desde las células intestinales hasta el plasma donde se une a la transferrina mediante mecanismos que aún no están totalmente descritos. Un tercio de la capacidad de ligadura férrica total del plasma se satura cuando el nivel del hierro está completo. Todas las células nucleadas tienen receptores de transferrina en la superficie de manera que las células tisulares toman la molécula de tranferrina por endocitosis y liberan el hierro. Las células del tuétano de los huesos fabrican eritrocitos que captan el 80% del hierro ligado a la transferrina en el plasma (FSA, 2003). Cuando los eritrocitos mueren, el hierro que contiene la hemoglobina vuelve a los almacenes de hierro. Gracias a este sistema las pérdidas de hierro son muy bajas ya que se «recicla». El hierro se almacena en el sistema retículo endotelial unido a proteínas como la ferritina y la hemosiderina.

Necesidades de hierro

Las necesidades diarias de hierro dietético se estiman a partir de las necesidades para cubrir las necesidades para crecimiento y las pérdidas basales de hierro y durante la menstruación. Las pérdidas basales de hierro son bajas. Las pérdidas diarias de hierro a través del sudor y las células epiteliales de la superficie de la piel y del tracto gastrointestinal son inferiores a 1 mg. Por otro lado, las pérdidas de hierro en la orina son ínfimas (< 0,1 mg/día) ya que el hierro circulante en el plasma está ligado a proteínas que no pueden atravesar los glomérulos renales. Durante el ciclo menstrual las mujeres en edad fértil pierden 12-15 mg de hierro cada mes. Para reemplazar las pérdidas de hierro, los hombres y las mujeres que no menstruan necesitan absorber 1 mg diario mientras que las mujeres en edad fértil necesitan 1,4 mg/día (FAO/WHO, 2001). Las necesidades diarias de hierro dietético a lo largo de la vida, tal y como las define el Departamento de Salud del Reino Unido, se muestran en la Tabla 1 (DoH, 1991). La ingestión diaria mínima recomendada (IDMR) es la cantidad de hierro suficiente para cubrir las necesidades del 2,5% de la población que particularmente tiene unas necesidades bajas. La ingestión diaria recomendada (IDR) es la cantidad suficiente para cubrir las necesidades del 97,5% de la población.

Tabla 1 Recomendaciones de ingesta diaria de hierro para humanos.

Edad	*IDMR hierro (mg/día)*	*IDR hierro (mg/día)*
0-3 meses	0,9	1,7
4-6 meses	2,3	4,3
7-12 meses	4,2	7,8
1-3 años	3,7	6,9
4-6 años	3,3	6,1
7-10 años	4,7	8,7
11-18 años hombres	6,1	11,3
11-18 años mujeres	8,0	14,8
19-50 años hombres	4,7	8,7
19-50 años mujeres	8,0	14,8
>50 años	4,7	8,7

La homeostasis del hierro, para prevenir excesos y deficiencias, se lleva a cabo mediante la regulación de una mayor o menor absorción intestinal, de acuerdo con el almacenamiento corporal y con los requerimientos fisiológicos que están estrechamente relacionados con el ritmo de producción de eritrocitos.

Deficiencias de hierro

Cuando se producen deficiencias de hierro tienen lugar varias etapas (Yip y Dallman, 1996). En primer lugar, se agota el hierro almacenado en los tejidos, como la ferritina en el hígado, el tuétano del hueso y el bazo, lo que se refleja en una disminución de la concentración de ferritina proteica en el plasma. En segundo lugar, se agota el hierro del plasma (que es transportado como transferrina) dando lugar a una disminución de la saturación por transferrina. Según aumentan las necesidades celulares de hierro van aumentando los receptores de la transferrina que se expresan en la superficie celular. Una parte de las moléculas receptoras es secretada al plasma donde actúan como receptores de la transferrina soluble. En estados más avanzados de deficiencias de hierro, no existe suficiente hemoglobina para la formación de glóbulos rojos y para otras funciones fisiológicas. En el momento en que la anemia causada por la deficiencia de hierro puede detectarse mediante la disminución del volumen de eritrocitos y del contenido de hemoglobina (anemia hipocrómica microcítica) se produce también una disminución de la actividad de las enzimas que contienen hierro intracelular tales como los citocromos, las catalasas y las peroxidasas.

La deficiencia de hierro afecta a dos billones de personas en prácticamente todos los países. En bebés y niños está asociada con un bajo peso al nacimiento, nacimientos prematuros, elevada morbilidad perinatal, escasa resistencia a infecciones, mal desarrollo psicomotor y crecimiento retardado. En adultos causa fatiga y baja efectividad y podría ocasionar problemas reproductivos. Los grupos de población con más riesgo de padecer deficiencias de hierro son los que tienen necesidades elevadas para el crecimiento de los tejidos tales como los niños, los adolescentes y las mujeres en edad fértil así como los que padecen enfermedades o tienen estilos de vida que disminuyen la absorción o que aumentan las pérdidas de hierro. Una escasa absorción intestinal de hierro puede ser debida a determinadas enfermedades como ocurre en el caso de los celiacos. Muchas enfermedades gastrointestinales, tales como la úlcera péptica, la enfermedad inflamatoria intestinal o el cáncer de estómago y colorrectal, pueden causar pérdidas crónicas de sangre en las heces que, a menudo, no son perceptibles por los pacientes. Los medicamentos antiinflamatorios no esteroideos, como la aspirina o el ibuprofeno, son irritantes gástricos que administrados durante mucho tiempo pueden causar un sangrado gastrointestinal crónico. Pérdidas elevadas de hierro están asociadas con pérdidas crónicas de sangre como las que ocurren por ejemplo con la menorragia (pérdidas excesivas de sangre durante la menstruación). Las deficiencias de hierro también están asociadas con individuos con escasa ingestión de hierro debido a una alimentación inadecuada. La anemia ferropénica de la leche de vaca aparece en ocasiones en niños entre 9 y 24 meses de edad cuya dieta está basada principalmente este tipo de leche. La absorción del hierro de la leche de vaca es muy baja en comparación con la de la leche humana que contiene una proteína llamada lactoferrina que permite una absorción del hierro de en torno al 50% (FSA, 2003).

Intoxicación por hierro

Los humanos no tienen medios específicos para excretar el hierro. En cambio su absorción intestinal se regula para prevenir intoxicaciones cuando la ingesta diaria es elevada (FSAI, 1999). Tanto en el Reino Unido como en Europa, existe muy poca información para establecer el nivel máximo de ingestión de hierro por encima del cual peligra la salud tanto de humanos como de animales. Sin embargo, el Consejo para la Alimentación y la Nutrición de Estados Unidos ha establecido el nivel de ingestión máximo tolerable en 45 mg de hierro diarios como el nivel máximo que podría ser ingerido diariamente sin causar problemas en la mayoría de los individuos.

Las intoxicaciones causadas por excesos de hierro podrían desarrollarse en individuos con problemas genéticos. La hemocromatosis hereditaria (HH) es la enfermedad genética más común en Irlanda estimándose que afecta a más de 1 de cada 200 personas descendientes de irlandeses (Edwards y Kushner, 1993). La HH es recesiva autosómica y está causada por mutaciones en el gen HFE que da lugar a una cantidad incontrolada de hierro en el intestino y en las células hepáticas. El hierro se deposita en el hígado, el páncreas, el corazón, las articulaciones y la glándula pituitaria. El tratamiento, con flebotomía, puede prevenir el progreso del daño tisular pero, por otro lado, puede provocar cirrosis, cáncer de hígado, diabetes y cardiomiopatías. Muy a menudo el HH no se diagnostica hasta edades avanzadas aunque el ritmo de diagnósticos ha aumentado en los últimos años. Otras enfermedades probablemente genéticas como la sobrecarga de hierro africana o siderosis de los bantúes también podría estar asociada con dietas con niveles altos de hierro. Desafortunadamente, el gen causante aún no ha sido identificado.

La toxicidad por hierro es consecuencia de su actividad redox pudiendo dar lugar a la formación de radicales libres. Estos átomos y moléculas con un electrón libre o extra son muy inestables y extremadamente reactivos. Sin embargo, bajo circunstancias normales, la unión del hierro a las proteínas asegura que la producción de radicales libres sea mínima.

Valoración del nivel de hierro

Para obtener un diagnóstico exacto del nivel de hierro deberían llevarse a cabo numerosos métodos combinados. Los valores normales de ferritina en plasma están en el rango de 15-300 μg/l. Valores por debajo de 12 μg/l sugieren una reducción del hierro almacenado en los tejidos. La saturación por transferrina es normalmente de un tercio (FSA, 2003). Los cambios en el contenido de hemoglobina o el volumen celular son medidas de los niveles de hierro poco sensibles. Asimismo la anemia es un signo tardío de niveles reducidos de hierro. Desafortunadamente, las variaciones iniciales a menudo no se cuantifican por lo que es difícil estimar cómo avanzan las deficiencias subclínicas de hierro. Dada la prevalencia de la anemia ferropénica, con el consecuente gasto para los sistemas sanitarios y las mermas de la productividad, las consecuencias negativas de niveles de hierro subóptimos son considerables.

Yodo

La principal función fisiológica del yodo es como constituyente esencial de las hormonas tiroxina (T4) y tri-yodotironina (T3) producidas por la glándula tiroides. Las hormonas tiroideas regulan el ritmo metabólico basal, el consumo celular de oxígeno, la integridad celular y la síntesis enzimática (Hetzel y Clugson, 1999). Un humano adulto contiene una media de 10-20 mg de yodo del cual el 70-80% se almacena en la glándula tiroides, el único almacén significativo de yodo (SCF, 2002). El nivel de yodo puede ser valorado por la función tiroidea.

Algunos alimentos ricos en yodo son el pescado de mar, el marisco, las algas marinas, la sal marina y la sal enriquecida. Los cereales y los granos contienen cantidades variables que dependen del nivel de yodo del suelo. En el Reino Unido, la leche de vaca es una buena fuente de yodo lo que probablemente podría ser debido a la suplementación del pienso para vacas con yodo (FSA, 2003). La leche supone una elevada contribución en la dieta de los niños dado su alto consumo. El yodo inorgánico de los alimentos, generalmente en forma de yoduro, se absorbe principalmente en el intestino delgado. La tiroides atrapa del plasma en torno a

60 μg de yodo al día y la cantidad se regula en función de las necesidades corporales (FAO/WHO, 1989). Este proceso, en gran medida, está controlado por la hormona estimulante de la tiroides (TSH) secretada por la glándula pituitaria. La TSH estimula a la tiroides para absorber más yodo permitiéndole producir más hormonas tiroideas. La hormona T4 es absorbida por la mayoría de los tejidos. El exceso de yodo es excretado por la orina.

Necesidades de yodo

La IDMR en el Reino Unido para el yodo en adultos es de 70 μg/día y la IDR de 140 μg/día (DoH, 1991). La función tiroidea depende de numerosos factores; por ejemplo, de la deficiencia de vitamina A, cinc, hierro y cobre que pueden dar como resultado hipotiroidismo. La síntesis de la hormona tiroidea puede también verse perjudicada por determinadas sustancias presentes en los alimentos. Los denominados goitrógenos aparecen de manera natural en la berza, el brócoli, las coles de bruselas, los nabos, las habas de soja, los cacahuetes y las nueces. Otro goitrógeno, el tiocianato, puede producirse por la degradación de los glucósidos cianogénicos presentes en el maíz, la mandioca, la patata y la coliflor. El efecto de los goitrógenos en los alimentos puede ser contrarrestado por ingestas adecuadas de yodo en la dieta.

Deficiencias de yodo

La deficiencia de yodo da lugar a un incremento del número de niños nacidos muertos, mortalidad perinatal y durante la infancia, daños neurológicos e intelectuales y a un aumento de la glándula tiroides conocido como bocio. Como respuesta a niveles circulantes bajos de T4 aumenta la actividad de la TSH estimulando a las células de la glándula tiroides para aumentar su tamaño y su efectividad captando yodo desde el plasma. La glándula aumenta de tamaño como mecanismo compensatorio. Se estima que el bocio afecta en torno a siete millones de personas (SCF, 2002). Se puede tratar suplementando con yodo pero no mediante cambios en los hábitos dietéticos porque los alimentos que crecen en regiones deficientes en yodo no pueden proveer suficiente yodo para la población y el ganado que viven en ellas. La deficiencia resulta de condiciones geológicas más que de condiciones sociales o económicas y, por ello, debe ser corregida suplementando yodo con fuentes externas.

Las hormonas tiroideas son necesarias para el desarrollo del sistema nervioso en fetos y niños. La deficiencia de yodo en un feto puede dar lugar al cretinismo cuyos síntomas incluyen sordera, estrabismo, espasticidad motora y retraso mental severo. La deficiencia de yodo es la causa más común de retraso mental. El bocio y el cretinismo son frecuentes en áreas endémicas donde los suelos son deficientes en yodo estimándose que en torno a 1,6 millardos de personas en todo el mundo viven en estas áreas. El WHO estima que cerca de 50 millones de personas tienen retrasos mentales causados por deficiencias de yodo.

Intoxicación por yodo

Existen muy pocos datos procedentes de estudios experimentales como para que en el Reino Unido se establezcan niveles máximos de ingestión de yodo. Sin embargo, el Comité Científico de la Comisión Europea sobre Alimentación Humana (CCCEAH) ha establecido un límite de ingestión máximo tolerable de 600 µg sin que existan efectos adversos sobre la salud. El exceso causa hipertiroidismo con síntomas como aumento del ritmo cardiaco, temblores, sudoración excesiva y pérdida de peso. La intoxicación por excesos de yodo en ocasiones aparece tras la implementación de programas con sal yodada. Durante periodos prolongados de deficiencias de yodo, la glándula tiroidea podría desarrollar nódulos autónomos hiperfuncionales que responderían fuertemente a la suplementación con yodo, dando lugar a hipertiroidismo (FSA, 2003). El exceso de yodo también tiene lugar tras la utilización de sales yodadas. Esto fue lo que ocurrió en algunos países que contenían áreas con suficiente yodo en las que la suplementación resultó en dietas con exceso de yodo.

Selenio

El selenio juega un papel primordial en la función inmune. Su deficiencia ha sido relacionada con algunas infecciones virales, por ejemplo la progresión del HIV a SIDA (Schrauser y Sacher, 1994). Tanto en hombres como en mujeres, es necesaria una ingesta adecuada de selenio para la fertilidad; se necesitan selenoproteínas para el desarrollo de la cápsula espermática que influirá sobre la cola del espermatozoide. Existen evidencias que sugieren que la deficiencia de selenio aumenta el riesgo de abortos (Barrington y col., 1996). Algunas evidencias sugieren que una ingesta de selenio superior a la que tradicionalmente se ha considerado adecuada podría tener efectos beneficiosos contra el cáncer (FAO/WHO, 2001). El selenio es un componente esencial de la enzima yodotironina deyodinasa, una selenoproteína que regula la interconversión de las formas activas e inactivas de la yodotironina. Otras selenoenzimas incluyen la glutatión peroxidasa (GPx) y las selenoproteínas W y P las cuales suponen de un 60 a un 80% del selenio del plasma en humanos pero cuya función no se conoce.

El selenio es abundante en el pescado, la carne, las nueces, los huevos y los cereales aunque la variabilidad respecto al nivel de selenio de los alimentos dependiendo del contenido de selenio del suelo es alta. Algunas áreas son deficientes, mientras que otras son ricas (FSA, 2003); por ejemplo, los suelos europeos contienen menos selenio que los de Estados Unidos. Los Estudios Dietéticos, llevados a cabo por el Departamento Gubernamental del Reino Unido para el Medio Ambiente, la Alimentación y los Asuntos Rurales del Reino Unido, indican que el nivel de selenio en el Reino Unido ha disminuido en los últimos 20 ó 30 años. Este hecho se cree que parcialmente podría ser debido al aumento del consumo de pan hecho con trigo europeo, en vez de importado de Canadá, de acuerdo con la política de la Unión Europea.

Se cree que la mayor parte del selenio de los alimentos forma parte de los aminoácidos derivados de la selenometionina o la selenocisteína (DoH, 1991). Las formas orgánicas del selenio, en particular los aminoácidos derivados de la selenometionina o la selenocisteína, son más fáciles de absorber que las formas inorgánicas como los súlfidos y los selénidos. Los alimentos de origen vegetal generalmente contienen una mayor proporción de selenio orgánico que los de origen animal.

Una vez absorbido, una parte del selenio es transportado en el plasma ligado a la albúmina mientras que el resto está ligado a lipoproteínas de muy baja densidad. El selenio se excreta por la orina, las heces, la respiración, el pelo, las uñas y la leche materna. La IDR para el selenio en el Reino Unido es de 75 μg diarios para los hombres y 60 μg diarios para las mujeres. Durante la lactación, se necesitan cerca de 15 μg más al día. El nivel de selenio depende de muchos factores tales como las vitaminas antioxidantes A, E y C. El selenio es un nutriente antioxidante y la vitamina E puede paliar algunos síntomas causados por deficiencias de selenio y viceversa (Strain y Cashman, 2002).

Deficiencias de selenio

Hay dos enfermedades asociadas con la deficiencia de selenio: la enfermedad de Kaschin-Bek (una osteoartropatía identificada en Siberia) y la enfermedad de Keshan. La enfermedad de Keshan es una cardiomiopatía que aparece en niños y mujeres en edad fértil. La conexión entre la enfermedad de Keshan y niveles bajos de selenio se descubrió en China a final de los años 70 durante un brote con proporción de epidemia. Se cree que el inicio de la enfermedad de Keshan se debió a la acción del virus Coxsackie que normalmente es inofensivo en individuos con deficiencias de selenio (18, 19). A gran escala, los ensayos llevados a cabo suplementando con selenio a más de 1,5 millones de niños han erradicado nuevos casos de la enfermedad de Keshan.

Interacciones entre yodo y selenio

Las autopsias realizadas a pacientes diagnosticados con la enfermedad de Keshan revelan que en más del 80% de los casos existían complicaciones con bocio. El selenio participa en el metabolismo de la tiroides y es necesario para la síntesis de la hormona tiroidea activa (T3). Pacientes con la enfermedad de Keshan subclínica o latente presentaron niveles normales de la hormona tiroidea. Sin embargo, estos pacientes presentaban mayores concentraciones del precursor de la hormona T4, en el suero que los pacientes control. Parece ser que bajas concentraciones de selenio podrían bloquear un funcionamiento óptimo de la tiroides y disminuir la deyodización de T4 (Strain y Cashman, 2002).

Intoxicaciones por selenio

Existe numerosa información de intoxicaciones causadas por exceso de selenio en animales pero no en humanos. En áreas seleníferas de China, la toxicidad crónica o selenosis aparece tras un consumo prolongado de alimentos con contenidos muy altos en selenio (Yang y Zhou, 1994). La intoxicación severa por selenio causa irritación intensa en ojos, nariz, boca y pulmones. La exposición crónica produce náuseas, anorexia y respiración agitada causada por la inhalación de dimetil selénido. El nivel máximo de seguridad de ingestión tolerable en el Reino Unido es de 450 µg/día. Sin embargo, el Comité Científico de Alimentación de la Unión Europea ha establecido un nivel máximo de ingestión tolerable de 300 µg/día.

Valoración del nivel de selenio

En la actualidad se está debatiendo sobre cuál es el mejor indicador del nivel de selenio. En la práctica clínica, el contenido de selenio del pelo, las uñas de los pies o el plasma son indicadores del consumo reciente de selenio. Sin embargo, recientemente se ha observado que el nivel de selenio del plasma varía con la respuesta inmune de fase aguda. La determinación de la cantidad de selenio en la orina sirve para detectar excesos pero no deficiencias. La actividad de la GPx en los eritrocitos y en el plasma podría ser una medida exacta (FSA, 2003). Sin embargo, la meseta de la actividad de la GPx antes de que se alcancen concentraciones excesivas de selenio en el plasma no es útil para detectar toxicidad.

Cinc

El cinc es imprescindible para una curación eficaz de las heridas manteniendo el estado sanitario de los tejidos. Además, se necesita para la síntesis de ADN y para la actividad de numerosas enzimas, incluyendo la alcohol deshidrogenasa. Asimismo, es un componente fundamental de la familia de proteínas conocida como «dedos de cinc» de la que se conocen más de 100 y cuyas funciones son extraordinariamente diversas incluyendo la activación de la transcripción, el plegamiento y el ensamblaje de las proteínas y la unión de los lípidos. Los iones cinc son esenciales para el desarrollo de la estructura y para llevar acabo la función de los «dedos de cinc» que son repeticiones de cisteína e histidina ligadas al cinc en configuración tetraédrica.

Se sabe que el cinc desempeña una función primordial en la reproducción de los seres humanos. De hecho, la actividad de los andrógenos y de los estrógenos está mediada por las proteínas «dedo de cinc». Además, el cinc es necesario para la síntesis de las hormonas luteinizante y folículo estimulante, la diferenciación de las gónadas, el crecimiento testicular, la formación de los espermatozoides y la fertilidad. También interviene en la estructura y en la función de las biomembranas probablemente porque estabiliza los grupos tiol y los fosfolípidos que ocupan posiciones en las que podría haber otros metales de transición con potencial redox como el hierro. Asimismo, el cinc amortigua las reacciones de los radicales libres. Las pérdidas de cinc de la membrana podrían estar asociadas con un aumento de la susceptibilidad a daños por procesos de oxidación, tensión estructural y alteraciones en las posiciones de los receptores específicos y en los sistemas de transporte (O'Dell, 2000).

Dado que el cinc es esencial tanto para los animales como para las plantas, es abundante en las dietas para humanos. Algunos alimentos ricos en cinc son las ostras, el pescado, el marisco, la carne, los granos enteros y las legumbres. La IDR del Reino Unido para el cinc es de 9,5 y 7,0 mg/día para hombres y mujeres adultos, respectivamente y la IDMR de 5,5 y 4,0 mg/día (SCF, 2002).

Absorción de cinc

Aproximadamente entre el 20 y el 40% del cinc de la dieta se absorbe en el intestino tanto por difusión pasiva como por transporte activo a través de la bomba de iones (FSA, 2003). La absorción está regulada por la metalotioneína que es una proteína sintetizada en las células de la mucosa intestinal como respuesta a niveles elevados de metales divalentes. La metalotioneína secuestra a los iones metálicos limitando su absorción. Además hay varios factores de la dieta que influyen sobre la absorción. Por ejemplo, las interacciones de competencia entre el cinc y otros cationes, tales como el hierro y el cobre, de manera que altos contenidos de hierro en la dieta disminuyen la absorción de cinc. Algunos ligandos, tales como los fitatos, forman complejos insolubles con el cinc y el calcio disminuyendo la absorción de cinc (Oberleas y col., 1966). Sin embargo, se cree que algunos aminoácidos tales como la histidina, la metionina y la cisteína facilitan la absorción de cinc al liberarlo de los complejos formados entre cinc-calcio-fitatos (Mills, 1985). Otros factores que influyen son la fibra dietética, el ácido ascórbico, la fructosa, la sacarosa y los polifenoles (taninos) de la soja, las hojas de los vegetales, el café y el té (Sandström y Lönnerdal, 1989).

En el plasma, el 40% del cinc circulante está fuertemente ligado formando parte de una macroglobulina. El resto está débilmente ligado a la albúmina, la transferrina y la ceruloplasmina (FAO/WHO, 2001) por lo que se cree que constituye una fracción relevante nutricionalmente. El cinc se excreta en las heces, mediante las secreciones pancreáticas e intestinales, y también es excretado en la orina. Además, existen pérdidas durante la lactación, la regeneración de la piel, el pelo, las uñas, el semen y la sangre de la menstruación. No se ha identificado un grupo de almacenamiento o de reservas de cinc por lo que los humanos dependen de un aporte constante de este metal (Strain y Cashman, 2002).

Deficiencias de cinc

Clínicamente, las deficiencias de cinc no son muy comunes y sólo aparecen cuando existen grandes pérdidas de cinc corporal como en el caso de quemaduras importantes. También han sido descritas en alcohólicos. Por primera vez en los años 70 en Oriente Medio se observó que la deficiencia de cinc podría afectar a los humanos cuando se llevaron a cabo estudios en hombres jóvenes que habían sido rechazados para hacer el servicio militar por su baja estatura. Además estos hombres presentaban un síndrome clínico que incluía anemia y otros síntomas como cambios en la piel, retraso del crecimiento e hipogonadismo. Este síndrome se relacionó con niveles demasiado bajos de cinc (Prasad y col., 1961). Una ingesta adecuada de cinc es esencial para mantener una inmunidad óptima ya que la deficiencia de este mineral da lugar a un incremento de la susceptibilidad a varios agentes infecciosos (Shankar y Prasad, 1998). Otras manifestaciones clínicas de deficiencias severas de cinc son deterioro del gusto, retraso de la maduración sexual, impotencia e hipospermia, alopecia, ceguera nocturna, lesiones en ojos y piel, retraso en la curación de las heridas, deficiencias inmunitarias y alteraciones del comportamiento.

La acrodermatitis enteropática (AE) hereditaria es una enfermedad genética (autosómica recesiva) debida a un fallo en el metabolismo del cinc. La mutación del gen se encuentra en el cromosoma 8 y se cree que influye negativamente sobre el mecanismo de intercambio de aniones en la superficie de las células de la mucosa. Tanto la unión del cinc a las células de la mucosa como el desplazamiento del cinc a través de la membrana plasmática de las células se ven perjudicados resultando en una disminución de la absorción de cinc (Hambidge, 2000). La AE es letal generalmente durante los primeros años de vida si no se trata. Cuando se usan prolongadas y elevadas dosis de cinc suministradas oralmente el pronóstico es bueno probablemente debido a una mayor absorción y transferencia de cinc por un mecanismo menos específico.

Algunas evidencias experimentales sugieren que el nivel del cinc podría estar implicado en la patogénesis de la anorexia nerviosa (Varela y col., 1992). En ratas, la deficiencia de cinc disminuye la ingesta en un 50% respecto a ratas que consumen dietas con niveles adecuados de cinc y estos signos desaparecen cuando se suministra cinc nuevamente. Además los pacientes con anorexia podrían dejar de perder peso e incluso aumentarlo si se les suministra cinc.

Intoxicación por cinc

Es raro que se produzcan intoxicaciones severas por exceso de cinc dado que no se almacena puesto que la ingesta en exceso da lugar a una disminución de la absorción y a un aumento de la excreción. Sin embargo, ingestas prolongadas de suplementos de cinc están asociadas con un conjunto de cambios bioquímicos y fisiológicos. La mayoría probablemente son síntomas debidos al agotamiento del cobre ya que cobre y cinc compiten directamente por ser absorbidos en el intestino. Las víctimas de hemocromatosis podrían absorber mayores cantidades de cinc lo que sugiere un posible aumento del riesgo de padecer deficiencias de cinc inducidas por el cobre (FSA, 2003). Tanto el Comité Científico de Alimentación de la Unión Europea (SCF, 2002) como el FSA (2003) del Reino Unido recomiendan una ingesta diaria máxima de cinc de 25 mg.

Valoración del nivel de cinc

Valorar el nivel de cinc con exactitud en humanos es complicado. A menudo se determina la concentración de este mineral en la orina dado que la excreción disminuye cuando existen deficiencias. También se podría determinar la concentración en plasma aunque tiene el inconveniente de que es propensa a variar cuando existen procesos inflamatorios. Relaciones cobre:cinc en plasma superiores a 2,0 sugieren deficiencias de cinc. El cinc de los eritrocitos y el pelo podrían indicar niveles a largo plazo. La actividad de la fosfatasa alcalina neutrófila también podría ser un indicador.

Cobre

El cobre está presente en todos los tejidos y es un componente esencial de gran número de enzimas y proteínas. Entre las proteínas que contienen cobre destacan la citocromo C oxidasa que interviene en la producción de energía; la ceruloplasmina, una proteína de fase aguda que interviene en los procesos de inflamación, la superóxido dismutasa (enzima antioxidante), las amina oxidasas (implicadas en los procesos químicos cerebrales), la síntesis de colágeno, el control del crecimiento y las proteínas constituyentes de la cromatina que mantiene la estructura de los cromosomas. El cobre es abundante en los alimentos, particularmente en vegetales verdes, pescado, ostras, hígado, nueces y champiñones.

Absorción del cobre

El cobre se absorbe principalmente en el duodeno a través de un mecanismo de transporte activo y de difusión pasiva (McAnena y O'Connor, 2002). La absorción está regulada por la metalotioneína que es secretada por las células de la mucosa en respuesta a elevadas concentraciones de iones metálicos como el cobre o el cinc. La metalotioneína sin embargo tiene una mayor afinidad por el cobre que por el cinc por lo que altas concentraciones de cinc pueden perjudicar la absorción de cobre directa e indirectamente (Cousins, 1985). Altas concentraciones de hierro en la dieta probablemente afecten a la absorción sólo cuando el nivel de cobre sea muy bajo. La excreción de cobre que se produce principalmente por la bilis se regula de acuerdo con las necesidades corporales. La cantidad de cobre excretada vía renal es muy baja.

Deficiencias de cobre

La IDR de cobre para adultos entre 19 y 50 años es de 1,2 mg diarios. Los síntomas de la deficiencia de cobre aparecen en numerosos órganos presentándose anemia, neutropenia, osteoporosis y desórdenes cardiacos. Sin embargo, dado que el cobre es abundante en numerosos alimentos y que la absorción y la excreción están fuertemente reguladas, es difícil que se produzcan deficiencias clínicas de este mineral salvo en niños malnutridos y en pacientes con el síndrome de Menkes. El síndrome de Menkes es un desorden recesivo ligado al cromosoma X relacionado con la absorción y el transporte de cobre de manera que cuando se padece esta enfermedad se absorbe el cobre pero es retenido en las células intestinales. Las manifestaciones clínicas de este síndrome son deterioro mental progresivo, hipotermia, hipopigmentación, anormalidades en el tejido conectivo y muerte en la niñez (Mercer, 2001).

Aunque es raro que se produzcan deficiencias de cobre, algunas evidencias sugieren que la ingestión de cobre con las dietas occidentales típicas podría ser inferior a la adecuada. En el estudio FoodCue, que fue un ensayo realizado en numerosos centros europeos, se publicó una ingestión de cobre dietético de 1,1 mg/día en hombres y de 0,9 mg/día en mujeres (Kehoe y col., 2000). Bajo condiciones experimentales, se ha observado que deficiencias marginales de cobre tienen efectos adversos que incluyen la disminución de la tolerancia a la glucosa, anormalidades en los electrocardiogramas, hiperlipidemia y un aumento de los factores de coagulación. Es probable que una deficiencia marginal de por vida pueda contribuir a problemas de salud.

Intoxicación por cobre

Los pacientes sometidos a hemodiálisis o con enfermedades hepáticas crónicas son propensos a presentar excesos de cobre (Lyle y col., 1976). La patología conocida como enfermedad de Wilson, hereditaria autosómica recesiva, está asociada con desórdenes en el metabolismo del cobre dado que produce fallos en la excreción normal de este mineral a través de la bilis. Como resultado, el cobre se acumula y causa toxicidad en el hígado y en el cerebro. Las manifestaciones clínicas de esta enfermedad podrían incluir enfermedades hepáticas y perturbaciones neurológicas y psiquiátricas (Loudiano y Gitlin, 2000).

La cirrosis infantil de la India es una enfermedad fatal asociada con la acumulación masiva de cobre en el hígado (O'Neill y Tanner, 1989). Esta enfermedad se asocia con la cocción y el almacenamiento de leche en recipientes de latón y de cobre aunque también parece que existen ciertos elementos de predisposición genética. De hecho, casos similares se han observado en niños de Estados Unidos y Europa que no eran hindúes. En el Reino Unido, se recomienda una ingestión máxima diaria de 10 mg de cobre (FSA, 2003). Sin embargo, el Comité Científico de la Comisión de la Unión Europea sobre Alimentación Humana, recomienda una ingestión máxima diaria de 5 mg/día.

Valoración del nivel de cobre

Actualmente no existe un indicador adecuado del nivel de cobre. Un indicador robusto del nivel de un nutriente debería ser específico, predecible, sensible y fácil de medir. En la actualidad (aunque no de manera satisfactoria) se utilizan indicadores que miden la concentración de cobre en el plasma y en el pelo y la actividad de cobre que contienen enzimas como la ceruloplasmina, la diamina-oxidasa y la superóxido dismutasa (Milne, 1998).

Manganeso

El cuerpo humano contiene 10-20 mg de manganeso distribuidos entre todos los tejidos, presentándose en mayor concentración en los tejidos ricos en mitocondrias. Se conocen algunas metaloenzimas de manganeso como son la superóxido dismutasa manganeso mitocondrial, la arginasa, la piruvato carboxilasa y la glutamina sintetasa. Asimismo, el manganeso activa a numerosas enzimas como las glicosiltransferasas, las hidrolasas y las quinasas. Algunos alimentos ricos en manganeso son los cereales, las leguminosas, el jengibre y las hojas de los vegetales, especialmente el té del cual una única taza puede suministrar de 0,4 a 1,3 mg (WHO, 1996).

La absorción, que tiene lugar a lo largo de todo el intestino, en muy baja y está inversamente relacionada con los niveles de hierro y calcio de la dieta (SCF, 2002). La manera de valorar el nivel de manganeso en humanos está siendo investigada en la actualidad; la actividad de las enzimas dependientes del manganeso parece ser sensible a bajas ingestas pero podría no ser específica. Sólo existe una publicación sobre deficiencias de manganeso en humanos: un voluntario recibió durante dos semanas una dieta purificada libre de vitamina K que también contenía accidentalmente sólo 0,1 mg de manganeso/día (Strain y Cashman, 2002). Esta dieta dio lugar a pérdida de peso, dermatitis, disminución de los lípidos sanguíneos y enrojecimiento del pelo negro. Bajos niveles de manganeso en sangre también han sido asociados con osteoporosis (Raloff, 1986). En el Reino Unido no hay recomendaciones específicas para una ingestión mínima o máxima de manganeso. Sin embargo, el Comité Científico de la Comisión Europea sobre Alimentación Humana considera como una ingesta diaria adecuada de 1-10 mg. Por otro lado, el Consejo de la Alimentación y la Nutrición de Estados Unidos ha estimado que la ingestión diaria ha de ser de 2-5 mg. La toxicidad por manganeso también se ha descrito en mineros que respiran polvo contaminado con manganeso (FSA, 2003).

Molibdeno

El molibdeno es esencial para la actividad de determinadas enzimas que intervienen en el metabolismo del ADN y los sulfitos. La xantina oxidasa y la deshidrogenasa convierten a la hipoxantina en xantina y, posteriormente, en ácido úrico. La aldehído oxidasa oxida y detoxifica varias pirimidinas, purinas y compuestos relacionados. La sulfito oxidasa convierte el sulfito en sulfato (FNB, 2001).

La harina y el germen de trigo, las leguminosas y la carne son alimentos ricos en molibdeno. La absorción de molibdeno varía en un amplio rango: 25-93% (FSA, 2003) teniendo lugar un proceso activo dependiente del portador en el estómago y en el intestino proximal. Como en el caso de los rumiantes, en humanos parece que existe una interacción entre cobre y molibdeno. De hecho, el molibdeno, en ocasiones, se utiliza para tratar la acumulación tóxica de cobre que tiene lugar en la enfermedad de Wilson.

No existen recomendaciones para la IDR para molibdeno. Sin embargo, el Consejo de la Alimentación y la Nutrición de Estados Unidos recomienda una ingesta de 2,3 mg/día en hombres y 1,8 mg/día en mujeres. Este valor está basado en la estimación de la ingestión de molibdeno que se asume como adecuada en la media de la población. La deficiencia de molibdeno en humanos sólo se ha descrito en un paciente que recibió una dieta parenteral total y que desarrolló una enfermedad fatal autosómica recesiva que incluía fallos hepáticos debidos a la síntesis de un cofactor que contiene molibdeno (SCF, 2002). Una ingestión excesiva podría estar relacionada con alteraciones en el metabolismo de los nucleótidos y con una disminución de la biodisponibilidad del cobre. Asimismo, altas ingestas de molibdeno han sido asociadas con un incremento del riesgo de padecer gota (FSA, 2003). La gota se caracteriza por la deposición, en las articulaciones, de cristales de urato sódico que podrían estar originados por la estimulación de la xantina oxidasa al consumir cantidades altas de molibdeno. El Comité Científico de la Comisión Europea sobre la Alimentación Humana ha establecido un valor máximo de ingestión diaria de 0,6 mg de molibdeno.

Cromo

El cromo puede presentarse en múltiples estados de oxidación aunque las formas más importantes biológicamente son la trivalente y la hexavalente. La forma hexavalente no existe en la naturaleza y el cromo de los alimentos está en la forma trivalente. No se conocen en profundidad las funciones del cromo aunque podría actuar formando parte de un complejo orgánico que influye sobre la actividad de la insulina (SCF, 2002). También puede desarrollar un papel en el metabolismo de las lipoproteínas, estabilizando la estructura de los ácidos nucleicos y en la expresión de los genes. Sin embargo, hasta la fecha no se han identificado proteínas que contengan cromo.

El cromo es un mineral abundante en los alimentos; principalmente se encuentra en la carne, los granos enteros, las lentejas, las especias y la melaza aunque su absorción intestinal es baja (Strain y Cashman, 2002). En humanos, la deficiencia de cromo sólo ha sido observada en pacientes con nutrición parental prolongada (Jeejeebhoy y col., 1977). No existen valores dietéticos de referencia para el cromo pero el Consejo de la Alimentación y la Nutrición de Estados Unidos recomienda una ingesta óptima diaria de 30 mg para los hombres y de 20 mg para las mujeres.

Existe información reciente sobre la suplementación con picolinato de cromo frecuentemente utilizado para la combustión de las grasas. Los resultados de algunos ensayos *in vitro* han relacionado la ingestión de cromo con daños en el ADN. La ingestión de cromo en la dieta puede ser cuantificada mediante la determinación de su concentración en el plasma y en el suero. Sin embargo, el nivel de cromo corporal no puede evaluarse con exactitud mediante la estimación de estas concentraciones dado que el almacenamiento de cromo en los tejidos no está equilibrado con el de la sangre. De todas maneras, elevadas concentraciones de cromo en el suero podrían indicar una exposición excesiva (FSA, 2003).

Flúor

Aunque no se conoce ninguna función metabólica del flúor, se sabe que activa determinadas enzimas e inhibe otras. En humanos, forma parte de la estructura cristalina de los dientes y de los huesos donde se presenta en forma de fluoroapatito cálcico (Cerklewski, 1997). También inhibe la producción de ácido en las bacterias y, por su interacción con el calcio y el fosfato mejora la remineralización del esmalte cuando ha sido parcialmente desmineralizado a causa de ácidos orgánicos (52, 53). Se ha demostrado epidemiológicamente que la exposición a cantidades inadecuadas de flúor incrementa el riesgo de aparición de caries dental (54).

El flúor está presente a bajos niveles en prácticamente todos los alimentos vegetales y animales y, a mayor concentración en el agua fluorada, algún pez de agua salada y el té. Las hojas de té concentran altas cantidades de flúor de manera que una sola taza de té, incluso cuando se utiliza agua no fluorada, aporta al menos 0,25 mg de flúor. Esto supone una elevada contribución a la ingesta media de 3 mg/día que estableció el Consejo de la Alimentación y la Nutrición de Estados Unidos en 1997.

El flúor se absorbe bien en el intestino y es transportado por el torrente sanguíneo junto con la albúmina. Se excreta por los riñones y el flúor urinario puede utilizarse para valorar el flúor ingerido. La toxicidad crónica por flúor produce fluorosis en el esmalte dental y en el esqueleto. La fluorosis dental puede dar lugar a la decoloración de los dientes y a superficies irregulares. La fluorosis del esqueleto da lugar a la calcificación de los ligamentos, osteoesclerosis e hipercalcificación de las vértebras que puede causar daños neurológicos (Strain y Cashman, 2002).

Referencias bibliográficas

Barrington, J.W., Lindsay, P., James, D., Smith, S. y Roberts, A. (1996). Selenium deficiency and miscarriage: A possibly link? *British Journal of Obstetrics and Gynaecology.* **103**(2): 130-132.

Cerklewski, F.L. (1997). Fluorine. In: *Handbook of nutritionally essential minerals,* Editors O'Dell BL, Sunde RA. New York: Marcel Dekker, Inc. 583-602.

Cousins, R.J. (1985) Absorption, transport and hepatic metabolism of copper and zinc: Special reference to metallothionein and ceruloplasmin. *Physiological Reviews;* **65:** 238-30.

DoH (Department of Health) (1991). Dietary Reference Values for Food Energy and Nutrients for the United Kingdom. In: *Report on Health and Social Subjects* No. **41.** London: HMSO 01 132 1397 2.

Edwards C.Q. y Kushner, J.P. (1993). Screening for hemochromatosis. *New England Journal of Medicine* **328:** 1616-20.

FAO/WHO (1989). Expert Committee on Food Additives. Monograph 661. Iodine. WHO International Programme on Chemical Safety Food Additives Series **24**.

FAO/WHO (2001). Human vitamin and mineral requirements. Report of a joint FAO/ WHO expert consultation. Bangkok, Thailand.

FNB (2001). Food and Nutrition Board. Institute of Medicine: Molybdenum. In: Dietary Reference Intakes: Vitamin A, Vitamin K, Arsenic, Boron, Chromium, Copper, Iodine, Iron, Manganese, Molybdenum, Nickel, Silicon, Vanadium and Zinc. National Academies Press: Washington, D.C. p. 420-441.

FSAI (Food Safety Authority of Ireland) (1999). Recommended Dietary Allowances for Ireland.

FSA (2003). Expert Group on Vitamins and Mineral: Review of Zinc. Food Standards Agency, UK.

FSA (2003). Expert Group on Vitamins and Minerals Review of Iodine. Food Standards Agency, UK.

FSA (2003). Expert Group on Vitamins and Minerals: Review of Chromium. Food Standards Agency, UK.

FSA (2003). Expert Group on Vitamins and Minerals: Review of Copper. Food Standards Agency, UK.

FSA (2003). Expert Group on Vitamins and Minerals: Review of Iron. Food Standards Agency, UK.

FSA (2003). Expert Group on Vitamins and Minerals: Review of Manganese. Food Standards Agency, UK.

FSA (2003). Expert Group on Vitamins and Minerals: Review of Selenium. Food Standards Agency, UK.

FSA (2003). Expert Group on Vitamins and Minerals: Review of Molybdenum. Food Standards Agency, UK.

Hambidge, M. (2000). Human zinc deficiency. *Journal of Nutrition.* **130** (55 Suppl): 1344S-1349S.

Hetzel, B.S. y Clugston, G.A. (1999). Iodine. In: *Nutrition in Health and Disease.* 9th vol. Editors, Shils, M., Olson, J.A., Shike, M. y Ross A.C. Baltimore: Williams & Wilkins; 253-264.

Jeejeebhoy, K.N., Chu, R.C., Marliss, E.B., Greenberg, G.R. y Bruce-Robertson, A. (1977). Chromium deficiency, glucose intolerance and neuropathy reversed by chromium supplementation in a patient receiving long-term parenteral nutrition. *American Journal of Clinical Nutrition* **30:** 531-538.

Kehoe, C.A., Turley, E., Bonham, M.Y., O'Connor, J.M., McKeown, A., Faughnan, M.S., Coulter, J.S., Gilmore, W.S., Howard, A.N., Strain, J.J. (2000). Response of putative indices of copper status to copper supplementation in human subjects. *British Journal of Nutrition* **84** (2): 151-156.

Levander, O.A. (2000). Coxsackievirus as a model of viral evolution driven by dietary oxidative stress. *Nutrition Review* **58** (2 Pt 2): S17-24.

Loudiano, G y Gitlin, J.D. (2000). *Seminars in Wilson's Disease*; **20** (3): 353-364.

Lyle, W.H., Payton, J.E. y Hui, M. (1976). Haemodialysis and copper fever. *Lancet* **1:** 1324-1325.

McAnena, L.B. y O'Connor, J.M. (2002). Measuring Intake of Nutrients and their Effects: the Case of Copper. In: *The Nutrition Handbook for Food Processors*, Editors: C.J.K. Henry y C. Chapman. CRC & Woodland Publishing Ltd. pp. 117-141.

Mercer, J.B. (2001). The molecular basis of copper-transport diseases. *Trends in Molecular Medicine* **7** (2): 64-69.

Mills, C. (1985). Dietary interactions involving trace elements. In: *Annual Review of Nutrition.* Editors, Olson, R., Beutler, E. y Broquist, H. Annual Reviews Inc., Palo Alto, CA, vol **5**, pp. 173-193.

Milne, D.B. (1998). Copper intake and assessment of copper status. *American Journal of Clinical Nutrition* **67:** 1041S-1045S.

Oberleas, D., Muhrer, M.E., O'Dell, B.L. (1966). Dietary metal complexing agents and zinc bioavailability in the rat. *Journal of Nutrition* **90:** 56-62.

O'Dell, B.L. (2000). Role of zinc in plasma membrane function. *Journal of Nutrition* **130**(5S Suppl.):1432S-1436S.

O'Neill, N.C. y Tanner, M.S. (1989). Uptake of copper from brass vessel by bovine milk and its relevance to Indian childhood cirrhosis. *Journal of Pediatric Gastroenterology and Nutrition* **9** (2): 167-172.

Prasad, A.S., Halsted, J.A. y Nadimi, M. (1961). Syndrome of iron deficiency anemia, hepatosplenomegaly, hypogonadism, dwarfism, and geophagia. *American Journal of Medicine* **31:** 532-546.

Raloff, J. (1986). Reasons for boning up on manganese. *Science*;**130:** 199.

Sandström, B. y Lönnerdal, B. (1989). Promoters and antagonists of zinc absorption. In: *Zinc in Human Biology.* Editor, Mills C.F. p. 57-78. Devon, U.K., Springer-Verlag.

SCF (Scientific Committee on Foods) (2002). Opinion on the Tolerable Upper Intake Levels of Iodine. European Commission, Brussels.

SCF (Scientific Committee on Foods) (2002). Opinion on the Tolerable Upper Intake Levels of Zinc. European Commission.

SCF (Scientific Comryittee on Foods) (2002). Opinion on the Tolerable Upper Intake Levels of Manganese. European Commission, Brussels.

SCF (Scientific Committee on Foods) (2002). Opinion on the Tolerable Upper Intake Levels of Molybdenum. European Commission.

SCF (Scientific Committee on Foods) (2002). Opinion on the Tolerable Upper Intake Levels of Chromium. European Commission, Brussels.

Schrauzer, G.N. y Sacher, J. (1994). Selenium in the maintenance and therapy of HIV infected patients. *Chemical and Biological Interactions* **91**(2-3): 199-205.

Shankar, A. H. y Prasad, A.S. (1998). Zinc and immune function: the biological basis of altered resistance to infection. *American Journal of Clinical Nutrition.* **68:** 447S-463S.

Solomons, N.W., Ruz, M. (1998). Trace element requirements in humans: An update. *Trace Element Experimental Medicine* **11:** 177-195.

Strain, J.J. y Cashman, K.D. (2002). Minerals and Trace Elements. In: *Introduction to Human Nutrition.* Editors, Gibney, M.J., Vorster, H.H. y Kok, F.J.

Varela, P., Marcos, A., Navarro, M.P. (1992). Zinc status in anorexia nervosa. *Annals of Nutrition and Metabolism* **36:** 197-202.

WHO (1996). Guidelines for drinking-water quality, 2nd edition Vol 2: *Health criteria and other supporting information.* World Health Organization, Geneva.

Yang, G. y Zhou, R. (1994). Further observations on the human maximum safe dietary selenium intake in a seleniferous area in China. *Journal of Trace Elements, Electrolytes, Health and* Disease. **8:** 159-165.

Yip, R. y Dallman, P.R. (1996). Iron. In: *Present Knowledge in Nutrition.* 7th ed. Editors, Ziegler, E.E., Filer, L.J. ILSI Press, Washington D.C., USA p. 277-292.

Capítulo 9

Minerales y antioxidantes

Peter F. Surai
Director de Investigación sobre Antioxidantes, Alltech (Reino Unido) Ltd., Stamford, Lincs

Introducción

El estado sanitario de los animales depende de numerosos factores entre los cuales la dieta está adquiriendo cada vez más importancia. Entre otros nutrientes, los minerales ejercen una especial importancia en el mantenimiento del crecimiento, la reproducción y la inmunocompetencia óptimos en la producción avícola. Dicha importancia se basa en que los minerales reducen los efectos perjudiciales que producen los radicales libres y los metabolitos tóxicos sobre los procesos inmunes.

Minerales con actividad antioxidante natural en las materias primas

El equilibrio entre antioxidantes y pro-oxidantes puede verse afectado negativamente por la ingestión de dietas de baja calidad o por una escasa ingestión de nutrientes. Sin embargo, podría verse afectado positivamente si se suplementara la dieta. Por tanto, los nutrientes de las materias primas pueden modificar dicho balance influyendo sobre la velocidad de envejecimiento o la resistencia a enfermedades, tanto en humanos como en animales. La estrategia más efectiva para evitar daños en el equilibrio y aumentar las defensas antioxidantes consiste en el aumento de la ingestión de compuestos antioxidantes en la dieta.

Los piensos contienen componentes con actividad antioxidante muchos de los cuales son minerales o minerales dependientes. Los minerales claves utilizados en alimentación animal se detallan a continuación estando, muchos de ellos, involucrados en procesos antioxidantes (Surai, 2002; Surai y Dvorska, 2002).

Selenio

- Es un elemento traza.
- Es parte esencial de un conjunto de selenoproteínas entre las cuales se incluyen la glutatión peroxidasa (GSH-Px), la tiorredoxina reductasa, la yodotironina

deyodinasa (ID) y algunas otras. Hasta la fecha, se han identificado un total de 25 selenoproteínas en animales y humanos.
- Los alimentos contienen concentraciones variables de selenio, aunque la mayoría son deficientes en este mineral.
- Las necesidades fisiológicas son bajas pero si no se cubren se compromete la actividad de los sistemas antioxidantes con consecuencias negativas sobre la salud animal.
- Es tóxico a altas dosis.
- Existen dos fuentes principales de selenio para los animales: una fuente natural en forma de varios selenoaminoácidos incluyendo la selenometionina y la selenocisteína y otra fuente inorgánica de selenio en forma de selenito y selenato.
- La suplementación con selenio orgánico tiene beneficios fisiológicos y bioquímicos para los animales, incluyendo las aves.

Cinc

Es el segundo micromineral más abundante en mamíferos y en aves. Bien es parte estructural o bien participa en las actividades catalíticas y de regulación de más de 300 enzimas en la mayoría de las especies. Sus principales funciones son:

- Tiene función antioxidante formando parte de la superóxido dismutasa.
- Participa en la secreción de hormonas tales como somatomedina-c, osteocalcina, testosterona, hormonas tiroideas, insulina y hormona del crecimiento.
- Interviene en la síntesis de la queratina y en el mantenimiento de la integridad del tejido epitelial.
- Participa en el metabolismo óseo siendo un componente esencial de la matriz de los huesos junto con el calcio.
- Actúa en la síntesis de los ácidos nucleicos y en el proceso de la división celular.
- Interviene en la síntesis proteica.
- Es un ion catalítico, estructural y regulador de enzimas y factores de transcripción.
- Participa en el metabolismo de los carbohidratos, los lípidos y las proteínas.
- Participa en el desarrollo sexual y en la espermatogénesis.
- Posee función inmune.
- Controla el apetito mediante la activación del sistema nervioso central.

Las fuentes orgánicas de cinc presentan una mayor biodisponibilidad que las inorgánicas y además se consideran más saludables para los animales.

Cobre

El cobre es un componente esencial de numerosas metaloenzimas importantes fisiológicamente. Sus principales funciones son:

Tabla 1 Enzimas portadoras de cobre en animales y humanos (adaptado de Nath, 1997).

Nombre	*Número EC*[1]	*Función principal*	*Deficiencia*
Citocromo c oxidasa	1.9.3.1	Cadena de transporte de electrones	Debilidad muscular; cardiomiopatía; degeneración cerebral
Superóxido dismutasa	1.15.1.1	Detoxificación de radicales libres	Daños de membrana; daños de radicales libres
Tirosinasa (monofenol mono-oxigenasa)	1.14.18.1	Producción de melanina	Problemas de pigmentación
Dopamina-β-hidroxilasa	1.14.17.1	Producción de catecolamina	Efectos neurológicos
Lisil-oxidasa	1.4.3.13	Cruzamiento de colágeno y elastina	Ruptura vascular; desprendimiento de piel y articulaciones; osteoporosis
Ceruloplasmina	1.16.3.1	Ferroxidasa, oxidasa; transporte de cobre	Anemia; deficiencia del suministro de cobre a otros tejidos
Coagulante factor V		Coagulación de la sangre	Tendencia al sangrado

[1] Los números EC son un esquema de clasificación numérica para las enzimas, basado en las reacciones químicas que catalizan.

- Tiene función antioxidante formando parte de la superóxido dismutasa.
- Participa en la respiración celular.
- Interviene en el mantenimiento de la función cardiaca.
- Actúa en la síntesis de los huesos.
- Participa en el metabolismo de los carbohidratos y los lípidos.
- Posee función inmune.
- Influye sobre el desarrollo del tejido conectivo.
- Participa en la queratinización de los tejidos.
- Actúa en la mielinización de la médula espinal.

Las principales enzimas que contienen cobre se muestran en la Tabla 1. El cobre inorgánico tiene un fuerte efecto pro-oxidante y, si no se une a las proteínas, puede estimular la peroxidación lipídica en las materias primas o en el tracto intestinal (Surai y col., 2003a). Sin embargo, el cobre orgánico no posee propiedades pro-oxidantes pudiendo influir positivamente sobre el estado sanitario de los animales.

Hierro

El hierro tiene un papel vital en numerosas reacciones bioquímicas. Sus principales funciones son:

- Defensa contra la oxidación como componente esencial de la catalasa.
- Participa en el metabolismo de la energía y de la proteína.
- Actúa como transportador de grupos hemo en la respiración.
- Interviene en las reacciones de oxidación/reducción.
- Participa en el transporte de los electrones.

El hierro es un fuerte pro-oxidante y, si no se une a proteínas, puede estimular la peroxidación lipídica en el tracto digestivo dañando los enterocitos y disminuyendo la absorción de los nutrientes (Surai y col., 2003a). El hierro incluido en la premezcla de vitaminas y minerales del pienso en forma inorgánica puede estimular la oxidación de las vitaminas durante el almacenamiento. Sin embargo, el hierro en forma orgánica es una solución para evitar estos problemas.

Manganeso

El manganeso juega un papel importante en el metabolismo como parte esencial de numerosas enzimas. Al igual que otros minerales, las formas orgánicas parecen asimilarse mejor que las formas inorgánicas. Sus principales funciones son:

- Tiene función antioxidante formando parte de la superóxido dismutasa.
- Participa en el crecimiento óseo y en la síntesis de la cáscara del huevo.
- Participa en el metabolismo de los carbohidratos y los lípidos.
- Posee función inmune y nerviosa.
- Interviene en los procesos de la reproducción.

A partir del listado anterior donde se detallan las funciones de los minerales, se puede observar que la mayoría son relevantes en la función inmune dada su intervención en los procesos de oxidación.

Necesidad de defensas contra la oxidación

Los radicales libres son átomos o moléculas que contienen uno o más electrones libres. La mayor parte de los radicales libres relevantes biológicamente son derivados del oxígeno y el nitrógeno por lo que se conocen como especies reactivas del oxígeno (ERO) y especies reactivas del nitrógeno (ERN). Ambos elementos son esenciales pero, en determinadas circunstancias, pueden convertirse en radicales libres. Estas moléculas son muy inestables y su elevada capacidad reactiva les permite dañar biológicamente moléculas como ADN, proteínas, lípidos o carbohidratos (Surai, 2002).

Los animales están sometidos a continuos ataques de radicales libres que se forman como consecuencia de la actividad metabólica corporal natural y de la estrategia del sistema inmune para destruir microorganismos invasores (Tabla 2).

Tabla 2 Fuentes prioritarias de radicales libres (adaptado de Surai, 2002).

Fuentes internas	***Fuentes externas***
Mitocondrias	Tabaco
Fagocitos	Radiación
Xantina-oxidasa	Rayos ultravioleta
Reacciones con hierro y otros metales de transición	Contaminación
Ruta del araquidonato	Determinadas drogas
Peroxisomas	Reactivos químicos
Ejercicio	Solventes industriales
Inflamación	
Isquemia y reperfusión	

Por ejemplo, bajo condiciones fisiológicas normales, aproximadamente el 3-5% del oxígeno es capturado por las células experimentando una reducción que conduce a la formación de radicales libres (Singal y col., 1998). Cada célula de una rata metaboliza diariamente en torno a 10^{12} moléculas de oxígeno con una pérdida celular del 2% lo que supone un rendimiento total de 2×10^{10} moléculas de ERO por célula y día (Chance y col., 1979). Helbock y colaboradores (1998) calcularon que el ADN de cada célula de una rata es atacado diariamente por aproximadamente 100.000 radicales libres de manera que cada célula sufre cada día en torno a 10.000 lesiones potencialmente mutagénicas (Ames y Gold, 1997). Si no se reparan las lesiones de la oxidación, y dado que la exposición aumenta con la edad, cada célula de una rata adulta puede acumular aproximadamente 66.000 lesiones debidas a procesos de oxidación en el ADN (Ames, 2003). Halliwell (1994) calculó que en una mitocondria en torno al 1-3% del oxígeno consumido podría liberarse de la cadena transportadora de electrones formando radicales superóxidos. Asimismo, calculó que un adulto en reposo utilizaba aproximadamente 3,5 mL de oxígeno por kg de peso vivo cada minuto o 352,8 litros diarios (asumiendo una masa corporal de 70 kg de peso vivo) o 14,7 moles diarios. Por tanto, si el 1% del oxígeno llega a convertirse en superóxido podría compararse con una cantidad de radicales superóxido de 0,147 moles diarios o 53,66 moles por año o 1,72 kg anuales lo que representa un incremento sustancial de los niveles fisiológicos de estrés.

Estos cálculos demuestran la elevada producción de radicales libres que tiene lugar en el organismo. Estos radicales libres poseen un elevado potencial para dañar tejidos y células. Las fuentes internas y externas de radicales libres se muestran en la Tabla 2. Sin embargo, los radicales libres también actúan como mediadores fisiológicos y de señalización molecular. Por tanto, la eliminación total de los radicales libres de las células podría tener consecuencias perjudiciales.

En el caso del sistema inmune, este problema se agrava dado que las células inmunes producen radicales libres para destruir los patógenos (Surai, 2002). Elevadas concentraciones de oxígeno son potencialmente tóxicas para los seres vivos como se describió por primera vez en 1878 (Knight, 1998).

Los seres vivos han desarrollado mecanismos específicos para destruir radicales libres. Son mecanismos de protección contra la oxidación que producen las células de manera constante. Estos mecanismos conocidos como «sistema antioxidante» ayudaron a los organismos a sobrevivir en la atmósfera cuando la concentración de oxígeno aumentó milenios atrás (Halliwell y Gutteridge, 1999; Surai, 2002). En la naturaleza hay miles de compuestos con propiedades antioxidantes que son capaces de neutralizar los radicales libres. Pueden ser liposolubles (vitamina E y carotenoides, coenzima Q, etc.), hidrosolubles (ácido ascórbico, glutatión, bilirrubina, taurina, etc.), sintetizados por el propio organismo (ácido ascórbico, glutatión o taurina) o proceder de los alimentos (minerales, vitamina E y carotenoides).

Asimismo, existen numerosas enzimas antioxidantes dependientes de minerales que pueden ser sintetizadas en el organismo y que son capaces de eliminar de manera efectiva los radicales libres pero que necesitan cofactores dietéticos. Por ejemplo, el selenio como selenocisteína es parte esencial de los grupos de enzimas conocidos como glutatión peroxidasa (GSH-Px) y tiorredoxina reductasa (TrxR). El cinc, el cobre y el manganeso forman parte de otra familia de enzimas antioxidantes conocida como superóxido dismutasa. Asimismo, el hierro forma parte de la catalasa que también tiene actividad antioxidante. Cuando el aporte de estos metales a partir de la dieta es abundante, el organismo es capaz de sintetizar enzimas antioxidantes. En contra, deficiencias de estos elementos causa estrés oxidativo y daños biológicos a moléculas y membranas.

Cómo actúan los antioxidantes

Los antioxidantes biológicos reaccionan con los radicales libres o con los metabolitos precursores convirtiéndolos en moléculas menos reactivas y previniendo o eliminando las moléculas producto de la oxidación. Los antioxidantes naturales más importantes y conocidos en los animales son las vitaminas E y C. Los pigmentos vegetales como los carotenoides también tienen capacidad antioxidante. Los compuestos antioxidantes protectores están localizados en compartimentos subcelulares o del espacio extracelular que permiten una protección máxima de la célula.

Los antioxidantes trabajan conjuntamente para defender al organismo. El «equipo» de antioxidantes controla la formación de radicales libres como un sistema coordinado donde las deficiencias de un único componente impacta sobre la eficiencia del resto. Por ejemplo, el ascorbato puede ayudar a la vitamina E recuperándola tras la oxidación y activándola de nuevo. Si las relaciones en este equipo son efectivas, con una dieta balanceada y una ingestión suficiente de antioxidantes, incluso dosis bajas de algunos antioxidantes como la vitamina E o el selenio pueden ser efectivas. Cuando el sistema antioxidante se encuentra bajo condiciones de estrés, si la producción de radicales libres aumenta drásticamente, es complicado que evite daños en los órganos y en las células sin ayuda externa. Dicha ayuda puede consistir en suplementar la dieta con dosis crecientes de antioxidantes naturales, especialmente minerales como el selenio. Para los nutricionistas el reto está en conocer cuándo el sistema antioxidante requiere ayuda externa y cuánta de esta ayuda puede justificar el coste extra del pienso dado que los antioxidantes generalmente son componentes caros de la dieta. Según Surai (2002), algunos aspectos claves en la producción de aves son:

- *Tiempo* entre la puesta del huevo y el enfriamiento para el almacenamiento: en climas cálidos, los huevos deben recogerse frecuentemente. En estos casos los radicales libres pueden dañar la grasa y la proteína por lo que la protección con antioxidantes podría ser beneficiosa.
- *El almacenamiento del huevo antes de la incubación* a menudo se asocia con la peroxidación de los lípidos de membrana, particularmente en los que contienen niveles elevados de ácidos grasos poliinsaturados. El aumento de la concentración de selenio junto con otros antioxidantes podría ser una medida efectiva para prevenir los efectos negativos que producen los radicales libres en el interior del huevo.
- *Fluctuaciones de temperatura, humedad y concentración de dióxido de carbono* durante la incubación pueden afectar al desarrollo embrionario, a la oxidación y a la fosforilación en los tejidos dando lugar a la producción de radicales libres. Por ejemplo, se ha observado que concentraciones altas de dióxido de carbono durante el periodo de incubación empeoran la viabilidad embrionaria.
- *El día 19 del desarrollo embrionario* es un momento crítico debido a que el riesgo de peroxidación de los lípidos es muy elevado. En este momento, el tejido de los pollitos se caracteriza por tener altos niveles de ácidos grasos poliinsaturados pero, a la vez, las reservas de antioxidantes naturales no han alcanzado un nivel suficiente para la protección innata. Además, en este momento de desarrollo tiene lugar el aumento de la disponibilidad de oxígeno para los tejidos. Bajos niveles de antioxidantes en combinación con elevadas temperaturas, humedad y ácidos grasos poliinsaturados pueden aumentar la susceptibilidad a la peroxidación de las grasas.
- *El momento de la eclosión* se considera un momento de estrés para el pollito. En dicho momento, las concentraciones de antioxidantes naturales han alcanzado el máximo. Sin embargo, los elevados niveles de lípidos insaturados en los tejidos y la disminución de la concentración de ácido ascórbico pueden limitar el reciclaje de la vitamina E. Asimismo, temperaturas y humedades altas aumentan el riesgo de peroxidación lipídica.
- *Retrasos al sacar los pollitos de la incubadora:* dado que no todos los pollitos eclosionan simultáneamente (los huevos de las reproductoras viejas o de los huevos pequeños eclosionan antes que los de las jóvenes y los de los huevos grandes, respectivamente), algunos podrían permanecer en la incubadora 2-12 horas más que el resto lo que incide sobre la capacidad protectora antioxi-

dante. Además, el retraso en la ingestión de pienso y/o agua después de la eclosión, generalmente, afecta negativamente a gran número de parámetros productivos y retrasa la maduración del sistema enzimático que controla el metabolismo, la producción de radicales libres y los sistemas de protección antioxidantes.

- *El transporte de la incubadora a la granja* es otra fuente de estrés. Cuando el transporte de los pollitos es a grandes distancias, el elevado estrés que se genera puede relacionarse con fluctuaciones de la temperatura ambiental y con la deshidratación que sufren los pollitos.
- *Temperaturas en granja no adecuadas*: la tolerancia al frío y las plumas de cobertura dependen de la actividad de la hormona tiroidea que es selenio-dependiente.
- *Niveles elevados de amoniaco y dióxido de carbono en granja* como resultado de una ventilación inadecuada pueden disminuir sustancialmente la eficacia del sistema antioxidante.
- *Lucha contra una patología*: las células inmunitarias fagocíticas producen radicales libres al erradicar los patógenos internos. Si no hay una reserva de nutrientes antioxidantes adecuada, los radicales libres pueden dañar las membranas celulares y otros orgánulos. Además, se considera que el selenio desempeña un papel específico en la regulación del sistema inmune que es independiente de sus funciones antioxidantes.
- *Los programas de vacunación* suponen un estrés sustancial. En determinados casos, utilizar vitamina E como adyuvante mejora la eficacia de la vacuna.
- *La muda inducida por ayuno* produce un estrés importante que aumenta la susceptibilidad del ave a numerosas infecciones.
- *La presencia de micotoxinas en el pienso* puede dar lugar a la disminución de la asimilación de los antioxidantes del pienso lo que se traduce en un aumento de las necesidades de antioxidantes en la dieta con el objetivo de prevenir los efectos negativos de los radicales libres y de las micotoxinas.
- *La presencia en el pienso de metales pesados y de otras sustancias* (*dioxinas, pesticidas, fungicidas, herbicidas, etc.*) puede causar estrés oxidativo disminuyendo la inmunidad y las eficacias productiva y reproductiva y aumentando las necesidades de antioxidantes en la dieta.
- *La grasa oxidada en la dieta* aumenta la exposición a los radicales libres causando estrés intestinal y aumentando las necesidades de antioxidantes en la dieta para prevenir daños en los tejidos. Cuando la dieta para pollos incluye grasa que se ha sometido a temperaturas elevadas se producen peróxidos que pueden contribuir de manera importante al estrés oxidativo.
- *El empleo prolongado de la medicación preventiva en la dieta (coccidiostatos u otros medicamentos)* puede limitar la absorción de los antioxidantes de la dieta o incrementar el estrés. Por ejemplo, la monensina puede estimular la peroxidación de la grasa en el hígado del pollo. De manera similar, el tratamiento oral con furazolidona en pollos se ha asociado con una disminución de la concentración de vitamina E y un aumento de la peroxidación de la grasa en el hígado.

- *El exceso de vitamina A* en la dieta causa estrés oxidativo, disminuyendo las concentraciones de vitamina E y de carotenoides en los tejidos y aumentando la susceptibilidad de los tejidos a la peroxidación lipídica.

Niveles de protección antioxidante

Para conseguir una protección adecuada, el nutricionista debe tener en cuenta algunas consideraciones sobre los antioxidantes. Los compuestos antioxidantes protectores se localizan en orgánulos, compartimentos subcelulares o espacios extracelulares permitiendo una protección máxima. El sistema antioxidante de las células incluye tres niveles principales de defensa (Niki, 1996; Surai, 1999; Surai, 2002):

- El primer nivel es el responsable de prevenir la formación de radicales libres bien eliminando sus precursores bien inactivando al catalizador. Está formado por tres enzimas antioxidantes (superóxido dismutasa, enzima glutatión peroxidasa y catalasa) y por proteínas ligadas a minerales (Figura 1).

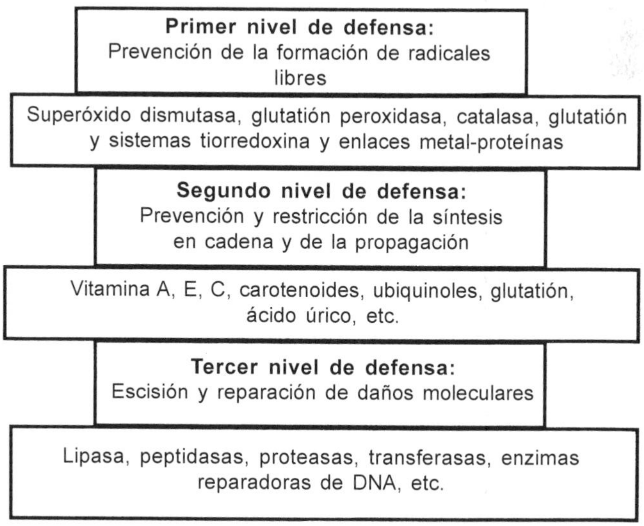

Figura 1 Niveles de defensa contra la oxidación en las células animales (adaptado de Surai, 2002).

- Dado que los superóxidos son los principales radicales libres que se producen bajo condiciones fisiológicas en la célula (Halliwell, 1994), la enzima superóxido dismutasa (EC 1.15.1.1) se considera el elemento principal del primer nivel de defensa celular (Surai, 1999). Esta enzima (superóxido dismutasa, SOD) transforma los radicales superóxido según la siguiente reacción:

$$2O_2^{\bullet} + 2H^+ \xrightarrow{SOD} H_2O_2 + O_2$$

La actividad de la superóxido dismutasa fue descubierta en 1969 por McCord y Fridovich en soluciones de anhidrasa carbónica o mioglobina que inhibían la reducción aeróbica del citocromo C por la enzima xantina-oxidasa. Este descubrimiento fue el inicio de una nueva era en la investigación de los radicales libres. Hasta el momento, en mamíferos se han identificado tres isoformas de la superóxido dismutasa habiéndose descrito su estructura y su contenido proteico (Zelko y col., 2002). La superóxido dismutasa 1 o cobre-cinc-superóxido dismutasa (anteriormente denominada hemocupreína, Bannister, 1988) fue la primera enzima de esta familia que se caracterizó. Esta enzima contiene cobre y cinc y se encuentra exclusivamente en los espacios citoplasmáticos intracelulares. Existe como un homodímero de 32 kDA y está presente en el citoplasma y en el núcleo de cada tipo de célula examinada (Zelko y col., 2002).

El segundo miembro de la familia contiene manganeso como cofactor y se denomina manganeso-superóxido dismutasa. Es un homotetrámero de 96 kDa localizado exclusivamente en la matriz mitocondrial, sitio primordial en la síntesis de radicales superóxidos (Halliwell y Gutteridge, 1999). Por tanto, la expresión de la manganeso-superóxido dismutasa se considera esencial para la supervivencia de los organismos aeróbicos y para el desarrollo de la resistencia celular a la toxicidad mediada por los radicales del oxígeno (Fridovich, 1995). La manganeso-superóxido dismutasa es una enzima inducible y su actividad depende de las citoquinas y del estrés oxidativo. De hecho, se ha observado que la manganeso-superóxido dismutasa juega un papel primordial en la diferenciación celular y en la protección contra la toxicidad pulmonar inducida por la hiperoxia (Fridovich, 1995). En 1982 fue descubierta por Marklund (1982) y Marklund y colaboradores (1982) la tercera isoenzima superóxido dismutasa que se denominó superóxido dismutasa extracelular debido a su exclusiva localización. La superóxido dismutasa extracelular es una glucoproteína con un peso molecular de 135.000 kDa y una elevada afinidad por la heparina. Sin embargo, existen algunas variaciones específicas del peso molecular según la especie. La superóxido dismutasa extracelular está presente en varios organismos en forma de tetrámero o, menos comúnmente, en forma de dímero y en cada subunidad contiene un átomo de cobre y uno de cinc que son necesarios para el desarrollo de su actividad enzimática (Fattman y col., 2003). La expresión de la superóxido dismutasa extracelular está altamente restringida a determinadas células de tejidos específicos donde su actividad puede exceder a la de la cobre-cinc-superóxido dismutasa o a la de la manganeso-superóxido dismutasa. La cuarta forma de la enzima superóxido dismutasa es la hierro-superóxido dismutasa que ha sido aislada en varias bacterias pero no se ha encontrado en tejidos animales (Michalski, 1992). Asimismo, a partir de las fracciones citosólicas de *Streptomyces,* se ha purificado un nuevo tipo de superóxido dismutasa portadora de níquel (Youn y col., 1996). La biosíntesis de las superóxido dismutasa, en la mayoría de los sistemas biológicos, está bien controlada. La exposición a oxidantes ambientales parece influir sobre el ritmo de síntesis de superóxido dismutasa tanto en organismos procariotas como eucariotas (Hassan, 1988).

El peróxido de hidrógeno (H_2O_2) formado por la acción de la superóxido dismutasa puede ser detoxificado por la acción de la enzima glutatión peroxidasa o la catalasa que lo reducen a agua según las siguientes reacciones:

$$H_2O_2 + 2GSH \xrightarrow{\text{GSH-Px}} GSSG + 2H_2O$$

$$2H_2O_2 \xrightarrow{\text{Catalasa}} 2H_2O + O_2$$

La catalasa (EC 1.11.1.6) es una enzima tetramérica dependiente del hierro. Está formada por cuatro subunidades idénticas de 60 kDA que contienen un único grupo de ferriprotoporfirina por subunidad. Esta enzima juega un papel fundamental en la respuesta adaptativa de las células al estrés oxidativo (Mates y Sánchez-Jiménez, 1999). En las células de los mamíferos, las moléculas de NADPH están ligadas a la catalasa que las protege de la inactivación con peróxido de hidrógeno (Chaudiere y Ferrari-Illiou, 1999). Dado que la afinidad por el peróxido es mayor para la enzima glutatión peroxidasa que para la catalasa (Jones y col., 1981) y que su distribución en la célula es más amplia (la catalasa se localiza principalmente en los peroxisomas), la eliminación de los peróxidos de la célula depende en mayor medida de la enzima glutatión peroxidasa que de la catalasa. Recientemente se ha observado que la peroxidasa tiorredoxina también es capaz de reducir el peróxido de hidrógeno (Nordberg y Arner, 2001). Resulta interesante que los niveles de enzimas antioxidantes estén regulados tanto por la expresión genética como por las modificaciones post-translacionales (Fujii y Taniguchi, 1999).

Los iones metálicos de transición aceleran la descomposición de los hidroperóxidos lipídicos a productos celulares tóxicos como los aldehídos, los radicales alcoxílicos y los radicales peroxilos:

$$LOOH + Fe^{2+} \longrightarrow LO^* + Fe^{3+} + OH^-$$
$$LOOH + Fe^{3+} \longrightarrow LOO^* + Fe^{2+} + H^+$$

Por tanto, las proteínas ligadas a metales (transferrina, lactoferrina, haptoglobina, hemopexina, metalotioneína, ceruloplasmina, ferritina, albúmina, mioglobina, etc.) también forman parte del primer nivel de defensa. Hay que tener en cuenta que los compuestos de hierro con carga y los de cobre son potentes promotores de las reacciones de los radicales libres por lo que *in vivo* su disponibilidad en las formas catalíticas debería estar meticulosamente regulada (Halliwell, 1999). Para asegurar que así sea, los organismos contienen iones metálicos de transición almacenados o en las proteínas de transporte. De esta forma, las proteínas ligadas a los metales previenen la formación de iones hidróxilos evitando que participen en las reacciones de síntesis de los radicales. Por ejemplo, la transferrina se enlaza con el hierro (en torno al 0,1% de las reservas corporales totales), lo transporta en el conjunto plasmático y lo agrega al receptor de la transferrina donde ya no será capaz de catalizar reacciones de síntesis de radicales libres. La ferritina interviene en el almacenamiento del hierro (sobre el 30% de las reservas corporales totales) dentro del citosol de varios tejidos incluyendo el hígado y el bazo.

La mayor parte (55-60%) del hierro del organismo está unido a la hemoglobina en el interior de los glóbulos rojos y, aproximadamente, el 10% a la mioglobina de los músculos (Galey, 1997). Además, en el organismo existe un conjunto de proteínas (principalmente enzimas) que contienen hierro como son la NADH dehidrogenasa, la citocromo P450, la ribonucleótido reductasa, la prolina-hidroxilasa, la tirosina-hidroxilasa, las peroxidasas, la catalasa, las ciclo-oxigenasas, la aconitasa, la succinato dehidrogenasa, etc. (Galey, 1997). A pesar de la importancia del hierro en numerosas reacciones bioquímicas, el hierro puede resultar peligroso cuando las proteínas no lo manejan adecuadamente. De hecho, bajo determinadas condiciones de estrés, una parte del hierro almacenado puede liberarse debido a que el radical superóxido lo libere de la ferritina o a que el peróxido de hidrógeno libere al grupo hemo de la hemoglobina (Halliwell, 1987). Surai y colaboradores (2003b) han sugerido que las propiedades antioxidantes del hierro inorgánico podrían perjudicar al tracto digestivo. Por tanto, el hierro orgánico debería ser la fuente de elección para suplementar las dietas.

La ceruloplasmina es una proteína ligada al cobre que interviene en el metabolismo de los radicales libres. En condiciones fisiológicas, se unen seis o siete iones de cobre a cada molécula de ceruloplasmina evitando su participación en la síntesis de radicales libres. Aproximadamente el 5% del cobre del plasma humano está ligado a albúminas o a aminoácidos. El resto está ligado a la ceruloplasmina. Además, la ceruloplasmina por sí misma tiene propiedades antioxidantes ya que es capaz de eliminar los radicales superóxidos (Yu, 1994). Es bastante evidente que el secuestro del metal es una parte importante de la defensa antioxidante extracelular. De manera similar al hierro inorgánico, el cobre inorgánico es un fuerte pro-oxidante en el tracto digestivo (Surai y col., 2003) y, por tanto, el cobre orgánico es la forma de elección para suplementar las dietas.

Desafortunadamente, el primer nivel de defensa antioxidante en la célula no es lo suficientemente completo como para prevenir la formación de radicales libres. Algunos radicales escapan de este primer nivel de protección de antioxidantes iniciando la peroxidación lipídica y dañando al ADN y a las proteínas. El segundo nivel de defensa está formado por la vitamina E, el ubiquinol, los carotenoides, la vitamina A, el ácido ascórbico, el ácido úrico y algunos otros antioxidantes. Asimismo, la glutatión y la tiorredoxina desempeñan un papel importante en el segundo nivel de defensa antioxidante (Surai, 2002). Los antioxidantes que rompen cadenas inhiben la peroxidación en la medida que les es posible mediante la reducción de la propagación de las reacciones limitando el potencial de las reacciones en cascada y la proliferación de los radicales libres. Evitan la peroxidación de las grasas eliminando los radicales peroxilos intermedios de la reacción en cadena:

$$\mathrm{LOO^* + Toc \longrightarrow Toc^* + LOOH}$$

Siendo:
LOO*: radical lipídico peroxilo; Toc: tocoferol; Toc*: radical tocoferoxilo; LOOH: hidroperoxilo lipídico.

La vitamina E, el supresor natural de radicales libres más efectivo identificado hasta la fecha, es el principal antioxidante de rotura de cadena en la célula. Sin embargo, los hidroperóxidos que se generan como producto de la reacción entre la vitamina E y el radical peroxilo son tóxicos y, si no se eliminan, pueden dañar la estructura y las funciones de las membranas (Gutteridge y Halliweell, 1990). De hecho, los hidroperóxidos lipídicos no son estables y, en presencia de iones metálicos de transición con carga, se pueden descomponer produciendo nuevos radicales libres y aldehídos citotóxicos (Diplock, 1994). Por tanto, los hidroperóxidos han de ser eliminados de la célula de la misma forma que el peróxido de hidrógeno. Sin embargo, la catalasa no es capaz de detoxificar estos compuestos y sólo la enzima glutatión peroxidasa (GSH-Px), que es selenio dependiente, convierte los hidroperóxidos en productos no reactivos (Brigelius-Flohe, 1999) según la siguiente reacción:

$$\text{ROOH} + 2\text{GSH} \xrightarrow{\text{GSH-Px}} \text{ROH (no tóxico)} + H_2O + \text{GSSG}$$

Por ello, la vitamina E sólo realiza la mitad del trabajo en la prevención de la peroxidación de los lípidos eliminando radicales libres y formando hidroperóxidos. La segunda parte de este importante proceso de defensa antioxidante la lleva a cabo la selenio-enzima glutatión peroxidasa. Es necesario subrayar que la vitamina E y el selenio actúan conjuntamente e incluso dosis muy altas de vitamina E en la dieta no pueden sustituir al selenio que es indispensable para completar la segunda parte de la defensa antioxidante mencionada anteriormen-

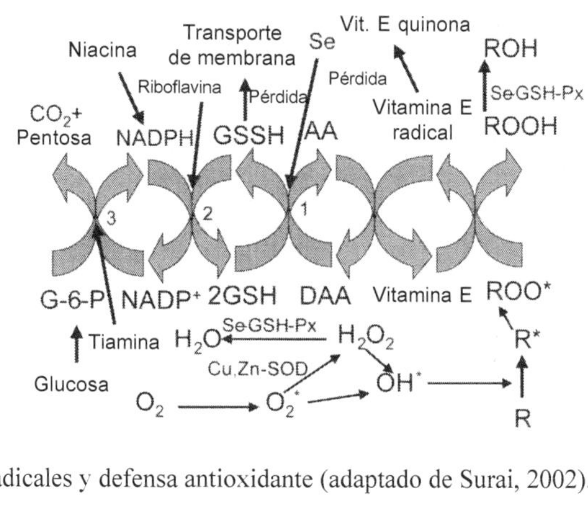

Figura 2 Síntesis de radicales y defensa antioxidante (adaptado de Surai, 2002).

te. Por tanto, el selenio (como parte integral de la enzima glutatión peroxidasa y la tiorredoxina reductasa) forma parte tanto del primer como del segundo nivel de defensa antioxidante. De hecho, las interacciones entre antioxidantes y el reciclaje son mecanismos claves en la efectividad de la defensa antioxidante (Figura 2).

Como resultado de la actividad antioxidante de la vitamina E se forma el radical tocoferoxil. Este radical puede ser reducido a una forma activa de α-tocoferol acoplándose a la oxidación del ácido ascórbico. El ácido ascórbico se puede regenerar a partir de la forma oxidada por reciclaje con la glutatión que puede tener potencial reductor a partir del NADPH sintetizado en la ruta de la pentosa fosfato del metabolismo de los carbohidratos. Las enzimas que intervienen en el reciclaje de la vitamina E son las siguientes: 1. tiorredoxina reductasa selenio dependiente; 2. glutatión reductasa y 3. glucosa-6-fosfato dehidrogenasa. Debido a la regeneración incompleta (la eficacia del reciclaje generalmente es inferior al 100%) en los sistemas biológicos, los antioxidantes tienen que obtenerse a partir de la dieta (vitamina E y carotenoides) o de la síntesis en los tejidos (ácido ascórbico y glutatión).

Se ha sugerido que el balance entre antioxidantes y pro-oxidantes en el tracto digestivo es el responsable de la regulación de numerosos procesos fisiológicos diferentes y, por tanto, de mantener estados sanitarios adecuados (Surai, 2002; Surai y col., 2003b; Surai y col., 2004; Figura 3).

Los antioxidantes minerales y su correcta aplicación, en cuanto a formas de suministro y sistemas de aporte, ejercen una elevada influencia sobre la producción avícola, particularmente en cuanto a reproducción e inmunocompetencia.

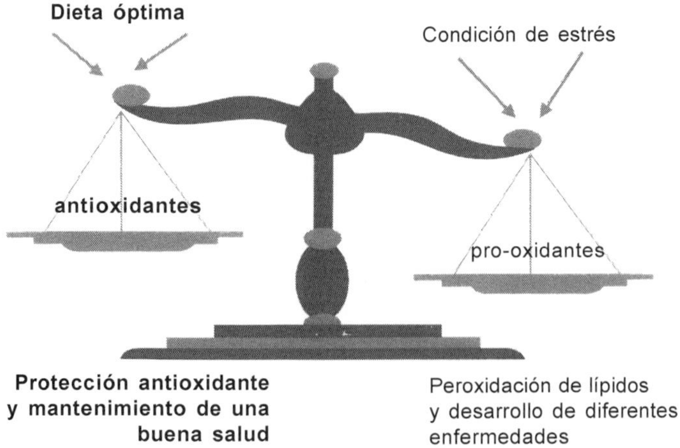

Figura 3 Balance entre antioxidantes y pro-oxidantes en la célula (adaptado de Surai, 2002).

Fertilidad de los machos

Los minerales antioxidantes más importantes en relación con la fertilidad de los machos son el selenio y el cinc. Los espermatozoides fértiles se caracterizan por tener una alta motilidad y un acrosoma íntegro. Para ser móviles, los espermatozoides necesitan tener las mitocondrias intactas (productoras de energía en la célula) y una alta flexibilidad y fluidez de la membrana. Estas propiedades de la membrana requieren un nivel de ácidos grasos poliinsaturados alto (Surai y col., 2003b). Los espermatozoides de los animales se caracterizan por tener una proporción extremadamente elevada de estos ácidos grasos (Figura 4) y, como resultado, pueden llegar a ser muy vulnerables al estrés oxidativo debido a la sobreproducción de radicales libres. Para acabar con este tipo de problemas, el sistema antioxidante de los espermatozoides incluye antioxidantes destructores de cadena hidro- y liposolubles así como enzimas.

Para entender la función del selenio en el mantenimiento de la calidad del semen es necesario estudiar las selenoproteínas. Los espermatozoides contienen numerosas selenoproteínas, incluyendo la enzima glutatión peroxidasa, responsables de prevenir los daños de los radicales libres y de los metabolitos tóxicos en los espermatozoides. La enzima glutatión peroxidasa específica del núcleo de los espermatozoides se descubrió en 2001 (Pfeifer y col., 2001). Parece ser que la tiorredoxina reductasa también está implicada en la defensa antioxidante en los espermatozoides aunque este hecho ha de ser confirmado. Recientemente ha sido identificada una selenoproteína capsular específica de los espermatozoides, localizada en la zona media del espermatozoide, como una forma de la enzima glutatión peroxidasa selenodependiente. Las mitocondrias, principales productoras de energía en el espermatozoide, también están localizadas en la zona media haciendo de la

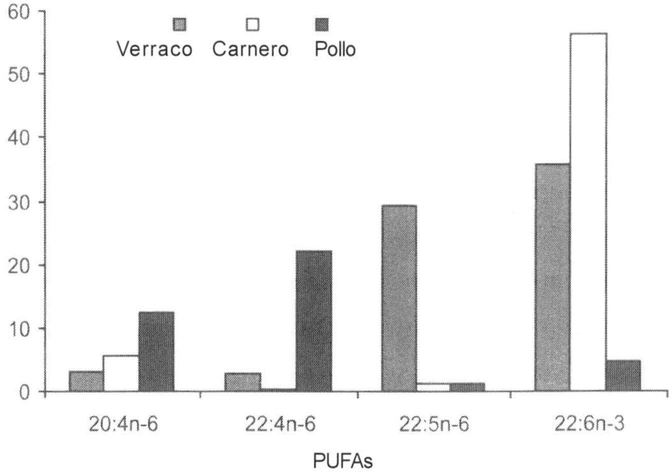

Figura 4 Ácidos grasos poliinsaturados en el semen (adaptado de Surai, 2003).

protección antioxidante en este punto de la célula un factor crucial para la motilidad y la efectividad de la fertilidad. Este hecho ha sido demostrado en algunos trabajos donde la deficiencia de selenio ha sido la causa de anormalidades espermáticas en esta región (Surai, 2002) resultando en una disminución de la fertilidad. Asimismo, se ha observado que la suplementación de la dieta con selenio orgánico es más eficiente en la mejora de la morfología del semen que la suplementación con selenito (Edens, 2002). Ensayos realizados con Sel-Plex en dietas para gallos han demostrado que además el selenio orgánico aumenta el periodo de fertilidad (Agate y col., 2000).

El cinc es un mineral importante para el mantenimiento de la fertilidad en los machos. Como se mencionó anteriormente, el cinc forma parte de la superóxido dismutasa, enzima que pertenece al primer nivel de defensa. La deficiencia de cinc está asociada con la disminución de los niveles de testosterona, el conteo espermático, la motilidad y la producción de semen. De hecho, se ha demostrado que la suplementación de la dieta con cinc ayuda a tratar la infertilidad en los machos (Sinclair, 2000). A continuación se detalla el papel del cinc en los espermatozoides de los mamíferos (Hidiroglou y Knipfel, 1984):

- El semen y sus componentes contienen concentraciones relativas altas de cinc.
- La deficiencia de cinc da lugar a retrasos en el desarrollo testicular con una marcada atrofia del epitelio tubular y una disminución del contenido de cinc en el testículo, el epidídimo y la próstata dorso lateral.
- La deficiencia de cinc disminuye la liberación de gonadotropinas pituitarias y la producción de andrógenos y, en particular, de testosterona.
- El cinc regula la actividad enzimática del semen.
- En los espermatozoides, el cinc está estrechamente relacionado con grupos sulfhidrilos y disulfidos y con su concentración en la cola.
- El cinc del plasma seminal influye sobre el consumo de oxígeno del espermatozoide y sobre la actividad proteica nuclear (Wong y col., 2000).
- El control de la motilidad de los espermatozoides mediante el cinc implica el control de la utilización de la energía a través de los sistemas de ATP implicados en la contracción y en la regulación de las reservas energéticas en los fosfolípidos.

Los fallos reproductivos en las hembras y en la espermatogénesis de los machos son manifestaciones de deficiencias de cinc (Hidiroglou, 1979). El papel de los minerales de la dieta en la reproducción de los machos se muestra en la Figura 5.

Desarrollo embrionario

Los tejidos embrionarios del pollito contienen una elevada cantidad de ácidos grasos poliinsaturados en la fracción lipídica. Los tejidos de los pollitos recién

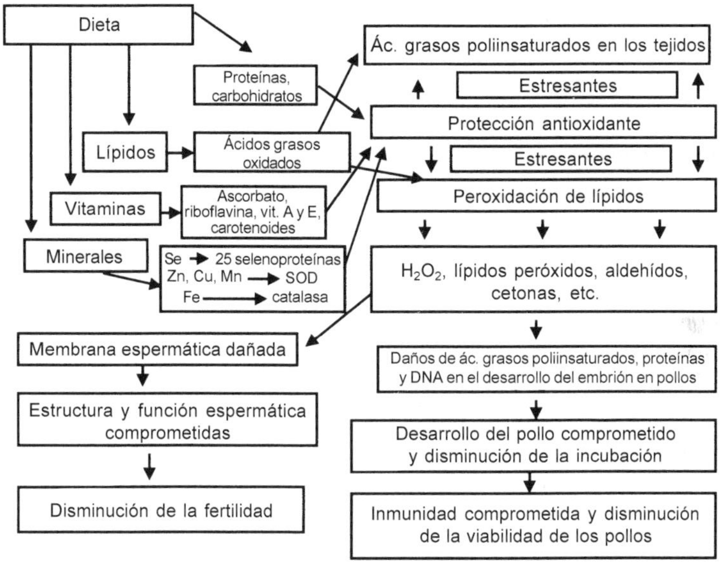

Figura 5 Nutrición, defensas antioxidantes y reproducción en aves.

eclosionados contienen defensas contra la oxidación incluyendo los antioxidantes naturales y las enzimas (superóxido dismutasa, enzima glutatión peroxidasa y catalasa) así como cofactores minerales (selenio, cinc, manganeso y hierro) (Surai, 2002). Selenio, cobre, hierro y manganeso son transferidos al huevo a partir de la dieta materna y el resto se sintetizan en los tejidos.

La composición de la dieta materna determina el desarrollo del sistema antioxidante durante la embriogénesis y el desarrollo posterior temprano. Minerales como el selenio se transfieren de la dieta al huevo y a los tejidos embrionarios. Algunas investigaciones indican que la suplementación creciente de la dieta materna puede aumentar de manera importante las concentraciones de selenio en los tejidos en desarrollo de los pollitos y disminuir significativamente la susceptibilidad a la peroxidación de los lípidos. Se ha observado que cuando las concentraciones de vitamina E en el hígado y en el plasma se incrementan significativamente respecto al control, la suplementación de la dieta materna con selenio tiene un efecto positivo a los 5 y a los 10 días de vida. Resultados recientes indican que el incremento de la concentración de selenio en el huevo está asociado con aumentos en la concentración de selenio en el hígado del pollo después de tres semanas de la eclosión y en la pechuga y en el plasma después de cuatro semanas.

El desarrollo post-natal del pollito está relacionado con cambios en la defensa antioxidante. La principal protección contra la oxidación en los tejidos de los pollitos se consigue con altas concentraciones de antioxidantes naturales, principalmente vitamina E y, en aves salvajes, con carotenoides. Sin embargo, durante los 10 primeros días de vida, la concentración de vitamina E y de carotenoides en el hígado del pollo disminuye hasta 20 veces. Este mismo hecho ocurre en pavos, patos y gansos. Para compensar esta diminución, aumenta la actividad hepática de la enzima glutatión peroxidasa. Como resultado, esta enzima selenio dependiente se convierte en la principal defensa antioxidante durante el desarrollo postnatal del pollito. Existen evidencias que muestran que bajo condiciones comerciales, la inclusión de selenio orgánico en la dieta de las reproductoras está asociada con mejoras de la incubabilidad. Además, la suplementación de la dieta materna con selenio orgánico disminuye la mortalidad de los pollitos durante las dos semanas posteriores a la eclosión lo que confirma la relación existente entre las defensas antioxidantes y la viabilidad del pollito (Surai, 2002).

Sistema inmune

El sistema inmune de los animales está formado por el sistema natural o innato (adquirido de la madre) y el adaptado o adquirido (que se forma a partir de la exposición a patógenos). La inmunidad innata depende de la efectividad de las células fagocíticas conocidas como neutrófilos y macrófagos (Figura 6). Estas células están equipadas con un arsenal de armas microbicidas, como las proteasas, que hidrolizan las proteínas desintegrando la membrana y que son almacenadas en gránulos del citoplasma celular. Además, estas células poseen un fuerte sistema para generar grandes cantidades de ERO que es utilizada como arma para destruir patógenos. Sin embargo, los propios radicales libres pueden dañar biológicamente a las moléculas, comprometiendo la función de los fagocitos y redu-

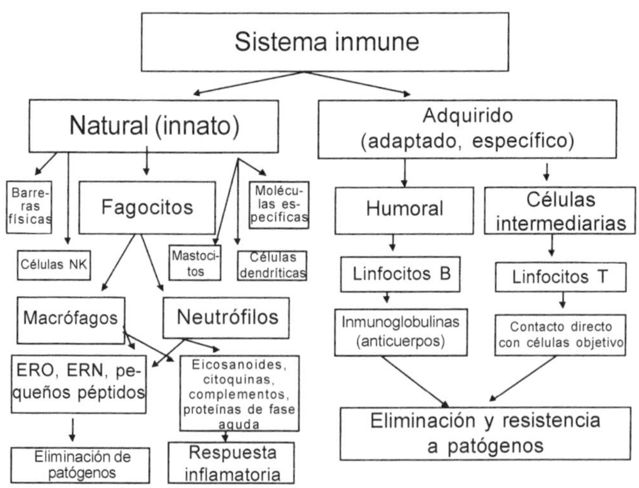

Figura 6 Esquema general del sistema inmune (adaptado de Surai, 2002).

ciendo la inmunidad adquirida. Los fagocitos también producen moléculas de señalización (por ej., eicosanoides o citoquinas) entre varias células inmunes para proteger su funcionabilidad.

Los patógenos invasores están controlados tanto por el sistema inmune natural como por el adquirido. El establecimiento de la inmunidad adquirida no es lo suficientemente rápido como para erradicar los microorganismos que se desarrollan en animales jóvenes siendo el sistema inmune innato el principal responsable a la hora de reconocer a los patógenos invasores mediante receptores específicos. Este proceso implica la producción de ERO y ERN, citoquinas proinflamatorias y moléculas señalizadoras que envían señales de regulación al sistema inmune adquirido (Werling y Jungi, 2003).

La inmunidad adquirida se basa en la actividad de los linfocitos B y T que producen anticuerpos contra sustancias invasoras específicas (B-linfocitos) o ligadas (T-linfocitos) eliminándolas de las células. La mayoría de las respuestas inmunes adquiridas específicas dependen de los complejos histocompatibles que identifican antígenos pépticos formados por los patógenos para activar diferentes células T (ayudantes y citotóxicas) que interaccionan con las células B para producir anticuerpos (Castle, 2000).

La inmunidad adquirida se caracteriza por la capacidad para reconocer más de 10^{11} estructuras diferentes y está estrechamente regulada para desencadenar o no una respuesta. Su objetivo es erradicar los patógenos sin destruir las propias células del organismo. La resistencia a las infecciones depende del balance entre la inmunidad adquirida y la innata. La regulación del sistema inmune es extremadamente compleja y sólo recientemente se ha empezado a entender de manera científica la respuesta de los organismos a las enfermedades. Parece que la comunicación entre las células inmunes es un factor crucial en la inmunocompetencia.

Si el sistema inmune combate a los patógenos se podría esperar que tuviera sistemas de comunicación para enviar y recibir señales asegurando que la respuesta es la adecuada. Las células inmunitarias clave (como los macrófagos, los neutrófilos y los linfocitos T y B) tienen receptores superficiales que realizan esta función. Estos receptores son extremadamente sensibles a la comunicación entre moléculas pero también son sensibles a los radicales libres que pueden dañar o limitar potencialmente dicho sistema de comunicación. En el caso de que no funcione el sistema de comunicación, el sistema inmune queda inutilizado. Además, las células inmunes podrían empezar a luchar entre sí destruyendo temporalmente la inmunocompetencia y llevando a cabo reacciones autoinmunes.

Las células inmunes necesitan sustancias químicas para acabar con los patógenos y también para protegerse contra su autodestrucción. Las células inmunes se protegen a sí mismas con antioxidantes naturales como la selenio-enzima glutatión peroxidasa y la tiorredoxina reductasa. Los macrófagos destruyen a los patógenos mediante la superproducción de radicales libres que pueden dañar a los sistemas enzimáticos específicos disminuyendo la eficacia de las células inmunes con cada explosión oxidativa resultando en una apoptosis.

Las deficiencias de selenio y vitamina E están asociadas con una disminución de la funcionalidad de la inmunidad innata y de la adquirida. En particular, pueden verse comprometidas la proliferación de linfocitos y la producción de anticuerpos (Surai, 2002). Se ha observado que la suplementación con selenio mejora la inmunocompetencia y aumenta la resistencia a varias patologías en aves, vacas, ovejas, caballos, cerdos, peces, gatos y perros. Un resumen del sistema antioxidante en el sistema inmune se muestra en la Figura 6.

La importancia de un sistema inmune debilitado se refleja en una sobreactividad que tiene consecuencias perjudiciales sobre la inmunosupresión. Por ejemplo, en algunos individuos, el sistema inmune no reconoce como propios a algunos antígenos hospedadores atacándoles y causando daños en los tejidos que conducen a inflamaciones crónicas o a enfermedades autoinmunes. El sistema inmune también puede sensibilizarse ante antígenos del medio ambiente que generalmente son benignos dando lugar a las alergias (Calder, 2001). Parece ser que en estas situaciones, los fallos de comunicación entre las células inmunes desempeñan un papel fundamental.

El sistema inmune no es funcionalmente maduro en el momento del nacimiento. Su desarrollo post-natal está relacionado con la acumulación de ácidos grasos poliinsaturados y con la necesidad de protegerlos contra la oxidación. Por tanto, la expresión de las selenoproteínas en las células inmunes durante el desarrollo temprano es un factor crucial en la regulación del desarrollo de la inmunocompetencia. Sin embargo, las reservas de selenio en el recién nacido o recién eclosionado son muy limitadas cuando se utiliza selenio inorgánico en la dieta materna. En contra, se ha observado en numerosos estudios que el selenio orgánico, por ejemplo como Sel-Plex, es capaz de aumentar significativamente la concentración de selenio en el calostro, la leche y los huevos. Suplementar con selenio es absolutamente esencial para la formación de unas defensas antioxidantes efectivas resultando en una maduración adecuada del sistema inmune y de la inmunocompetencia.

Se ha demostrado que compuestos antioxidantes como la vitamina E, el selenio y los carotenoides están implicados en la modulación de la inmunidad (Surai, 2002). Sin embargo, los niveles de estos antioxidantes en la dieta son generalmente muy superiores a los necesarios para el crecimiento y el desarrollo del pollito. Además, otros microminerales como cinc, cobre y hierro están implicados en la regulación del sistema inmune como componentes enzimáticos.

El cinc es necesario como ion catalizador, estructural y regulador de las enzimas y de los factores de transcripción por lo que es un micromineral clave en numerosos mecanismos corporales de homeostasis incluyendo las respuestas inmunes. Bajas biodisponibilidades de cinc dan lugar a una inmunorresistencia limitada durante la vejez (Ferencik y Ebringer, 2003). Es necesario destacar que gran parte de los efectos que tiene el cinc sobre las células inmunes, tanto *in vitro* como *in vivo,* dependen de su concentración; por ejemplo, la funcionalidad de las células inmunes principales disminuye tras el agotamiento del cinc. Asimismo, en los monocitos principalmente empeoran todas las funciones mientras que en las células asesinas naturales disminuye la citotoxidad y en los granulocitos neutrófilos se reduce la fagocitosis (Ibs y Rink, 2003). Además, las funciones normales de las células T se ven perjudicadas y las células B sufren apoptosis. Las funciones inmunes que resultan dañadas por deficiencias de cinc son reversibles con la suplementación. Sin embargo, dosis altas de cinc tienen efectos negativos sobre las células inmunes mostrando alteraciones similares a las observadas cuando existen deficiencias de este mineral (Ibs y Rink, 2003). El cinc orgánico mejora la disponibilidad en comparación con el inorgánico y se considera que es beneficioso para la salud de los animales.

El sistema inmune necesita cobre para llevar a cabo numerosas funciones aunque se conoce muy poco sobre su mecanismo directo de acción (Percival, 1998). Por ejemplo, algunos resultados recientes han mostrado que la interleuquina-2 disminuye cuando hay deficiencias de cobre. Asimismo, se cree que el mecanismo por el que proliferan las células T también disminuye ante estados carenciales de cobre. Es importante señalar que la respuesta proliferativa y las concentraciones de interleuquinas disminuyen incluso con deficiencias marginales de cobre en los que los niveles normales de dicho mineral no están afectados por la dieta (Percival, 1998). La deficiencia de cobre también está asociada con una disminución del número de neutrófilos. Su habilidad para generar iones superóxidos y acabar con los microorganismos también se reduce cuando existen deficiencias importantes o marginales de cobre. Asimismo, en numerosos ensayos se ha demostrado que la deficiencia de cobre parece reducir la producción de interferón y del factor de la necrosis tumoral por las células mononucleadas (Spears, 2000). El cobre inorgánico es un potente pro-oxidante por lo que, si no se une a proteínas, podría estimular la peroxidación lipídica en el pienso o, lo que es más importante, en el tracto intestinal. El cobre orgánico no tiene capacidad pro-oxidante pudiendo mejorar el nivel de este mineral en los animales.

El hierro es un mineral vital para la proliferación de todas las células incluyendo las inmunes. El hierro juega un papel esencial en el control de la inmunidad, es promotor del crecimiento e induce la diferenciación de las células inmunes así como su interferencia con otras células. Asimismo, es mediador de las rutas inmunes y de las actividades de la citoquina (Weiss, 2002). El hierro también es fundamental en la proliferación de células tumorales y de microorganismos, en la respiración mitocondrial y en la síntesis de ADN. La deficiencia de hierro tiene numerosas consecuencias tanto en la inmunidad celular como en la humoral. Algunas de las más importantes son la disminución de las células T periféricas y la atrofia del timo (Bowlus, 2003). Las células T podrían regular el metabolismo del hierro quizá a través de interacciones con el complejo mayor de histocompatibilidad.

El hierro es un fuerte pro-oxidante y, si no se une a proteínas, puede estimular la peroxidación de la grasa. Este aspecto es especialmente relevante en el tracto digestivo donde la oxidación lipídica puede dañar a los enterocitos y disminuir la absorción de los nutrientes, particularmente de los que tienen propiedades antioxidantes. Si el hierro se incluye en la premezcla de vitaminas y minerales en forma inorgánica puede estimular la oxidación de las vitaminas durante el almacenamiento. La suplementación con hierro orgánico es una solución para evitar estos problemas y mejorar el estado del hierro en el animal.

Resistencia patológica y mejora de la respuesta inmune mediante el suministro de antioxidantes

El objetivo primordial en la mejora de la inmunidad es el aumento de la resistencia a varias patologías. Este aspecto se ha estudiado ampliamente en pollos. Se sabe que al suministrar una combinación de vitamina E y selenio en la dieta disminuye la mortalidad y aumenta la ganancia de peso en pollos infectados con *Eimeria tenella* (Colnago y col., 1984). Asimismo, estos autores observaron que la suplementación dietética con selenio o con vitamina E disminuía la mortalidad y aumentaba la ganancia de peso en pollos no inmunizados infectados con *Eimeria tenella* en tres de cuatro ensayos. Cuando los pollos fueron inoculados con una virulenta cepa de la enfermedad de Marek a los 10 días de edad, el selenio (en dosis de 0,6 mg/kg) disminuyó la morbilidad y la mortalidad en general. En particular, se ha demostrado que el selenio incrementa la capacidad de las células para eliminar las ERO y los peróxidos lipídicos y para disminuir el daño tisular ocasionado por las ERO (Huang y Chen, 1996). En otro ensayo se estudió el efecto de la suplementación con antioxidantes contra la infección de la bursa de Fabricio (o enfermedad de Gumboro). Pollos con un día de edad consumieron dietas con 0,086, 0,3 ó 0,6 mg de selenio/kg. Los pollos fueron infectados con el virus de la infección de la bursa de Fabricio a los 39 días de edad. Diez días después de la inoculación, la mortalidad fue del 33,3, 12,4 y 10,6% para los niveles de selenio del 0,086, 0,3 y 0,6 mg/kg, respectivamente. La inhibición de los linfocitos T fue menor en las aves suplementadas con selenio (Bu y col., 1996).

Larsen y colaboradores (1997) observaron que las bajas y las lesiones se redujeron del 86 al 21% con la dosis de selenio óptima (0,4 mg/kg de pienso) en pollos expuestos a la infección por *Escherichia coli*. Asimismo, se ha observado que las aves infectadas con *Ascaridia galli* presentan niveles de selenio inferiores a los de las aves control. Este hecho se ha relacionado con una baja absorción de selenio y con la regeneración de la mucosa intestinal en aves infectadas (Damyanova y col., 1995).

Estrategias nutricionales para prevenir los daños oxidativos

Los animales son capaces de sintetizar enzimas antioxidantes siendo el contenido de la dieta en selenio, manganeso, cinc y cobre el principal factor limitante para dicha síntesis. Por ejemplo, recientemente se ha observado que la disponibilidad y la eficacia del selenio en la nutrición animal dependen, en gran medida, de las fuentes dietéticas que se utilicen de este elemento. La formulación de los piensos en cuanto a la suplementación con selenio pretende cubrir un margen de seguridad que prevenga deficiencias de selenio manteniendo un estado saludable y una alta tasa reproductiva en los animales. Recientemente se ha sugerido que, durante la evolución, la adaptación existió únicamente para el selenio en forma orgánica (Surai, 2002). Aunque todas las materias primas contienen selenio sólo son aprovechables las formas orgánicas, principalmente algunos selenoaminoácidos. Esto significa que el selenio inorgánico (como selenito o selenato) no es una fuente de sustitución. Existe una diferencia importante en la absorción y en el metabolismo de estas dos formas de selenio. El selenio orgánico se absorbe activamente en el intestino junto con los aminoácidos, utilizando mecanismos de absorción similares a los de éstos. En contra, el selenio inorgánico se absorbe de manera pasiva en forma de mineral. Debido a estas diferencias en la absorción sólo la selenometionina puede dar lugar a la formación de reservas corporales de este mineral (principalmente en los músculos). Dado que la selenometionina no es sintetizada por los animales (sólo las plantas pueden sintetizarla), cuando se utiliza selenio inorgánico no se forman reservas tisulares de este mineral. Otras formas de selenoaminoácidos (por ej., la selenocisteína) no constituyen una forma de reserva de este elemento. Esta diferencia principal puede explicar por qué el selenio orgánico es más efectivo que el inorgánico especialmente en condiciones de estrés, cuando la efectividad de la absorción es crucial.

Al comparar situaciones comerciales en avicultura se pueden considerar dos escenarios diferentes de defensa con antioxidantes. El primero, y más común, es para animales que reciben en la dieta selenio inorgánico. Bajo estrés fisiológico, el organismo responde utilizando reservas de antioxidantes y, de forma más importante, mediante la síntesis adicional de selenoproteínas (Figura 7). En este caso, la principal limitación es la ausencia de reservas de selenio en los tejidos y la restricción de la habilidad para la síntesis adicional de selenoproteínas resultando en una protección antioxidante inadecuada a la vez que existe una sobreproducción de radicales libres. En este escenario, se podrían ver comprometidos el sistema inmune, el estado sanitario general y la reproducción.

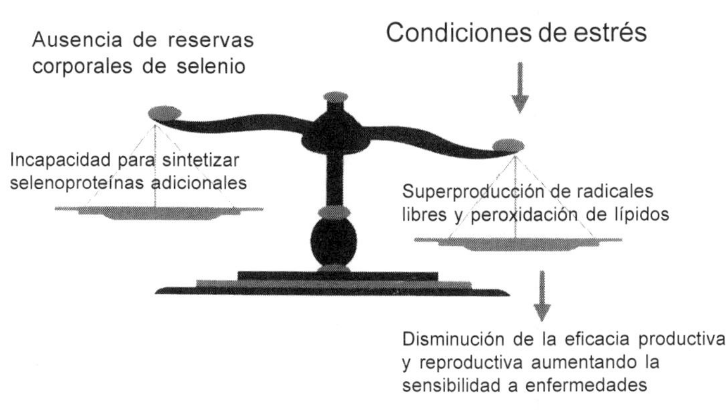

Figura 7 Suministro de selenio inorgánico en producción de aves (adaptado de Surai, 2002).

No es necesario que se produzcan diferencias drásticas en el estrés fisiológico para que estos problemas se desencadenen. Algunas veces una pequeña diferencia, incluso difícil de apreciar, puede generar una cantidad suficiente de radicales libres que causen un problema grave. De manera acumulativa, un estrés continuado podría afectar negativamente al comportamiento y a la salud del animal. Este hecho es particularmente importante en animales recién nacidos incluyendo las aves, dado que sus mecanismos contra la oxidación no están maduros y dependen de los antioxidantes maternos que proceden del huevo (en el caso de las aves) o del calostro y la leche (en el caso de los mamíferos). Dado que el selenio inorgánico no se transfiere bien al huevo, e incluso en menor medida a la leche, no cabe esperar que el sistema antioxidante mejore a través de esta ruta en dichas circunstancias.

El otro escenario sería suministrar selenio orgánico (Figura 8) lo que daría lugar a la acumulación de reservas de selenio en forma de selenometionina en los tejidos. En situaciones de estrés, el catabolismo proteico mediante los proteosomas libera selenio que puede utilizarse para la síntesis adicional de selenoproteínas para prevenir los daños que puede ocasionar la sobreproducción de radicales libres. Esto es particularmente importante dado que numerosos factores estresantes están relacionados con una disminución del consumo de pienso. Como resultado de dicha síntesis, las selenoproteínas pueden reducir la peroxidación de las grasas beneficiando a los animales mediante el manteniendo de la inmunidad y la eficacia reproductiva. Como la selenoproteína es transferida al huevo, a la leche y al calostro, los animales recién nacidos o eclosionados se ven beneficiados como resultado de la mejora en su sistema inmune.

Es importante señalar que este escenario presenta limitaciones en función de los niveles de estrés que existan en cada situación. Por ejemplo, cuando la dieta contiene niveles elevados de toxinas o el estrés ambiental es importante, la respuesta corporal podría no ser suficiente para prevenir cambios en el organismo.

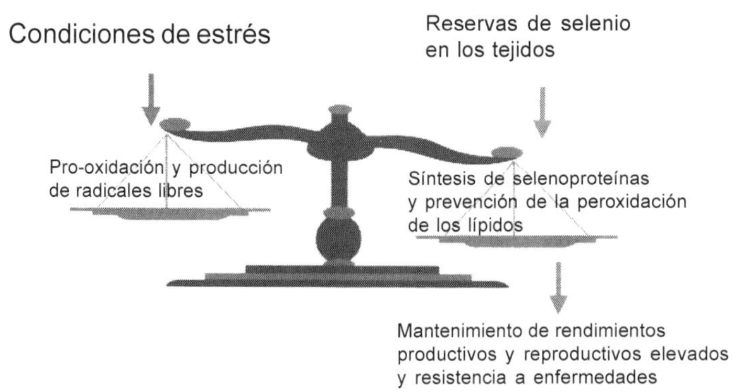

Figura 8 Suministro de selenio orgánico en producción de aves (adaptado de Surai, 2002).

Por otro lado, este modelo puede ser efectivo para un rango determinado de condiciones de estrés diarias. El desarrollo y la aplicación comercial de productos, como Sel-Plex™, que tienen una composición garantizada y cuya eficacia ha sido demostrada en ensayos y en pruebas comerciales suponen el inicio de una nueva era en nutrición animal. Este hecho supone una oportunidad no sólo para

Tabla 3 Principales diferencias entre el selenio orgánico (Sel-Plex™) y el selenito.

Parámetro	*Selenio orgánico (Sel-Plex™)*	*Selenito*
Absorción	Similar a metionina: transporte activo en intestino	Similar a otros minerales: transporte pasivo en intestino
Acumulación	Incorporación no específica de selenometionina a las proteínas	No se acumula en el organismo
Toxicidad	Al menos 3 veces menos tóxica que el selenito	Altamente tóxico y puede penetrar vía cutánea causando problemas
Biodisponibilidad	Mayor biodisponibilidad que el selenito en animales y humanos	Biodisponibilidad muy baja para rumiantes debido a la reducción por los microorganismos ruminales
Actividad antioxidante	La selenometionina posee propiedades antioxidantes per se y podría eliminar radicales libres	Propiedades pro-oxidantes y podría estimular la producción de radicales libres cuando reacciona con la GSH
Efecto sobre el ADN	La selenometionina estimula a las enzimas que reparan el ADN	Puede dañar el ADN
Transferencia a huevos, leche y carne	Transferencia a huevos, leche y carne dando la posibilidad de diseñar carne funcional	Baja transferencia a huevos, leche y carne
Transferencia por placenta	Mejor que el selenito	Escasa
Reacciones con otros elementos	Neutral, el ácido ascórbico promueve la asimilación de la selenometionina de la dieta	Altamente reactiva, reduce los metales, selenio indisponible por ácido ascórbico
Protección bajo condiciones de estrés	Protección adicional debido a las reservas corporales de selenio	No protección adicional debido a la ausencia de reservas corporales de selenio
Efecto sobre las pérdidas por goteo	No afecta	Aumenta
Aspectos medioambientales	Alta retención en los tejidos, baja liberación en heces y orina	Baja retención en los tejidos y elevada expulsión en heces y orina
Estabilidad durante el almacenamiento y el procesado del alimento	Estable	Estable
Clasificación según el modo de acción	Aditivo alimentario	Medicamento

mejorar la salud y la productividad de los animales sino también para la producción de carne, leche, huevos y otros alimentos enriquecidos en selenio que pueden mejorar la alimentación de los humanos. Al comparar Sel-Plex™ y selenito, con base en los resultados publicados, la forma natural de selenio claramente presenta ventajas en comparación con el selenito (Tabla 3). Por tanto, parece apropiado que el selenito sea considerado como un medicamento. Por ejemplo, cuando se diagnostican deficiencias de selenio basadas en síntomas clínicos, el selenito sería la elección. Se ha demostrado en pollos, cerdos y vacas bajo diferentes condiciones experimentales que suministrándolo en la dieta, el agua o inyectado resolverá tanto deficiencias de selenio que han existido durante poco tiempo como deficiencias agudas y prolongadas. El efecto beneficioso del selenio orgánico para los animales puede ser incluso mayor cuando se usa en combinación con otros minerales orgánicos como cinc, cobre, hierro y manganeso. Se ha demostrado que la absorción y el metabolismo de estos minerales son más efectivos, lo que puede ser una ventaja para la industria avícola, porcina y vacuna.

Conclusiones

Las publicaciones existentes revelan que vivimos en el mundo de los radicales libres. Los humanos, los pollos, los cerdos, las vacas y el resto de las especies animales están expuestos al ataque diario de los radicales libres por lo existe un sistema integrado en cada célula que previene el daño biológico que se puede producir en moléculas importantes como el ADN, las proteínas o los lípidos. Algunos antioxidantes son sintetizados en el propio organismo. Sin embargo, las dietas son la principal fuente de antioxidantes. Además de numerosos componentes de la dieta con actividad antioxidante, el selenio, el cinc, el hierro, el manganeso y la vitamina E se consideran la base del sistema de defensa. Se ha observado que la eficiencia de los antioxidantes depende de su forma en la dieta y recientemente se ha demostrado que el selenio orgánico (por ej., como Sel-Plex™) tiene importantes ventajas en comparación con el inorgánico.

Los beneficios del selenio orgánico han sido demostrados en numerosas especies incluyendo pollos, cerdos, vacas, ovejas y peces. Parece ser que la combinación óptima de selenio orgánico y vitamina E en la dieta es clave para una defensa antioxidante efectiva. Sin embargo, es necesario investigar en este campo para establecer las combinaciones óptimas para cada especie en función de la edad, la productividad y otras condiciones tecnológicas relevantes. El cobre y el hierro inorgánicos son estimuladores de la peroxidación de los lípidos en el tracto digestivo. Utilizando las formas orgánicas de estos elementos se pueden evitar sus efectos perjudiciales ayudando a mantener una elevada eficacia productiva y reproductiva en aves y animales de granja criados bajo condiciones comerciales.

Referencias bibliográficas

Agate, D.D., O'Dea, E.E. and Rustad, M.E. (2000). Effects of dietary selenium on laying hen fertility as assessed by the periviteline sperm hole assay. *Proc. Poultry Research and Production Symposium,* Alberta Poultry Research Centre, pp.1-4.

Ames, B.N. (2003). An Enthusiasm for Metabolism. *J. Biol. Chem.* **278:** 4369-4380.

Ames, B.N. and Gold, L.S. (1997). The causes and prevention of cancer: gaining perspective. *Environ. Health. Perspect.* **105** Suppl. 4: 865-873.

Bannister, W.H. (1988). From haemocuprein to copper-zinc superoxide dismutase: a history on the fiftieth anniversary of the discovery of haemocuprein and the twentieth anniversary of the discovery of superoxide dismutase. *Free Radical Research Communications* **5:** 35-42.

Bowlus, C.L. (2003). The role of iron in T cell development and autoimmunity. *Autoimmun Rev.* **2:** 73-78.

Brigelius-Flohe, R. (1999). Tissue-specific functions of individual glutathione peroxidases. *Free Radical Biology and Medicine* **27:** 951-965.

Bu, Z.G., Huang, K.H. and Chen, W.F. (1996). Study on the cell mediated immunity mechanism in the selenium-enhanced resistance of chicks to infectious bursal disease. *Chinese Journal of Veterinary Science* **16:** 273-276.

Calder, P.C. (2001). Polyunsaturated fatty acids, inflammation, and immunity. *Lipids* **36:** 1007-1024.

Castle, S.C. (2000). Clinical relevance of age-related immune dysfunction. *Clinical Infectious Diseases* **31:** 578-585.

Chance, B., Sies, H. and Boveris, A. (1979). Hydroperoxide metabolism in mammalian organs. *Physiol Rev.* **59:** 527-605.

Chaudiere, J., Ferrari-Iliou, R. (1999). Intracellular antioxidants: from chemical to biochemical mechanisms. *Food and Chemical Toxicology* **37:** 949-962.

Colnago, G.L., Jensen, L.S. and Long, P.L. (1984). Effect of natural feedstuffs added to a semi-purified diet on *Eimeria tenella* infection. *Poultry Science* **63:** 2145-2152.

Damyanova, A., Teodorova, S. and Gabrashanska, M. (1995). Content of some microelements in chickens with ascaridiasis under combined drug treatment. *Parasitology Research* **81:** 549-552.

Diplock, A.T. (1994). Antioxidants and disease prevention. In: *Molecular Aspects of Medicine.* Volume. 15, Edited by H. Baum, H. Pergamon Press, Oxford and New York, pp. 295-376.

Edens, F. (2002). Practical applications for selenomethionine: broiler breeder production. *Proceedings of 18th Alltech's Annual Symposium,* Edited by Lyons, T.P. and Jacques, K.A., Nottingham University Press, Nottingham, UK, pp. 29-42.

Fattman, C.L., Schaefer, L.M. and Oury, T.D. (2003). Extracellular superoxide dismutase in biology and medicine. *Free Radical Biology and Medicine* **35:** 236-256.

Ferencik, M. and Ebringer, L. (2003). Modulatory effects of selenium and zinc on the immune system. *Folia Microbiol (Praha)* **48:** 417-426.

Fridovich, I. (1995). Superoxide radical and superoxide dismutases. *Annual Review of Biochemistry* **64:** 97-112.

Fujii, J. and Taniguchi, N. (1999). Down regulation of superoxide dismutases and glutathione peroxidase by reactive oxygen and nitrogen species. *Free Radical Research* **31:** 301-308.

Galey, J-B. (1997). Potential use of iron chelators against oxidative damage. In: *Antioxidants in disease mechanisms and therapy.* Edited by Sies, H., Academic Press, San Diego, pp. 167-203.

Gutteridge, J.M.C. and Halliwell, B. (1990). The measurement and metabolism of lipid peroxidation in biological systems. *Trends in Biochemical Sciences.* pp. 129-135.

Halliwell, B. (1994). Free radicals and antioxidants: A personal view. *Nutrition* Reviews **52:** 253-265.

Halliwell, B. (1999). Antioxidant defence mechanisms: from the beginning to the end (of the beginning). *Free Radical Research* **31:** 261-272.

Halliwell, B. (1987). Oxidants and human disease: some new concepts. *FASEB Journal* **1:** 358-364.

Halliwell, B. and Gutteridge, J.M.C. (1999). *Free Radicals in Biology and Medicine.* Third Edition. Oxford University Press, Oxford.

Hassan, H.M. (1988). Biosynthesis and regulation of superoxide dismutases. *Free Radical Biology and Medicine* **5:** 377-385.

Helbock, H.J., Beckman, K.B., Shigenaga, M.K., Walter, P.B., Woodall, A.A., Yeo, H.C. and Ames, B.N. (1998). DNA oxidation matters: the HPLC-electrochemical detection assay of 8-oxo-deoxyguanosine and 8-oxo-guanine. *Proc. Natl. Acad. Sci.* **95:** 288-293.

Hidiroglou, M. (1979). Trace element deficiencies and fertility in ruminants: a review. *J. Dairy Sci.* **62:** 1195-1206.

Hidiroglou, M. and Knipfel, J.E. (1984). Zinc in mammalian sperm:a review. *J. Dairy Sci.* **67:** 1147-1156.

Huang, K.H. and Chen, W. F. (1996). Effect of selenium on the resistance of chickens to Marek's disease and its mode of action. *Acta Veterinaria et Zootechnica Sinica* **27:** 448-455.

Ibs, K.H. and Rink, L. (2003). Zinc-altered immune function. *J. Nutr.* **133** (5 Suppl. 1): 1452S-1456S.

Jones, D.P., Eklow, L., Thor, H. and Orrenius, S. (1981). Metabolism of hydrogen peroxide in isolated hepatocytes: relative contributions of catalase and glutathione peroxidase in decomposition of endogenously generated H_2O_2. *Archives of Biochemistry and Biophysics* **210:** 505-516.

Knight, J.A. (1998) Free radicals: Their history and current status in aging and disease. *Annals of the Clinical and Laboratory* Sciences **28:** 331-346.

Larsen, C.T., Pierson, F.W. and Gross, W.B. (1997). Effect of dietary selenium on the response of stressed and unstressed chickens to *Escherichia coli* challenge and antigen. *Biological Trace Element Research* **58:** 169-176.

Marklund,, S.L. (1982). Human copper-containing superoxide dismutase of high molecular weight. *Proceedings of the National Academy of Science of the USA* **79:** 7634-7638.

Marklund, S.L., Holme, E. and Hellner, L. (1982). Superoxide dismutase in extracellular fluids. *Clinica Chimica Acta* **126:** 41-51.

Mates, J.M. and Sánchez-Jiménez, F. (1999). Antioxidant enzymes and their implications in pathophysiologic processes. *Frontiers in Bioscience* **4:** D339-D345.

McCord, J.M. and Fridovich, I. (1969). Superoxide dismutase: An enzymatic function for erythrocuprein (hemocuprein). *Journal of Biological Chemistry* **244:** 6049-6055.

Michalski, W. (1992). Resolution of three forms of superoxide dismutase by immobilized metal affinity chromatography. *Journal of Chromatography, Biomedical Applications* **576:** 340-345.

Nath, R. (1997). Copper deficiency and heart disease: Molecular basis, recent advances and current concepts. *International Journal of Biochemistry and Cell Biology* **29:** 1245-1254.

Niki, E. (1996). α-Tocopherol, In: *Handbook of antioxidants,* Edited by Cadenas E. and Packer L, Marcel Dekker, New York-London, pp. 3-25.

Nordberg, J. and Arner, E.S. (2001), Reactive oxygen species, antioxidants, and the mammalian thioredoxin system. *Free Radical Biology and Medicine* **31:** 1287-1312.

Percival, S.S. (1998). Copper and immunity. *Am J Clin Nutr.* **67** (5 Suppl.): 1064S-10685.

Pfeifer, H., Conrad, M., Roethlein, D., Kyriakopoulos, A., Brielmeier, M., Bornkamm, G.W. and Behne, D. (2001). Identification of a specific sperm nuclei selenoenzyme necessary for protamine thiol cross-linking during sperm maturation. *FASEB Journal* **15:** 1236-1238.

Singal, P.K., Khaper, N., Palace, V. and Kumar, D. (1998). The role of oxidative stress in the genesis of hart disease. *Cardiovascular Research* **40:** 426-432

Sinclair, S. (2000). Male infertility: nutritional and environmental considerations. *Altern Med Rev.* **5:** 28-38.

Spears, J.W. (2000). Micronutrients and immune function in cattle. *Proc Nutr Soc.* **59:** 587-594.

Surai, P.F. (1999). Vitamin E in avian reproduction. *Poultry and Avian Biology Review* **10:** 1-60.

Surai, P.F. (2002). *Natural Antioxidants in Avian Nutrition and Reproduction.* Nottingham University Press, Nottingham.

Surai, P.F. and Dvorska, J.E. (2002). Strategies to enhance antioxidant protection and implications for the well-being of companion animals. In: *Nutritional Biotechnology in the Feed and Food Industries.* Proceedings of Alltech's 18th Annual Symposium, pp. 521-534 (T.P. Lyons and K.A. Jacques, editors). Nottingham: Nottingham University Press.

Surai, P.F. (2003). Selenium-vitamin E interactions: Does 1 + 1 equal more than 2?. In: *Nutritional Biotechnology in the Feed and Food Industries.* Proc. of Alltech's 19th Annual Symposium (T.P. Lyons and K.A. Jacques, eds.). Nottingham University Press, Nottingham, UK, pp. 59-76.

Surai, K.P., Surai, P.F., Speake, B.K. and Sparks, N.H.C. (2003a). Antioxidant-prooxidant balance in the intestine: Food for thought. 1. Prooxidants. *Nutritional Genomics and Functional Foods.* **1:** 51-70.

Surai, P.F., Speake, B.K. and Sparks, N.H.C. (2003b). Comparative Aspects of Lipid Peroxidation and Antioxidant Protection in Avian Semen. In: *Male Fertility and*

Lipid Metabolism, pp. 211-249. [Stephanie DeVriese and Armand Christophe, editors] Champaign: AOCS Press.

Surai, K.P., Surai, P.F., Speake, B.K. and Sparks, N.H.C. (2004). Antioxidant-prooxidant balance in the intestine: Food for thought. 1. Antioxidants. *Current Topics in Neutraceutical Research* **2:** 27-46.

Weiss, G. (2002). Iron, infection and anemia-a classical triad. *Wien Klin Wochenschr.* **114:** 357-367.

Werling, D. and Jungi, T.W. (2003). TOLL-like receptors linking innate and adaptive immune response. *Veterinary Immunology and Immunopathology* **91:** 1-12.

Wong, W.Y., Thomas, C.M.G., Merkus, J. M.W, Zielhuis, G.A., and Steegers-Theunissen, R.P.M. (2000). Male factor subfertility: possible causes and the impact of nutritional factors. *Fertility and Sterility* **73:** 435-442.

Youn, H.D., Kim, E.J., Roe, J.H., Hah, Y.C. and Kang, S.O. (1996). A novel nickel-containing superoxide dismutase from *Streptomyces* spp. *Biochemical Journal* **318** (Pt 3): 889-896.

Yu, B.P. (1994). Cellular defences against damage from reactive oxygen species. *Physiological Reviews* **74:** 139-162.

Zelko, I.N., Mariani, T.J. and Folz, R.J. (2002). Superoxide dismutase multigene family: a comparison of the CuZn-SOD (SOD1), Mn-SOD (SOD2), and EC-SOD (SOD3) gene structures, evolution, and expression. *Free Radical Biology and Medicine* **33:** 337-349.

Capítulo **10**

Nuevos enfoques para mejorar la producción cárnica en aves: ¿Tienen los minerales orgánicos alguna influencia?

Kenneth I. Bruerton
Protea Park Nutrition Services, Qld. Australia

Introducción

A medida que transcurre el tiempo, cada vez se imponen más restricciones en la producción animal intensiva. En la actualidad el reto de los nutricionistas es mejorar la productividad. En el pasado nos concentrábamos en mejorar la eficiencia mediante el aumento del crecimiento y la disminución del consumo de pienso. Los nuevos productores han de mejorar la eficiencia pero también han de considerar otros factores tales como el impacto ambiental, la seguridad alimentaria, la resistencia a los antibióticos y las restricciones en el uso de ingredientes. Estos retos nos obligan a mirar hacia nuevas direcciones y a revisar y cuestionar los dogmas establecidos hasta ahora. Ese trabajo recoge algunas de las cuestiones que hay alrededor de la nutrición mineral en pollos y cómo se están modificando.

Situación práctica actual

Los nutricionistas tienen varios frentes abiertos en cuanto a la nutrición mineral en las dietas para pollos de engorde. Los experimentos a partir de los cuales se definieron las necesidades se realizaron hace varias décadas en pollos con potencial de crecimiento limitado en comparación con los pollos actuales (Leeson, 2003). Los niveles típicos de microminerales que se añaden a las dietas para pollos en Australia se muestran en la Tabla 1, siendo las principales fuentes las sales y los óxidos inorgánicos.

El principal motivo para suplementar las dietas con microminerales es prevenir deficiencias. Dado que los microminerales son baratos, la mayoría de los nutricionistas incluyen factores de seguridad sobre las necesidades mínimas (como

Tabla 1 Niveles medios de microminerales (ppm) utilizados en los piensos comerciales de pollos de engorde en Australia.

Dieta (ppm)	*Cinc*	*Manganeso*	*Cobre*	*Hierro*	*Yodo*	*Cobalto*	*Molibdeno*	*Selenio*
Inicio	600-100	80-100	10-150*	20-80	1-2	0,5	1-1,25	0,25-0,3
Acabado	40-60	70-90	5-10	20-80	1	0,4	1-2	0,2

*Algunos nutricionistas utilizan más de 150 ppm de cobre en inicio y 100 ppm en crecimiento, disminuyendo hasta 5-10 ppm en acabado y retirada. Los rangos de la tabla se obtuvieron a partir de premezclas de vitaminas y minerales comerciales utilizados en la industria de pollos de engorde en Australia.

las publicadas por el NRC (Tabla 2)) para hacer frente al estrés extra de las producciones intensivas. La tendencia de los nutricionistas comerciales a ignorar los niveles de microminerales de los macroingredientes de la dieta, tales como los granos o las harinas proteicas, probablemente ha sido incitada por las recomendaciones del NRC. Asimismo, Kratzer y Vohra's (1986) indicaron que la biodisponibilidad de los microminerales en los ingredientes naturales generalmente es baja. Aún es un punto a discutir si los niveles de suplementación comerciales estándar de microminerales inorgánicos permiten a los pollos modernos alcanzar su potencial genético.

Desafíos que hay que afrontar en la productividad de los pollos de engorde

A la hora de decidir los niveles nutricionales para la formulación de dietas para aves han de considerarse nuevos factores. Una de las limitaciones más importantes y de mayor envergadura es que los gobernantes han puesto limitaciones en la cantidad máxima excretada por los sistemas de producción avícolas. En un futuro próximo la cantidad de macro y microminerales excretada estará regulada en Europa, Japón y Estados Unidos. El reto actual es reducir la excreción de cinc, cobre, manganeso y hierro manteniendo la rentabilidad económica. Una opción es reducir los suplementos con minerales inorgánicos, pero como no se sabe con exactitud si la productividad se maximiza con las prácticas de suplementación actuales, una reducción podría no ser adecuada.

Tabla 2 Necesidades de microminerales en pollos de engorde (mg/kg) (según NRC, 1994).

Dieta (ppm)	*Cinc*	*Manganeso*	*Cobre*	*Hierro*	*Yodo*	*Cobalto*	*Molibdeno*	*Selenio*
Inicio	40	60	8	80	0,35	N/A	N/A	0,15
Acabado	40	60	8	80	0,35	N/A	N/A	0,15

Actualmente la diferencia entre los niveles que los nutricionistas consideran adecuados para las genéticas actuales y los mínimos recomendados por el NRC no es grande. De todas maneras, los nutricionistas han empezado a investigar la disponibilidad de los complejos microminerales orgánicos para solucionar este problema. La pregunta es qué mínimo hay que suministrar de minerales orgánicos sin que disminuya la productividad. Además, hay que enfatizar la contribución de los principales ingredientes de la dieta como son los granos y las harinas proteicas en microminerales con el objetivo de limitar el uso de minerales añadidos.

Otro aspecto es que puede haber un efecto benéfico al incrementar el suministro de complejos minerales orgánicos por encima de los niveles necesarios para prevenir deficiencias. Kidd y colaboradores (1993) observaron en reproductoras pesadas que el porcentaje de puesta y la incubabilidad eran equivalentes con una dieta maíz-soja que con una dieta suplementada con 40 ppm de cinc como óxido de cinc o cinc-metionina. La descendencia de las reproductoras que consumieron la dieta con cinc-metionina presentaron una mayor inmunocompetencia estimada a partir de la incidencia de hipersensibilidad basófila cutánea (HBC) en comparación con los pollos obtenidos de madres que consumieron la dieta basal o con óxido de cinc. No hubo efecto de la suplementación de la dieta con cinc sobre la incubabilidad, la fertilidad o la mortalidad embrionaria.

La pregunta se dirige a qué otras ventajas se pueden conseguir aumentando la suplementación con minerales orgánicos por encima de los niveles necesarios para prevenir deficiencias o mantener la productividad. Además, este aumento puede ser compatible con la necesidad de reducir la excreción.

Función de la dieta basal en las respuestas a la suplementación con minerales orgánicos

En Australia y Nueva Zelanda las dietas para aves normalmente contienen subproductos animales como las harinas de carne, huesos y sangre. Algunas de estas materias primas contienen niveles altos de hierro y además, la de harina de sangre contiene una cantidad relativamente alta de cinc (NRC, 1998). En contra, las harinas de proteína vegetal y los granos contienen niveles más bajos de microminerales y, por tanto, contribuyen menos a la ingesta total de estos minerales por parte de los animales. En la Tabla 3 se resumen las estimaciones realizadas a partir de los resultados publicados de los niveles de microminerales de las materias primas de uso común.

Los cálculos de los niveles de microminerales que normalmente contienen las dietas maíz-soja (con un 30% de harina de soja, 65% de maíz y 5% de aditivos) o basadas en trigo (con un 67% de trigo, un 8% de harina de carne y hueso, un 20% de soja y un 5% de aditivos) se muestran en la Tabla 4. Son dietas representativas de Asia y Australia/Nueva Zelanda, respectivamente.

Tabla 3 Rangos de contenido en microminerales (mg/kg) en materias primas de uso común (De Mol, 1992).

Materia prima	*Cinc*	*Manganeso*	*Cobre*	*Hierro*	*Yodo*	*Cobalto*
Maíz amarillo	10-25	3-9	2-4	25-40	0,05-0,3	0,02-0,1
Trigo blando	20-40	20-50	0,6-8	30-70	0,04-0,9	0,01-0,1
Harina de soja	50-61	27-80	15-36	120-250	0,09-0,5	0,08-0,3
Harina de carne y huesos	70-125	12-37	1,5-28	500-900	0,7-1,3	0,05-1,3
Harina de colza	55-70	40-73	5-7,2	80-380	0,6	0,1-0,23
Harina de pescado[1]	100-105	9-20	5-10	220-370	3	0,07-0,17
Gluten de maíz	30-40	3-8	7-26	120-280	0,02	0,05-0,1

[1] Anchoas.

Los datos de la Tabla 4 sugieren que las dietas que contienen exclusivamente proteína vegetal presentan menor contenido de cinc, manganeso y hierro que las dietas que contienen harina de carne y huesos aunque los extremos de sus rangos podrían solaparse. Por tanto, se podría especular que las respuestas serían mejores al suplementar con minerales orgánicos las dietas sin subproductos animales.

Tabla 4 Rango de posibles niveles de microminerales en dietas típicas de Asia y Australia/Nueva Zelanda, respectivamente.

ppm	*Cinc*	*Manganeso*	*Cobre*	*Hierro*	*Yodo*	*Cobalto*
Maíz-soja	22-35	10-30	6-13	46-101	0,06-0,3	0,04-0,2
Trigo/harina de carne y huesos	29-49	20-52	4-15	80-169	0,3-0,8	0,06-0,2

Tabla 5 Niveles de microminerales (mg/kg) en granos australianos.

Muestra	*Cobre*	*Hierro*	*Manganeso*	*Cinc*
Harina de soja (Estados Unidos)	19,5	140,4	45,4	81,6
Sorgo	2,3	29,2	11,7	14,3
Trigo	5,9	35,4	37,5	26,4
Cebada	7,8	42	12,2	26,5
Colza	6,9	158,7	65,4	64,7
Aislado de proteína de soja	14,05	125,2	7,1	41,9
Arroz blanco molido Amaroo	3,8	3,6	12,4	13,3
Arroz blanco largo partido Amaroo	3,7	5	12,9	12,9
Arroz marrón Amaroo	4,6	12,8	51,8	20,5
Arroz paddy Amaroo	14,1	49,2	129,1	19,6

Según Bao y Choct (2004).

Existen evidencias para algunas especies de que los minerales procedentes de las harinas proteicas animales podrían ser más biodisponibles que los de las fuentes vegetales. En un experimento realizado con humanos, una dieta equilibrada basada en proteínas procedentes de la soja que contenía 14 mg/kg de cinc resultó en un balance negativo de cinc mientras que una dieta que contenía 12 mg/kg de cinc con base en proteína animal resultó en un balance positivo (O'Dell, 1984).

En la Tabla 5 se muestran los valores analíticos de los microminerales contenidos en materias primas muestreadas en Australia (Bao y Choct, 2004, comunicación personal). Estos datos son compatibles con los valores publicados e indican que las dietas basadas únicamente en fuentes de proteína vegetal tienen un menor contenido de microminerales. Como modelo para testar la eficacia de la suplementación con microminerales orgánicos en pollos, se utilizó una dieta basada en arroz (65%) y un aislado de proteína de soja (30%) con niveles de hierro, manganeso y cinc (39,8, 10,1 y 21,2 mg/kg, respectivamente) inferiores a los recomendados por el NRC. El cobre sin embargo podría ser adecuado a dosis de 6,6 mg/kg. Está planeado utilizar estas mismas dietas para testar la respuesta de los pollos de engorde actuales a niveles graduales de suplementación con Bioplex cinc, hierro, manganeso y cobre.

Uno de los obstáculos con los que se enfrentan los nutricionistas interesados en utilizar fuentes de minerales orgánicas es la incertidumbre existente sobre la magnitud de la mejora de la biodisponibilidad que se consigue con estos compuestos. La literatura existente sobre este tema es abundante y una revisión no está dentro del objetivo de este trabajo. Es más práctico dar una estimación comercial sobre qué aspectos debería tener en cuenta el nutricionista a la hora de llevar a cabo un ensayo bajo condiciones comerciales o al probar una dieta. Las estimaciones de biodisponibilidad varían considerablemente. Algunas de las variaciones se deben a diferencias en la metodología y a la dieta basal utilizadas para su determinación y otras, en parte, a las diferencias de la calidad de las distintas fuentes de minerales orgánicos. Sin embargo, generalmente, las estimaciones de las ventajas que se obtienen al utilizar fuentes de minerales orgánicas en vez de inorgánicas son del orden del 25-30% (Tabla 6).

Una revisión de la literatura de la década pasada (Ammerman y col., 1998) recoge un resumen de la biodisponibilidad relativa de los microminerales esenciales (Figura 1).

Contribución de la composición de la dieta

La estructura de la dieta tiene un efecto primordial sobre los valores de la biodisponibilidad aparente. Fly y colaboradores (1987), citado en la revisión bibliográfica de Nelson (1988), sugirieron que el manganeso-metionina tiene una biodisponibilidad de en torno al 130% respecto a la del sulfato de manganeso en una dieta baja en fitatos. La biodisponibilidad relativa del manganeso-metionina aumenta hasta el 175% en una dieta rica en fitatos. Estos mismos resultados se han

Tabla 6 Resumen de los resultados de ensayos en los que se comparan diferentes fuentes de minerales.

Cobre	Proteinato de cobre: no hay información en aves. En dos ensayos llevados a cabo en ratas se observó que el proteinato de cobre fue más biodisponible que el cobre-lisina en un experimento y al contrario en el otro. Los trabajos en cerdos indican una mejor utilización de Bioplex cobre en comparación con el sulfato de cobre.
Yodo	No hay información de fuentes orgánicas excepto de dihidroyoduro diamono etileno (EDDI) que es equivalente en biodisponibilidad a las fuentes inorgánicas de yodo y el di-yodo-ácido salicílico (DIS) que es indisponible en vacas y disponible en ratas.
Hierro	Sulfatos (mono y hepta hidratos) se consideran 100% disponibles. No hay datos con proteinatos o con quelatos entre aminoácidos y hierro en aves. La disponibilidad publicada del hierro-fumarato es del 100%, del proteinato del 130% y del hierro-metionina del 185%.
Manganeso	Hay numerosos trabajos comparando la biodisponibilidad del manganeso-proteinato, el óxido de manganeso (MnO) y el sulfato de manganeso ($MnSO_4$) en pollos. Las estimaciones dan una disponibilidad del 100% al sulfato de manganeso, del 90% para óxido de manganeso y del 120% para Mn-proteinato en pollos con 21 días de edad. En este trabajo también se observó que el estrés térmico magnifica las diferencias entre fuentes a 100:82:145 para sulfato de manganeso, óxido de manganeso y manganeso-proteinato, respectivamente.
Cinc	Las estimaciones de la biodisponibilidad relativa de las fuentes inorgánicas varían al considerar que para el sulfato de cinc ($ZnSO_4$) es del 100%. Algunos experimentos estiman que el óxido de cinc (ZnO) presenta la misma biodisponibilidad que el sulfato de cinc pero en otros experimentos es inferior. La biodisponibilidad del cinc en las fuentes orgánicas estudiadas es variable y parece ser que esta variabilidad depende de la formulación de la dieta. Parece ser que hay poca consistencia en los datos de biodisponibilidad de las fuentes de cinc. Se ha observado en numerosos experimentos que los proteinatos son las fuentes de cinc más biodisponibles, mientras que en otros experimentos se ha observado que son menos biodisponibles que los quelatos del cinc con aminoácidos. Un experimento llevado a cabo en el Instituto PARC (PARC Inst, 1994) mostró que el propionato y el metionato de cinc fueron un 25% menos efectivos que el sulfato de cinc en el aumento de la concentración de cinc en la tibia de pollos.

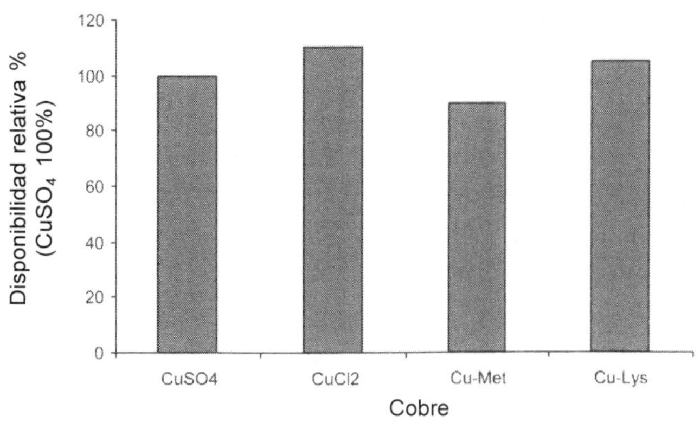

Figura 1 Biodisponibilidad relativa del cobre (Ammerman y col., 1998).

observado también para el cinc orgánico. Además, los minerales orgánicos pueden reducirse cuando se añaden fitasas a la dieta ya que los minerales clave están ligados a los fitatos.

¿Cuáles son las oportunidades para el éxito?

Se pueden encontrar numerosos ejemplos publicados de disminuciones satisfactorias de la excreción mineral cuando se utilizan fuentes minerales orgánicas en sustitución de sales inorgánicas. Burrell y colaboradores (2004) suministraron niveles crecientes de cinc en forma orgánica o inorgánica en dietas para pollos de engorde. Estos autores observaron que la excreción acumulada de cinc a partir de los 45 días de recibir la dieta experimental fue significativamente menor ($p = 0,02$) para la aves que consumieron la fuente de cinc orgánica. Estos investigadores también observaron que al aumentar los niveles de cinc por encima de los 80 mg/kg se mejoraba el ritmo de crecimiento aunque no se observaron diferencias significativas entre las fuentes de cinc. En este caso, la dieta basal contenía 28 mg/kg mientras que el nivel con el que se obtuvo el mayor ritmo de crecimiento (101 mg/kg determinado analíticamente) también estaba por encima de las recomendaciones del NRC de 40 mg/kg.

Resultados similares se han observado en cerdos utilizando complejos orgánicos de cobre. Smits y Henman (2000) observaron en machos enteros que la excreción de cobre en las heces era significativamente menor cuando los cerdos consumían dietas con 50 ppm de cobre en forma orgánica (Bioplex cobre, Alltech Inc.), mientras que no observaron diferencias significativas para el ritmo de crecimiento cuando los cerdos consumieron dietas con 160 mg/kg de cobre en forma de sulfato de cobre.

Resumen

Existen bastantes áreas sin conocer sobre las respuestas de los pollos de engorde a las dietas suplementadas con complejos de microminerales orgánicos. Algunas publicaciones anecdóticas y ensayos llevados a cabo en situaciones comerciales muestran un beneficio económico en pollos de engorde (Caskey, 1993, comunicación personal). Sin embargo, estos resultados no han sido publicados en revistas científicas. Es necesario testar las repuestas de los pollos a los complejos orgánicos de microminerales bajo condiciones experimentales siendo necesario incluir controles negativos y positivos que contengan minerales inorgánicos a los niveles comerciales de suplementación. En la actualidad tenemos evidencias suficientes acerca de que los minerales orgánicos reducirán la excreción mineral manteniendo una productividad adecuada. Sin embargo, el equilibrio y los niveles óptimos de estos minerales deben de ser determinados. Asimismo, es necesario conocer los niveles máximos de suplementación que tengan efectos metabólicos sobre la inmunidad, la reproducción y otros efectos fisiológicos. El conocimiento de los límites de suplementación y sus efectos sobre la producción debería conducir a una mejora económica en la producción de pollos de engorde.

Los ensayos que han comenzado recientemente en la Universidad de Nueva Inglaterra están intentando responder a algunas de estas cuestiones.

Referencias bibliográficas

Ammerman, C.B., Henry, P.R., and Miles, R.D. (1998). Supplemental organically bound mineral compounds in livestock nutrition. In *Recent Advances in Animal Nutrition.* Eds. Garnsworthy, P.C., and Wiseman, J. Nottingham University Press, Nottingham, England.

Bao, Y., and Choct, M. (2004). Comunicación personal.

Burrell, A.L., Dozier III, W.A., Davis, A.J., Compton, M.M, Freeman, M.E., Vendrell, P.F. and Ward, T.L. (2004). Responses of broilers to dietary Zn concentrations and sources in relation to environmental indications. *British Poultry Science* **45:** (2) 255-263.

Caskey, S. (1993). Comunicación personal.

De Mol, J. (1992). Raw Material Compendium. Novus Corporation, USA.

Fly, A.D., Izquierdo, O.A., Lowry, K.R. and Baker, D.H. (1987). Manganese (Mn) bioavailability in a Mn-methionine chelate. *Federal Proceeding.* **46:** 911.

PARC Inst (1994). Kemin Industries Asia Pte Ltd, Singarpore.

Kidd, M.T., Anthony, N.B., Newberry, L.A., and Lee, S.R. (1993). Effect of supplemental Zinc in either a corn-soybean or a milo and corn-soybean meal diet on the performance of young broiler breeder hens and their progeny. *Poultry Science* **72:** 1492-1499.

Kratzer, F.H. and Vohra, P. (1986). Chelates in Nutrition. Boca Raton Fla. CRC Press.

Leeson, S., 2003. A new look at trace mineral nutrition of poultry: Can we reduce the environmental burden of poultry manure. In: *Nutritional Biotechnology in the Feed and Food Industries.* 125-129. Lyons,T.P. and K.A. Jacques (Eds.), Nottingham University Press, Nottingham, England.

Nelson, J. (1988). Bioavailability of trace minerals, In profitable animal nutrition for the future, *American Feed Ingredients Association Nutrition Symposium Proceedings.,* Kansas City Mo, USA.

NRC, Nutrient Requirements of Poultry: Ninth revised edition (1994). National Academic Press, Washington, DC, USA.

NRC, Nutrient Requirements of Swine: Tenth revised edition (1998). National Academic Press, Washington, DC, USA.

O'Dell, B.L. (1984). Bioavailability of trace elements. *Nutrition Review* **42**(9): 301-308.

Smits, R.J. and Henman, D.J. (2000). In: *Nutritional Biotechnology in the Feed and Food Industries.* 293-300. Lyons, T.P. and K.A. Jacques (Eds), Nottingham University Press, Nottingham, England.

Capítulo 11

Huevos para pollitos: Producción óptima de la gallina

Sally E. Solomon

Profesor Investigador de la Escuela de Veterinaria de la Universidad de Glasgow, Bearsden, Glasgow G61 1 QH, Reino Unido

Introducción

La producción de huevos, tanto para el consumo directo como para incubar, depende en gran medida de una correcta ingestión y disponibilidad de minerales. Para comprender el impacto de la nutrición es esencial conocer el proceso de formación del huevo así como los procesos que determinan su calidad y su incubabilidad. El siguiente capítulo trata sobre los procesos involucrados en la producción de huevos y su incubabilidad y sobre los factores que determinan la calidad del huevo, teniendo en cuenta la influencia de determinados microminerales como el cinc y el manganeso sobre la producción de huevos.

Producción de huevos

Tratando de interpretar la primera parte del título de este capítulo de manera literal, los sucesos que tienen lugar desde el huevo hasta la eclosión del pollito son muy rutinarios: los huevos se recogen por las cintas transportadoras, se clasifican en una habitación a baja temperatura, se desinfectan y posteriormente se hace un chequeo microbiológico para detectar patógenos. Los huevos se transportan a la incubadora, se desinfectan y se pesan. Posteriormente, pasan por un proceso de precalentamiento antes de la desinfección final. Los huevos se «fijan» (por ej., incubado) y son examinados al «trasluz» para saber si son fértiles antes de ser transportados a la incubadora. Una vez que el huevo ha sido incubado, se sexan los pollos el mismo día de la eclosión y se transportan a la granja de producción.

Sin embargo, a la hora de desarrollar la parte del título que se refiere a la «producción óptima de la gallina» es pertinente considerar un producto de calidad superior donde la nutrición mineral de la ponedora puede impactar sobre la calidad del huevo y sobre el bienestar de la ponedora. También es importante considerar si las técnicas que se utilizan en la actualidad para determinar la calidad son lo suficientemente rigurosas. Asimismo, es interesante definir nuevos parámetros que puedan reflejar de una manera más precisa la mejora de la productividad. Dentro de la rutina de la preparación del huevo y de la incubación comentada anteriormente, la limpieza y el peso son los únicos criterios que podrían ser interpretados como medidas de control de calidad.

Formación del huevo

En el paso del ovario a la cloaca, el albumen viscoso, con sus proteínas estructurales y antibacterianas, rodea a la yema. Durante este proceso, la pareja de membranas de la cáscara, cada una de las cuales está formada por un núcleo proteico rodeado por un manto de carbohidratos, se envuelven a sí mismas alrededor de la clara del huevo dándole la forma característica al huevo. La superficie más profunda de la membrana adyacente al albumen es amorfa. Sin embargo, en la más superficial se producen modificaciones químicas en sitios específicos para estimular el proceso de nucleación.

La cáscara es un complejo multicapa de bioceramidas que comprende (desde su capa más profunda) una capa mamilar, una capa cónica, una capa en empalizada, una capa cristalina vertical y la cutícula. Las variaciones morfológicas que ocurren en la cáscara han sido el objetivo de numerosas publicaciones (Solomon, 1991; Bain, 1990) y han sido correlacionadas con la influencia de factores ambientales y dietéticos. Hasta la fecha, se han descrito 12 variaciones estructurales a nivel de la capa mamilar. En la última década ha aumentado el interés por conocer la matriz proteica, por ejemplo, el andamiaje dentro de la cáscara que facilita la respuesta elástica cuando los huevos son sometidos a una carga.

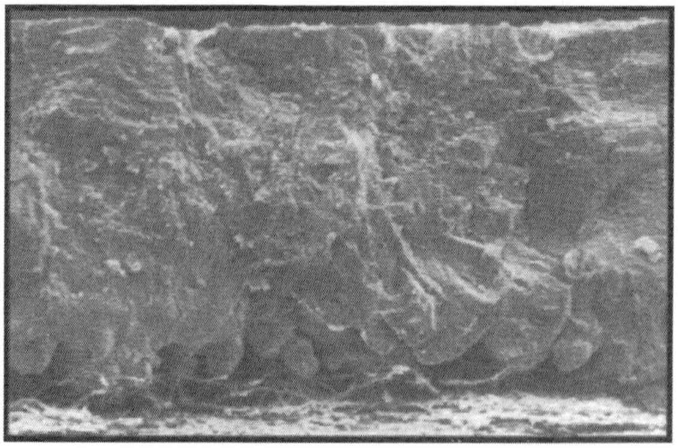

Figura 1 Sección representativa de la cáscara y de las membranas del huevo.

Matriz proteica de la cáscara

Cuando la cáscara del huevo se descalcifica, permanece una delicada membrana que a nivel ultraestructural tiene una apariencia fibrosa intercalada con numerosos agujeros vesiculares. La distribución de las vesículas varía con la profundidad de la cáscara y con la edad del ave, produciéndose modificaciones en la morfología de su compleja red proteica. Ésta es de origen oviducal con todas las regiones distales e incluye el magnum implicado en la síntesis de la fracción proteica.

Hasta la fecha se han aislado e identificado numerosos componentes proteicos incluyendo la ovocleidina-17, 23, 116, la ovocalixina-21, 25, 32, 36, la ovotransferrina, la ovoalbúmina, la osteopontina, la lisozima y la clusterina. Para ello se han utilizado varias técnicas cromatográficas incluyendo intercambios aniónicos y filtración en gel (Hincke y col., 2000). Muchas de estas proteínas son derivadas de la clara. Otras como la clusterina y la osteopontina son ubicuas, pero las ovocleidinas y las ovocalixinas son específicas de la glándula de la cáscara. Las funciones de estas proteínas son tan variadas como sus tipos. Por ejemplo, la lisozima proteica de la clara está implicada en la defensa bacteriana al igual que la proteína glandular específica de la cáscara ovocalixina-36. Otras afectan al proceso de mineralización y son responsables de los cambios en la dirección del crecimiento cristalino y, por tanto, de la uniformidad de la cáscara. Con tecnologías recientes, como la difusión de rayos X de ángulos pequeños (SAXS), se puede observar a nivel nanométrico el complejo de bioceramidas altamente ordenado. SAXS es una técnica de análisis capaz de suministrar información sobre el tamaño, la forma, la distribución y la porosidad interna de las nanoestructuras.

En un conjunto de experimentos llevados a cabo en la Universidad de Glasgow en 2002, se utilizaron medidas de calidad especializadas y no especializadas para aislar, a partir de un gran número de huevos, un grupo clasificado como de buena calidad. Utilizando la técnica de análisis SAXS y su complementaria (la técnica de análisis WAXS de difusión de rayos X de ángulos grandes) se han observado variaciones tanto en el tamaño del cristal como en la distribución angular. Hipotéticamente estas variaciones serían medidas de las nanoinclusiones dentro de los cristales como resultado de la incorporación de las proteínas de la matriz (Lammie y col., 2004). De esta manera, en el interior y entre los cristales cálcicos, las proteínas modulan la nucleación y el crecimiento del cristal y, por ello, influyen sobre la forma y la fuerza de la estructura final del huevo (Hincke y col., 1995).

El huevo para incubación y el huevo para consumo

El esfuerzo reproductivo que se necesita para la formación del huevo así como del compartimento embrionario es similar al que resulta en la formación de hue-

Figura 2 Fotografía microscópica de las uniones de membrana de la cáscara.

vos para consumo. Las diferencias estructurales reflejan los regímenes dietéticos de las reproductoras y las ponedoras y, de manera más significativa, el menor número de huevos producidos por las reproductoras. Dentro de la cáscara y a nivel ultraestructural, se manifiestan como una reducción de la incidencia de defectos en la cáscara particularmente a nivel de la capa mamilar.

Durante el proceso de desarrollo, el embrión utiliza nutrientes, suministrados por la yema y el albumen, incluyendo los microminerales. Junto con otros componentes del huevo, los microminerales son transferidos a través de la membrana perivitelina para ser incluidos en la yema. Esta membrana semipermeable consiste en una parte de *rodlets* proteínicos que se distribuyen de manera escalonada. Desde un punto de vista morfológico, esta organización da a la membrana un alto grado de integridad y fortaleza y sirve para restringir la migración de sustancias de la yema al exterior.

Antes de la eclosión, la cáscara se hace lo suficientemente fina como para permitir que el pollito la rompa y salga. Las membranas de la cáscara pierden continuidad con la cáscara «verdadera» y la capa mamilar y parte de la capa cónica se erosionan facilitando la eclosión. Si la unión entre las membranas de la cáscara y la cáscara no han sido establecidas correctamente debido a deformaciones de la capa mamilar, la disolución del complejo cálcico será obstaculizada. Por tanto, una cáscara bien estructurada es esencial no sólo para la incubación sino también para el crecimiento embrionario.

Selección de huevos para incubación y consumo

Los criterios de selección de los huevos son diferentes para incubación y para consumo. Los principales problemas asociados con la calidad del huevo son la presencia de excreta, malformaciones, fisuras y color y textura anómalos. El coste de producción de los huevos para incubar es alto, pero el proceso de selección es muy rudimentario siendo la limpieza y no presentar fisuras ni malformaciones groseras las principales medidas de calidad, no siendo así para los huevos para consumo cuyo destino es ser cocinados. Estos huevos se clasifican en función del peso y el tamaño, se seleccionan por color y textura y se rechazan teniendo en cuenta el grado de limpieza. Con el propósito de hacer el alojamiento de las aves más extensivo, el número de huevos sucios aumentará, lo que representará importantes pérdidas económicas para la industria avícola ya que en la Unión Europea no se lavan los huevos.

A pesar de los años invertidos en la mejora de la calidad de la cáscara, los huevos de segunda persisten y, en una escala global, suponen más del 8% cada año. Esto no es del todo inesperado ya que el huevo es el final de un proceso biológico que dura 24 horas en el cual la integración entre nutrición, condiciones ambientales y estado sanitario del ave, junto con la influencia de los antecedentes genéticos, se unen a la hora de formar la cámara embrionaria y su contenido. Los huevos con fisuras y malformaciones son causados por diferentes problemas. No hay dos huevos iguales y dentro de la cáscara ocurren cambios sutiles en la forma cristalina y en la estructura. Cuando estas variaciones dominan regiones tales como la capa mamilar, el riesgo de que aparezcan fisuras aumenta. En cuanto al tipo de proteína específica, estas anormalidades, debido a su localización, implican un desbalance o la ausencia de la proteína ovocleidina-17, la cual está concentrada en los cuerpos mamilares (Hincke y col., 1995).

Cuando el ave está bajo condiciones de estrés, la superficie epitelial que reviste el oviducto sufre deciliación irregular seguida de, en casos extremos, rotura celular. En estas condiciones, la síntesis y la transferencia de las proteínas de la matriz se verá perjudicada y aunque puede recuperarse, el proceso puede llevar más de 15 días (Watt, 1989). Durante este tiempo también se interrumpe la transferencia de calcio y los huevos producidos en este periodo se caracterizan por ser arrugados y con una cáscara muy fina.

Medidas de la calidad de la cáscara

Si la mejora de la productividad del ave significa estimular la producción de huevos de alta calidad, entonces la literatura dedicada a nutrición de aves es una fuente formidable de información. Sin embargo, dada la naturaleza básica de los test que se utilizan para medir la calidad, es pertinente cuestionar si algunos de los resultados son incompletos o incluso inválidos. Es necesario tener en cuenta las siguientes consideraciones: en una publicación titulada «Efecto de la suplementación con dos fuentes diferentes de fitasas sobre la los parámetros de producción de huevos y la digestibilidad de los nutrientes en ponedoras», Jalal y Scheideler (2001) no observaron diferencias significativas sobre la producción de huevos, el peso del huevo, la gravedad específica, etc. En una ponencia sobre contaminación de huevos de Águila Imperial Ibérica con organocloro y metales pesados, González e Hiraldo (1988) hicieron referencia a una disminución del 12,6% del espesor de la cáscara junto con una ligera disminución del grado de cristalización. Um y Paik (1999) en su artículo sobre la suplementación con fitasa microbiana observaron cambios en el peso del huevo, la gravedad específica o el espesor de la cáscara. Más recientemente, Renema (2003) utilizó el peso del huevo y de la cáscara para estudiar los efectos de la fuente de selenio sobre la calidad de la cáscara en reproductoras. De acuerdo con Bain (comunicación personal) los puntos clave para mejorar la calidad de la cáscara incluyen:

1. Eliminar las formas y los tamaños extremos.
2. Mejorar el espesor específico de la cáscara definido como la distancia entre los puntos de fusión de las columnas en empalizada y la capa más superficial de la cáscara. Los espacios entre las columnas en empalizada no contribuyen a una cáscara adecuada.
3. Mejorar la integridad ultraestructural de la cáscara.

La mayoría de los métodos comúnmente utilizados para la evaluación de la calidad de la cáscara típicamente incluyen: deformación, espesor de la cáscara, gravedad específica y peso de la cáscara. La deformación se refiere al menor valor de dureza de la cáscara y, por tanto, a una mayor fortaleza de la cáscara. Sin embargo, el problema es que la dureza y la fortaleza de la cáscara son dos propiedades diferentes que no siempre aparecen sincronizadas. En cuanto al espesor de la cáscara, sólo el espesor específico tiene una contribución significativa a la definición de calidad de la cáscara sometida a presión. Por tanto, es posible tener dos cáscaras con el mismo espesor total pero con diferente espesor específico. A partir de todos estos aspectos que definen una calidad adecuada, una cáscara con un mayor espesor específico será más resistente a la fractura. La gravedad específica da una medida indirecta del porcentaje de cáscara o del espesor de la cáscara pero un aumento del espesor total de cáscara no hace necesariamente una cáscara más fuerte. El peso de la cáscara no es un indicador de las propiedades funcionales o estructurales de la cáscara.

Medidas especiales de la calidad de la cáscara

La cáscara está formada por varias capas, pero no todas ellas contribuyen a su resistencia. Bain (1990) demostró mediante la eliminación secuencial de la cutícula, la capa cristalina vertical y la capa en empalizada que todas ellas tienen un papel significativo en los valores de dureza. Por el contrario, al eliminar la capa mamilar no se observó efecto alguno sobre la dureza de la cáscara. Utilizando el análisis de elementos finitos, Bain (1990) redefinió los valores para el módulo elástico del huevo. Al igual que el módulo de Young, describe la relación única existente entre la potencia y la tensión que se producen cuando se somete a la cáscara a cargas moderadas. El valor de la resistencia a la fractura da una relación cuantitativa entre la fuerza necesaria que hay aplicar para producir rotura y el tamaño de cualquier desperfecto que se pueda producir. La resistencia a la fractura puede utilizarse como indicador del grado de desperfecto dentro de una región específica y, con referencia al huevo, la capa mamilar suministra una fuente cuantificable de resultados. En 1998 Coucke creó y definió un nuevo parámetro de dureza de la cáscara del huevo denominado «rigidez dinámica». Además, Bain y colaboradores (2003) han observado que esta propiedad presenta algún grado de heredabilidad.

Nutrición mineral y formación del huevo

De acuerdo con Kidd (2003), las deficiencias de minerales en aves adultas pueden causar malformaciones embrionarias que conduzcan a la muerte. En su publicación de 1993, Kidd y colaboradores subrayaron el papel de los microminerales en la respuesta inmune. Se sabe que el óxido de cinc mejora la inmunidad humoral mientras que el quelato de cinc mejora la inmunidad celular, el manganeso aumenta la viabilidad y el selenio forma parte importante del sistema antioxidante en el huevo.

A continuación se comparan los resultados de dos ensayos diseñados para estudiar la cáscara de huevo con respecto a sus componentes orgánicos e inorgánicos. La capacidad para absorber y utilizar micronutrientes disminuye al aumentar la edad del ave y según el estado sanitario. Ha sido estudiado el papel de los minerales en el bienestar general del ave y en el desarrollo embrionario (Kidd, 2003). Sin embargo, la información existente sobre su implicación en los procesos de síntesis de la cáscara es escasa: Tanto el cinc como el manganeso actúan como cofactores en los sistemas enzimáticos del metabolismo del calcio, por ejemplo, como ocurre entre el cinc y la anhidrasa carbónica. Con respecto al manganeso, Abdallah y colaboradores (1994) observaron una disminución del peso de la cáscara cuando se eliminaba este mineral de la dieta. Dentro de la cáscara, las membranas contienen una gran variedad de microelementos como el manganeso (0,03773 mg/g), el cinc (0,07889 mg/g) y el selenio (0,00301 mg/g) (Solomon, datos sin publicar).

Se sabe que los fitatos se unen fuertemente a minerales inorgánicos, lo cual podría afectar particularmente a la disponibilidad de cinc y manganeso y, por ende, a la producción de huevos en ponedoras. Se diseñó un ensayo para comparar la fuente mineral, el nivel de inclusión de la fitasa y los efectos de la edad sobre la producción de huevos. La hipótesis fue que la adición de fitasa podría mejorar la biodisponibilidad de los minerales del ácido fítico y, en consecuencia, la calidad de la cáscara en comparación con una dieta control que contenía fosfato bicálcico. Se midieron la altura del albumen, el peso de la cáscara, el peso del huevo, la deformación, la resistencia a la rotura, el módulo elástico y el nivel ultra estructural.

Los resultados de este ensayo demostraron que las fitasas eran eficientes al 50% de la dosis recomendada para ponedoras. El módulo elástico disminuyó al aumentar la edad en todos los grupos. Sin embargo, la estructura de la cáscara sólo se vio deteriorada a nivel de la capa mamilar. La peor calidad de la cáscara se observó en los huevos procedentes de las gallinas que habían consumido la dieta con fitasa C al inicio de la prueba. Sin embargo, en el segundo periodo del ensayo se observó una significativa mejora y, de hecho, la calidad retomó su nivel original. No se observaron efectos de la fuente o el nivel de fitasa con respecto al peso de la cáscara o las unidades Haugh. Los huevos procedentes de las ponedoras que habían consumido la fuente de fitasa B sufrieron menos deformaciones en los primeros dos periodos de la prueba siendo significativamente más rígidos en dichos momentos.

A partir de estos resultados se pueden obtener numerosas conclusiones. Si el peso de la cáscara hubiera sido la única medida de calidad realizada se habría asumido que la fuente y el nivel son irrelevantes. Sin embargo, el resto de resultados indican que no es así. De manera directa o indirecta, las fitasas influyen sobre la matriz orgánica. De hecho, se produce una alteración del modelo de mineralización a determinado nivel de las capas basales de la cáscara. El efecto no fue ubicuo, por lo tanto, cabe destacar la importancia de cuidar las fuentes de aditivos de la dieta.

En un ensayo realizado por Tucker y colaboradores (2003) se estudiaron los beneficios de añadir un suplemento mineral a las dietas de ponedoras (Eggshell-49, Alltech Inc., Nicholasville, Estados Unidos). La prueba se desarrolló en dos lugares diferentes, uno de los cuales fue la Universidad de Glasgow. Se compararon dos dietas, una suplementada con fosfato bicálcico y otra con fosfato bicálcico y fitasa. Cada dieta se suministró como un control y también con la adición de ingredientes minerales para mejorar la calidad de la cáscara. Hubo seis réplicas por tratamiento con 10 ponedoras cada una monitorizadas durante 12 semanas de puesta. Se controlaron el consumo de pienso, el número de huevos, la conversión, el peso y la masa del huevo, el porcentaje de huevos rotos y sucios y el espesor y la densidad de la cáscara. Asimismo, se realizaron medidas especiales en la Universidad para obtener el índice de forma, la resistencia a la rotura, la rigidez, el espesor efectivo, el módulo elástico y la ultra estructura de la cáscara.

Los resultados de este ensayo mostraron que al suplementar la dieta con minerales orgánicos:

1. Disminuyó el porcentaje de huevos rotos.
2. Aumentó el espesor de la cáscara (incluyendo el espesor efectivo).
3. Aumentó la densidad de la cáscara.
4. Disminuyó el número total de anormalidades ultraestructurales (por ej., se observaron menos anormalidades en la capa mamilar).
5. Aumentó el módulo elástico.

En el contexto de este ensayo, la inclusión de minerales orgánicos dio como resultado en un aumento de cáscaras frágiles, lo que indica un cambio en la naturaleza y/o en la distribución de la matriz orgánica, pero probablemente no a nivel de la capa mamilar dado que dicha capa estructuralmente mostró un buen estado.

Importancia de la formulación de la dieta sobre la calidad del huevo

La formulación de piensos es una práctica muy sofisticada que está relacionada con el contexto de este capítulo por la cantidad de la información detallada que hay disponible sobre la estructura y la función de la cáscara. Por tanto ¿ayuda la dieta a optimizar la productividad del ave? Por supuesto que sí. Con un manejo adecuado y el suministro de una dieta que tenga en cuenta los cambios que tienen lugar durante la producción de huevos en el oviducto es de esperar que los resultados reproductivos sean satisfactorios. Pero la producción de baja calidad forma parte de la producción de huevos y sólo un exacto y completo seguimiento de su nivel puede ayudar a conseguir una solución.

Referencias bibliográficas

Abdallah, A.G., Harms, R.H., Wilson, H.R., El-Husseiny, O. (1994). Effect of removing trace minerals from the diet of hens laying eggs with heavy or light weight shell. *Poultry Science* **73**(2): 295-301.

Bain, M.M. (1990). *Eggshell strength: A mechanical/ ultrastructural evaluation.* PhD Thesis, University of Glasgow, Scotland.

Bain, M.M., Dunn, L.C., Edmond, A., Wilson, W., Joseph, N., Waddington, D., Solomon, S., De Ketelaere, B., De Baerdemaeker, J., and Preisinger, R. (2003). Marker assisted selection to improve shell quality: establishing the association between egg phenotypic traits and «candidate genes». *Proceedings of the WPSA Conference*, Ploufragan, France pp.126-131.

Coucke, P. (1998). *Assessment of some physical egg quality parameters based on vibration analysis.* PhD Thesis, Katholieke Universiteit Leuven, Belgium.

González, L.M., and Hiraldo, F. (1988). Organochlorine and heavy metal contamination in the eggs of the Spanish Imperial Eagle (Aquila (heliaca) adalberti) and accompanying changes in eggshell morphology and chemistry. *Environmental Pollution* **51**(4): 241-258.

Hincke, M.T., Gautron, J., Panheleux, M., García-Ruiz, J., McKee, M.D., Nys, Y. (2000). Identification and localisation of lysozyme as a component of eggshell membranes and eggshell matrix. *Matrix Biology* **19**(5): 443-453.

Hincke, M.T., Tsang, C.P., Courtney, M., Hill, V., Narbaitz, R. (1995). Purification and immunochemistry of a soluble matrix protein of the chicken ,eggshell (ovocleidin 17). *Calcified Tissue International* **56**(6): 578-583.

Jalal, M.A., and Scheideler, S.E. (2001). Effect of supplementation of two different sources of phytase on egg production parameters in laying hens and nutrient digestibility. *Poultry Science* **80**(10): 1463-1471.

Kidd, M.T. (2003). A treatise on chicken dam nutrition that impacts on progeny. *World's Poultry Science Journal* **59:** 475 - 494.

Kidd, M.T., Anthony, N.B., Newberry, L.A., and Lee, S.R. (1993). Effect of supplemental zinc in either a corn- soybean or a milo and corn-soybean meal diet on the performance of young broiler breeders and their progeny. *Poultry Science* **72:** 1492-1499.

Lammie, D., Solomon, S.E., Bain, M.M., and Wess, T.J. (2004). Microfocus small angle x-ray scattering study of the avian eggshell. *Proceedings of the XXI I World's Poultry Congress,* Istanbul.

Renema, R.A. (2003). Effects of dietary selenium source on egg production, fertility, hatchability and shell quality of broiler breeders. *Proceedings of the Annual Meeting of the Poultry Science Association* **82** (suppl. 1).

Solomon, S.E. (1991). *Egg and Eggshell Quality.* Manson Publishing Ltd. London.

Tucker, L.A., Kenyon, S., and Wilson, S. (2003). Benefits of organic minerals in commercial laying hen performance and egg quality. *Proceedings* of *the XVI European Symposium on the Quality of Poultry Meat,* Ploufragan, France.

Watt, J.M. (1989). *The effect of stress on the reproductive tract of the domestic fowl.* PhD Thesis, University of Glasgow, Scotland.

Um, J.S., and Paik, I.K. (1999). Effects of microbial phytase supplementation on egg production, eggshell quality and mineral retention of laying hens fed different levels of phosphorus. *Poultry Science* **78**(1): 75-79.

Capítulo 12

El papel de los péptidos en las rutas de absorción

K.E. Webb, Jr., E.A. Wong, Y-X. Pan, H. Chen, C.A. Poole, L. Van y J.E. Klang

Departamento de Zootecnia y Avicultura. Instituto Politécnico y Universidad Estatal de Virginia, Blacksburg, VA 24061-0306, Estados Unidos

Introducción

A lo largo de los últimos 15 años se han publicado trabajos, principalmente en el campo de la investigación biomédica, que están ayudando a definir la relevancia fisiológica de la absorción de los péptidos. Ya no estamos limitados simplemente a sugerir cómo tiene lugar la absorción de los péptidos; en la actualidad se conoce la existencia de algunas proteínas específicas responsables del transporte de los péptidos a través de las membranas. De hecho, se ha clonado el ARNm de algunas de estas proteínas y se están estudiando sus características estructurales y funcionales. A medida que ha aumentado el conocimiento sobre la absorción de los péptidos, también lo ha hecho el interés de los zootecnistas. A diferencia de la comunidad biomédica, el interés de los investigadores zootécnicos es determinar la composición de los nutrientes de la dieta que ha de ser absorbida para obtener el crecimiento, el desarrollo y la producción deseados en los animales. Por ello, es necesario conocer cómo se produce la absorción y cómo se regula el transporte de los péptidos en el tracto intestinal. Además, sería de interés conocer si los péptidos podrían tener algún papel como fuentes de aminoácidos para la síntesis de proteína en diferentes tejidos así como si pudieran estar involucrados en el control de estos procesos. Asimismo, es importante entender cómo se regula el transporte intestinal de los péptidos. Éstas y otras cuestiones serán tratadas a lo largo del siguiente capítulo.

Transporte de péptidos: Aspectos celulares y moleculares

La estructura de los transportadores de péptidos no se descubrió hasta mediados de la década de 1990. En 1994, dos equipos identificaron simultáneamente en conejos un transportador de oligopéptidos denominado PepT1 (Fei y col., 1994;

Boll y col., 1994). Este hallazgo fue el inicio de una nueva era en la investigación de los transportadores peptídicos. El tamaño del ADNc del PepT1 del conejo, que codifica una proteína formada por 707 residuos, es de 2,7 kb (Fei y col., 1994). La secuencia de aminoácidos indica que el PepT1 es una proteína de membrana que abarca 12 dominios. Dicha proteína tiene una unión hidrofílica entre los dominios 9 y 10 que la diferencia de los transportadores descubiertos con anterioridad. Según la información obtenida de la translación *in vitro*, esta unión es el objetivo de la N-glucosilación y se cree que constituye una porción extracelular de la proteína. Otras características que parecen estar presentes también en la proteína son la existencia de la proteína kinasa C (PKC) y la fosforilación dependiente del AMPc. Liang y colaboradores (1995) y Saito y colaboradores (1995) clonaron el PepT1 humano y de ratas, respectivamente. El tamaño del ADNc del PepT1 humano es de 2,2 kb con una franja que codifica una proteína de 708 residuos (Liang y col., 1995). El tamaño del ADNc del PepT1 en ratas es de 2,9 a 3,0 kb con una franja que codifica una proteína de 710 residuos (Saito y col., 1995; Miyamoto y col., 1996). Los resultados de los trabajos realizados con PepT1 indican que el transporte de péptidos es electrogénico y que es un cotransporte acoplado al protón H^+. Además, dicho transporte es independiente de las características físico-químicas del péptido (como por ejemplo el tamaño o la carga; Daniel y col., 1996; Wenzel y col., 1996).

Características funcionales de un transportador de péptidos

Matthews y Webb (1995) observaron que la absorción de la Met-Gly y la carnosina (β-Ala-His) tiene lugar en el epitelio del rumen y el omaso. Con las concentraciones de sustrato testadas parece que en principio la absorción no necesita intermediarios. Asimismo, parece ser que el epitelio del omaso presenta una mayor capacidad de absorción y translocación de los péptidos que el epitelio ruminal. En un trabajo posterior, Matthews y colaboradores (1996b) observaron que los ovocitos de *Xenopus laevis* que se inyectaron con ARN poli$(A)^+$ extraído del epitelio del omaso absorbieron más Gly-Sar que los inyectados con agua. Esta expresión del transporte peptídico fue independiente del Na^+ pero dependiente del pH.

Para determinar las características estructurales de los péptidos que podrían influir sobre la afinidad por el transportador, Pan y colaboradores (1997) inyectaron ovocitos de *Xenopus laevis* con ARN poli$(A)^+$ de epitelio de omaso ovino para estudiar la absorción de varios péptidos a pH 5,5. Los ovocitos inyectados con ARN poli$(A)^+$ transportaron dipéptidos (Gly-Sar, Gly-Leu, Gly-Pro, Phe-Leu y Leu-Leu), tripéptidos (Leu-Ser-Phe, Leu-Gly-Phe, Lys-Tyr-Lys, Ala-Pro-Gly, Met-Leu-Phe y Leu-Leu-Tyr) y tetrapéptidos (Met-Gly-Met-Met, Val-Gly-Asp-Glu, Ala-Gly-Ser-Glu y Val-Gly-Ser-Glu). Sin embargo, no transportaron a los tetrapéptidos Pro-Phe-Gly-Lys y Val-Ala-Ala-Phe. Asimismo, dos penta, un hexa, un hepta y un octapéptido de los examinados no se absorbieron.

Pan y colaboradores (2001) inyectaron ovocitos de *Xenopus laevis* con ARNc de un transportador de péptidos de ovino, oPepT1. La absorción de péptidos por los ovocitos dependió de la concentración, de la electrogénesis y el pH pero fue independiente de la concentración de Na^+, Cl^- y Ca^{2+}. El pH exterior se modificó mediante la inmersión de los ovocitos en soluciones tampón con pH entre 5,0 y 7,0. La mayor absorción de Glu-Glu y Met-Met fue a pH 5,0; la de Gly-Sar a pH de 5,0 a 6,0 y la de Lys-Lys a pH 7,0. Estos resultados coinciden con los publicados previamente por Fei y colaboradores (1994) que indicaban que tanto el gradiente de H^+ dirigido hacia el interior como la carga del péptido influyen sobre el transporte. El oPepT1 presenta en su exterior un sustrato específico para el transporte de di- y tripéptidos neutros y con carga. Todos los di- y tripéptidos estudiados generaron corrientes hacia el interior en un medio saturable con una constante de afinidad (K_t) de 27 µmol/L a 3,0 mmol/L (Tabla 1). Sin embargo, no se observó respuesta alguna para los tetrapéptidos ni para los aminoácidos libres. El análisis Northern blot demostró que el oPepT1 se expresa en intestino delgado, omaso y rumen pero no en hígado y riñones.

Para estudiar la cinética del transporte peptídico del oPepT1 cuando se expresa en células de mamíferos, Chen y colaboradores (2002a) transfirieron células del ovario de hámster chino con un vector de expresión que contenía nuestro ADNc oPepT1 clonado. El transporte se determinó mediante estudios de absorción utilizando el dipéptido radioactivo [^{3}H]-Gly-Sar. La expresión del oPepT1 se detectó de 8 a 24 horas tras la transferencia con un tiempo óptimo de 16 a 24 horas. La absorción de Gly-Sar por el oPepT1 dependió del pH (óptimo de 5,5 a 6,0), de la concentración y de la saturación con un valor de K_t aparente de 1,0 ± 0,1 mmol/L y una velocidad máxima de 14,3 ± 0,4 nmol·mg de proteína^{-1} 40 minutos^{-1}. Los trabajos de competencia entre péptidos no radioactivos y [^{3}H]-Gly-Sar mostraron que todos los di- y tripéptidos inhibían la absorción del [^{3}H]-Gly-Sar (Tabla 1). Además, tres tetrapéptidos (Met-Gly-Met-Met, Pro-Phe-Gly-Lys y Val-Gly-Ser-Glu) también inhibieron la absorción del [^{3}H]-Gly-Sar. Sin embargo, no se detectó la inhibición de la absorción de [^{3}H]-Gly-Sar en presencia de aminoácidos libres no radiactivos. El tratamiento de las células con estaurosporina, un inhibidor de la PKC, aumentó significativamente el sistema de transporte. Este aumento fue específico y podría bloquearse si el tratamiento se hiciera en presencia de forbol 12-miristato-13-acetato (FMA) que es un activador de la PKC. El co-tratamiento con cicloheximida, que es un inhibidor de la síntesis de proteína celular, no influyó sobre los cambios inducidos por la estaurosporina y la FMA en la actividad del transporte peptídico. Estos resultados demostraron que el transporte de péptidos por el oPepT1 en células de mamíferos transferidas es similar al que ocurre cuando se hacen microinyecciones con ovocitos de *Xenopus*. Asimismo, estos resultados demostraron que la fosforilación de la PKC desempeña un papel regulador en la función del oPepT1.

Chen y colaboradores (2002b) aislaron el ADNc del transportador de un péptido del duodeno de pollos de engorde para estudiar la absorción de los péptidos. El ADNc tuvo una longitud de 2.914-bp y codificó una proteína con 714 residuos aminoacídicos con un peso molecular estimado de 79,3 kDa y un punto isoeléctrico (pI) de 7,48. La proteína cPepT1 es idéntica aproximadamente en un 60% al

Tabla 1 Cinéticas del transporte de péptidos en ovocitos de *Xenopus* y células del ovario de hámster con expresión de cPepT1 o oPepT1.

Sustrato	*cPepT1*			*oPepT1*		
	IC_{50}, (mmol/L)[1,4]	*K_t, (mmol/L)*[1,5]	*$I_{máx}$, (nA)*[1,5]	*IC_{50}, (mmol/L)*[2,4]	*K_t, (mmol/L)*[3,5]	*$I_{máx}$, (nA)*[3,5]
Dipéptido						
Glu-Glu	—	—	—	—	0,03	51
Gly-Met	0,07	0,10	126	—		
Gly-Sar	—	0,47	206	—	0,61	50
Leu-Val	—	—	—	—	0,16	39
Val-Leu	—	—	—	—	0,14	38
Leu-Trp	0,02	0,06	110	—	—	—
Lys-Lys	7,9	6,3	183	739,8	0,07	33
Lys-Met	0,11	0,16	304	50,6	—	—
Lys-Phe	0,11	0,15	70	23,9	—	—
Lys-Trp	—	0,03	61	—	—	—
Met-Glu	0,02	0,06	94	36,6	0,05	43
Met-Gly	0,27	0,08	166	15,6	0,18	44
Met-Leu	0,04	0,13	271	20,6	0,07	37
Met-Lys	0,07	0,17	160	123,0	0,45	33
Met-Met	0,02	0,08	113	24,0	0,03	41
Trp-Ala	0,04	0,07	119	—	—	—
Trp-Gly	0,06	0,06	88	—	—	—
Trp-Phe	0,02	0,03	62	—	—	—
Trp-Leu	0,02	0,12	64	—	—	—
Tripéptido						
Leu-Gly-Gly	0,08	0,25	179	126,7	0,65	42
Leu-Ser-Phe	—	—	—	70,7	—	—
Lys-Trp-Lys	5,9	6,9	124	3.732	3,02	38
Lys-Tyr-Lys	—	—	—	2.028	—	—
Met-Leu-Phe	0,04	0,55	331	13,6	0,15	48
Thr-Ser-Lys	—	—	—	3.012	0,68	33
Tetrapéptido						
Met-Gly-Met-Met	3,9	SR	SR	—	SR	SR
Pro-Phe-Gly-Lys	4,3	SR	SR	—	SR	SR
Val-Gly-Ser-Glu	27	SR	SR	—	SR	SR
Val-Gly-Asp-Glu	—	SR	SR	—	SR	SR

SR: sin respuesta.

[1] Chen y colaboradores, 2002b.

[2] Chen y colaboradores, 2002a.

[3] Pan y colaboradores, 2001.

[4] Se llevaron a cabo estudios de inhibición en células de ovario de hámster chino con expresión del cPepT1 o oPepT1 utilizando 20 mmol/L de [^{3}H]-Gly-Sar (50 mCi/mmol) como sustrato radioactivo y cinco concentraciones (de 0,001 a 10 mmol/L) de péptidos como inhibidores para calcular la concentración al 50% de inhibición (IC_{50}).

[5] Se utilizó la técnica de fijación de voltaje con dos electrodos para caracterizar la actividad del transporte de péptidos en ovocitos inyectados con cPepT1 o ARNc oPepT1. Se trataron los ovocitos con varias concentraciones de sustrato y se midió la corriente interior inducida para calcular K_t e $I_{máx}$.

PepT1 de conejos, humanos, ratones, ratas y ovejas. Se utilizaron dieciséis dipéptidos, tres tripéptidos y cuatro tetrapéptidos que contenían los aminoácidos esenciales Met, Lys y (o) Trp para el análisis funcional del cPepT1 en ovocitos de *Xenopus* y en células del ovario de hámster. Las afinidades del sustrato estuvieron en el rango micromolar para la mayoría de los di y tripéptidos testados lo que indica que el cPepT1 presenta una elevada afinidad por dichos péptidos (Tabla 1). Lys-Lys y Lys-Trp-Lys fueron excepciones con afinidades por el sustrato en el rango milimolar. El cPepT1 no transportó ni aminoácidos libres ni tetrapéptidos. El análisis Nothern blot utilizando toda la longitud de ADNc cPepT1 como sonda demostró que el ARNm cPepT1 se expresa principalmente en duodeno, yeyuno e íleon y, en menor nivel, en riñones y ciego. Este trabajo demostró por primera vez la presencia y las características funcionales de un sistema de transporte peptídico en una especie aviar.

Van y colaboradores (2005) aislaron un clon de ADNc que codificaba para un transportador de péptidos del intestino delgado en pavos, tPepT1, tomando como sonda nuestro ADNc PepT1 de pollo (cPepT1). El ADNc tPepT1 mide 2.921 bp y codifica una proteína de 79,4 kDa con 714 aminoácidos y 12 dominios transmembrana. El punto isoélectrico (pI) del tPepT1 es 5,9; es decir, muy inferior al del PepT1 clonado del pollo (pI = 7,5) y de otras especies. La secuencia de aminoácidos del tPepT1 es idéntica en un 94,3% a la del cPepT1 y, aproximadamente, en un 60% al del PepT1 de ratas, ovejas, conejos y humanos. Utilizando la técnica de fijación de voltaje con dos electrodos en ovocitos de *Xenopus* con expresión del tPepT1, se observó que el transporte de Gly-Sar dependía del pH pero no del Na^+ y el K^+. Para los dipéptidos Gly-Sar y Met-Met, la corriente interior inducida indicó que el transportador era saturable y que presentaba una alta afinidad por estos sustratos. Sin embargo, el transporte del tetrapéptido Met-Gly-Met-Met mostró una posible inhibición del sustrato.

Klang y colaboradores (2005) identificaron ADNc PepT1 porcino (pPepT1) que codifica una proteína de 708 aminoácidos a partir del estudio de la biblioteca de ADN intestinal de porcino con ADNc oPepT1 como sonda. Para el análisis funcional, pPepT1 se expresó en células ováricas de hámster. El transportador mostró una absorción óptima a pH de 5,5 a 6,0. Se encontraron dieciocho di y tripéptidos no radioactivos diferentes que inhibían la absorción de [^{3}H]-Gly-Sar en trabajos de competencia. El IC_{50} de 13 de los dipéptidos y dos tripéptidos estuvo comprendido entre 0,015 y 0,53 mmol/L. Lys-Lys, Arg-Lys y Lys-Trp-Lys presentaron los mejores valores de IC_{50} (1,37 mmol/L) lo que indica que son sustratos pobres para el pPepT1. Los tres tetrapéptidos estudiados mostraron valores muy altos de IC_{50} y la inhibición de la absorción de Gly-Sar fue demasiado pequeña como para ser medida incluso a una concentración de 10 mM.

Mientras que nuestros resultados iniciales con ovejas indicaban que la absorción podría ser un proceso sin intermediarios, es obvio que un mecanismo de mediación está presente en el transporte de péptidos en el estómago de los rumiantes en forma de oPepT1. Como se discutió anteriormente, hemos mostrado que el oPepT1 puede transportar una amplia variedad de péptidos. Por tanto, es de esperar que cuando varios péptidos estén presentes compitan entre sí por el transporte vía oPepT1. McCollum y Webb (1998) colectaron en cámaras parabióticas epitelio del omaso de ovejas para medir la absorción de Gly-Sar en presencia de otros péptidos. Para nuestra sorpresa, la coincubación de altos niveles de sustratos pépticos potencialmente competitivos con Gly-Sar resultó en una estimulación, y no en una depresión, de la absorción de Gly-Sar. A pesar de que nuestros resultados previos claramente indicaban que el ARNm oPepT1 está presente en el epitelio del omaso, estos resultados no fueron consistentes con el transporte con intermediarios siendo el único mecanismo involucrado en el transporte de péptidos a través del epitelio del omaso. Madara y Pappenheimer (1987) estudiaron el transporte paracelular a través del epitelio intestinal y mostraron que un requisito indispensable para que se lleve a cabo este proceso es que la absorción del sustrato sea mediada (por ej., péptidos vía oPepT1). Puede ser que el transporte paracelular sea el responsable de que parezca que la absorción de péptidos en los tejidos epiteliales en cámaras parabióticas se produce sin intermediarios (Matthews y Webb, 1995).

A partir de las evidencias que se van acumulando, parece razonable sugerir que en el transporte de péptidos a través del epitelio gastrointestinal podrían estar involucrados numerosos mecanismos. La validación de la presencia y la clarificación de la importancia relativa de cada uno de estos mecanismos aumentarán nuestro conocimiento sobre la absorción de péptidos contribuyendo al estado nutricional general del animal.

Estequiometría y dependencia protónica de los transportadores de péptidos

La actividad de los transportadores de péptidos depende de la presencia de protones. Con un pH luminal de 7,4, la velocidad de transporte de los dipéptidos con una carga neta de –1 (Phe-Glu) y +1 (Phe-Lys) fue sustancialmente inferior que la de los dipéptidos neutros, Phe-Ala y Phe-Gln aislados de yeyuno de rata (Lister y col., 1997). A pH 6,8, el transporte de Phe-Ala y Phe-Gln aumentó en un 61% y un 49%, respectivamente. El pH más bajo aumentó la velocidad de transporte en un 306% para el Phe-Glu negativamente cargado y la disminuyó en un 46% para el Phe-Lys positivamente cargado. El aumento del pH luminal a 8,0 inhibió el transporte de Phe-Ala en un 60% mientras que el transporte de Phe-Lys aumentó en un 60%. Estos resultados demuestran que el transporte de péptidos neutros y negativamente cargados está relacionado con el cotransporte de protones mientras que no lo está con los péptidos cargados positivamente. Brandsch y colaboradores (1997) estudiaron el efecto de los protones sobre la afinidad y la $V_{máx}$ de absorción de Gly-Sar por células Caco-2 a un pH exterior de hasta 6,0 ó 7,0. La $V_{máx}$ fue mucho mayor (13,7 *vs.* 5,8 nmol × 10 min^{-1} mg^{-1} proteína) a pH 6,0. Sin embargo, el pH no influyó sobre la afinidad del transportador por el sustrato.

La estequiometría del transporte de péptidos es variable y depende de la carga neta del sustrato. Temple y colaboradores (1995) observaron que el ratio de parejas protón-péptido era de 2:1, 1:1 y 0:1 para dipéptidos aniónicos (Phe-Glu), neutros (Phe-Ala) y catiónicos (Phe-Lys), respectivamente. Steel y colaboradores (1997) expresaron el PepT1 en ovocitos de *Xenopus* y observaron un ratio de parejas protón-péptido de 1:1, 2:1 y 1:1 para dipéptidos neutros, ácidos y básicos, respectivamente. Los resultados también indicaron que a un pH de 5,5 a 6,0, PepT1 mostraba preferencia por sustratos neutros y ácidos. Sin embargo, Temple y colaboradores (1998) encontraron que el transporte de los péptidos catiónicos (Gly-Lys) dependía del pH con un ratio de parejas 1:1. Estos resultados sugieren que el transportador de péptidos prefiere sustratos neutros en comparación con péptidos cargados bajo condiciones de pH fisiológico.

Mackenzie y colaboradores (1996) sugirieron que la unión y la disociación de iones cerca de la superficie extracelular del PepT1 dan lugar a un último estado prefijado que genera un cambio de conformación conduciendo a una translocación del transportador vacío cargado. Sin embargo, los resultados de Nussberger y colaboradores (1997) indicaron una simetría de la unión del H^+ en respuesta a la acidificación tanto intra como extracelular lo cual sugirió que el PepT1 tiene sólo un protón ligado al que se puede acceder desde cualquier punto de la membrana.

Especificidad de los transportadores de péptidos por el sustrato

Los trabajos sobre transporte han demostrado que los transportadores de péptidos clonados son capaces de transportar un amplio rango de di, tripéptidos y peptidomiméticos. Amasheh y colaboradores (1997) estudiaron en conejos la especificidad del sustrato del PepT1 inyectando ARNc PepT1 de conejo en ovocitos de *Xenopus*. A todos los pH estudiados (8,0, 7,4, 6,5 ó 5,5), Gly-Gln (zwitteriónico) inhibió fuertemente la absorción de [^{3}H]-Phe-Ala. A pH 7,4 o inferior, Gly-Asp (aniónico) inhibió la absorción de [^{3}H]-Phe-Ala. Sólo cuando el pH fue de 6,5 o superior, Gly-Lys (catiónico) inhibió la absorción.

Los resultados del estudio del transporte de cefixima aniónica y cefadroxil zwitteriónico en ovocitos de *Xenopus* con expresión del PepT1 del conejo y en células Caco-2 han sido publicados por Wenzel y colaboradores (1996). Tanto en los ovocitos como en las células Caco-2, el cefadroxil zwitteriónico fue transportado a mayor velocidad a pH igual o superior a 6,0. La cefixima aniónica se absorbió más eficazmente a pH igual o inferior a 6,0 (Wenzel y col., 1996). Los autores calcularon el porcentaje de las formas cargadas o zwitteriónicas de los sustratos a cada pH. Por ejemplo, la proporción relativa de la forma neutra de cefixime aumentó según disminuyó el pH por debajo de 6,0.

Ganapathy y colaboradores (1997) utilizaron como sustratos cefalosporinas peptidomiméticas aniónicas (cefixima, ceftibutén y cefdinir) para estudiar las interacciones del sustrato con el PepT1 en células Caco-2. A pH 6,0, el cefixime y el ceftibutén son dianiónicos mientras que el cefdinir es monoaniónico. Las cefalosporinas inhibieron la absorción de [^{14}C]-Gly-Sar. La inhibición fue mayor para el ceftibutén que por el cefdinir presentando la cefixima un valor intermedio.

Cuando el PepT1 se expresó en las células Hela se obtuvieron los mismos resultados. En un trabajo posterior, se inyectaron ovocitos de *Xenopus laevis* con ARNm PepT1. Los ovocitos que se incubaron con el ceftibutén cargado negativamente a pH 7,5 mostraron una pequeña corriente exterior. A pH 6,0, la adición de ceftibutén (dianiónico) a la solución tampón generó una corriente interna importante.

Los resultados de estos trabajos sugieren que, bajo condiciones fisiológicas, la afinidad del PepT1 es mayor por los sustratos zwitteriónicos o aniónicos que por los catiónicos.

Necesidades estructurales para que el PepT1 reconozca el sustrato

Terada y colaboradores (2000) midieron la inhibición de la absorción de Gly-Sar radioactivo en presencia de varios di- y tripéptidos con algunos sustratos no peptídicos con el objetivo de estudiar el papel funcional que desempeña el grupo de α-aminoácidos de los sustratos sobre la afinidad del PepT1. En las células LLC-rPepT1, la absorción de Gly-Sar fue en gran parte inhibida por la di- y la triglicina pero no por la Gly o por la tetraglicina. La mayoría de los dipéptidos cíclicos testados, los cuales carecían de grupos amino y carboxilos libres, no inhibieron la absorción de Gly-Sar. Estos resultados respaldan la hipótesis de que los aminoácidos y (o) los grupos carboxilos libres juegan un papel importante sobre la interacción del sustrato con los transportadores peptídicos (Döring y col., 1998a,b; Ganapathy y col., 1998; Sawada y col., 1999).

Terada y colaboradores (2000) realizaron estudios de inhibición en células PepT1 transferidas utilizando varios di- y tripéptidos. Los dipéptidos con un grupo α-aminoácido modificado, como el N-metil-glicilglicina y el N-formil-metionil-alanina, mostraron mucha menos afinidad por el PepT1 que sus homólogos originales (Gly-Gly por N-metil-glicilglicina y Met-Ala por N-formil-metionilalanina).

Chen y colaboradores (2000) llevaron a cabo un trabajo basado en la mitad N-terminal del PepT1. Se generaron mutaciones de PepT1 de conejo a partir de residuos de histidina a aminoácidos en las posiciones 57 (H57), 111 (H111) y 121 (H121) que se cree que están en los segmentos transmembrana al igual que los residuos de tirosina (Y56 e Y64) adyacentes al H57. La mutación H57 mostró una escasa actividad de transporte. Las mutaciones Y56 e Y64 de tirosinas a fenilalaninas causaron una ligera disminución en la actividad de transporte mientras que las mutaciones de estos residuos de tirosina en alaninas resultaron en una actividad de transporte tan escasa que no se pudo medir. La comparación de las funciones de PepT1 originales y mutadas reveló que no sólo el H57 sino también los residuos aromáticos próximos a él fueron esenciales para la actividad normal del PepT1. Los resultados del trabajo de Fei y colaboradores (1997) respaldan el concepto de que la histidina interviene en los enlaces con H^+ y que estar flanqueado por residuos aromáticos estabiliza la carga en los H^+ cuando interaccionan con la histidina. Las mutaciones de H111 no causaron cambios sustanciales. Sin embargo, la mutación a H121 (H121R, histidina a arginina) disminuyó la afinidad de los sustratos por Gly-Leu, Gly-Glu y Gly-Lys en 5, 22 y 13 veces, respectivamente. La afinidad de la mutación H121C (histidina a cisteína) disminuyó 1,5, 7 y 4 veces por Gly-Leu, Gly-Glu y Gly-Lys, respectivamente. El Gly-Glu negativamente cargado necesita protonación para ser transportado. Por tanto, los resultados anteriores sugieren que el H121 interviene en la protonación de los sustratos acídicos. La disminución de la afinidad en 13 veces por Gly-Lys en la mutación H121R se debió probablemente a la repulsión electroestática entre R121 y Gly-Lys. Cuando se sustituyó el H121 por el residuo neutro de la cisteína (H121C), el cambio de la afinidad por Gly-Lys pareció ser menos dramático. Considerándoles conjuntamente, H57 y H121 están estrechamente asociados con el acoplamiento de H^+ y el reconocimiento de sustratos transportables, respectivamente.

En conclusión, los resultados de estos trabajos indican que los grupos amino y (o) carboxilos libres de los sustratos juegan un papel importante sobre la interacción del sustrato con los transportadores pépticos. La posición α o β del grupo amino carbonilo podría ser la clave en la determinación de la afinidad por el PepT1. Asimismo, el lugar de unión del H^+ con el PepT1 se localiza en la mitad N-terminal de los transportadores y está asociada con los residuos de histidina en las posiciones de los aminoácidos 57 y 121.

Distribución tisular del PepT1

El PepT1 se expresa principalmente en el intestino delgado y es responsable de la absorción intestinal de los productos de la digestión proteica (Miyamoto y col., 1996). Además de su presencia en el tracto digestivo, se han observado niveles traza de ARNm PepT1 en riñones de conejos, ratas y humanos; hígado de conejos y humanos; cerebro de conejos y placenta y páncreas de humanos (Fei y col., 1994; Liang y col., 1995; Saito y col., 1995; Meredith y Boyd, 2000). En el hígado de rata, el ARNm PepT1 se expresó en las regiones próximas a los túbulos (Meredith y Boyd, 2000). El papel del PepT1 en la reabsorción de los péptidos en el nefrón parece tener una baja afinidad y una alta capacidad transportadora. Además, su actividad es necesaria para la absorción de la mayoría de péptidos del ultrafiltrado.

Aunque se sabe que la capacidad de absorción de péptidos pequeños es mayor en el intestino delgado proximal que en el intestino delgado distal (Ganapathy y col., 1994), la distribución del ARNm PepT1 a lo largo del intestino delgado varía con la especie. La distribución del ARNm PepT1 se ha observado a lo largo del eje longitudinal del intestino delgado de ratas y ratones (Erickson y col., 1995; Miyamoto y col., 1996). En conejos y cerdos, la abundancia de ARNm PepT1 fue mayor en duodeno y yeyuno que en íleon (Fei y col., 1994; Chen y col., 1999). En ponedoras White Leghorn y pollos de engorde, la mayor hibridación se observó en el duodeno mientras que el yeyuno y el íleon mostraron sólo bandas débiles, mientras que en ovejas y vacas Holstein en lactación la abundancia del PepT1 fue observada principalmente en yeyuno e íleon (Chen y col., 1999).

En monogástricos sólo se ha detectado ARNm PepT1 en el intestino delgado. Sin embargo, en rumiantes, como las ovejas y las vacas, el ARNm PepT1 también se ha observado en omaso y rumen aunque la expresión fue menor en comparación con la del intestino delgado (Chen y col., 1999). Los resultados confirman la capacidad de las células epiteliales del omaso y el rumen para transportar péptidos lo cual había sido demostrado previamente (Mattews y Webb, 1995; Mathews y col., 1996b). Sin embargo, no se ha observado expresión del péptido PepT1 en colon, ciego, músculo esquelético, corazón, bazo, riñones o glándula mamaria de ninguno de estos animales (Fei y col., 1994; Chen y col., 1999; Meredith y Boyd, 2000).

El PepT1 se localiza únicamente en la membrana plasmática apical de las microvellosidades de las células epiteliales de absorción del intestino delgado (Ogihara y col., 1999). El ARNm PepT1 se observa en la unión entre la vellosidad y la cripta y alcanza un máximo de 100 a 200 µm a partir de dicho punto (Meredith y Boyd, 2000). La inmunolocalización del PepT1 confirmó este hecho mostrando que la expresión de la proteína PepT1 se regulaba y que el transportador peptídico sólo se expresa cuando las células dejaban la cripta y migraban hacia la punta de la vellosidad (Meredith y Boyd, 2000). Hussain y colaboradores (2002) indicaron modelos de distribución celular diferente del PepT1 en función de la edad en un trabajo sobre la expresión y la distribución celular del PepT1 del epitelio del intestino delgado en ratas en crecimiento. Los resultados de los estudios inmunocitoquímicos mostraron que aunque la distribución del PepT1 fue exclusivamente en la membrana borde de cepillo de las células epiteliales de absorción intestinal desde animales prenatales hasta la madurez, el PepT1 se encuentra en el citoplasma subapical, en el citoplasma basal y en la membrana basolateral inmediatamente después del nacimiento.

La existencia de ARN poli(A)$^+$ transcriptor es una fuerte evidencia de la presencia de un péptido transportador de proteína(s). Así, la absorción de péptidos en el intestino delgado de muchas especies y en el estómago de los rumiantes parece ser un proceso fisiológico relevante.

Regulación de la actividad y la expresión de los transportadores de péptidos intestinales

La actividad del transporte de nutrientes a través del lumen varía con numerosos factores tales como el desarrollo, los nutrientes de la dieta y las señales hormonales y neuronales (Shiraga y col., 1999; Meredith y Boyd, 2000). La clonación de los transportadores intestinales de péptidos ha dado lugar a numerosos estudios sobre los mecanismos celulares de regulación del transporte intestinal de péptidos.

Regulación del desarrollo

El intestino se enfrenta a dos cambios de las demandas funcionales que aparecen de forma precipitada (Tolza y Diamond, 1992). En primer lugar, en el momento del nacimiento o la eclosión, de repente el intestino es el responsable de la adquisición de nutrientes a partir de la placenta o el vitelo. En segundo lugar, los mamíferos hacen un cambio principalmente cualitativo en la dieta en el momento del destete pasando de la leche a la dieta sólida. Por ello, el sistema digestivo de los animales sufre cambios funcionales y estructurales dramáticos durante el desarrollo. Sin embargo, la regulación del desarrollo y la ontogenia del transporte intestinal de nutrientes han recibido escasa atención.

Pácha (2000) observó que los transportadores intestinales de aminoácidos y glucosa estaban presentes antes del nacimiento en humanos, cerdos guineanos, ovejas, conejos y ratas. Asimismo, Shen y colaboradores (2001) observaron que el transportador de péptidos intestinales está presente antes del nacimiento. En la rata, el ARNm PepT1 y la proteína estuvieron presentes en el tejido intestinal de fetos de 20 días.

El flujo de Gly-Pro aumentó en el conejo desde estadios tempranos del feto hasta los 6 días después del nacimiento tanto en el yeyuno como en el íleon (Guandalini y Rubino, 1982). A partir de dicho momento, el flujo disminuyó de manera continua alcanzando los valores mínimos en el adulto (>3 meses). Además, la absorción de Gly-Gly fue sustancialmente mayor que la de la glicina en fetos (de 25 a 30 días de gestación), en recién nacidos (de 1 a 6 días de edad) y en conejos lactantes o destetados (de 10 a 50 días de edad). Según Guandalini y Rubino (1982), estos resultados indican la preferencia de la absorción de pequeños péptidos sobre sus aminoácidos libres en recién nacidos y animales jóvenes. Asimismo, Himukai y colaboradores (1980) observaron que el flujo de Gly-Gly y Gly-Leu en segmentos intestinales aislados de cobayas fue significativamente mayor en cobayas en lactación (3 a 4 días) que en cobayas recién destetados (10 a 14 días) quienes, a su vez, fueron superiores que en animales adultos. Cinéticamente, el cambio del desarrollo en el flujo de Gly-Gly en el yeyuno estuvo relacionado con una reducción de la capacidad máxima de transporte.

Miyamoto y colaboradores (1996) observaron los mayores niveles intestinales de ARNm PepT1 en ratas de 4 días de edad. A partir de dicho momento, los niveles disminuyeron alcanzando el nivel adulto a los 28 días de edad. Estos resultados coinciden con los de Shen y colaboradores (2001) quienes indicaron que en ratas los niveles de expresión del ARNm PepT1 y la proteína fueron máximos a 3-5 días después del nacimiento en duodeno, yeyuno e íleon disminuyendo rápidamente a partir de dicha edad. Asimismo, se ha observado que la expresión del PepT1 aumenta vertiginosamente hasta el día 24 de manera más notable en el íleon, pero en un grado moderado (70% de lo observado en los días 3 a 5). Un aspecto interesante es que la expresión significativa del PepT1 se observó en colon durante la primera semana de vida. Sin embargo, los niveles fueron indetectables poco después y a lo largo de la vida adulta. Se ha sugerido que la capacidad de transporte del colon para absorber péptidos y aminoácidos tiene lugar como compensación de la baja capacidad temporal del intestino delgado para absorber nutrientes.

Rome y colaboradores (2002) evaluaron el desarrollo ontogénico del PepT1 a lo largo de los ejes vertical y horizontal del intestino delgado de ratas utilizando una reacción semicuantitativa en cadena de la retrotranscriptasa polimerasa (RT-PCR) mediante inmunohistoquímica. Los resultados indicaron que la regionalización del PepT1 en el intestino delgado de ratas no sufría modificaciones desde el nacimiento (4 días después del nacimiento) hasta el adulto (50 días). Hussain y colaboradores (2002) observaron mediante inmunocitoquímica que a nivel celular la distribución de PepT1 en el enterocito se diferenciaba marcadamente en el momento del nacimiento en el intestino delgado de ratas. En animales tanto antes del nacimiento, como en adultos, la distribución del PepT1 fue exclusivamente en la membrana borde de cepillo de los enterocitos. Inmediatamente después del nacimiento, aumentó la inmunorreactividad de PepT1 estando presente en el citoplasma subapical y basal y en la membrana basolateral. Aunque la actividad específica de transporte disminuyó con la edad y el desarrollo, Iji y colaboradores (2001) observaron que las actividades de los transportadores aumentaban debido al dramático incremento de la longitud y de la superficie intestinal.

Chen y colaboradores (2005) detectaron ARNm PepT1 en embriones de pollos de engorde de 18 días aunque en una cantidad muy escasa. A partir de la eclosión (día 0), la cantidad de ARNm PepT1 se multiplicó por 50. Asimismo se observó un aumento del contenido de ARNm PepT1 con el tiempo en pollos de engorde alimentados con niveles normales de proteína teniendo lugar la mayor parte del incremento durante las dos primeras semanas.

Van y colaboradores (2005) muestrearon embriones de pavos Nicholas y de pollos de engorde Cobb × Cobb diariamente desde 5 días antes de la eclosión hasta el día de la misma (día 0) para estudiar la regulación embrionaria del desarrollo del PepT1. La cantidad de ARNm PepT1 en el intestino delgado se cuantificó densitométricamente mediante un análisis Northern blots tras la hibridación utilizando PepT1c y ADNc tPepT1 como sondas. Tanto en embriones de pavos como de pollos de engorde, la cantidad de ARNm PepT1 aumentó de manera cuadrática con la edad. El aumento relativo de la cantidad de ARNm PepT1 en el tejido intestinal desde los 5 días antes de la eclosión hasta el día 0 fue mucho menor en el pavo que en el pollo (se multiplicó por 3,2 *vs.* 14). El elevado aumento de la cantidad de ARNm PepT1 indica una regulación del desarrollo del gen PepT1 que podría tener un papel crucial para el PepT1 en la fase neonatal de las aves.

Poole y colaboradores (2003) estudiaron la regulación del desarrollo de la expresión del oPepT1 en rumen dorsal, rumen ventral, omaso, duodeno, yeyuno e íleon de corderos a 2, 4, 6 y 8 semanas de edad. El ARNm oPepT1 estuvo presente en todos los tejidos estudiados a las 2 semanas y la edad no influyó significativamente sobre la cantidad de ARNm oPepT1 en el intestino delgado o el estómago. En el intestino delgado, la mayor cantidad de ARNm oPepT1 se observó en el yeyuno que fue un 56% mayor que en el duodeno y un 46% mayor que en el íleon. Las diferencias observadas entre duodeno e íleon no fueron significativas. En el estómago, la cantidad de ARNm oPepT1 fue aproximadamente un 68% mayor en el rumen dorsal que en el omaso. La cantidad de ARNm oPepT1 en el rumen ventral no fue significativamente diferente a la del rumen dorsal o el omaso. Estos resultados están de acuerdo con los observados previamente en nuestro laboratorio sobre la distribución del ARNm oPepT1 en el tracto gastrointestinal de la oveja (Chen y col., 1999).

Regulación dietética

Los niveles de sustrato en el lumen intestinal regulan la velocidad de transporte de la mayor parte de los nutrientes en el intestino delgado. Ferraris y Diamond (1989) mostraron un escenario general sobre la regulación del transporte de nutrientes. Estos autores sugirieron que los nutrientes no tóxicos metabolizables, como los azúcares, los aminoácidos no esenciales y los ácidos grasos de cadena corta, deberían estar sobrerregulados cuando aumentan los niveles de sustrato en la dieta. Por otro lado, los transportadores de nutrientes esenciales que, en grandes cantidades, son tóxicos tales como las vitaminas hidrosolubles y los minerales podrían estar infrarregulados por sus sustratos. Además, para los aminoácidos esenciales, que son potencialmente tóxicos pero que también aportan calorías, hay varias respuestas.

Los sustratos pueden regular el transporte de nutrientes de manera específica y no específica. La regulación no específica conlleva mecanismos que no son específicos para un único nutriente e incluyen cambios en el área de la superficie de la mucosa, el gradiente electroquímico transcelular, la permeabilidad paracelular y la composición y la fluidez lipídica de la membrana plasmática (Ferraris, 1994, 2000). La regulación específica incluye modificaciones de la densidad de los transportadores en los enterocitos como resultado de cambios en la síntesis de proteína, del ritmo de degradación o del aumento de la inserción de transportadores citoplasmáticos formados con anterioridad en la membrana borde de cepillo (Ferraris y Diamond, 1989). La regulación dietética del transporte de nutrientes puede ser independiente y (o) estar coordinada con el control hormonal y neuronal (Bates y col., 1998; Matosin-Matekalo y col., 1999).

La absorción *in vivo* e *in vitro* de dipéptidos intestinales aumenta con el nivel de proteína y péptidos de la dieta. Según Ferraris y colaboradores (1988), la absorción de carnosina en el yeyuno aumentó en un 30% en ratones alimentados con niveles altos de proteína (72%) en comparación con los de las dietas bajas en proteína (18%). Erickson y colaboradores (1995) observaron que cambiando la proteína de la dieta de un 4% de caseína a un 50% de gelatina daba lugar a que se multiplicara la cantidad de ARNm rPepT1 por 1,5-2,0 en el intestino de ratas. Según Thamotharan y colaboradores (1998), la adición de Gly-Sar en el medio del cultivo celular de Caco-2 durante 24 h aumentó la $V_{máx}$ del transporte de Gly-

Gln, la abundancia de ARNm PepT1 y la proteína PepT1 dado el aumento de la síntesis de novo. Walker y colaboradores (1998) sugirieron que el aumento inducido del dipéptido en la cantidad de hPepT1 y ARNm hPepT1 de células Caco-2 fue debida a un incremento de la vida media del ARNm hPepT1 así como a un aumento de la transcripción de hPepT1. En dicho trabajo, la magnitud de los aumentos de la actividad de hPepT1 y de los niveles de ARNm y proteína estuvo en el rango de 1,6 a 1,9 veces los valores basales demostrando que el control de la acumulación de ARNm en vez de la modificación de la translación o la post-translación es el primer mecanismo de regulación.

Ogihara y colaboradores (1999) observaron por inmunoblotting que una dieta baja en proteína disminuía la expresión del gen PepT1 mientras que el ayuno aumentaba su expresión y su actividad. Según Thamotharan y colaboradores (1999), la absorción máxima de Gly-Gln ($V_{máx}$) en las vesículas de la membrana borde de cepillo en el yeyuno de ratas ayunadas durante 1 día se duplicó sin que K_t se modificara. Tanto la cantidad de proteína PepT1 intestinal en la membrana borde de cepillo como la cantidad de ARNm PepT1 en la mucosa intestinal aumentaron multiplicándose por tres indicando que el ayuno induce la expresión del gen.

Existe una interacción directa entre el transporte de aminoácidos y péptidos en las células intestinales. La síntesis de PepT1 puede estar inducida por determinados aminoácidos y (o) péptidos (Shiraga y col., 1999). El suministro de dietas con caseína, Gly-Phe y Phe estimuló la actividad de transporte de Gly-Sar y la cantidad de ARNm rPepT1 y proteína en comparación con el suministro de dietas libres de proteína. En contra, las dietas con Gly-Gln, Gly y Gln no aumentaron la actividad del transporte intestinal de dipéptidos. La preincubación de células Caco-2 con 10 m*M* de péptidos seleccionados neutros, mono o dicatiónicos aumentó el flujo de L-Arg hasta multiplicarlo por cuatro (Wenzel y col., 2001). Los aminoácidos libres y los dipéptidos aumentaron el flujo de L-Arg aunque los dipéptidos siempre fueron más eficientes (Wenzel y col., 2001). Sin embargo, Karasov y colaboradores (1987) mostraron que proteína, hidrolizados proteicos y dietas libres de aminoácidos son igualmente efectivos estimulando a los transportadores de aminoácidos y dipéptidos en la membrana borde de cepillo.

El efecto de la proteína de la dieta sobre el contenido intestinal de ARNm cPepT1 en pollos ha sido estudiado por Chen y colaboradores (2005). En un primer experimento, las muestras de intestino se obtuvieron a 0, 1, 3, 5, 7, 10, 14, 21, 28 y 35 días de pollos de engorde alimentados con dietas que contenían 12, 18 ó 24% de proteína bruta. Se igualó el consumo para las tres dietas. En un segundo ensayo, se incluyó un cuarto grupo con consumo *ad libitum* de una dieta que contenía un 24% de proteína bruta. En este trabajo, las muestras de intestino se obtuvieron a 0, 1, 3, 5, 7, 10, 14 y 35 días. En pollos alimentados con dietas con un 12% proteína bruta, el contenido de ARNm cPepT1 disminuyó a lo largo del experimento. Los pollos restringidos que consumieron las dietas con 18 ó 24% de proteína bruta mostraron un aumento con el tiempo del contenido de ARNm cPepT1. La mayor parte del incremento tuvo lugar durante las dos primeras semanas. En pollos con libre acceso a la dieta con un 24% de proteína bruta, el ARNm cPepT1 disminuyó hasta los 14 días retornando hasta un valor intermedio a los 35 días.

Poole y colaboradores (2003) hicieron un ensayo a partir de 32 corderos cruzados de un día de edad formando dos grupos a los que se les permitió o no el acceso a una dieta suplementaria. Además, todos los corderos fueron amamantados de forma natural. Se obtuvieron tejidos epiteliales de rumen dorsal y ventral, omaso, duodeno, yeyuno e íleon a 2, 4, 6 u 8 semanas de edad. Los corderos que no tuvieron acceso a la dieta suplementaria presentaron una mayor cantidad de ARNm oPepT1 en el rumen, particularmente en el dorsal. Dado que al rumen no entró alimento seco y no entró o entró muy poca leche, cuando no se consumió la dieta suplementaria es posible que un estímulo de la ontogénesis del oPepT1 estuviera involucrado en el desarrollo de la dirección no luminal que posiblemente tuvo lugar en la sangre. El acceso a la dieta suplementaria no influyó sobre la cantidad intestinal de ARNm oPepT1. La presencia de ARNm oPepT1 indica que el transporte de péptidos tiene lugar en corderos jóvenes y que el rumen y el omaso parecen estar involucrados en dicho proceso.

Es evidente que la expresión del PepT1 en el tracto gastrointestinal está influenciada por factores dietéticos y de desarrollo. El ARNm PepT1 está presente en los tejidos intestinales antes del nacimiento o la eclosión y aumenta marcadamente en dichos momentos lo que sugiere que el transporte de péptidos es un fenómeno fisiológico importante incluso a edades muy tempranas. La importancia de suministrar una dieta adecuada se refleja en el hecho de que la regulación del transporte de péptidos está influida por la dieta.

Absorción de péptidos

Sería interesante conocer la magnitud de la absorción de los péptidos bajo varias condiciones fisiológicas. Para estudiar la absorción de péptidos, incluyendo metodologías *in vitro* e *in vivo,* se han llevado a cabo varios ensayos.

Caracterización *in vitro* de la absorción gastrointestinal de péptidos

Jayawardena (2000) incubó caseína, harina de soja y granos secos procedentes de destilerías en un fluido ruminal tamponado durante 8 horas. En la incubación posterior se obtuvieron por centrifugación células libres del sobrenadante que se utilizaron como los fluidos de la mucosa en cámaras parabióticas que contenían epitelio ruminal u omasal. La apariencia serosa de los aminoácidos peptídicos fue mayor que la de los aminoácidos libres en ambos tejidos. El movimiento a través del epitelio omasal fue mucho mayor que a través del epitelio ruminal, especialmente para los péptidos.

Bowers (1997) mostró en un ensayo llevado a cabo en este laboratorio que la absorción de Gly-Sar en las vesículas de membrana borde de cepillo del yeyuno y el íleon tiene la capacidad de translocar dicho péptido. La absorción fue mucho mayor en las vesículas de membrana borde de cepillo del yeyuno que del íleon. El gradiente de H^+ interno (pH exterior de 6,4 e interior de 7,5) en las vesículas de membrana borde de cepillo del yeyuno y el íleon no estimuló la absorción de 0,3 m*M* de Gly-Sar.

Flujo portal de péptidos

Uno de los aspectos más controvertidos sobre transporte de péptidos está relacionado con los aspectos cuantitativos de su flujo portal. Nuestra sugerencia muchos años atrás sobre que debe haber un flujo medible de péptidos a través de las vísceras mediante flujo portal es el origen de esta controversia. El hecho que nosotros sugerimos sobre que el estómago de los rumiantes podría estar involucrado en este proceso sirvió únicamente para aumentar la controversia. Este aspecto, en mayor medida que algunos otros, parece que ha sido el responsable de la estimulación de laboratorios diferentes a los nuestros a iniciar investigaciones en cuanto al transporte de péptidos en rumiantes. Estos aspectos han sido previamente revisados de manera extensa por mí mismo y por otros colegas (Matthews y col., 1996a; Webb, 1986, 1990; Webb y Bergman, 1991; Webb y col., 1992, 1993; Webb y Matthews, 1994, 1998).

En el primer estudio que llevamos a cabo intentamos cuantificar el flujo de aminoácidos libres y ligados a péptidos a través de las vísceras mediante flujo portal en vacas (Koeln y col., 1993). A partir de la cuantificación de los aminoácidos ligados a péptidos como la diferencia entre los aminoácidos totales en el filtrado libre de proteína (seguido de hidrólisis ácida) y los aminoácidos libres (seguido de precipitación ácida con sulfosalicílico) observamos que había un flujo mucho mayor de aminoácidos ligados a péptidos que de aminoácidos libres a través de las vísceras mediante flujo portal. En consecuencia, publicamos que no sólo los aminoácidos ligados a péptidos constituyen una fracción mayoritaria del flujo de aminoácidos por las vísceras mediante flujo portal sino que además los tejidos no mesentéricos contribuían sustancialmente a ello (Webb y col., 1992, 1993).

Tagari y colaboradores (2004) llevaron a cabo un trabajo para medir los flujos netos de aminoácidos libres y ligados a péptidos a través de las vísceras por medio de flujo portal en vacas Holstein en lactación. Las vacas fueron alimentadas con raciones mixtas basadas en alfalfa que contenían un 40% de maíz procesado térmicamente sin expandir o procesado térmicamente y expandido. El flujo de aminoácidos libres esenciales a través de las vísceras mediante flujo portal fue mayor en las vacas que consumieron maíz procesado térmicamente sin expandir. El flujo de los aminoácidos esenciales ligados a péptidos por las vísceras mediante flujo portal fue 69,3 ± 10,8 y 51,5 ± 13,2 g/12 h para vacas que consumieron maíz procesado térmicamente sin expandir y procesado térmicamente y expandido, respectivamente. Los flujos fueron significativamente mayores de cero pero raramente difirieron entre tratamientos.

La evidencia sugiere una existencia neta de aminoácidos ligados a péptidos en el plasma sanguíneo portal y posiblemente también en el plasma sanguíneo mesentérico. Las diferencias metodológicas parecen contribuir a las variaciones en los resultados que se han publicado respecto a la magnitud de la aparición portal de los aminoácidos ligados a péptidos. Los trabajos más recientes indican un flujo a través de las vísceras mediante flujo portal mucho menor de péptidos ligados a aminoácidos que los trabajos anteriores lo que representa una estimación más razonable de dicho flujo. Continuados esfuerzos en esta área permitirán esclarecer la magnitud absoluta de la contribución de los aminoácidos ligados a péptidos al flujo de aminoácidos a través de las vísceras mediante flujo portal.

Utilización de péptidos circulantes

A partir de la discusión anterior queda claro qué mecanismos están presentes en el transporte de péptidos en el tracto gastrointestinal. Además, existe alguna evidencia sobre que al menos una parte de los péptidos transportados aparecen en la circulación portal hepática. Si los péptidos transportados se absorben y aparecen intactos en la circulación portal hepática cabe cuestionar el destino de dichos péptidos y si contribuyen al suministro de aminoácidos para los tejidos. La utilización potencial de los aminoácidos contenidos en los péptidos circulantes será estudiada en este apartado.

Utilización peptídica por células miogénicas cultivadas

Pan y colaboradores (1996) evaluaron péptidos que contenían L-metionina como fuentes de metionina para el mantenimiento de la deposición proteica en células miogénicas C_2C_{12} de músculos de ratón. Expresado como el porcentaje de la respuesta de la metionina libre, el crecimiento de las células C_2C_{12} difirió debido al tipo de péptido (11% a 108%). Los dipéptidos Met-Met, Met-Val y Leu-Met se utilizaron con la misma eficacia que la metionina libre. Sin embargo, las células C_2C_{12} aprovecharon escasamente Pro-Met y Gly-Met. Los dipéptidos Met-Pro, Phe-Met, Met-Phe, Met-Leu, Met-Gly-Ala-Met y Met-Ala fueron utilizados en un 62 a 86% con respecto a la metionina libre y Met-Ser, Ser-Met y Val-Met fueron utilizados del 26 al 43% con respecto a la metionina libre.

Pan y Webb (1998) evaluaron las células satélite miogénicas de ovino de cultivos primarios según su capacidad para utilizar la metionina ligada a péptidos como fuente de metionina para la deposición proteica y la proliferación celular tras el aislamiento de células esqueléticas. Las células miogénicas cultivadas fueron capaces de utilizar toda la metionina que contenían los dipéptidos testados para la deposición proteica con un rango de respuestas entre el 49 y 95% de la respuesta total de la metionina libre. Estos resultados son consistentes con el concepto de que los péptidos ligados a aminoácidos pueden servir como fuentes de aminoácidos para la deposición proteica en músculos esqueléticos de ovejas. En algunos casos, la distribución molecular de los dipéptidos con la misma composición de aminoácidos influyó sobre la capacidad relativa de los dipéptidos para servir como fuentes de metionina. De todos los péptidos estudiados, sólo Ala-Met fue utilizado para mantener la deposición proteica y también como metionina libre.

Utilización peptídica por células mamarias cultivadas

Pan y colaboradores (1996) evaluaron los péptidos que contenían L-metionina según su capacidad para ser fuente de metionina para mantener la deposición proteica en células epiteliales mamarias bovinas. Todos los dipéptidos portadores de metionina examinados fueron capaces de mantener la deposición proteica en las células epiteliales mamarias bovinas cultivadas con una respuesta entre el 35 y el 122% de la respuesta de crecimiento de la metionina libre. Los dipéptidos Met-Val, Met-Leu, Met-Met y Leu-Met mantuvieron una deposición proteica superior a la de la metionina libre. Células epiteliales mamarias bovinas Phe-Met, Met-Phe, Ala-Met, Met-Ala, Met-Ser y Met-Gly se utilizaron tan efectivamente como la metionina libre, mientras que los dipéptidos Gly-Met, Pro-Met y Ser-Met fueron los péptidos menos utilizados en las células epiteliales mamarias bovinas. Los dipéptidos con la metionina en el extremo N terminal fueron sustratos prioritarios respecto a los que tienen la metionina en el extremo C-terminal.

Pan y colaboradores (1998) estudiaron la regulación por factores séricos de la utilización de péptidos como sustratos aminoacídicos para la deposición proteica y la proliferación de las células epiteliales mamarias bovinas. Los resultados indicaron que el suero de humanos, caballos, pollos, cerdos y conejos adultos promueve la utilización de la mayoría de los péptidos que contienen metionina. Por sí mismos, ni la insulina ni los lípidos del suero fueron capaces de facilitar la utilización de los péptidos.

Wang (1994) utilizó células epiteliales mamarias bovinas cultivadas para estudiar la capacidad de los péptidos que contenían metionina como sustitutos de la metionina libre en la síntesis de proteínas de secreción. Todos los péptidos con metionina examinados fueron utilizados por las células epiteliales mamarias bovinas como fuentes de metionina para la síntesis de proteínas celulares y secretoras. La mayoría de los péptidos que contienen metionina fueron tan eficientes como la metionina libre promoviendo la síntesis proteica. Estos resultados indican que las células epiteliales mamarias bovinas fueron capaces de utilizar pequeños péptidos que contienen metionina como fuentes de metionina para mantener la deposición proteica celular y la síntesis de proteínas de secreción.

Utilización peptídica por explantos de tejidos mamarios

Wang y colaboradores (1996) utilizaron explantos de tejido mamario de ratones lactantes (10 a 11 días) para estudiar los efectos de los péptidos que contienen metionina sobre la síntesis de proteínas de secreción. Los explantos de tejido mamario utilizaron la metionina de todos los péptidos estudiados. Expresado como porcentaje de la respuesta de la metionina libre, once de los péptidos estimularon de un 115 a un 176% la síntesis de proteínas secretoras. Los dipéptidos con valina o serina promovieron la mayor síntesis. Los seis péptidos restantes no fueron diferentes de la metionina libre en la promoción de la síntesis de proteínas de secreción.

Los explantos mamarios utilizaron la lisina de todos los lisil-péptidos examinados para la síntesis de proteínas de secreción (Wang, 1994). Dichos lisil-péptidos generalmente fueron similares a la lisina libre promoviendo la síntesis de proteínas de secreción. La síntesis de proteínas promovida por Gly-His-Lis fue sobre un 117% de la promovida por la lisina. Los otros péptidos no fueron diferentes de la lisina promoviendo la síntesis de proteína en un rango del 91 al 108% de la síntesis promovida por la lisina. Dentro de las tres parejas de péptidos, Asp-Lys y Lys-Asp, Gly-Lys y Lys-Gly y Val-Lys y Lys-Val, la posición del residuo lisil en la posición terminal N o C no afectó a la síntesis proteica.

Estos resultados son consistentes con los previamente discutidos para las células epiteliales mamarias bovinas cultivadas. Además, estos trabajos indicaron que un amplio rango de sustratos peptídicos ligados a la metionina y a la lisina pueden mantener la síntesis de proteína láctea en las células epiteliales mamarias al menos tan bien como la metionina y la lisina libres.

Flujo peptídico a través de la glándula mamaria *in vivo*

Backwell y colaboradores (1994) estudiaron la utilización de aminoácidos libres o ligados a péptidos por la glándula mamaria en cabras lactantes. Estos autores observaron que la Phe del Gly-Phe y la Leu del Gly-Leu se incorporaban a la caseína en la glándula mamaria. Es evidente que la incorporación de Phe y Leu en la caseína fue un proceso intracelular. Los autores no fueron capaces de determinar si existió un transporte de péptidos intactos al interior de la célula o si la hidrólisis extracelular precedió al transporte de los aminoácidos. Shennan y colaboradores (1998) coinciden con estos resultados en lo que respecta a que los aminoácidos de origen peptídico son utilizados por la glándula mamaria en ratas. Sin embargo, sus resultados indicaron que probablemente los péptidos no son transportados sino que son hidrolizados previamente a la constitución de aminoácidos en el interior en la célula. No podemos excluir la posibilidad de que un transportador peptídico diferente del PepT1 pueda estar involucrado pero los resultados de nuestro laboratorio sostienen sus objetivos puesto que no fueron capaces de detectar ARNm PepT1 en la glándula mamaria de vacas lactantes (Chen y col., 1999).

Bequette y colaboradores (1999) han publicado estimaciones sobre el alcance de la incorporación de Phe, Met, Lys y Tyr que llegan a la glándula mamaria de cabras lactantes en forma peptídica. Estos autores observaron que del 5 al 11%

de la Phe, del 8 al 18% de la Met, del 4 al 13% de la Lys y del 13 al 25% de la Tyr incorporada en la caseína es de origen peptídico. Estos resultados confirman los obtenidos por Backwell y colaboradores (1996) en los mismos laboratorios que indicaban que los péptidos pueden contribuir con sus aminoácidos a la síntesis de proteína láctea.

Tagari y colaboradores (2004) cuantificaron flujos netos de aminoácidos libres y ligados a péptidos a través de los tejidos mamarios y la excreción de aminoácidos en la leche de vacas Holstein lactantes. Las vacas se alimentaron con raciones mixtas basadas en alfalfa que contenían un 40% de maíz procesado térmicamente sin expandir o procesado térmicamente y expandido. La absorción mamaria de aminoácidos esenciales ligados a péptidos fue significativamente mayor que cero para la mitad de los aminoácidos ligados a péptidos. Se observó que los aminoácidos ligados a péptidos suministraban una proporción sustancial de los aminoácidos tomados por la glándula mamaria.

A partir de la discusión de los resultados de los trabajos anteriores, parece claro que los péptidos aportan sus aminoácidos para la síntesis de proteínas lácteas. En magnitud, estos aminoácidos pueden suponer sólo una pequeña proporción de los aminoácidos totales que forman la proteína láctea. Esta fuente, sin embargo, puede ser crítica y podría tener un papel en el control de la síntesis de dicha proteína. Además, los aminoácidos de origen peptídico podrían servir también para cubrir una porción de las necesidades para síntesis proteica de los tejidos muscular y mamario aunque esto parece ser en menor magnitud que el uso de aminoácidos ligados a péptidos para la síntesis de proteína láctea.

Resumen

Está claro que los péptidos desempeñan un papel importante en el metabolismo de los aminoácidos. La presencia de ARNm que codifica un transportador peptídico en el intestino delgado de ovejas, vacas, pollos, pavos y cerdos y en el rumen y el omaso de ovejas y vacas evidencia la existencia de una expresión de una proteína capaz de transportar péptidos en estas regiones del tracto gastrointestinal. Esta proteína perece ser similar, al menos en algunos aspectos, al PepT1 que ha sido identificado en el laboratorio para algunas especies y en humanos. Éste transportará varios péptidos y su función se ve mejorada por un gradiente de protones. Las observaciones iniciales indican que el transporte puede estar limitado a di, tri y tetrapéptidos. La difusión y la absorción paracelular podrían también estar involucradas en la absorción de péptidos en el tracto gastrointestinal. Es posible que el transporte de péptidos represente la vía principal de movimiento de los aminoácidos a través de la membrana borde de cepillo y posiblemente las membranas epiteliales en el rumen y el omaso. La hidrólisis intracelular posterior se produce en la mayoría de los aminoácidos libres alcanzado la circulación portal hepática. Las contribuciones relativas de los aminoácidos libres y ligados a péptidos hacen que la existencia de los aminoácidos en la circulación portal sea una cuestión primordial. La existencia portal de los aminoácidos ligados a péptidos no es tan alta como se pensó en un principio pero no cabe duda de que algunos péptidos intactos se absorban en la sangre. Los resultados de varios trabajos respaldan el concepto de que los péptidos sirven como fuentes de aminoácidos que son sustratos para la síntesis de proteína para los tejidos mamarios. La fuente de estos péptidos es ciertamente ambigua (por ej., la absorción del tracto gastrointestinal, la síntesis y la liberación de los tejidos, los productos del intercambio proteico). Los péptidos pueden suministrar sólo una pequeña proporción de aminoácidos para la síntesis proteica pero el suministro puede ser crítico. Los aminoácidos ligados a péptidos en general o los péptidos específicos en particular pueden estar involucrados en el control de la síntesis proteica. Una cosa es cierta: un conocimiento completo de cómo se absorben los aminoácidos y de cómo se distribuyen en los tejidos nos ayudará a desarrollar dietas para los animales que aseguren su crecimiento, su desarrollo y la producción deseados. Más esfuerzos en investigación contribuirán a resolver todos estos aspectos.

Referencias bibliográficas

Amasheh, S., Wenzel, U., Weber, W-M., Clauss, W., and Daniel, H. (1997). Electrophysiological analysis of the function of the mammalian renal peptide transporter expressed in *Xenopus laevis* oocytes. *Journal of Physiology* **504:** 169-174.

Backwell, F.R.C., Bequette, B.J., Wilson, D., Calder, A.G., Metcalf, J.A., Wray-Cahen, D., MacRae, J.C., Beever, D.E., and Lobley, G.E. (1994). Utilization of dipeptides by the caprine mammary gland for milk protein synthesis. *American Journal of Physiology* **267:** R1-R6.

Backwell, F.R.C., Bequette, B. J., Wilson, D., Metcalf, J. A., Franklin, M. F., Beever, D. E., Lobley, G. E., and MacRae, J. C. (1996). Evidence for the utilization of peptides for milk protein synthesis in the lactating dairy goat in vivo. *American Journal of Physiology* **271:** R955-R960.

Bates, S. L., Sharkey, K. A., and Meddings, J. B. (1998). Vagal involvement in dietary regulation of nutrient transport. *American Journal of Physiology* **274:** G552-G560.

Bequette, B. J., Backwell, F.R.C., Kyle, C. E., Calder, A. G., Buchan, V., Crompton, J. France, L. A., and MacRae, J. C. (1999). Vascular sources of phenylalanine, tyrosine, lysine, and methionine for casein synthesis in lactating goats. *Journal of Dairy Science* **82:** 362-377.

Boll, M., Markovich, D., Weber, W.-M., Korte, H., Daniel, H., and Murer, H. (1994). Expression cloning of a cDNA from rabbit small intestine related to proton-coupled transport of peptides, β-lactam antibiotics and ACE-inhibitors. *European Journal of Physiology* **429:** 146-149.

Bowers, S.H. (1997). *Characterization of glycyl-sarcosine uptake by ovine intestinal brush border membrane vesicles.* M.S. Thesis, Virginia Polytechnic Institute and State University, Blacksburg, VA.

Brandsch, M., Brandsch, C., Ganapathy, M.E., Chew, C.S., Ganapathy, V., and Leibach, F.H. (1997). Influence of proton and essential histidyl residues on the transport kinetics of the H^+/peptide cotransport systems in intestine (PepT1) and kidney (PepT2). *Biochimica et Biophysica Acta.* **1324:** 251-262.

Chen, H., Pan, Y-X., Wong, E.A., and Webb, K.E. Jr. (2005). Dietary protein level and stage of development affect expression of an intestinal peptide transporter (cPepTl) in chickens. *Journal of Nutrition.*

Chen, H., Pan, Y-X., Wong, E.A., and Webb, K.E. Jr. (2002a). Characterization and regulation of the cloned ovine gastrointestinal peptide transporter (oPepTl) expressed in vitro in a mammalian cell line. *Journal of Nutrition* **132:** 38-42.

Chen, H., Pan, Y-X., Wong, E.A., Bloomquist, J.R., and Webb, K.E. Jr. (2002b). Molecular cloning and functional expression of a chicken intestinal peptide transporter (cPepTl) in *Xenopus* oocytes and *Chinese hamster* ovary cells. *Journal of Nutrition* **132:** 387-393.

Chen, X-Z., Steel, A. and Hediger, M.A. (2000). Functional roles of histidine and tyrosine residues in the H^+-peptide transporter PepT1. *Biochemica et Biophysica Research Communication* **272:** 726-730.

Chen, H., Wong, E.A., and Webb, K.E. Jr. (1999). Tissue distribution of a peptide transporter mRNA in sheep, dairy cows, pigs, and chickens. *Journal of Animal Science* **77:** 1277-1283.

Daniel H., Amasheh, S., Wenzel, U., Weber, W-M., and Clauss, W. (1996). Transport of charged substrates by the intestinal peptide carrier PepT1 expressed in *Xenopus laevis* oocyte. *FASEB Journal* **10:** A121 (Abstr.).

Döring, F., Walter, J., Will, J., Fucking, M., Boll, M., Amasheh, S., Clauss, W., and Daniel,H. (1998a.) Delta-aminolevulinic acid transport by intestinal and renal peptide transporters and its physiological and clinical implications. *Journal of Clinical Investigation* **101:** 2761-2767.

Döring, F., Will, J., Amasheh, S., Clauss, W., Ahlbrecht, H., and Daniel, H. (1998b). Minimal molecular determinants of substrates for recognition by the intestinal peptide transporter. *Journal of Biological Chemistry* **273:** 23211-23218.

Erickson, R.H., Gum, J.R., Lindstrom, M.M., McKean, D., and Kim, Y.S. (1995). Regional expression and dietary regulation of rat small intestinal peptide and amino acid transporter mRNAs. *Biochemica et Biophysica Research Communication* **216:** 249-257.

Fei, Y.J., Kanal, Y., Nussberger, S., Ganapathy, V., Leibach, F.H., Romero, M.F., Singh, S.K., Boron, W.F., and Hediger, M.A. (1994). Expression cloning of a mammalian proton-coupled oligopeptide transporter. *Nature* **368:** 563-566.

Fei, Y.-J., Liu, W., Prasad, P.D., Kekuda, R., Oblak, T.G., Ganapathy, V., and Leibach, F.H. (1997). Identification of the histidyl residue obligatory for the catalytic activity of the human H^+/peptide cotransporters PEPT1 and PEPT2. *Biochemistry* **36:** 452-460.

Ferraris, R.P. (1994). Regulation of intestinal nutrient transport. In: *Physiology of the Gastrointestinal Tract,* (L.R. Johnson, D.H. Alpers, E.D. Jacobson, and J.H. Walsh, (eds). 3rd ed. Raven Press, New York. pp. 1821-1844.

Ferraris, R.P. (2000). Intestinal transport during fasting and malnutrition. *Annual Reviews of Nutrition* **20:** 195-219.

Ferraris, R.P., and Diamond, J.M. (1989). Specific regulation of nutrient transporters by their dietary substrates. *Annual Reviews of Physiology* **51:** 125-141.

Ferraris, R.P., Diamond, J.M., and Kwan, W.W. (1988). Dietary regulation of intestinal transport of the dipeptide carnosine. *American Journal of Physiology* **255:** G143-G150.

Ganapathy, V., Brandsch, M., and Leibach, F.H. (1994). Intestinal transport of amino acids and peptides. In: *Physiology of the Gastrointestinal Tract.* (L.R. Johnson, D.H. Alpers, E.D., Jacobson, and J.H. Walsh, (eds). 3rd ed. Raven Press, New York. pp. 1773-1794.

Ganapathy, M.E., Prasad, P.D., Mackenzie, B., Ganapathy, V., and Leibach. F.H. (1997). Interaction of anionic cephalosporins with the intestinal and renal peptide transporters PepT1 and PepT2. *Biochimica et Biophysica Acta* **1324:** 296-308.

Ganapathy, M.E., Wei, H., Wang, H., Ganapathy, V., and Leibach, F.H. (1998). Valacyclovir: A substrate for the intestinal and renal peptide transporters PEPT1 and PEPT2. *Biochemica et Biophysica Research Communication* **246:** 470-475.

Guandalini, S., and Rubino, A. (1982). Development of dipeptide transport in the intestinal mucosa of rabbits. *Pediatric Research* **16:** 99-103.

Himukai, M., Konno, T., and Hoshi, T. (1980). Age-dependent change in intestinal absorption of dipeptides and their constituent amino acids in the guinea pig. *Pediatric Research* **14:** 1272-1275.

Hussain, I., Kellett, G.L., Affleck, J., Shepherd, E.J., and Boyd, C.A.R. (2002). Expression and cellular distribution during development of the peptide transporter (PepT1) in the small intestinal epithelium of the rat. *Cell Tissue Research* **307:** 139-142.

Iji, P.A., Saki, A., and Tivey., D.R. (2001). Body and intestinal growth of broiler chicks on a commercial starter diet. 2. Development and characteristics of intestinal enzymes. *British Poultry Science* **42:** 514-522.

Jayawardena, V. (2000). *Ruminal and omasal absorption of ruminally derived amino acids and peptides in vitro.* Ph.D. Dissertation, Virginia Polytechnic Institute and State University, Blacksburg, VA.

Karasov, W.H., Solberg, D.H., and Diamond, J.M. (1987). Dependence of intestinal amino acid uptake on dietary protein or amino acid levels. *American Journal of Physiology* **252:** G614-G625.

Klang, J.E., Burnworth, L.A., Pan, Y.X., Webb, K.E. Jr., and Wong, E.A. (2005). Functional characterization of a cloned pig intestinal peptide transporter (pPepT1). *Journal of Animal Science.*

Koeln, L.L., Schlagheck, T.S., and Webb, K.E. Jr. (1993). Amino acid flux across the gastrointestinal tract and liver of calves. *Journal of Dairy Science* **76:** 2275-2286.

Liang, R., Fei, Y.J., Prasad, P.D., Ramamoorthy, S., Han, H., YangFeng, T.L., Hediger, M.A., Ganapathy, V., and Leibach, F.H. (1995). Human intestinal H^+/peptide cotransporter cloning, functional expression, and chromosomal localization. *Journal of Biological Chemistry* **270:** 6456-6463.

Lister, N., Bailey, P.D., Collier, I.D., Boyd, C.A.R., and Bronk, J.R. (1997). The influence of luminal pH on transport of neutral and charged dipeptides by rat small intestine, *in vitro. Biochimica et Biophysica Acta* **1324:** 245-250.

Mackenzie, B., Fei, Y. J., Ganapathy, V., and Leibach, F. H. (1996). The human intestinal H+/ oligopeptide cotransporter hPEPT1 transports differently-charged dipeptides with identical electrogenic properties. *Biochimica et Biophysica* Acta **1284:** 125-128.

Madara, J. L., and Pappenheimer, J. R. (1987). Structural basis for physiological regulation of paracellular pathways in intestinal epithelia. *Journal of Membrane Biology* **100:** 149.

Matosin-Matekalo, M., Mesonero, J.E., Laroche, T.J., Lacasa, M., and Brot-Laroche, E. (1999). Glucose and thyroid hormone co-regulate the expression of the intestinal fructose transporter GLUT5. *Biochemical Journal* **339:** 233-239.

Matthews, J.C., Pan, Y.L., Wang, S., McCollum, M.Q., and Webb, K.E. Jr. (1996a). Characterization of Gastrointestinal Amino Acid and Peptide Transport Proteins and the Utilization of Peptides as Amino Acid Substrates by Cultured Cells (Myogenic and Mammary) and Mammary Tissue Explants. In: *Nutrient Management of Food Animals to Enhance the Environment,* (E.T. Kornegay (ed.) CRC Press, Inc., Boca Raton, FL.

Matthews J.C., and Webb, K.E. Jr. (1995). Absorption of L-carnosine, L-methionine, and L-methionylglycine by isolated sheep ruminal and omasal epithelial tissue. *Journal of Animal Science* **73:** 3464-3475.

Matthews J.C., Wong, E.A., Bender, P.K., Bloomquist, J.R., and Webb, K.E. Jr. (1996b). Demonstration and characterization of dipeptide transport system activity in sheep omasal epithelium by expression of mRNA in *Xenopus laevis* oocytes. *Journal of Animal Science* **74:** 1720-1727.

McCollum, M.Q., and Webb, K.E. Jr. (1998). Glycyl-L-sarcosine absorption across ovine omasal epithelium during coincubation with other peptide substrates and volatile fatty acids. *Journal of Animal Science*. **76:** 2706-2711.

Meredith, D., and Boyd, C.A.R. (2000). Structure and function of eukaryotic peptide transporters. *Cellular and Molecular Life Science* **57:** 754-778.

Miyamoto, K., Shiraga, T., Morita, K., Yamamoto, H., Haga, H., Taketani, Y., Tamai, I., Sai, Y., Tsuji, A., and Takeda, E. (1996). Sequence, tissue distribution and developmental changes in rat intestinal oligopeptide transporter. *Biochimica et Biophysica Acta* **1305:** 34-38.

Nussberger, S., Steel, A., Trotti, D., Romero, M.F., Boron, W.F., and Hediger, M.A. (1997). Symmetry of H^+ binding to the intra and extracellular side of the H^+-coupled oligopeptide cotransporter PepT1. *Journal of Biological Chemistry* **272:** 7777-7785.

Ogihara, H., Suzuki, T., Nagamachi, Y., Inui, K.-I., and Takata, K. (1999). Peptide transporter in the rat small intestine: Ultrastructural localization and the effect of starvation and administration of amino acids. *Histochemical Journal* **31:** 169-174.

Pácha, J. (2000). Development of intestinal transport function in mammals. *Physiology Review* **80:** 1633-1667.

Pan, Y., Bender, P.K., Akers, R.M., and Webb, K.E. Jr. (1996). Methionine-containing peptides can be used as methionine sources for protein accretion in cultured C_2C_{12} and MAC-T cells. *Journal of Nutrition* **126:** 232-241.

Pan, Y., Bender, P.K., Akers, R.M., and Webb, K.E. Jr. (1998). One or more serum factors promote peptide utilization in cultured animal cells. *Journal of Nutrition* **128:** 744-750.

Pan, Y., and Webb, K. E. Jr. (1998). Peptide-bound methionine as meth ionine sources for protein accretion and cell proliferation in primary cultures of ovine skeletal muscle. *Journal of Nutrition* ***128:*** 251-256.

Pan, Y.-X., Wong, E. A., Bloomquist, J. R., and Webb, K. E. Jr. (1997). Poly(A)+ RNA from sheep omasal epithelium induces expression of a peptide transport protein(s) in *Xenopus* laevis oocytes. *Journal of Animal Science* **75:** 3323-3330.

Pan, Y-X., Wong, E.A., Bloomquist, J.R., and Webb, K.E. Jr. (2001). Expression of a cloned ovine gastrointestinal peptide transporter (oPepT1) in *Xenopus oocytes* induces uptake of oligopeptides *in vitro. Journal of Nutrition* **131:** 1264-1270.

Poole, C.A., Wong, E.A., McElroy, A.P., Veit, H.P., and Webb, K.E. Jr. (2003).Ontogenesis of peptide transport and morphological changes in the ovine gastrointestinal tract. *Small Ruminant Research* **50:** 163-176.

Rome, S., Barbot, L., Windsor, E., Kapel, N., Tricottet, V., Huneau, J-F., Reynes, M., Gober, J-G., and Tome, D. (2002). The regionalization of PepT1, NBAT and EAACi transporters in the small intestine of rats are unchanged from birth to adulthood. *Journal of Nutrition* **132:** 1009-1011.

Saito, H., Okuda, M., Terada, T., Sasaki, S., and Inui, K.-I. (1995). Cloning and characterization of a rat H+/peptide cotransporter mediating absorption of β-lactam antibiotics in the intestine and kidney. *Journal of Pharmacological and Experimental Therapeutics* **275:** 1631-1637.

Sawada, K., Terada, T., Saito, H., Hashimoto, Y., and Inui, K.-I. (1 999). Recognition of L-amino acid ester compounds by rat peptide transporters PEPT1 and PEPT2. *Journal of Pharmacological and Experimental Therapeutics* **291:** 705-709.

Shen, H., Smith, D. E., and Brosius, F. C. III. (2001). Developmental expression of Pept1 and PepT2 in rat small intestine, colon, and kidney. *Pediatric Research* **49:** 789-795.

Shennan, D.B., Calvert, D.T., Backwell, F.R.C., and Boyd, C.A.R. (1998). Peptide aminonitrogen transport by the lactating rat mammary gland. *Biochimica et Biophysica Acta* 1373: 252260.

Shiraga, T., Miyamoto, K., Tanaka, H., Yamamoto, H., Taketani, Y., Morita, K., Tamai, I., Tsiko, A., and Takeda, E. (1999). Cellular and molecular mechanisms of dietary regulation on rat intestinal H^+/peptide transporter PepT1. *Gastroenterology* **116:** 354-362.

Steel, A., Nussberger, S., Romero, M.F., Boron, W.F., Boyd, C. A. R., and Hediger, M.A. (1997). Stoichiometry and pH dependence of the rabbit proton-dependent oligopeptide transporter PepT1. *Journal of Physiology* **498:** 563-569.

Tagari, H., Webb, K.E. Jr., Theurer, B., Huber, T., Sadik, M., Alio, A., Lozano, O., Delgado-Elorduy, A., Santos, J.E.P., Simas, J., Nussio, L., Santos, F., Cuneo, P., and DeYoung, D. (2004). Portal drained visceral flux, hepatic metabolism, and mammary uptake of free and peptide-bound amino acids and milk amino acid output in dairy cows fed diets containing corn grain steam flaked at 360 or steam rolled 490 g/L. *Journal of Dairy* Science **87:** 413-430.

Temple, C.S., Bronk, J.R., Bailey, P.D., and Boyd, C.A. (1995). Substrate-charge dependence of stoichiometry shows membrane potential is the driving force for proton-peptide cotransport in rat renal cortex. *Pflugers Arch* **430:** 825-829.

Temple, C.S., Stewart, A.K., Meredith, D., Lister, N.A., Morgan, K.M., Collier, I.D., Vaughan-Jones, R.D., Boyd, C.A.R., Bailey, P.D., and Bronk, J.R. (1998). Peptide mimics as substrates for the intestinal peptide transporter. *Journal of Biological Chemistry* **273:** 20-22.

Terada, T., Sawada, K., Irie, M., Saito, H., Hashimoto, Y., and Inui, K.-I. (2000). Structural requirements for determining the substrate affinity of peptide transporters PepT1 and PepT2. *Pflügers Arch -European Journal of Physiology* **440:** 679-684.

Thamotharan, M., Bawani, S.Z., and Zhou, X. (1998). Mechanism of dipeptide stimulation of its own transport in a human intestinal cell line. *Proceedings of the Association of American Physicians* **110(4):** 361-368.

Thamotharan, M., Bawani, S.Z., Zhou, X-D., and Adibi, S.A. (1999). Functional and molecular expression of intestinal oligopeptide transporter (PepT-1) after a brief fast. *Metabolism* **48:** 681-684.

Tolza, E.M., and Diamond, J.M. (1992). Ontogenetic development of nutrient transport in rat intestine. *American Journal Physiology* **263:** G593-G604.

Van, L., Pan, Y.X., Wong, E. A., Bloomquist, J.R., and Webb, K.E. Jr. (2005). Developmental regulation of a turkey intestinal peptide transporter (PepT1). *Poultry Science* (accepted).

Walker, D., Thwaites, D.T., Simmons, N.L. Gilbert, H.J., and Hirst, B.H. (1998). Substrate upregulation of the human small intestinal peptide transporter, hPepT1. *Journal of Physiology* **507:** 697-706.

Wang, S. (1994). Peptides as *amino acid* sources *for* the *synthesis* of secreted *proteins* by mammary tissue explants *and cultured mammary epithelial* cells. Ph.D. Dissertation, Virginia Polytechnic Institute and State University, Blacksburg, VA.

Wang, S., Webb, K.E. Jr., and Akers, M.R. (1996). Peptide-bound methionine can be a source of methionine for the synthesis of secreted proteins by mammary tissue explants from lactating mice. *Journal of Nutrition* **126:** 1662-1672.

Webb, K.E., Jr. (1986). Amino acid and peptide absorption from thegastrointestinal tract. *Fed. Proc.* **45:** 2268-2271.

Webb, K.E., Jr. (1990). Intestinal absorption of protein hydrolysis products: A review. *Journal of Animal Science* **68:** 3011-3022.

Webb, K.E., Jr., and Bergman, E.N. (1991). Amino acid and peptide absorption and transport across the intestine. *Proceedings of the 7th International Symposium on Ruminant Physiology.* pp. 111-128.

Webb, K.E., Jr., DiRienzo, D.B., and Matthews, J.C. (1993). Recent developments in gastrointestinal absorption and tissue utilization of peptides - A review. *Journal of Dairy Science* **76:** 351-361.

Webb, K. E., Jr., and Matthews, J. M. (1994). Absorption of amino acids and peptides In: *Amino Acid Nutrition of Ruminants.* (J.M. Asplund (ed.)). CRC Press, Boca Raton, FL.

Webb, K.E., Jr., and Matthews, J.C. (1998). Peptide Absorption and Its Significance in Ruminant Protein Nutrition. In: *Peptides in Mammalian Protein* Metabolism: *Tissue Utilization and Clinical Targeting.* (G. Grimble and C. Backwell (eds.)) Portland Press Ltd., London. pp. 1-10.

Webb, K.E., Jr., Matthews, J.C., and DiRienzo, D.B. (1992). Peptide Absorption: A review of current concepts and future perspectives. *Journal of Animal Science* **70:** 3248-3257.

Wenzel, U., Gebert, I., Weintraut, H., Weber, W.-M., Claub, W., and Daniel, H. (1996). Transport characteristics of differently charged cephalosporin antibiotics in oocytes expressing the cloned intestinal peptide transporter PepT1 and in human intestinal Caco-2 cells. *Journal of Pharmacology and Experimental Therapeutics* **277:** 831-839.

Wenzel, U., Meissner, B., Doring, F., and Daniel, H. (2001). PepT1mediated uptake of dipeptides enhances the intestinal absorption of amino acids via transport system $b^{0,+}$. *Journal of Cell Physiology* **186:** 251-259.

Capítulo 13

Fertilidad: ¿Por qué está disminuyendo? Papel de los microminerales para invertir esta tendencia

A.M. Mackenzie

Producción y Ciencia Animal, Colegio Universitario Harper Adams, Newport, Shropshire, TF10 8NB, Reino Unido

Introducción

La fertilidad está disminuyendo en vacas lecheras de media a alta producción repercutiendo económicamente sobre la viabilidad y la rentabilidad del rebaño. La etiología de la disminución de la fertilidad es multifactorial y Esslemont y colaboradores (2001) la han atribuido a una alimentación inadecuada y a un mal manejo. Las deficiencias dietéticas de uno o varios elementos traza no son la única causa de la disminución de la fertilidad pero ejercen una elevada influencia tanto en vacas lecheras como en otras especies. Los principales microminerales que parecen afectar a los rumiantes en el Reino Unido son cobre, cobalto y selenio los cuales serán el objetivo de este trabajo. Sin embargo, existe un creciente interés respecto a otros microminerales como manganeso, cinc y yodo como suplementos dietéticos incluso aunque se crea que la incidencia de su deficiencia clínica no es frecuente. Uno de los principales problemas asociados con la identificación de la función y las necesidades de los microminerales es la capacidad para determinar el nivel de minerales en los animales. Además, nuestro escaso conocimiento acerca de las interacciones minerales que tienen lugar en los intestinos y, en particular en el rumen, dificulta la investigación en este campo.

Cobre

El cobre es necesario en los animales como componente de numerosas enzimas que están involucradas en muchas funciones metabólicas importantes entre las que están la actividad antioxidante, la producción de melanina y el sobrecruzamiento del colágeno, entre muchos otras (Underwood y Suttle, 1999). La deficiencia clínica de cobre es un problema en numerosas áreas y se considera mundialmente que es la segunda deficiencia mineral más común en vacas (Wikse y col., 1992). La deficiencia de cobre es primaria cuando la ingestión de cobre es menor que los requerimientos metabólicos y es secundaria cuando se debe a las interacciones antagónicas con otros minerales de la dieta. Estas interacciones ocurren principalmente entre cobre, molibdeno, azufre y hierro y tienen lugar en el rumen bajo condiciones anaerobias. El cinc también reduce la absorción de cobre aunque por un mecanismo diferente que tiene lugar en el intestino delgado mediante la inducción de la metalotionina. La despigmentación del cabello, ritmos de crecimiento bajos, alteraciones de la función cardiaca, anemia, fragilidad ósea, debilidad de la función inmune e infertilidad son las principales manifestaciones clínicas que se han observado de la deficiencia de cobre (McDowell, 1992).

Existe un considerable debate sobre la función específica del cobre y su relación con el metabolismo en la eficacia reproductiva de rumiantes de granja (Suttle, 2002; Telfer y col., 2004). Parte de esta incertidumbre procede de nuestra incapacidad para evaluar adecuadamente el nivel de cobre en rumiantes utilizando concentraciones de cobre en plasma como criterio bioquímico (Mackenzie y col., 1997a; b). Varios trabajos antiguos se contradicen en cuanto a la posible relación entre un bajo nivel de cobre y la fertilidad en vacas. Littlejohn y Lewis (1960) y más tarde Larson y colaboradores (1980) concluyeron que no existía relación alguna entre la fertilidad de las vacas y el nivel de cobre en sangre. De manera similar, Phillippo y colaboradores (1982) observaron tasas de concepción entre el 37 y el 65% en vacas lactantes con rangos de cobre en suero de 2,5 a 14,5 mmol/l, respectivamente en el primer mes de gestación. Estos autores concluyeron que no existía una relación significativa entre la concentración media de cobre en suero y la tasa de concepción. Sin embargo, Rowlands y colaboradores (1977) observaron que la fertilidad variaba en vacas con bajo nivel de cobre en sangre. Más recientemente, Wentink y colaboradores (1999) observaron que niveles muy bajos de cobre en sangre o hígado de vacas lecheras no estaban asociados con anormalidades clínicas.

Algunos trabajos con suelos ricos en M turba de East Anglia (Inglaterra) evidencian una relación positiva entre cobre y fertilidad en rumiantes dado que la fertilidad aumentó cuando se trató con cobre (Blakemore y Venn, 1950; Munro, 1957). Otros trabajos en los que se redujo la fertilidad mediante el suministro de antagonistas del cobre o donde la fertilidad mejoró al suplementar con cobre han establecido firmemente la relación entre cobre y fertilidad en vacas (Bremner y col., 1983; Phillippo y col., 1985, 1987; Hurly y Doane, 1989; Mackenzie y col., 2001; Black y French, 2004). Los síntomas más comunes de la deficiencia clínica de cobre respecto a la fertilidad son la mortalidad prenatal y la pérdida específica de embriones (O'Gorman y col., 1987), la reducción de la actividad ovárica, la disminución o depresión del estro y la reducción de las tasas de concepción (Phillippo y col., 1987).

Con el objetivo de comprender las contradicciones entre los trabajos anteriores, es apropiado investigar la etiología de la deficiencia de cobre en rumiantes. La condición denominada deficiencia secundaria de cobre está causada por una serie de interacciones complejas entre cobre, molibdeno y azufre en el rumen y ha sido extensamente revisada (Suttle, 1991). Dentro del rumen, molibdeno y azufre forman una serie de di, tri y tetratiomolibdatos que pueden unirse al cobre para formar cobre tiomolibdato que no se absorbe y es excretado en las heces reduciéndose la absorción neta de cobre. Suttle (1976) propuso una ecuación de regresión basada en esta interacción para predecir la disponibilidad de las dietas. Sin embargo, en la investigación llevada a cabo en el Instituto de Investigación Rowett, las vacas que consumieron niveles de cobre extremadamente bajos no mostraban necesariamente síntomas clínicos de deficiencia (Phillippo y col., 1987). La hipocupremia sin síntomas clínicos fue inducida por el hierro pero no por el molibdeno. Estos resultados condujeron a la hipótesis de que la deficiencia clínica del cobre se debía a la formación y a la absorción de tiomolibdatos y no a la falta de cobre en sangre.

En una serie de experimentos, se suplementaron dietas para novillas con niveles altos de molibdeno (5 mg/kg de materia seca) o hierro (800 mg/kg de materia seca) o una combinación de ambos y se midieron los ritmos de crecimiento y los parámetros relativos al cobre (Humphries y col., 1983; Bremner y col., 1983). Los autores observaron que el nivel de cobre (medido por la concentración en plasma e hígado) disminuyó en los tratamientos con molibdeno y hierro así como con la combinación de ambos tratamientos en comparación con las novillas control (sin suplemento de molibdeno o hierro). Sin embargo, síntomas clínicos tales como la reducción del crecimiento, las lesiones en el esqueleto y las alteraciones en la textura y el color del pelo sólo se apreciaron en las novillas tratadas con molibdeno y no en las que sólo recibieron hierro o la dieta control. Estos resultados sugirieron que la deficiencia clínica de cobre se debía a altas ingestiones de molibdeno en vez de a una baja concentración de cobre en plasma o hígado. Mason (1986) y Mason y colaboradores (1988) observaron que los tiomolibdatos eran potentes antagonistas del metabolismo del cobre y una vez absorbidos reducían la actividad de las enzimas que contenían cobre. Posteriormente, Williams (2004) observó que la inhibición de la actividad enzimática en ovejas debida al molibdeno de la dieta no se atribuía a alteraciones de la expresión genética sino que se debía a la inhibición directa de la enzima por el tiomolibdato o a la prevención de la incorporación de cobre previa a su liberación del hepatocito. Williams y colaboradores (2004) concluyeron que existía una marcada alteración en la especiación del cobre en el plasma debido al molibdeno de la dieta.

Phillippo y colaboradores (1987) estudiaron los efectos de la ingestión de cobre o molibdeno sobre la fertilidad y sobre el nivel de cobre en novillas. Las novillas fueron suplementadas con: (a) 800 mg hierro/kg de materia seca, (b) 5 mg Mo/kg de materia seca, (c) 800 mg hierro/kg de materia seca más 5 mg molibdeno/kg de materia seca o (d) control; sin suplementación de molibdeno o hierro. En los grupos que recibieron hierro, molibdeno o ambos (grupos con los tratamientos a, b y c), el nivel de cobre disminuyó en comparación con el control. Sin embargo, el efecto sobre la fertilidad sólo se observó en las novillas que se suplementaron con molibdeno. La edad y el peso vivo a la pubertad se retrasaron

Tabla 1 Efecto del hierro o molibdeno sobre el nivel de cobre y la reproducción en novillas (Phillippo y col., 1987).

	Control	*Hierro*	*Molibdeno*	*Control restringido*[a]
Cobre en hígado (mg/kg)	59,1	5,9	4,5	74,0
Edad pubertad (días)	285	296	344	275
Peso vivo pubertad (kg)	313	310	283	268
Pico concentración[b] LH (ng/mL)	18,2	14,8	6,6	14,0

[a] El consumo se restringió para obtener ganancias de peso similares en las novillas que consumían molibdeno.
[b] Tras dos inyecciones de prostaglandinas.

en el grupo suplementado con molibdeno en comparación con el grupo control y con el suplementado con hierro (Tabla 1). Además, la liberación pulsátil de la hormona luteinizante (LH) se redujo.

Telfer y colaboradores (1998) observaron efectos similares en novillas lecheras en las que aumentó la longitud del ciclo estral debido a la adición de molibdeno, azufre y hierro (5,1 mg Mo/kg de materia seca, 550 mg hierro/kg de materia seca y 3,1 g S/kg de materia seca) a una dieta basal (4,9 mg cobre/kg de materia seca; Tabla 2). Mackenzie y colaboradores (2001) observaron que en las vacas que pastaban (2,5 mg molibdeno/kg de materia seca; 10,4 mg cobre/kg de materia seca) mejoraba significativamente la fertilidad al suplementar con cobre en comparación con las vacas control (Tabla 3). Aunque las concentraciones de cobre en plasma aumentaron significativamente en las vacas suplementadas, las concentraciones de cobre en plasma de los animales control estuvieron en rangos normales (>12 mmol/l) durante el ensayo y ninguna de las vacas pudo clasificarse como hipocuprémica. Sin embargo, estos resultados no son consistentes con los observados por Xin y colaboradores (1993) quienes demostraron que el molibdeno no influía sobre la liberación pulsátil de LH aunque las concentraciones en la pituitaria fueron significativamente menores.

Tabla 2 Efecto del molibdeno, hierro y azufre sobre la longitud del ciclo estral de novillas lecheras (Telfer y col., 1998).

Nº ciclo	*Control*	*EEM*[1]	*Longitud ciclo (días)* *Tratado*	*EEM*	*Probabilidad*
1	20,9	0,7	20,6	0,4	NS
2	21,8	0,8	22,4	1,4	NS
3	20,4	0,7	22,6	1,3	NS
4	20,6	0,7	24,8	1,3	$p< 0,05$
5	21,6	0,8	24,4	1,0	$p< 0,05$

[1] Error estándar de la media.

Tabla 3 Efecto de la suplementación con cobre sobre la fertilidad de las vacas (Mackenzie y col., 2001).

	Control	*Tratado con cobre*	*EEM*[1]	*Probabilidad*
Número de inseminación	2,5	1,7	0,16	p< 0,01
Días al parto	397	372	9,2	p< 0,05
Días parto-cubrición	117	95	9,3	NS

[1] Error estándar de la media.

Existen numerosos trabajos que comparan suplementos con cobre en cuanto a forma de suministro (por ej., inyectado o bolos orales) o la fuente de cobre en la dieta (orgánico o inorgánico). Black y French (2004) observaron que existía una gran variación en la respuesta a los diferentes suplementos con cobre. Por ejemplo, las vacas suplementadas oralmente con cobre concebían a una tasa 1,8 veces mayor que las inyectadas con cobre y el intervalo parto-cubrición fue de 84 días en comparación con 114 días para los mismos animales. O'Donoghue y Boland (1995) observaron que suplementando vacas con Bioplex™ mineral (Alltech Inc., Nicholasville, Estados Unidos. Orgánico; 100 mg cobre, 300 mg cinc y 2 mg selenio/novilla y día) disminuía el número de días hasta la aparición del primer folículo y la ovulación con una mejora en la tasa de concepción (Tabla 4). Sin embargo, Muehlenbein y colaboradores (2001) observaron que no había efecto de la fuente de cobre sobre las tasas de gestación.

El mecanismo por el que el molibdeno o tiomolibdato de la dieta altera la función reproductiva en rumiantes aún no está claro. Sin embargo, hay muchos trabajos que han intentado esclarecer esta cuestión. Por ejemplo, Kendall y colaboradores (2003) observaron que los tiomolibdatos deprimen la síntesis de esteroides en células cultivadas de ovario de bovino y disminuyen la concentración de estradiol habiéndose observado efectos similares para la androstenodiona (datos sin publicar, Kendall y Campbell). La inhibición de la síntesis de esteroides

Tabla 4 Efecto de la suplementación con minerales orgánicos sobre la reproducción en vacas lecheras (O'Donoghue y Boland, 1995).

	Control	*Bioplex**
Días hasta primer folículo estimulante	9,3	7,8
Días post-parto hasta ovulación	25,3 ± 3,1	20,4 ± 3,8
Días hasta primer servicio	75,4 ± 6,1	68,8 ± 3,8
Tasa de concepción (%)	57,7	65,2

* Bioplex 100 mg de cobre; 300 mg de cinc; 2 mg levadura selenio (Sel-plex® Alltech Inc. Nicholasville) por novilla y día.

Tabla 5 Efecto del molibdeno (Mo), azufre (S) y hierro (Fe) de la dieta sobre la concentración de elementos traza en el hígado de corderos en crecimiento (μg/g materia seca; Williams, 2004).

	Control	*Fe*	*2 Mo*	*5 Mo*	*10 Mo*	*DE*[1]	*P<*[2]
Cobre	215,1[a]	82,5[b]	77,7[b]	29,4[c]	82,1[b]	26,64	0,001
Molibdeno	3,76[a]	3,51[a]	4,21[a]	4,94[b]	6,77[c]	0,32	0,001
Cinc	106,1	102,4	109,2	114,7	115,1	6,90	NS
Hierro	203,0[a]	520,1[b]	201,2[a]	206,1[a]	189,0[a]	35,5	0,001
Manganeso	8,01	8,54	9,01	8,68	8,62	0,937	NS

[a, b, c] Medias de la misma fila con diferente superíndice son diferentes ($P< 0,05$).
[1] Desviación estándar. [2] Probabilidad.

revertió parcialmente por la adición de cobre a las células cultivadas. Williams (2004) observó que al suplementar dietas de cordero con molibdeno aumentaba la concentración de dicho mineral en los ovarios y disminuía la concentración de cobre (Tabla 5).

Haywood y colaboradores (2004) observaron que en ovejas a las que se les suministraba tiomolibdato parentalmente sufrían alteraciones patológicas y funcionales de la glándula pituitaria presentando células con o degeneración no inflamatoria. Este hecho estuvo asociado con la acumulación de molibdeno en la pituitaria. En estudios realizados para esclarecer el efecto del molibdeno sobre la función de la pituitaria, Williams (2004) utilizando inmunocitoquímica tiñó la hormona adrenocorticotrópica (ACTH) de la glándula pituitaria en corderos suplementados con 2, 5 ó 10 mg Mo/kg de materia seca o 500 mg hierro/kg de materia seca. Los niveles de ACTH fueron mayores en los corderos que recibieron molibdeno, de forma dependiente de la dosis, en comparación con el control negativo (sin suplementar) o con corderos suplementados con hierro. Estos resultados sugieren que las dietas con niveles de molibdeno tan bajos como 2 g/kg tienen un efecto directo sobre la pituitaria y sobre el sistema endocrino de rumiantes. Este hecho parece deberse parcialmente al efecto directo sobre las células de la pituitaria que resulta en la prevención de la liberación hormonal. Sin embargo, este mecanismo aún no se ha establecido. La enzima dependiente de cobre, monooxigenasa peptidilglicina alfa-amidante (Stevenson y col., 2003), es esencial para la secreción de numerosos péptidos, hormonas y neurotransmisores en las células. La extracción del cobre de esta enzima conlleva su inhibición (Bolkenhuis y Ganzhorn, 1998) al igual que inhibiendo el suministro de cobre a la enzima (Stevenson y col., 2003). Por tanto, algunos de los efectos a los que da lugar el molibdeno de la dieta o los tiomolibdatos en rumiantes podrían deberse a la inhibición de la actividad de la monooxigenasa peptidilglicina alfa-amidante en la pituitaria (Haywood y col., 2004; Williams, 2004).

Claramente, a partir de la literatura anterior, los resultados iniciales contradictorios que fueron encontrados respecto a la relación entre nivel de cobre y fertilidad en rumiantes ha sido puesta en contexto teniendo en cuenta que las concentraciones de cobre en plasma no reflejan el nivel de cobre (Mackenzie y col., 1997a, b; Wentink y col., 1999; Telfer y col., 2004). El molibdeno afecta a la pituitaria y a la función ovárica y, en último término, a la fertilidad en vacas, siendo necesario suplementar con cobre para prevenir los efectos del molibdeno de la dieta. Sin embargo, la incertidumbre de los análisis de cobre ha conducido a un extenso uso del mismo como suplemento para tratar casos de subfertilidad en vacas como una posible condición de sensibilidad al cobre. Livesey y colaboradores (2002) encontraron 33 rebaños afectados por envenenamiento con cobre en vacas de leche entre 1999 y principios de 2002 en el Reino Unido demostrando el gran incremento que se ha producido de dicha incidencia. Asimismo, Laven y colaboradores (2004) también sugirieron que podría estar ocurriendo una sobresuplementación con cobre en vacas de leche basándose en la determinación de niveles de glutamato deshidrogenasa (GLDH) en plasma. Esta enzima, que refleja hepatopatías y que no es específica de toxicidad por cobre, aumentaba en rebaños de ovejas que recibían 1.325 mg cobre/día aunque no se observaron síntomas clínicos de toxicidad. Asimismo hay variedad de opiniones respecto al uso de diferentes formas de cobre en la dieta y de sus beneficios relativos. Sin embargo, la investigación en esta área ha sido escasa y se ha llevado a cabo en granjas donde el control de factores externos se ve a menudo comprometido.

Cobalto

El cobalto es el componente prostético de la vitamina B_{12} que es sintetizada por microorganismos en el rumen. Por ello, los rumiantes necesitan cobalto en la dieta. La deficiencia de cobalto es común en el Reino Unido y en otras regiones del mundo. Los síntomas clínicos de la deficiencia de cobalto en rumiantes incluyen anorexia, reducción del ritmo de crecimiento, pérdidas de condición corporal, demacración y, si no se trata, en algunas ocasiones puede provocar la muerte (McDowell, 1992). Otras manifestaciones clínicas en rumiantes incluyen anemia y acumulación de grasa en el hígado (Underwood y Suttle, 1999).

La vitamina B_{12} es necesaria en rumiantes como coenzima de muchas rutas metabólicas importantes en forma de metilcobalamina que ayuda a las enzimas metiltransferasas, o como adenosilcobalamina que influye directamente sobre la síntesis de glucosa a partir de propionato (Underwood y Suttle, 1999). Se necesita propionato para ser convertido en glucosa a través de succinato en hígado. Esta ruta conlleva la conversión de metilmalonil-CoA en succinil-CoA mediante la enzima metilmalonil-CoA mutasa que es dependiente de la vitamina B_{12}. La deficiencia de esta enzima conduce a un aumento del ácido metilmalónico en la orina y a una acumulación de propionato en sangre que se traduce en inapetencia. También es necesario para la síntesis de eritrocitos y para el mantenimiento del sistema nervioso (McDowell, 1992).

Una de las manifestaciones clínicas más comunes de la deficiencia de cobalto en vacunos adultos es la disminución de las tasas de concepción (Hidiroglou, 1979). En algunos trabajos se han observado intervalos entre partos de hasta 24 meses en vacas con deficiencia de cobalto en vez de los 14 meses que es lo normal. Hurley y Doane (1989) señalaron que la deficiencia de cobalto disminuía la actividad estral, retrasaba el inicio de la pubertad y provocaba abortos. El mecanismo por el cual el cobalto influye sobre la fertilidad en rumiantes se ha atribuido a alteraciones en el metabolismo de la energía. Sin embargo, Judson y colaboradores (1997) observaron mejoras de la fertilidad en vacas que recibieron suplementos de cobalto en comparación con las que no se suplementaron cuando no había síntomas de enfermedad.

Al igual que sucede con otros elementos traza, la determinación exacta del nivel de cobalto en vacas de leche es difícil. La práctica actual consiste en medir las concentraciones de vitamina B_{12} en suero/plasma ya que es un parámetro que está altamente correlacionado con la ingestión de cobalto en ovejas y cabras. Sin embargo, esto no ocurre en vacas tal y como observaron Carlos y colaboradores (1987). Estos autores observaron una liberación incompleta de la vitamina B_{12} ligada a la proteína que resultó en una subestimación de las concentraciones verdaderas de vitamina B_{12}. Además, los microbios ruminales sintetizan análogos de la vitamina B_{12} que son detectados en estos análisis pero que son inactivos biológicamente. Esta última causa de error es más común en vacas de leche alimentadas con altos niveles de concentrados donde un menor pH ruminal resulta en la reducción de la síntesis total de vitamina B_{12}, produciéndose una mayor proporción de los análogos inactivos de la vitamina B_{12}.

Selenio

El papel esencial del selenio en la salud y la nutrición animal reside en las enzimas antioxidantes glutatión peroxidasas (GSH-Px). Este conjunto de enzimas tienen una función sinérgica con la vitamina E y con otros antioxidantes eliminando peróxidos tóxicos de los tejidos y previniendo daños oxidativos en las membranas. Desde el temprano descubrimiento de la enzima glutatión peroxidasa Se-dependiente, se han descubierto numerosas proteínas que contienen selenio siendo las más notables las yodotironina deyodinasas involucradas en la función tiroidea (Arthur y Beckett, 1994) y las cuales convierten la tiroxina en tri-yodotrionina. Se ha observado que esta reacción en vacas está inhibida por la deficiencia de selenio (Arthur y col., 1988).

Los síntomas clínicos de la deficiencia de selenio en vacas se deben principalmente a una distrofia muscular comúnmente denominada enfermedad del músculo blanco. Esta enfermedad se caracteriza por agarrotamiento, degeneración muscular y una debilidad general junto con dificultad para ponerse de pie. Otros síntomas clínicos incluyen un empeoramiento de la función inmune y un aumento de la incidencia de enfermedades, particularmente de neumonía

Tabla 6 Efecto del selenio sobre la fertilidad de vacas de leche (D'Aleo y col., 1983).

	Control	*Selenio +*
Inseminaciones hasta cubrición	2,05	1,54
Placentas retenidas	20%	0%
Quistes ováricos	9,5%	5,6%

(McDowell, 1992). Todos estos síntomas se pueden considerar el resultado de una baja actividad de la enzima glutatión peroxidasa. Asimismo, se ha observado que un retraso en el crecimiento es una característica de la deficiencia de selenio que, en la actualidad, puede explicarse parcialmente por el papel del selenio en el metabolismo tiroideo.

Se sabe que la deficiencia de selenio afecta negativamente a la reproducción tanto en machos como en hembras. En las vacas de leche, el efecto de la deficiencia de selenio se manifiesta principalmente por la incidencia de retenciones placentarias y quistes ováricos. Harrison y colaboradores (1984) observaron que la incidencia de retención de placenta era del 17,4% en animales control en comparación con el 0% en los animales tratados con vitamina E y selenio. Además, la incidencia de quistes ováricos fue del 47% en los controles y del 19% en los animales tratados. D'Aleo y colaboradores (1983) observaron resultados similares en vacas alimentadas con dietas bajas en selenio durante el periodo seco. Un mes antes del parto, se suplementó con 0,3 mg Se/kg un grupo de vacas en las que posteriormente se monitorizó la eficacia reproductiva (Tabla 6). Se observó que el número de inseminaciones hasta la cubrición tendía a aumentar en los animales control alimentados con dietas bajas en selenio en comparación con el grupo suplementado (2,05 y 1,54, respectivamente). Además, la incidencia de placentas retenidas y de quistes ováricos fue significativamente menor en el grupo suplementado con selenio. El papel del selenio en la incidencia de retención de placenta ha sido revisado por Mee (2004) quien concluyó que, en la mayoría de los trabajos, la suplementación con selenio y vitamina E, solas o combinadas, reducía la incidencia de retención de placentas. Sin embargo, la mayoría de estos trabajos eran con selenio y vitamina E suministrados conjuntamente de manera parental y no oral. Además, se ha observado que las mejoras de la producción de leche y del crecimiento tienen lugar conjuntamente con mejoras de la inmunidad.

Manganeso

La deficiencia de manganeso se ha observado en varias especies resultando en alteraciones en el crecimiento óseo, la fertilidad y el metabolismo de los carbohidratos (Underwood y Suttle, 1999). Wilson (1966) aseguró que los principales síntomas atribuibles a la deficiencia de manganeso en vacas eran anestros, comportamientos estrales débiles y disminución del tamaño del ovario (mediante palpación rectal). Estos síntomas también se han observado en otros animales de granja. Sin embargo, Underwood y Suttle (1999) señalaron que su incidencia es rara en todos los animales zootécnicos. La absorción de manganeso de la dieta generalmente es muy baja (menos del 1%) y además puede verse impedida por antagonistas como el calcio o el fósforo (Wilson, 1966). Sin embargo, forrajes como el pasto o el silo de hierba junto con pienso pueden suministrar niveles de manganeso por encima de las necesidades. Actualmente existe poca o ninguna evidencia acerca del aumento de la productividad bien como ritmo de crecimiento o como fertilidad resultante del aumento de la suplementación (Whitaker, 1999).

Conclusiones

Los niveles óptimos de suplementación de microminerales para mejorar la fertilidad en rumiantes son el objetivo de numerosos debates. La literatura existente indica que los elementos más importantes relacionados con la disminución de la fertilidad son cobre y selenio. Las fuentes de minerales orgánicos se consideran más biodisponibles que las inorgánicas y, por tanto, podrían aliviar los problemas de fertilidad con niveles de suplementación menores. El papel del cobre en la fertilidad es complejo y los efectos del molibdeno de la dieta han de ser esclarecidos. Por tanto, es necesaria más investigación en esta área.

Referencias bibliográficas

Arthur, J.R., and Beckett, G.J. (1994). New metabolic roles for selenium. *Proceedings of the Nutrition Society* **53:** 463-470.

Arthur, J.R., Morrice, P.C., and Beckett, G.J. (1988). Thyroid hormone concentrations in selenium-deficient and selenium-sufficient cattle. *Research in Veterinary Science* **45:** 122-123.

Black, D.H., and French, N.P. (2004). Effects of three types of trace element supplementation on the fertility of three commercial dairy herds. *Veterinary Record* **154:** 652-658.

Bolkenhuis, F.N., and Ganzhorn, A.J. (1998). Review. Peptidylglycine α-amidating monooxygenase: neuropeptide amidation as a target for drug design. *General Pharmacology* **31:** 655-659.

Blakemore, F., and Venn, J.A.J. (1950). Conditions associated with hypocupremia of bovine in East Anglia. *Veterinary Record* **62:** 756-761.

Bremner, I. Phillippo, M., Humphries, W.R., Young, B.W., and Mills, C.F. (1983). Effect of iron and molybdenum on copper metabolism in calves. In: *Trace Elements in Animal Production and Veterinary Practice* (Eds. N.F. Suttle, R.G. Gunn, W.M. Allen, K.A. Linklater and G. Wiener). BSAP Occasional Publication No. 7. pp. 136-137.

Carlos, G.M., Telfer, S.B., Johnson, C.L., Givens, D.I., Wilkins, R.J., and Newberry, R.D. (1987). Microbiological assay of bloodserum for the vitamin B12 status of dairy cows. *Journal of Dairy Research* **54:** 463-470.

D'Aleo, J., Shelford, A., and Fisher, L.J. (1983). Selenium-sulphur interactions and their influence on fertility in dairy cattle. *Canadian Journal of Animal Science* **63:** 999.

Esslemont, R.J., Kossaibati, M.A., and Allcock, J. (2001). Economics of fertility in dairy cows. In: *Fertility in the High-Producing Dairy* Cow (Ed Diskin, M.G.). Occasional Publication 26, British Society of Animal Science, Edinburgh. pp. 19-29.

Harrison, J.H., Hancock, D.D., and Conrad, H.R. (1984). Vitamin E and selenium for reproduction of the dairy cow. *Journal of Dairy Science* **67:** 123-132.

Haywood, S., Dincer, Z., jasani, B. and Loughran, M.J. (2004). Molybdenum-associated pituitary endocrinopathy in sheep treated with ammonium tetrathiomolybdate. *Journal of Comparative Pathology,* **130,** 21-31.

Hidiroglou, M. (1979). Trace element deficiency and fertility in ruminants: A review. *Journal of Dairy Science* **62:** 1195-1206.

Humphries, W.R., Phillippo, M., Young, B.W., and Bremner, I. (1983). The influence of dietary iron and molybdenum on copper metabolism in calves. *British Journal of Nutrition* **49:** 77-86.

Hurly, W.L., and Doane, R.M. (1989). Recent development in the roles of vitamins and minerals in reproduction. *Journal of Dairy Science* **72:** 784-804.

Judson, G.J., McFarlane, J.D., Mitsioulis, A., and Zviedrans, P. (1997). Vitamin B12 responses to cobalt pellets in beef cows. *Australian Veterinary Journal* **75:** 660-662.

Kendall, N.R., Marsters, P., Scaramuzzi, R.J., and Campbell, B.K. (2003). Expression of lysyl and effect of copper chloride and ammonium tetrathiomolybdate on bovine ovarian follicle granulosa cells cultured in serum-free media. *Reproduction* **125:** 657-665.

Larson, L.L., Mabruck, H.S., and Lowry, S.R. (1980). Relationship between early postpartum blood composition and reproductive performance in dairy cattle. *Journal of Dairy Science* **63:** 283-289.

Laven, R.A., Livesey, C.T., Offer, N.W., and Fountain, D. (2004). Apparent subclinical hepatopathy due to excess copper intake in lactating Holstein cattle. *Veterinary Record* **155:** 120-121.

Littlejohn, A. I., and Lewis, G. (1960). Experimental studies of the relationship between calcium phosphorous ratio of the diet and fertility in heifers: a preliminary report. *Veterinary Record* **72:** 1137-1144.

Livesey, C.T., Bidewell, C.A., Crawshaw, T.R., and David, G.P. (2002). Investigation of copper poisoning in adult cows by the Veterinary Laboratory Agency. *Cattle Practice* **10:** 289-294.

Mackenzie, A.M., Moeini, M.M., and Telfer, S.B. (2001). The effect of a copper, cobalt and selenium bolus on the fertility and trace element status of dairy cattle. In: *Fertility in the High-Producing Dairy Cow* (Ed. M.G. Diskin). Occasional Publication 26, British Society of Animal Science, Edinburgh. pp. 423-427.

Mackenzie, A.M., Illingworth, D.V., Jackson, D.W., and Telfer, S.B. (1997a). The use of caeruloplasmin activities and plasma copper concentrations as indicators of copper status in ruminants. In: *Trace Elerments in Man and Animal -9: Proceedings of the Ninth International Symposium on Trace Elements in Man andAnimals.* (Eds. P.W.F. Fischer, M.R. L'Abbé, K.A. Cockell and R.S. Gibson). NRC Research Press, Ottawa, Canada. pp. 137-138.

Mackenzie, A.M., Illingworth, D.V., Jackson, D.W., and Telfer, S.B. (1 997b). A comparison of methods of assessing copper status in cattle. In: Trace *Elements in Man and Animal -9: Proceedings of the Ninth International Symposium on Trace Elements in Man andAnimals.* (Eds. P.W.F. Fischer, M.R. L'Abbé, K.A. Cockell and R.S. Gibson). NRC Research Press, Ottawa, Canada. pp. 301-302.

Mason, J. (1986). Thiomolybdates: mediators of molybdenum toxicity and enzyme inhibitors. *Toxicology* **42:** 99-109.

Mason, J., Lamand, M., Tressol, J.C., and Mulryan, G. (1988). Studies of the change in systemic copper metabolism and excretion produced by the intravenous administration of trithiomolybdate in sheep. *British Journal of Nutrition* **59:** 289-300.

McDowell, L.R. (1992). *Minerals in Animal and Human Nutrition.* Academic Press, London.

Mee, J.F. (2004). The role of micronutrients in bovine periparturient problems. *Cattle Practice* **12:** 95-108.

Muehlenbein, E.L., Brink, D.R., Deutscher, G.H., Carlson, M.P., and Johnson, A.B. (2001). Effect of inorganic and organic copper supplemented to first-calf cows on cow reproduction and calf health and performance. *Journal of Animal Science* **79:** 1650-1659.

Munro, I.B. (1957). Infectious and non-infectious herd infertility in East Anglia. *Veterinary Record* **69:** 125-129.

O'Donoghue, G.G., and Boland, M.P. (1995). Effects of an organic trace mineral supplement on reproduction in dairy cows. *Journal of Dairy Science* **78** (Suppl. 1): 239.

O'Gorman, F., Smith, F. H., Poole, D.B.R., Boland, M. P., and Roche, J.F. (1987). The effect of molybdenum-induced copper deficiency on reproduction in beef heifers. *Theriogenology* **27:** 265.

Phillippo, M., Humphries, W.R., Lawrence, C.B. and Price, J. (1982). Investigation of the effect of copper status and therapy on fertility in beef suckler herds. *Journal of Agriculture Science*, **99:** 359-364.

Phillippo, M., Humphries, W.R., Bremner, I., Atkinson, T., and Henderson, G.D. (1985). Molybdenum-induced infertility in cattle. In: *Trace Elements in Man and Animals: TEMA-5,* (Eds. C. Mills, L. Bremner, and J.K. Chesters). pp. 176-180.

Phillippo, M., Humphries, W.R., Atkinson, T., Henderson, G.D., and Garthwaite, P.H. (1987). The effect of dietary molybdenum and iron on copper status, puberty, fertility and oestrus cycle in cattle. *Journal of Agricultural Science* **109:** 321-36.

Rowlands, G.J., Little, W., and Kitchenham, B.A. (1977). Relationship between blood composition and fertility in dairy cows - a field study. *Journal of Dairy Research* **44:** 1-7.

Stevenson, T.C., Ciccatosto, G.D., Ma, X.-M., Mueller, G.P., Mains, R.E., and Eipper, B.A. (2003). Menkes protein contributes to the function of peptidylglycine α-amidating monooxygenase. *Endocrinology* **144:** 188-200.

Suttle, N.F. (1976). Predicting the effect of dietary molybdenum and sulphur on the availability of copper to ruminants. *Proceedings of the Nutrition* Society **35:** 22a.

Suttle, N.F. (1991). The interaction between copper, molybdenum, and sulphur in ruminant nutrition. *Annual review of Nutrition* **11:** 121-140.

Suttle, N.F. (2002). Copper deficiency – how has the disease and its diagnosis changed in the last 15 years? *Cattle Practice* **10:** 275-278.

Telfer, S.B., Moeini, M.M., and Mackenzie, A.M. (1998). The effect of molybdenum, sulphur and iron on the oestrus cycle and copper status of Holstein Friesian heifers. *XX World Buiatrics Congress, Syndey.* pp. 1063.

Telfer, S.B., Kendall, N.R., Illingworth, D.V., and Mackenzie, A.M. (2004). Molybdenum toxicity in cattle: an underestimated problem. *Cattle Practice* (In Press).

Underwood, E.J., and Suttle, N.F. (1999). *The Mineral Nutrition of Livestock.* CABI Publishing, Oxon.

Wentink, G.H., Smolders, G., Boxem, Tj., Wensing, Th., Müller, K.E. and Van Den Top, A.M. (1999). Lack of clinical abnormalities in dairy heifers with low blood and liver copper levels. *Veterinary Record* **145:** 258-258.

Whitaker, D.A. (1999). Trace elements – the real role in dairy cow fertility? *Cattle Practice* **7:** 239-242.

Wikse, S.E., Herd, D., Fiald, R. and Holland, P. (1992). Diagnosis of copper deficiency in cattle. *Journal of the Veterinary American Medical Association* **200:** 209-211.

Williams, C.L. (2004). The effects of molybdenum, iron and sulphur on copper metabolism and physiology of sheep. PhD Thesis, Harper Adams University College.

Wilson, J.G. (1966). Bovine functional infertility in Devon and Cornwall: response to manganese therapy. *Veterinary Record,* **79:** 562-566.

Xin, Z., Silvia, W.J., Waterman, D.F., Hemken, R.W. and Tucker, W.B. (1993). Effect of copper status on luteinizing-hormone secretion in dairy steers. *Journal of Dairy Science*, **76:** 437-444.

Capítulo 14

Incidencia de mastitis en vacas lecheras modernas. Papel de la nutrición y el manejo

Jim Spain

Profesor Titular de la Unidad de Ciencia Animal, Universidad de Missouri-Columbia, Estados Unidos

Introducción

El estado sanitario de la glándula mamaria y la calidad de la leche son dos criterios esenciales a considerar por la industria lechera. La reducción del recuento de células somáticas (RCS) mejora la calidad de la leche y, a su vez, reduce el uso de antibióticos intramamarios. La reducción del uso de antibióticos es primordial para prevenir el desarrollo de resistencias bacterianas a antibióticos a la vez que se disminuye la posibilidad de contaminación de la leche por antibióticos. El estado sanitario de la glándula mamaria influye sobre el estado sanitario general y la productividad animal y la mejora en la calidad de la leche influye sobre la confianza del consumidor en el producto y la seguridad alimentaria.

A nivel mundial, la mastitis es la patología que más incide sobre la productividad de las vacas y el beneficio de la industria lechera (Dingwell y col., 2003). La necesidad de mejorar el control de calidad de la leche ha dado lugar a diversas publicaciones tales como la de la Asociación Nacional de Mejoramiento de Ganado Lechero (ANMGL) y la del Sistema Nacional de Control de la Salud Animal (SNCSA). Los datos de la ANMGL están basados en los resultados de RCS lineales obtenidos por la Asociación de Mejoramiento de Ganado Lechero (AMGL) en vacas individuales (Wells y Orr, 1995). En 1993, la base de datos de la ANMGL incluía el 28% de las explotaciones, el 42% del censo de vacas lecheras y el 51% de la producción lechera total de Estados Unidos. En algunos estados del Sureste, el cinturón del maíz, la costa Oeste y Pensilvania, el RCS fue de 3,5 o superior. La mayor pérdida por vaca debida al RCS se observó en el Sureste del país y estuvo relacionada con una producción lechera elevada y con unos precios en granja superiores. Las pérdidas estimadas debidas a RCS elevados superaron los 30 dólares por vaca en más de cuarenta estados, sin incluir los costes asociados a tratamientos y a leche no comercializable. El Comité Nacional sobre Mastitis de

Estados Unidos estimó que la reducción del rendimiento lechero debido a RCS elevados era superior a los 120 dólares por vaca. En cualquier caso, la valoración del impacto económico de la mastitis es compleja dada la variabilidad entre granjas de los costes del tratamiento. Asimismo, los efectos de la enfermedad dependen de factores tales como la longevidad, el estadio de la vida productiva, la selección y los progresos genéticos (Dingwell y col., 2003). En cualquier caso, es evidente que el control de la mastitis es de vital importancia económica para los productores de leche a nivel mundial.

Debido a los efectos de la mastitis sobre la calidad de la leche y el rendimiento económico de las explotaciones lecheras, la investigación se ha centrado en los métodos a utilizar para mejorar el estado sanitario y la higiene de la ubre. Los progresos en esta dirección se han visto acompañados de una clara reducción de los contagios de mastitis entre vacas del mismo rebaño aunque la incidencia de infecciones por mastitis en las vacas no ha disminuido. Es más, las infecciones de origen ambiental han aumentado en muchos países (Pyorala, 2002). Este autor indicó que aunque se piensa que el uso de antibióticos es lo más efectivo para combatir la mastitis, mejoras relacionadas con el diseño y el manejo adecuado de las ordeñadoras con inmersión del pezón, las barreras para la inmersión del pezón, el uso de vacunas y de otros productos relacionados con el estado sanitario de la ubre ayudan a prevenir la aparición de nuevas infecciones de la glándula mamaria. Dingwell y colaboradores (2003), en un informe que incluía 50 granjas de vacas lecheras de Ohio, observaron que los programas de prevención de la mastitis suponían el 48% del coste global de prevención de todas las patologías. Por tanto, las estrategias a utilizar para mejorar de forma significativa la calidad de la leche y el estado sanitario de la ubre precisan mejorar el manejo de la explotación incluyendo la mejora del medio ambiente, la nutrición y el manejo de las vacas (Pyorala, 2002).

Características de la vaca y mastitis

Factores anatómicos

Los factores que predisponen a las vacas lecheras a sufrir mastitis pueden estar relacionados con el animal o con el medio ambiente. Los factores propios del animal están a menudo relacionados con la presión de la selección genética. Detilleux y colaboradores (1995) observaron que las heredabilidades medias de los indicadores de mastitis estaban en torno al 10% aunque la variabilidad genética fue elevada. Por tanto, es posible seleccionar genéticamente a fin de reducir la incidencia de mastitis. Asimismo, Slettbakk y colaboradores (1995) evaluaron la influencia de las características del ordeño y los factores físicos de la ubre y el pezón sobre la incidencia de mastitis clínicas en 565 parejas cruce de vacas noruegas. Los resultados indicaron que la distancia del extremo del pezón al suelo y la incidencia de edemas de la ubre en el periparto son dos factores de riesgo a considerar en casos de aparición de mastitis clínica. Una mayor distancia entre el pezón y el suelo reduce la exposición de los pezones a los patógenos existentes en el mismo. Por tanto, la selección por conformación de la ubre mejorará el estado sanitario de la ubre y aumentará la longevidad del animal.

Además del soporte de la ubre y la altura del pezón en relación al suelo, el estado sanitario y la funcionabilidad del pezón son factores a considerar para evaluar el estado sanitario de la ubre. Sordillo y colaboradores (2002) clasificaron los mecanismos de defensa inmune de la glándula mamaria en dos categorías: innatos y específicos. Craven y Williams (1985) y Nickerson (1994) revisaron la anatomía de la glándula mamaria y la importancia de sus características en relación con la función inmune. En ambos casos, los autores indicaron que las características del extremo y del canal del pezón son puntos clave ya que son el primer mecanismo de defensa de la glándula mamaria contra la infección. De hecho, el extremo del pezón se considera la primera línea de defensa de la glándula mamaria contra las infecciones bacterianas en numerosos trabajos (Spain, 1993; Zecconi y col., 2000; Kehrli y Harp, 2001; Sordillo y col., 2002). Por tanto, el extremo del pezón es clave para entender la inmunidad innata de la glándula mamaria.

Zecconi y colaboradores (2000) observaron que la longitud media del canal del pezón en vacuno estaba en torno a 10 mm siendo la principal vía de entrada de patógenos a la glándula mamaria. Estos autores describieron con detalle el cierre del canal del pezón gracias a la tensión del esfínter muscular que, a su vez, está controlado por el sistema nervioso autónomo. Nickerson (1994) observó que el canal del pezón podría estar dilatado incluso hasta 2 horas después del ordeño si sus esfínteres musculares no se contraen lo que puede ocurrir si se mantiene el estiramiento asociado con el vacío de la máquina de ordeño y del flujo de leche en situaciones prácticas. Sordillo y colaboradores (2002) observaron que la falta de obstrucción del canal del pezón estaba correlacionada positivamente con la incidencia de mastitis. Por tanto, las estrategias de manejo que estimulan a los animales a permanecer en pie tras el ordeño permiten al esfínter muscular recuperarse con el tiempo. En consecuencia, disminuye el riesgo de exposición a patógenos en los momentos tras el ordeño durante los cuales la defensa innata del pezón se ve comprometida.

Otra característica importante del canal del pezón es su revestimiento interior con queratina que es una barrera física y química que protege a la glándula mamaria (Bitman y col., 1992). La queratina se produce en las células epiteliales descamadas y se acumula en el canal del pezón (Sordillo y col., 2002). Capuco y colaboradores (1992) sugirieron que el revestimiento de queratina podía atrapar bacterias y prevenir su paso a la glándula mamaria. Asimismo, Zecconi y colaboradores (2000) atribuyeron a la queratina varias funciones mecánicas de interés como la oclusión física de la entrada y la adsorción y eliminación de patógenos.

Además de su función como barrera física, la queratina contiene agentes antimicrobianos bactericidas y bacteriostáticos. Sordillo y colaboradores (2002) observaron que los agentes antimicrobianos presentes en la queratina contenían ácidos grasos esterificados y no esterificados (mirístico, palmitoleico y linoleico) y proteínas catiónicas. Capuco y colaboradores (1992) observaron que la eliminación del revestimiento de queratina del canal del pezón aumentaba significativamente (de 13 a 15 unidades porcentuales) el porcentaje de cuarterones infectados. Harmon y Crist (1994) observaron que la incidencia de nuevas infecciones aumentaba a mayor ritmo durante y al final del periodo de secado. El 95% de las infecciones intramamarias que ocurren durante el inicio del periodo de secado es debida a patógenos ambientales (Dingwell y col., 2003). Estos autores observaron que el cierre del esfínter del pezón mediante el tapón de queratina era un factor clave a considerar para mejorar el estado sanitario de la ubre durante los primeros estadios del periodo seco. Además observaron que en torno al 80% de las mastitis tenía lugar en los primeros 21 días posteriores al secado y que cerca del 95% de los casos de mastitis ocurrieron en aquellos cuarterones con pezones clasificados como abiertos (sin tapón de queratina). Por tanto, la presencia del tapón de queratina influye sobre la funcionabilidad del pezón. El tapón de queratina y un estado sanitario y una higiene adecuados del pezón son claves para la prevención de infecciones nuevas cuando la ubre esté expuesta a microorganismos patógenos.

Factores metabólicos

El periodo seco es una fase importante de la producción por sus efectos potenciales sobre el estado sanitario de la ubre (Dingwell y col., 2003). La incidencia de mastitis aumenta durante las tres primeras semanas tras el secado, las dos últimas semanas de gestación y el principio de la lactación. Chassagne y colaboradores (1998) concluyeron, a partir de una revisión bibliográfica, que el periparto es el periodo de mayor riesgo en relación con los problemas de mamitis. En un trabajo en el que colaboraron productores, veterinarios y técnicos investigadores se recogieron datos de 4.123 vacas durante un periodo de cuatro años. Entre los factores estudiados se incluyeron la condición corporal de las vacas, los niveles de limpieza de las explotaciones y los perfiles metabólicos sanguíneos de los animales. La incidencia media de mastitis clínicas al inicio de la lactación fue del 19,3% con un rango comprendido entre el 7,1 y el 50%. Los primeros síntomas de mastitis aparecieron, como media, a los 9,3 días después del parto. Sin embargo, no se observaron diferencias en el RCS entre animales enfermos y sanos en el último día de la lactación. Las vacas más productoras presentaron mayor riesgo de padecer mastitis lo que podría deberse al aumento del flujo de leche que reduciría la cantidad de queratina que permanece protegiendo el pezón con el consiguiente aumento del riesgo de infección.

El aumento de la incidencia de mastitis en torno al parto está asociado con una reducción de la función inmune en este periodo. El acceso de las bacterias patógenas a la cisterna de la glándula mamaria aumenta de forma considerable debido a la combinación del mayor flujo lechero que contribuye a la pérdida de queratina y a la alta presión intramamaria consecuencia del paso por el pezón del calostro y la leche. En esta situación, el estado sanitario de la glándula mamaria lactante depende, en gran medida, de la presencia de células con carácter inmunitario así como de factores solubles que confieren inmunidad y que están presentes en las secreciones de la propia glándula mamaria.

Con base en estas observaciones podemos concluir que la conformación de la ubre influye de forma notable sobre la incidencia de mastitis. Por el contrario, la importancia de la genética sobre el estado sanitario de la glándula mamaria es escasa. Similar a lo que ocurre con otros factores asociados con la eficacia reproductiva, los bajos coeficientes de heredabilidad indican que el ambiente en el que se encuentran y el manejo de los animales son los factores que más influyen sobre el estado sanitario de la glándula mamaria.

Medio ambiente y mastitis

Además de factores propios del animal asociados con el estado sanitario de la glándula mamaria, existen numerosos factores ambientales que influyen sobre la incidencia de mastitis en vacas lecheras. Los aspectos del medio ambiente que más influyen sobre el estado sanitario de la ubre son el alojamiento, las características de la sala de ordeño y las condiciones ambientales (temperatura del aire, velocidad del viento y humedad entre otras). El estado sanitario de la glándula mamaria depende del balance entre las defensas anatómicas, las defensas celulares y el riesgo de exposición a patógenos. Una exposición reducida a patógenos ambientales junto a condiciones de manejo ideales, poco estrés y presencia de un área de descanso limpia y seca para vacas en reposo reducen de forma notable los problemas relacionados con el estado sanitario de las ubres. Pankey (1990) señaló que las vacas permanecen tumbadas más de la mitad del tiempo entre ordeños, lo que enfatiza la necesidad de mejorar el ambiente de los alojamientos y las características y las dimensiones del comedero dada su influencia sobre el control de mastitis clínicas ambientales y la productividad del rebaño.

Incluso en explotaciones con un buen manejo, la mastitis de carácter ambiental es el principal problema a controlar a fin de mejorar el estado sanitario de la ubre en rebaños de alta producción. Las infecciones por mastitis clínica ambiental aumentan durante periodos de altas temperaturas y están asociadas con el estrés por calor en verano. Alojamientos adecuados y camas en buen estado son claves en sistemas óptimos de producción ya que influyen sobre la exposición de la ubre a bacterias patógenas coliformes presentes en el material de la cama y las heces. Harmon y Crist (1994) enfatizaron la importancia de prevenir el intercambio entre vacas de microorganismos relacionados con los procesos de mastitis mediante una terapia adecuada junto con otras estrategias de manejo que tiendan a reducir la incidencia de mastitis ambiental.

Schukken y colaboradores (1991) observaron que las vacas alojadas en ambientes sanitarios pobres presentaban una mayor incidencia de mastitis ambiental. Herlin (1998) estudió los factores asociados con la calidad de la leche en 1.709 explotaciones suizas. En este estudio, las vacas de rebaños con menos problemas (RCS < 250.000 células/mL y sin deducciones en el precio de la leche por baja calidad) disponían de camas y prácticas de alimentación similares a las de los rebaños con baja calidad de la leche. Sin embargo, había diferencias en el diseño y la limpieza de los cubículos de manera que los alojamientos de los rebaños con mejor calidad de la leche estaban diseñados de forma más adecuada y, por tanto, los cubículos se mantenían más limpios contribuyendo a que las vacas estuvieran también más limpias. En este estudio, la incidencia de mastitis clínicas fue del 15% en las vacas primíparas presentando el mayor riesgo las vacas que parían entre julio y agosto. Los traumas físicos que afectan al pezón y a la ubre, tales como pisadas, lesiones, etc., también resultaron en un incremento del riesgo de mastitis clínica (6 y 3 veces más cuando la lesión afectó al pezón o a la ubre, respectivamente). Asimismo, Oltenacu y Ekesbo (1994) observaron que la disminución en 200 kg de la producción de leche estuvo asociada con, al menos, un riesgo casi 3 veces mayor en vacas seleccionadas.

Lehenbauer y colaboradores (1994) estudiaron las diferencias en el RCS de vacas según el tipo de alojamiento. Estos autores sugirieron que, en producciones abiertas, las vacas están más expuestas a la climatología, especialmente en relación con las precipitaciones en invierno, con lo que el riesgo de padecer mastitis ambiental aumenta.

Función inmune y mastitis

Una vez que las bacterias patógenas atraviesan las estructuras de defensa pasiva del pezón, el organismo se defiende poniendo en marcha una serie de respuestas inmunes que incluye las proteínas humorales no específicas, las células inmunes y los anticuerpos. En la leche y en la glándula mamaria siempre está presente de forma constante un nivel basal de protección inmune. Los macrófagos y los linfocitos limpian la glándula de la invasión inicial de patógenos y evitarán la aparición de síntomas clínicos de enfermedad.

Sin embargo, si el sistema inmune basal no es capaz de controlar y destruir estos patógenos, se produce la infección pudiendo aparecer síntomas clínicos. Cuando la severidad de la patología aumenta, determinadas señales químicas atraen a los neutrófilos que migran al interior de la glándula mamaria aumentando el RCS de la leche. La severidad y la duración de la infección están, por tanto, afectadas por el estatus del sistema inmune del animal.

Harmon y Crist (1994) estudiaron cómo mejorar la calidad de la leche mediante la reducción de la exposición a patógenos ambientales y la mejora de la función inmune. Para ello, utilizaron técnicas de manejo tales como la vacunación contra los organismos causantes de la mastitis y mejoras del nivel nutricional. Gran parte de la investigación de los últimos años se ha centrado en el papel que desempeña la nutrición sobre la función celular del sistema inmune y sobre el estado sanitario de la glándula mamaria.

Nutrición, función inmune y mastitis

La nutrición influye de forma directa sobre la función inmune del animal. Tal y como se comentó anteriormente, la función inmune incluye mecanismos de defensa anatómicos relacionados con la estructura del pezón y mecanismos de protección soluble y celular (Sordillo y col., 2002). Numerosos trabajos en relación con la influencia de la nutrición sobre la función inmune se han centrado en el papel de ciertos micronutrientes tales como el selenio y la vitamina E sobre la inmunidad celular. En muchos de estos estudios, a menudo no se tuvo en cuenta la importancia de la nutrición sobre la defensa inmunológica. Sin embargo, dada la importancia de las defensas anatómicas pasivas del pezón, es lógico estudiar los efectos de la nutrición sobre estos aspectos.

La condición y el estado de la piel del pezón son esenciales para una resistencia óptima de la glándula mamaria a la entrada de los patógenos ambientales. Así, se sabe que el cinc es necesario para el mantenimiento del estado sanitario de la piel y, de hecho, cerca del 20% del total del cinc corporal se encuentra en la piel (Moynahan, 1981). A este particular, la aplicación de complejos con inclusión de cinc ha sido utilizada por las medicinas tradicionales durante siglos para reducir y curar los problemas de piel. En el caso del ganado, la suplementación con cinc vía oral se ha utilizado para el control de problemas podales en corderos bajo condiciones de escasa humedad (Cross y Parker, 1981). El cinc es un cofactor de las ADN y ARN polimerasas (Moynahan, 1981) y la deficiencia de este mineral puede alterar la incorporación de ciertos aminoácidos necesarios para la síntesis de queratina y colágeno. Asimismo, el cinc es necesario para incorporar cistina a proteínas que son esenciales para la producción de queratina (Moynahan, 1981). La paraqueratosis aparece cuando la síntesis de queratina se ve perjudicada siendo un síntoma clásico de deficiencia de cinc. Únicamente recordar que cantidades importantes de queratina son eliminadas del canal del pezón donde actúa como barrera de defensa anatómica contra la infección.

Kellogg (1990) revisó los trabajos publicados sobre el uso de complejos orgánicos de cinc y observó una disminución significativa del RCS en la leche con su utilización. Estos resultados sugieren que con cinc orgánico el animal es más resistente a la infección intramamaria debido a una mejor estructura del pezón o bien a la mejora de la inmunidad celular. Spain (1993) observó que las vacas lecheras alimentadas con quelatos de cinc presentaban una menor incidencia de nuevas infecciones que las vacas controles que recibían óxido de cinc. De hecho, en este trabajo, las vacas alimentadas con óxido de cinc presentaron 11 nuevas infecciones mientras que las alimentadas con quelatos presentaron sólo 5 nuevas infecciones intramamarias. Sin embargo, no se observaron diferencias en cuanto a la duración de las infecciones, lo que indica que la función celular inmune fue similar entre ambos grupos. Estos resultados sugieren que la resistencia a la infección aumenta al aumentar el nivel de cinc de la dieta.

Se sabe que la nutrición afecta a la función inmune en vacas lecheras. Sordillo y colaboradores (1997) resumieron 10 trabajos sobre los efectos de la inmunomodulación provocada por la adición de nutrientes específicos a la dieta. La mayoría de estos trabajos estudiaron micronutrientes que funcionan como componentes de las células inmunes. En ellos, selenio, vitamina E, β-caroteno, cobre y cinc mejoraban la función de células inmunes tales como leucocitos, linfocitos y neutrófilos. En cualquier caso, antes de hacer hincapié en el efecto beneficioso de estos «micronutrientes» sobre el sistema inmune debe asegurarse que el nivel de energía y proteína de la ración destinada a vacas lecheras de alta producción es adecuado.

Durante el periparto, la vaca lechera presenta un periodo durante el cual el balance energético es negativo. En este periodo se produce también una mayor susceptibilidad de las vacas a sufrir nuevas infecciones, especialmente por patógenos ambientales. Varios autores (Harmon y Crist, 1994; Dingwell y col., 2003) han observado que la vaca lechera es más susceptible a la mastitis clínica ambiental durante el periparto. Por ello, se han llevado a cabo numerosos ensayos a fin de estudiar los efectos de la nutrición en el periparto sobre la incidencia de mastitis clínicas en el inicio de la lactación.

Chandra (1992) estudió la relación entre el nivel de proteína y energía de la ración y los factores relacionados con la inmunocompetencia. Gran parte de los trabajos en esta área se han llevado a cabo utilizando personas en estados de malnutrición. Es de esperar que los resultados obtenidos en relación con la nutrición y la función inmune en la población humana sean también aplicables al ganado vacuno. Chandra (1992) indicó que una nutrición inadecuada disminuye el tamaño y la fortaleza de los tejidos responsables de producir determinados componentes del sistema inmune. Además en este estudio, la desnutrición redujo la actividad de las células inmunes y afectó negativamente a los componentes «solubles» del sistema inmune incluyendo la respuesta de los anticuerpos.

Problemas de condición corporal (Chassagne y col., 1998) y cetosis (Oltenacu y Ekesbo, 1994) se traducen en problemas en el balance de energía y proteína durante el periparto afectando a la función inmune del animal y aumentando el riesgo de mastitis durante el inicio de la lactación. Es importante señalar que en el periparto, la vaca experimenta cambios endocrinos que pueden afectar a la función inmune. En el inicio de la lactación, la producción y el flujo de leche aumentan de forma rápida pero a la vez se produce un acusado estrechamiento del pezón. Como resultado, el espesor de la barrera de protección anatómica disminuye. Además del adelgazamiento del canal del pezón, se produce un aumento de la pérdida de queratina debido al mayor flujo de leche. La combinación de ambos efectos aumenta el riesgo de mastitis clínica al inicio de la lactación.

Dingwell y colaboradores (2003) estudiaron el impacto de balances energéticos positivos sobre la función inmune en vacas lecheras al inicio de la lactación. Balances energéticos negativos están asociados con una menor producción de citoquinas lo que, a su vez, reduce la acumulación de células inmunes en el lugar de la infección. También la quemotaxis se reduce cuando los leucocitos se exponen *in vitro* a un medio rico en cuerpos cetónicos. Además, la fagocitosis y la actividad bactericida de las células polimorfonucleadas disminuyen cuando la concentración de cuerpos cetónicos aumenta. Por tanto, deben evitarse balances energéticos negativos durante el periodo de transición comprendido entre el final de la gestación y el inicio de la lactación. La mejora del balance energético de la dieta se ve incrementada al incluir antioxidantes en la dieta como consecuencia del efecto positivo que existe sobre la función inmune. Los beneficios de la inclusión de antioxidantes al pienso sobre la función inmune son superiores cuando el balance energético es positivo.

La influencia de la inclusión de micronutrientes antioxidantes tales como cobre, selenio, cinc, vitaminas A y E y β-caroteno sobre la función inmune y el estado sanitario de la ubre ha sido estudiada en numerosos trabajos de investigación. Scaletti y colaboradores (2003) observaron que la suplementación de la dieta con 20 mg de cobre/kg mejoraba la respuesta inmune en comparación con las vacas que recibían raciones deficientes en cobre. Tras una infección de la glándula mamaria con *E. coli*, la leche de las vacas que recibían cobre adicional presentaba menor contaminación microbiana a las 12 y 18 h tras la infección que la leche de las vacas control. Asimismo, las vacas suplementadas con cobre tuvieron menor RCS y menor incidencia de problemas clínicos que las vacas control. La temperatura máxima corporal a las 18 h de la infección fue de 40,8°C mientras que en las que consumieron cobre fue de 40,0°C. Estos resultados demuestran que el cobre afecta a la respuesta inmune frente a infecciones intramamarias. En relación con el selenio, numerosos trabajos encuentran beneficios en la función inmune y el estado sanitario de la glándula mamaria al suplementar con selenio el pienso.

Así, Malbe y colaboradores (2003) estudiaron los beneficios que se producen en la función inmune al suplementar la ración de vacas de leche con 0,2 ppm extra de selenio con base en levadura enriquecida. El selenio aumentó la concentración de la enzima glutatión peroxidasa en la sangre reduciéndose, a su vez, el número de cuarterones infectados por patógenos.

Resumen y conclusiones

Los programas de manejo recomendados para favorecer la higiene y el estado sanitario de la glándula mamaria y la calidad de la leche son de naturaleza multifactorial. La propia conformación y estructura de la glándula mamaria influye sobre el riesgo de mastitis. Asimismo, el ambiente en el que se encuentra la vaca influye sobre la higiene, la limpieza y el secado de la ubre. El sistema de ordeño utilizado y su manejo pueden contribuir también a mantener un buen estado sanitario de la ubre. El balance energético y proteico del animal y el nivel nutricional también influyen sobre la inmunocompetencia de la vaca de leche. La suplementación con macro y micronutrientes debería ser una prioridad ya que ayuda al metabolismo de la energía y la proteína y potencia la función inmune. Las estrategias para prevenir balances de energía y proteína negativos durante largos periodos de tiempo deberían aplicarse especialmente durante el periparto.

Asimismo, durante la fase de transición, deben suministrarse cantidades suficientes de micronutrientes que potencien la inmunocompetencia. La mejora del estado sanitario de la glándula mamaria permite mejorar la rentabilidad de la explotación y además añade calidad al producto final lo que supone una ventaja notable tanto para el procesador como para el consumidor final.

Referencias bibliográficas

Bitman, J., Wood, D.L., Miller, R.H., and Botman, J. (1992). Increased susceptibility to intramammary infection following removal of teat canal keratin. *Journal of Dairy Science* **74:** 414.

Capuco, A.V., Bright, S.A., Pankey, J.W., Wood, D.L., Miller, R.H., and Bitman, J. (1992). Increased susceptibility to intramammary infection following removal of teat canal keratin. *Journal of Dairy Science* **75:** 2126.

Chandra, R.K. (1992). Protein-Energy malnutrition and immunological responses. *Journal of Nutrition* **122:** 597-600.

Chassagne, M., Barowin, J., and Chacornac, J.P. (1998). Biological predictors for early clinical mastitis occurrence in Holstein cows under field conditions in France. *Preventative Veterinary Medicine* **35:** 29-38.

Craven, S. and Williams, M.P. (1985) Defenses of the bovine mammary gland against infection and prospects for their enhancement. *Veterinary Immunology and Immunopathology* **10:** 71-127.

Cross, R.F. and Parker, C.F. (1981). Oral administration of zinc sulfate for control of ovine foot rot. *Journal of American Veterinary Medical Association* **178**(7): 704.

Detilleux, J.C., Kehrli, M.E., Freeman, A.E., Fox, L.K. and Kelley, D.H. (1995). Mastitis of periparturient Holstein cattle: a phenotypic and genetic study. *Journal of Dairy Science* **78:** 2285-2293.

Dingwell, R.T., Kelton, D.F. and Leslie, K.E. (2003). Management of the dry cow in control of peripartum disease and mastitis. *Vet. Clinic. – Food Animal.* **19:** 235-265.

Harmon, R.J. and Crist, W.L. (1994). Environmental mastitis in lactating and dry cows and prepartun heifers. In: Dairy Systems for the 21st century. *Proceedings of the Third International Dairy Housing Conference.* American Society of Agricultural Engineering, St. Joseph, MI.

Herlin, A.H. (1998). Production of Quality Milk: Housing and management factors. In: *Proceedings of the Fourth International Dairy Housing Conference.* pp. 239-244.

Kehrli, M.E. and Harp, J.A. (2001). Immunity in the mammary gland. *Immunology* **17**(3): 495-516.

Kellogg, D.W. (1990) Zinc Methionine affects performance of lactating cows. *Feed Stuffs.* **62**(35).

Lehenbauer, T., Jones, T. and Collar, L. (1994). The impact of freestall housing on somatic cell counts. In: Dairy Systems for the 21st century. *Proceedings of the Third International Dairy housing Conference.* American Society of Agricultural Engineering, St. Joseph, MI.

Malbe, M., Klaassen, E., Kaartinen, L., Altila, M. and Atroshi, F. (2003). Effects of oral selenium supplementation on mastitis markers and pathogens in Estonian cows. *Veterinary Therapeutics* **4**(2): 145-154.

Moynahan, E.J. (1981) Acrodermatitis enteropathica and the immunological role of zinc in Immunodermatology. Ed. B. Safai and R.A. Good. Plenum Medical Book Co., N.Y., N.Y.

Nickerson, S.C. (1994) Bovine mammary gland: structure and function; relationship to milk production and immunity to mastitis. *Agri-Practice* **15**(6): 8-18.

Oltenacu, P.A. and Ekesbo, I. (1994) Epidemiological study of clinical mastitis in dairy catle. *Veterinary Research* **25:** 208-212.

Pankey, J.W. (1990). Mastitis- Two different diseases: contagious and environmental. In: *Proceedings of the national mastitis council.* pp. 167-173.

Pyorala, S. (2002) New strategies to prevent mastitis. *Reproduction in Domestic Animals* **37:** 211-216.

Scaletti, R.W., D.S. Trammell, B.A. Smith, and R.J. Harmon. (2003). Role if dietary copper in enhancing resistance to *Escherichia coli* mastitis. *J. Dairy Sci.* **26:** 1240-1249.

Schukken, Y.H., Grommer, F.J., VonDeGees, D., Erb, H.N., and Brond, A. (1991). Risk factors for clinical mastitis with a low bulk somatic cell count. 2. Risk factors for *E. coli* and *S. aureus. Journal of Dairy Science* **74:** 826.

Slettbakk, T., Jorstad, A., Farner, T.B., and Homes, J.C. (1995). Impact of milking characteristics on morphology of udder and teats on clinical mastitis in first and second lactation Norwegian cattle. *Preventative Veterinary Medicine* **24:** 235-244.

Sordillo, L.M., Shafer-Weaver, K. and DeRosa, D. (1997). Immunobiology of the mammary gland. *Journal of Dairy Science* **80:** 1851-1865.

Sordillo, Lorraine M. and Katie L. Streicher. (2002). Mammary gland immunity and mastitis susceptibility. J. o Mammary Gland Biology and Neoplasia **17**(2): 135-146.

Spain, J.N. (1993). Tissue Integrity: A Key defense against mastitis infection and the role of zinc proteinates and a theory for the mode of action. In: *Biotechnology in the Feed Industry.* Proceedings of Alltech's 9th Annual Symposium, Alltech Technical Publications, Nicholasville, KY. pp. 53.

Wells, S.J. and Orr, S.L. (1995). Individual and bulk tank milk somatic cell count results: What's the quality of the U.S. milk supply? In National Mastitis Council Annual Meeting proceedings pp. 11-22.

Zecconi, A., Hamann, J., Bronzo, V., Moroni, P., Giovannini, G. and Piccinini, R. (2000). Relationship between teat tissue immune defenses and intramammary infections. *Advances in Experimental Med. and Biology.* **480:** 287-293.

Capítulo 15

Suplementación con selenio orgánico de piensos para animales de granja: Influencia sobre el nivel de selenio corporal y sobre la ingestión de selenio en la alimentación humana

B. Pehrson

Departamento de Medio Ambiente y Salud Animal, Universidad de Ciencias Agrícolas de Suecia, S-53223 Skara, Suecia

Introducción

Hasta 1957 el selenio se consideraba exclusivamente como un elemento tóxico sin función biológica alguna en los animales. Ese mismo año, Schwarz y Foltz descubrieron que el selenio podía prevenir la necrosis hepática en ratas. Quince años después, Flohé y colaboradores (1973) y Rotruck y colaboradores (1973) identificaron la glutatión peroxidasa (GSH-Px), una enzima que contenía selenio, como la responsable de dicha prevención. Durante años, se consideró que la glutatión peroxidasa era la única enzima selenodependiente con actividad biológica pero trabajos posteriores realizados por investigadores americanos han demostrado que el selenio es un nutriente esencial con numerosas funciones en mamíferos y aves. Actualmente, se han caracterizado parcial o totalmente más de 25 selenoproteínas en tejidos de mamíferos, 14 de ellas con funciones biológicas (cinco tipos de enzima glutatión peroxidasa, tres deyodinasas, tres tiorredoxina reductasas, una selenofosfato sintetasa, una selenoproteína P y una selenoproteína W).

El selenio está ampliamente distribuido en la corteza terrestre (Oldfield, 1995). Los suelos y plantas de algunas regiones (por ej., Dakota del Sur y del Norte en Estados Unidos, Venezuela y Colombia) contienen niveles extremadamente elevados de selenio. En estas regiones, el nivel de selenio en los tejidos de los animales y en humanos podría ser excesivo. En otras regiones del globo, el contenido de selenio de materias primas y alimentos es adecuado (por ej., en el centro de Norteamérica) y no son de esperar síntomas por deficiencias de selenio.

Sin embargo, en todo el mundo existen amplias áreas deficientes en selenio. En regiones con deficiencias severas, los problemas de salud son o han sido muy comunes tanto en animales de granja como en la población humana. Así, los países escandinavos son extremadamente deficientes en selenio (Lindberg y Bingefors, 1970; Carlström y col., 1979) y en los últimos 15 años, se ha observado que muchos países europeos son tan deficientes (Rayman, 2000) como los estados del Noroeste y Este de Norteamérica (Oldfield, 1995). Asimismo, se sabe que ciertas regiones de China y Nueva Zelanda son más deficientes incluso que Escandinavia.

Animales de granja

Patologías debidas a deficiencias de selenio

La distrofia muscular (DM), las muertes súbitas, la reducción de la ganancia de peso y los problemas de fertilidad han sido relacionados con deficiencias de selenio en la mayoría de los animales de granja (Radostits y col., 1999). Aumento de la incidencia de retenciones de placentas (Julien y col., 1976), problemas de mastitis (Erskine y col., 1989; Hogan y col., 1993) y reducciones significativas de la ganancia de peso con escaso desarrollo corporal (Andrews y col., 1968) han sido observados en ganado vacuno debido a deficiencias de selenio. En porcino, la hepatosis dietética y la enfermedad del corazón de mora se consideran enfermedades causadas por la deficiencia de selenio y de vitamina E (Radostits y col., 1999). Asimismo, la diátesis exudativa, la encefalomalacia y la atrofia pancreática son típicas en aves alimentadas con piensos deficientes en selenio (Surai, 2000).

Frecuentemente, los síntomas clínicos de estas enfermedades aparecen cuando se producen deficiencias severas de selenio. Aunque no se ha encontrado una clara correlación entre el nivel de selenio de los animales domésticos y su capacidad para resistir enfermedades, numerosos trabajos indican que deficiencias menos pronunciadas de selenio podrían disminuir la resistencia contra infecciones y otros ataques de microorganismos. Parece razonable sospechar que esta menor resistencia podría deberse a una menor respuesta de los anticuerpos o bien a las funciones de los neutrófilos y/o linfocitos tal y como ha sido publicado en 15 de 21 trabajos en rumiantes (Weiss, 2003) y en 13 de 19 trabajos en otros tipos de animales de granja (Finch y Turner, 1996). Arthur y colaboradores (2003) observaron que el selenio influye sobre los sistemas inmunes innato y adquirido. Sin embargo, debe tenerse en cuenta que la mayor parte de la información existente está basada en ensayos *in vitro* por lo que podría no ser aplicable en situaciones *in vivo*.

Fuentes de selenio para la suplementación del pienso

Es lógico asumir que animales de granja de zonas muy deficientes en selenio alimentados exclusivamente con materias primas producidas en dichas regiones presentarán deficiencias de dicho mineral. Por ejemplo, en un estudio suizo realizado con novillas, 116 de los 122 rebaños alimentados con hierba presentaron deficiencias severas de selenio (Carlström y col., 1979). Como consecuencia, la mayoría de las raciones para animales de granja se suplementan con selenio, principalmente a través de la premezcla de vitaminas y minerales. Hasta la actualidad se ha venido utilizando de forma rutinaria selenio inorgánico en forma de selenito de sodio como suplemento. Sin embargo, trabajos recientes han demostrado los beneficios de utilizar compuestos orgánicos en vez de inorgánicos. La razón es que el selenito presenta los siguientes inconvenientes:

- Efectos prooxidativos (Yan y Spallholz, 1993; Spallholz, 1997). Por tanto, el selenio per se puede, al menos teóricamente, contrarrestar y reducir la actividad de otros antioxidantes durante el almacenamiento de materias primas y piensos así como una vez ingeridas en el interior del aparato digestivo.
- La sal de selenio no es un ingrediente natural y no se encuentra presente en ninguna materia prima o alimento. Casi todo el selenio natural es de naturaleza orgánica y se encuentra predominantemente en los aminoácidos en forma de selenometionina y selenocisteína (Levander y Burk, 1990; Whanger, 2002).
- El grado de retención del selenio inorgánico en los tejidos es escaso (Whanger y Butler, 1998).

Por contra, el selenio orgánico presenta las siguientes ventajas:

- Es la forma natural en la que se encuentra el selenio en materias primas y alimentos (Levander y Burk, 1990).
- Se retiene fácilmente de manera no específica en las proteínas tisulares por lo que puede ser movilizado fácilmente cuando sea necesario (Levander y Burk, 1990; Gerloff, 1992).
- Presenta una mayor capacidad para acumularse y aumentar la concentración de selenio en alimentos de origen animal que el selenio de naturaleza inorgánica.

Se ha especulado que la mayor tasa de retención de selenio en el organismo cuando se utilizan compuestos orgánicos como fuente de selenio podría suponer un riesgo por acumulación hasta niveles tóxicos. Sin embargo, los trabajos de Ortman y Pehrson (1997) y Knowles y colaboradores (1999) indican que tal riesgo es insignificante. Estos autores suplementaron la dieta de vacas lecheras durante cuatro a nueves meses con dosis diarias de selenio superiores a las que serían utilizadas en alimentación práctica (3 y 4 mg de selenio al día en forma de levadura). Estos autores observaron que los contenidos de selenio en hígado fueron de 263 y 310 µg/kg de peso húmedo, respectivamente. Estos niveles se corresponden con los mínimos considerados como óptimos y están lejos de los niveles tóxicos de 4.000 µg/kg indicados por Rosenberger (1978). En realidad, el selenio inorgánico debería ser más tóxico que el orgánico dado que el exceso no se puede almacenar como tejido proteico, tal y como ocurre con el selenio orgá-

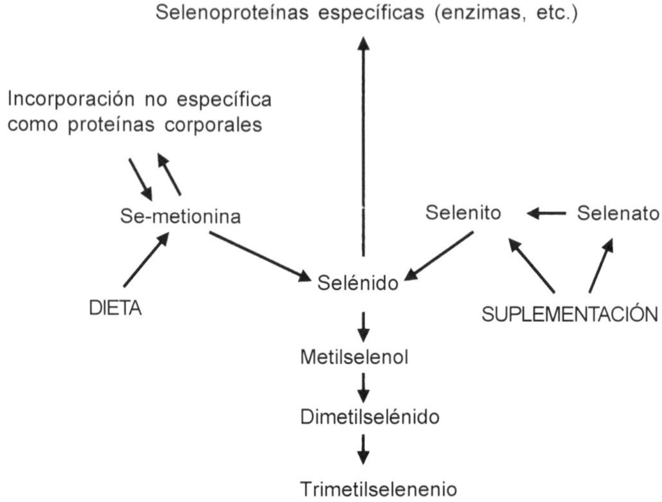

Figura 1 Rutas metabólicas de las fuentes orgánicas e inorgánicas de selenio (adaptado de Whanger, 2003).

nico. Por tanto, se precisa que sea transferido para formar parte de metabolitos potencialmente tóxicos tal como es el metilselenol (Figura 1).

Los selenoaminoácidos puros (selenometionina y selenocisteína) están disponibles en el mercado pero son caros por lo que no se utilizan para suplementar piensos comerciales. Sin embargo, se ha observado que diversas levaduras de selenio son tan eficaces como estos compuestos. Estas levaduras ricas en selenio pueden utilizarse en alimentación animal si cumplen los siguientes criterios:

- Se producen mediante la adición de selenito (o selenato) a cultivos celulares de levaduras vivas. Es la única forma posible para que las células de las levaduras puedan transformar el selenio inorgánico en selenoaminoácidos.
- Aseguran de forma fehaciente que contienen al menos un 95% de selenio orgánico, la mayoría del cual ha de ser en forma de selenometionina. Asimismo se precisa la comprobación científica de que tienen una biodisponibilidad y una biopotencia altas y significativas.

En base a los conocimientos del autor, actualmente sólo existen dos productos comerciales que cumplan ambos criterios; uno de ellos (Sel-Plex® Alltech Inc., Nicholasville, Kentucky, Estados Unidos) ha sido utilizado en más del 90% de los ensayos publicados a nivel mundial y su uso en Norteamérica está aprobado por la Food and Drug Administration (FDA). Otros productos existentes con base en levaduras enriquecidas con selenio no cumplen los criterios mencionados ya que los niveles de selenio orgánico que contienen son muy reducidos (Whanger, 2002).

Comercialmente existen diferencias entre los denominados «productos enriquecidos con selenio orgánico». Sin embargo, es importante comprobar los siguientes aspectos:

- La mezcla simple de levadura y selenito comercializada como «levadura de Se» no es aceptable.
- Los complejos entre selenio y aminoácidos no contienen selenoaminoácidos. Givens y colaboradores (2004) demostraron, tal y como era de esperar, que los complejos entre selenio y aminoácidos no son más potentes que el selenito.
- Los quelatos con selenio son una fábula puesto que el selenio no puede formar quelatos.

Necesidades nutricionales y evaluación del nivel de selenio

Durante muchos años, el nivel recomendado en piensos para animales de granja era de 0,10 mg de Se/kg de materia seca. Sin embargo, este valor ha sido cuestionado recientemente. De hecho, las recomendaciones oficiales actuales son de 0,3 ppm para vacas lecheras (NRC, 2001) y de 0,1 ppm para vacas de carne (NRC, 2000). Las recomendaciones del NRC (1999) son de 0,15 ppm para cerdos en crecimiento y reproductoras y de 0,30 ppm para lechones destetados. La Food and Drug Administration permite hasta 0,3 ppm para aves (Surai, 2002).

En la práctica no es frecuente alcanzar estos valores en piensos o tejidos sin suplementar la dieta con selenio. Por ello, la Food and Drug Administration aprobó la incorporación de hasta 0,3 ppm de selenio en piensos para animales. En un principio esta autorización era únicamente para las formas de selenito o selenato sódico (Mahan y Parett, 1996). Sin embargo, actualmente también se permiten las levaduras enriquecidas con selenio. El nutricionista no ha tenido en cuenta si la fuente de suplementación con selenio era orgánica o inorgánica, lo que supone un error dado que existe una diferencia significativa en la biodisponibilidad y la biopotencia entre ambas fuentes. Sin embargo, la publicación del British Society of Animal Science (2003) lo tiene en cuenta e indica que: «*A la hora de formular piensos comerciales ha de considerarse que existen diferencias notables en cuanto a su disponibilidad*». Hasta hace poco tiempo, la mayoría de las investigaciones sobre las necesidades y efectos del selenio en alimentación animal se llevaban a cabo utilizando fuentes de selenio inorgánico. Por ello, es importante realizar nuevos trabajos donde la fuente de selenio sea en forma orgánica (Surai, 2002).

Los valores en sangre entre el nivel de selenio considerado como deficiente y óptimo varían según el tipo de animal considerando que los resultados publicados son frecuentemente conflictivos. En vacuno, Ortman (1999) dedujo que podría existir riesgo de aparición de síntomas clínicos por deficiencia de selenio con niveles por debajo de 50 µg/L de sangre. Concentraciones entre 50 y 100 µg/L indicarían un nivel por debajo del óptimo, sobre todo en relación con la capacidad inmune y concentraciones superiores a 100 µg/L deberían considerarse como adecuadas. Sin embargo, otros autores (Smith y col., 1988; Hogan y col., 1993; Jukola, 1994; Olson, 1994) recomiendan al menos 200 μg/L en suero para lograr una protección preventiva óptima contra la incidencia de mastitis y problemas reproductivos. En porcino, los valores recomendados son inferiores: 60, 60-120 y más de 120 μg/L, respectivamente (Radostits y col., 1999).

Selenio inorgánico *vs.* orgánico: Influencia sobre el nivel de selenio

La suplementación del pienso con selenito fue introducida como práctica habitual aproximadamente hace 20 años en numerosos países con deficiencias de selenio para mejorar el nivel de este mineral en los tejidos animales. Sin embargo, veterinarios de campo confirman que los problemas relacionados con deficiencias típicas de selenio aún persisten en la actualidad. Cuando se utiliza selenio orgánico en forma de levadura, en vez de selenio inorgánico en forma de selenito, cabría esperar un efecto preventivo contra deficiencias pronunciadas. Por ejemplo, Pehrson y colaboradores (1999) y Gunter y colaboradores (2003) observaron que terneras lactantes presentaban niveles de selenio sanguíneo insuficientes aún cuando las madres recibían piensos suplementados con selenito. Sin embargo, cuando se suministraba una dosis similar de levaduras, los niveles de selenio en sangre de estos terneros eran adecuados. A partir de estos resultados, se postuló que los problemas por DM, aún muy comunes en terneros de crecimiento rápido, podrían erradicarse con la utilización rutinaria de levaduras de selenio como suplemento del pienso para vacas en lactación.

Se cree que la suplementación con selenito ha eliminado los casos de deficiencias extremas de selenio. Sin embargo, se espera, que además de mejorar el nivel de selenio influirá positivamente sobre la resistencia contra las patologías infecciosas y otros retos ambientales que actualmente aún son comunes en los sistemas de producción animal intensivos. Teniendo en cuenta los resultados de diversos investigadores, se puede mejorar fácilmente el nivel de selenio sanguíneo y tisular mediante la suplementación del pienso con selenio orgánico. Sin embargo, lograr niveles elevados de selenio en los tejidos es difícil e incluso imposible cuando la suplementación se realiza con fuentes inorgánicas de selenio.

Alimentación humana

Patologías causadas por deficiencias de selenio

La revisión bibliográfica realizada por Rayman (2000) incluye diferentes aspectos acerca de la importancia del selenio sobre la salud humana. Muertes súbitas debidas a cardiomiopatías en bebés chinos («enfermedad de Keshan»), un tipo específico de artritis degenerativa («enfermedad de Kaschin-Beck»), mutación de virus, reducción de la función inmune, determinados tipos de cáncer, enfermedades cardiovasculares y reducción de la fertilidad han sido relacionados con deficiencias de selenio. Los síntomas clínicos propios de las patologías mencionadas anteriormente sólo aparecen cuando la ingestión de selenio es extremadamente baja. Sin embargo, se cree que deficiencias subclínicas podrían aumentar la susceptibilidad a enfermedades perjudicando el mantenimiento de un estado sanitario óptimo (Rayman, 2000). Por ejemplo, la reducción de la inmunocompetencia debida a una deficiencia en selenio podría contribuir a la mayor incidencia de problemas de salud relacionados con estrés ambiental, estrés fisiológico e infecciones (Combs, 2001).

Recomendaciones sobre niveles de selenio en diferentes países

La recomendación oficial sobre ingestión diaria de selenio en alimentación humana varía entre 44 y 75 µg según el país considerado. Independientemente del nivel óptimo considerado, es evidente que la ingestión de selenio es adecuada en Estados Unidos pero inferior a la necesaria en muchas partes de Europa (Tabla 1). De hecho, la ingestión de selenio en el Reino Unido ha disminuido en los 25 últimos años hasta la mitad de la recomendada (Rayman, 2000; Jackson y col., 2003).

La ingestión media de selenio de la población omnívora suiza es de 27 µg en las mujeres y de 40 µg en los hombres (Larsson y Johansson, 2002). Por tanto, la población suiza es tan deficitaria en selenio como la británica aunque la ingesta oficial recomendada es menor en Suiza.

Combs (2001) revisó la literatura existente sobre la estimación del consumo diario de selenio a partir de la dieta en 26 países así como el nivel de selenio en suero/plasma de 63 países. Una ingestión diaria inferior a 40 µg y una concentración en suero de menos de 70 µg/L indican deficiencias de selenio*. A nivel mundial el número de individuos con deficiencias de selenio podría estar dentro del rango comprendido entre 500 y 1.000 millones. Si este dato es correcto, un 15% de los habitantes del planeta podrían sufrir deficiencias de selenio.

* *Rayman (2000) estimó que valores de 100 µg/L de suero son adecuados.*

Tabla 1 Recomendaciones y consumo medio diario (µg) de selenio en diferentes países. [A partir de Rayman, 2000; NNR, 1996(a) y Larsson y Johansson, 2002(b)].

País	*Consumo recomendado*		*Consumo real*	
	Hombres	*Mujeres*	*Hombres*	*Mujeres*
Suecia	50[a]	40[a]	40[b]	27[b]
Reino Unido	75	60	39	29
Europa	45-75		17-67	
Estados Unidos	55	55	60-220	

[a, b] Tratamientos con letra diferente indican diferencias significativas ($P < 0,05$).

Selenito *vs.* levadura de selenio: Trabajos experimentales

Los efectos del bajo consumo de selenio de la población británica fueron estudiados por Rayman (2000). En base a este trabajo, el Ministerio Británico de Agricultura, Pesca y Alimentación nombró un comité para investigar el efecto de diferentes fuentes de selenio en raciones para vacuno lechero con el objetivo de mejorar la calidad de la leche destinada al consumo humano. La conclusión de uno de los ensayos realizados por este grupo fue que la suplementación con levadura de selenio, a dosis inferiores al nivel máximo permitido por la legislación de la Unión Europea, aumentaba significativamente el contenido de selenio en la leche (Givens y col., 2004). Por contra, cuando la suplementación de selenio se hizo con base en selenito o con un complejo con selenio ligado, a dosis incluso superiores a las permitidas por la legislación de la Unión Europea, el aumento del selenio en leche fue sólo marginal confirmando los resultados de Fisher y colaboradores (1980).

La metionina es un aminoácido azufrado necesario para conseguir rendimientos productivos adecuados en animales de granja. Sin embargo, los animales no son capaces de distinguir entre metionina y selenometionina (Burk y Hill, 1993) por lo que un aporte deficiente de metionina puede compensarse con selenometionina. Posiblemente esta falta de diferenciación sea la causa principal de la disparidad entre los resultados observados por diferentes investigadores en la última década y los obtenidos por Givens y colaboradores (2004). La mayor capacidad de la levadura con selenio para aumentar el contenido de selenio en los alimentos de origen animal ha sido documentada para la carne de vacuno (Ortman y Pehrson, 1997, 1999), porcino (Mahan y Kim, 1996; Mahan y Paret, 1996; Mahan y col., 1999) y aves (Downs y col., 2000; Leng y col., 2003), así como para el hígado de cerdo (Mahan y Paret, 1996; Mahan y col., 1999) y de vaca (Ortman y Pehrson, 1997), los huevos (Surai, 2002), el calostro y la leche de cerda (Mahan, 2000), el queso (Pehrson, 2004 comunicación personal) y la leche de vaca (Ortman y Pehrson, 1997, 1999; Knowles y col., 1999; Pehrson y Arnesson, 2003; Givens y col., 2004).

Las diferencias en los efectos obtenidos al utilizar levadura de selenio, selenito o selenato como fuente de selenio sobre el contenido en selenio de la leche es especialmente pronunciado en el caso de la leche de vaca como se muestra en las Figuras 2 a 6. Con base en estos estudios podemos concluir que:

- La levadura con selenio es más potente que el selenito (Figuras 2 a 6).
- La capacidad del selenito para aumentar el nivel de selenio en la leche es muy limitada con dosis de selenio convencionales (Figuras 2 a 6).
- A dosis elevadas, el selenito no logra aumentar la concentración en selenio de la leche. Sin embargo, la concentración aumenta si se utiliza selenio en forma de levadura (Figura 6).
- No se observan diferencias en cuanto a deposición de selenio en leche entre selenito y selenato (Figura 3) o entre selenito y complejos con selenio ligado (Figura 6).

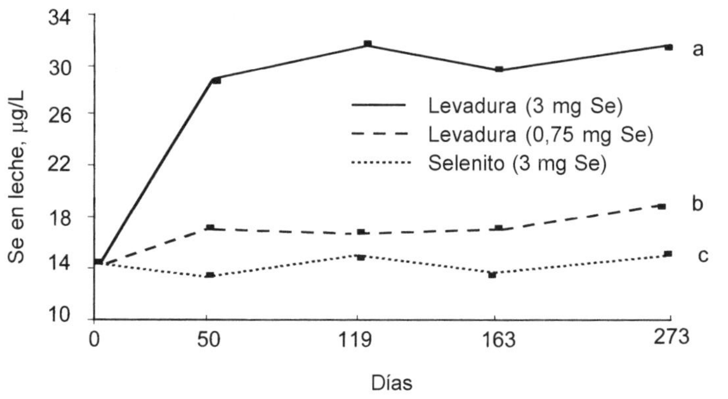

Figura 2 Concentración media de selenio (Se) en leche de vacas suplementadas con 3 mg de Se/día en forma de selenito sódico (n = 8), levadura con 3 mg de Se/día (n = 8) o levadura con 0,75 mg de Se/día (n = 9). (Adaptado de Ortman y Pehrson, 1997).

Tratamientos con letra diferente indican diferencias significativas (*P*< 0,05).

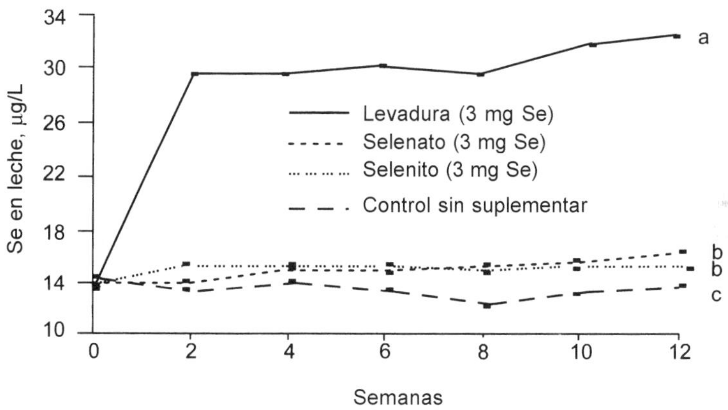

Figura 3 Concentración media de selenio (Se) en leche de vacas suplementadas con 3 mg de Se en forma de selenito sódico (n = 10), 3 mg de Se como selenato sódico (n = 10), 3 mg de Se como levadura (n = 11) o sin suplementar (n = 11). (Adaptado de Ortman y Pehrson, 1999).

Tratamientos con letra diferente indican diferencias significativas (*P*< 0,05).

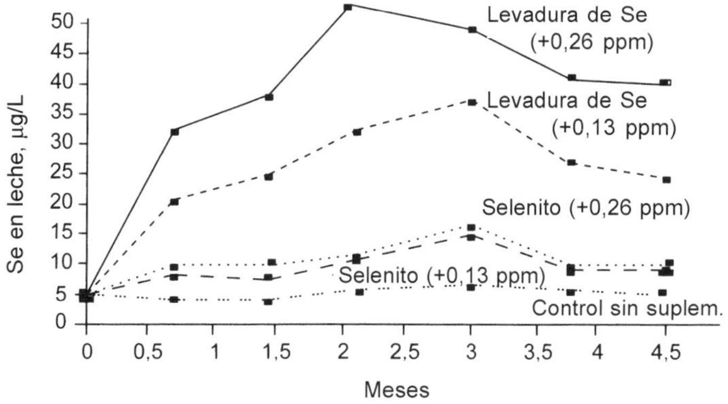

Figura 4 Efectos de la suplementación de la dieta con 0,13 y 0,26 ppm de selenio (Se) como selenato sódico o levadura de Se sobre la concentración de Se en la leche*. (Adaptado de Knowles y col., 1999).

*n = 7 para cada muestra.

Los resultados de las Figuras 4 y 6 necesitan ciertas aclaraciones. Los niveles de selenio en leche de la Figura 4 son muy variables lo que probablemente se debió a diferencias en el consumo y la calidad nutricional del pasto consumido durante el periodo experimental. En la Figura 6, el nivel de selenio fue muy alto (aproximadamente 100 µg/L) en uno de los grupos suplementados con levadura de selenio. En este grupo de vacas (también en el que consumió 0,76 mg de selenio/kg), la suplementación con selenio fue superior a los niveles máximos aprobados por la Unión Europea (0,55 mg de selenio/kg dieta). Por tanto, en la práctica no es

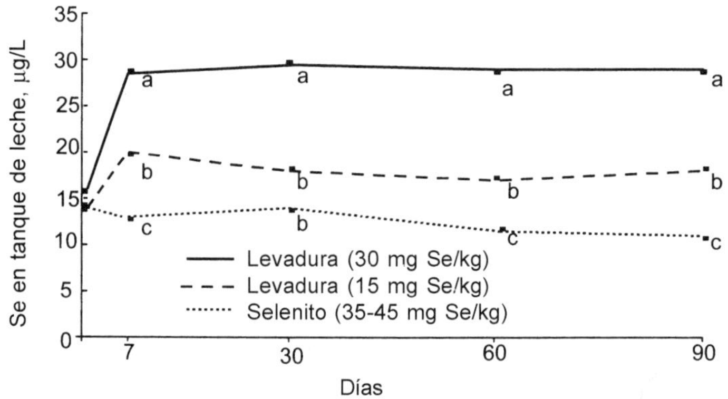

Figura 5 Concentración de selenio (Se) en tanque de leche de vacas procedentes de 22 rebaños suplementados con dos niveles de levadura de Se (10 rebaños con 15 ppm y 6 rebaños con 30 ppm de Se) o con niveles comerciales (6 rebaños con 35-45 mg de Se/kg) de selenito sódico. (Adaptado de Pehrson y Arnesson, 2003).

Tratamientos con letra diferente indican diferencias significativas ($P< 0,05$).

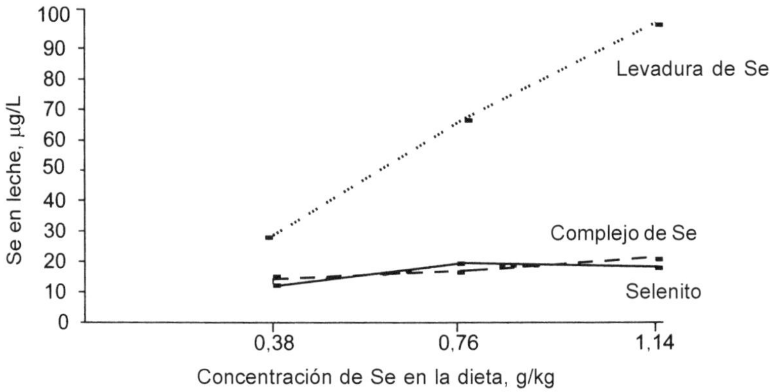

Figura 6 Concentración media de selenio (Se) en leche de vacas alimentadas durante 8 semanas con levadura de Se, complejo ligado a Se o selenito sódico a tres niveles*. (Adaptado de Givens y col., 2004).

* n = 10 para cada tratamiento.

posible llegar, por razones legales y económicas, a estos niveles de suplementación. De hecho, Aspila (1991) indicó que la concentración deseable de selenio en leche debe ser inferior a 20 µg/L.

Influencia de la suplementación con selenio de la dieta de animales de granja sobre la concentración en alimentos para la población

En base a los trabajos científicos realizados, la suplementación con selenio orgánico en sustitución del selenio inorgánico de las dietas de animales de granja con 0,3 mg/kg de materia seca aumenta el contenido de selenio de la leche, la carne de pollo y los huevos en más del 100%; del queso en un 150%; de la carne de cerdo y de vacuno en un 75% y de hígado en, al menos, un 25%.

Del total del selenio ingerido a través de la dieta de un ciudadano suizo, aproximadamente el 20% procede de productos lácteos (incluida la leche), el 25% de la carne, el 12% de los huevos, el 20% de alimentos de origen marino, el 15% de granos, el 4% de vegetales y el 4% de bebidas, patatas y frutas (adaptado de Becker, 2000). Teniendo en cuenta los hábitos de consumo de Suiza, si se incluyera selenio orgánico en las dietas de las diversas especies domésticas, la ingestión total de selenio aumentaría al menos en un 50% con lo que el consumo diario de selenio pasaría de ser marginal o deficiente a óptimo. Un cambio similar en la fuente de selenio en vacas lecheras aumentaría la ingestión diaria de selenio de un británico medio en aproximadamente un 15% sin tener en cuenta el aporte extra de selenio por consumo de queso y de carnes (Givens y col., 2004). En otros países donde los hábitos de consumo son diferentes, especialmente en cuanto a consumo de productos lácteos, el efecto del cambio de selenio inorgánico a orgánico en los piensos variará aunque siempre será importante.

Conclusiones

La influencia positiva de suplementar los piensos con fuentes de selenio orgánico sobre la ingestión de selenio en la población humana depende de los hábitos de consumo de cada país en particular. En muchas áreas geográficas, los cereales, la carne y el pescado son las fuentes principales mientras que los productos lácteos y los huevos suministran sólo una pequeña proporción (Combs, 2001). En cualquier caso, un cambio en la fuente de suplementación de las dietas de los animales de granja de selenio inorgánico a orgánico en forma de levadura de selenio conllevará un aumento significativo del consumo de selenio en humanos. Este cambio de fuente de selenio inorgánico a orgánico es recomendable en todos aquellos países con deficiencias de selenio a fin de mejorar el aporte de este mineral y mejorar la salud humana.

Cabe esperar que un cambio en el aporte de selenio a formas orgánicas tenga un efecto positivo sobre la salud y la productividad de los animales de granja. Las dosis de selenio utilizadas en la actualidad para suplementar los piensos podrían reducirse de forma considerable si se utiliza selenio orgánico en forma de levadura de selenio adecuadamente producida en vez de selenio inorgánico en forma de selenito. Con ello se minimiza el riesgo de exceder la concentración máxima de selenio permitida (0,55 ppm en el total de la dieta en materia seca).

Referencias bibliográficas

Andrews, E.D., Hartley, W.J., and Grant, A.B. (1968). Seleniumresponsive diseases of animals in New Zealand. *New Zealand Veterinary Journal* **16:** 3-17.

Arthur, J.R., McKenzie, R.C., and Beckett, G.J. (2003). Selenium and the immune system. *Journal of Nutrition* **133:** 1457s-1459s.

Aspila, P. (1991). Metabolism of selenite, selenomethionine and feed-incorporated selenium in lactating goats and dairy cows. *Journal of Agricultural Science in Finland* **63:** 1-74.

Becker, W. (2000). Vilka är källorna till våra näringsämnen? (The sources of our food substances). In Swedish. *Vår Föda* **51:** 16-20.

British Society of Animal Science (2003). Nutrient Requirement Standards for Pigs.

Burk, R.F. and Hill, K.E. (1993). Regulations of selenoproteins. *Annual Review of Nutrition* **13:** 65-81.

Carlström, G., Jönsson, G., and Pehrson, B. (1979). An evaluation of selenium status of cattle in Sweden by means of glutathione peroxidase. *Swedish Journal of Agricultural Science* **9:** 43-46.

Combs, G.F. Jr. (2001). Selenium in the global system. *British Journal of Nutrition* **85:** 517-547.

Downs, K.M., Hess, J.B., and Bilgili, S.F. (2000). Selenium source effect on broiler carcass characteristics, meat quality and drip loss. *Journal of Applied Animal Research* **18:** 61-72.

Erskine, R.J., Eberhart, R., Grasso, P. J., and Scholz, R.W. (1989). Induction of *Escherichia coli* mastitis in cows fed seleniumdeficient or seleniumsupplemented diets. *American Journal of Veterinary Research* **50:** 2093-2100.

Finch, J.M., and Turner, R.J. (1996). Effects of selenium and vitamin E on the immune responses of domestic animals. *Research in Veterinary Science* **60:** 97-106.

Fisher, L.J., Hoogendórn, C., and Montemurro, J. (1980). The effect of added dietary selenium on the selenium content in milk, urine and faeces. *Canadian Journal of Animal Science* **60:** 79-86.

Flohé, L., Güntzler, W.A., and Schock, H.H. (1973). Glutathione peroxidase: a selenoenzyme. *Federation of European Biochemical Society: Letters* **32:** 132-134.

Gerloff, B. (1992). Effect of selenium supplementation on dairy cattle. *Journal of Dairy Science* **70:** 3934-3940.

Givens, D.I., Allison, R., Cottrill, B., and Blake, J.S. (2004). Enhancing the selenium content of bovine milk through alteration of the form and concentration of selenium in the diet of the dairy cow. *Journal of the Science of Food and Agriculture* **84:** 811-817.

Gunter, S.A., Beck, P.A., and Phillips, J.M. (2003). Effects of supplementary selenium source on the performance and blood measurements in beef cows and calves. *Journal of Animal Science* **81:** 856-864.

Hogan, J.S., Weiss, W.P., and Smith, K.L. (1993). Role of vitamin E and selenium in host defence against mastitis. *Journal of Dairy Science* **76:** 2795-2803.

Jackson, M.J., Broome, C.S., and McArdle, F. (2003). Marginal dietary selenium intakes in the UK: are there functional consequences? *Journal of Nutrition* **133:** 1557s-1559s.

Jukola, E. (1994). Selenium, vitamin E and beta-carotene status of cattle in Finland, with special reference to epidemiological udder health and reproduction data. *Thesis.* College of Veterinary Medicine, Helsinki.

Julien, W.E., Conrad, H.R., Jones, J.E., and Moxon, A.L. (1976). Selenium and vitamin E and incidence of retained placenta in parturient dairy cows. *Journal of Dairy Science* **59:** 1954-1959.

Knowles, S., Grace, N.D., Wurms, K., and Lee, J. (1999). Significance of amounts and form of dietary selenium on blood, milk, and casein selenium concentrations in grazing cows. *Journal of Dairy Science* **82:** 429-437.

Larsson, C.L., and Johansson, G.K. (2002). Dietary intake and nutritional status of young vegans and omnivores in Sweden. *American Journal of Clinical Nutrition* **76:** 100-106.

Leng, L., Bobzek, R., Kuriková, S., Boldizárová, K., Gresáková, L., Sevcíková, Z., Révajová, V., Levkutová, M., and Levkut, M. (2003). Comparative metabolic and immune response of chickens fed diets containing inorganic selenium and Sel-Plex™ organic selenium. In: *Nutritional Biotechnology in the Feed and Food Industries.* Edited by T.P. Lyons and K.A. Jacques. Nottingham University Press, Nottingham UK, pp. 131-145.

Levander, O.A., and Burk, R.F. (1990). In: *Selenium: Present Knowledge in Nutrition.* Edited by M.L. Brown, International Life Sciences Institute, Washington DC, pp. 268-273.

Lindberg, P., and Bingefors, S. (1970). Selenium levels of forages and soils in different regions of Sweden. *Acta Agricriculturae Scandinavica* **20:** 133-136.

Mahan, D.C. (2000). Effect of organic and inorganic selenium sources and levels on sow colostrum and milk selenium. *Journal of Animal Science* **78:** 100-105.

Mahan, D.C., Cline, T.R., and Richert, B. (1999). Effects of dietary levels of selenium-enriched yeast and sodium selenite as selenium sources fed to growing-finishing pigs on performance, tissue selenium, glutathione peroxidase activity, carcass characteristics, and loin quality. *Journal of Animal Science* **77:** 2172-2179.

Mahan D.C., and Kim, Y.Y. (1996). Effect of inorganic and organic selenium at two dietary levels on productive performance and tissue selenium concentrations in first-parity gilts and their progeny. *Journal of Animal Science* **74:** 2711-2718.

Mahan, D.C., and Parett, N.A. (1996). Evaluating the efficacy of selenium-enriched yeast and sodium selenite on tissue selenium retention and serum glutathione peroxidase activity in grower and finisher swine. *Journal of Animal Science* **74:** 2967-2974.

NNR. (Nordic Nutrition Recommendations). (1996). *Scandinavian Journal of Nutrition* **40:** 161-165.

NRC. (2001). *Nutrient Requirements of Dairy Cattle.* National Research Council, National Academy Press, Washington DC.

NRC. (2000). *Nutrient Requirements of Beef Cattle.* National Research Council, National Academy Press, Washington DC.

NRC. (1999). *Nutrient Requirements of Swine.* National Research Council, National Academy Press, Washington DC.

Oldfield, J.E. (1995). Selenium in maps. *The Bulletin of SeleniumTellurium Development Association.* April, 7 pages.

Olson, J.D. (1994). The role of selenium and vitamin E in mastitis and reproduction of dairy cattle. *The Bovine Practitioner* **28:** 446-452.

Ortman, K. (1999). Organic *vs.* inorganic selenium in farm animal nutrition with special reference to supplementation of cattle. *Thesis.* Swedish University of Agricultural Sciences, Uppsala.

Ortman, K., and Pehrson, B. (1999). Effects of selenite as feed supplement to dairy cows in comparison to selenite and Se yeast. *Journal of Animal Science* **77:** 3365-3370.

Ortman, K., and Pehrson, B. (1997). Selenite and selenium yeast as feed supplements for dairy cows. *Journal of Veterinary Medicine A* **44:** 373-380.

Pehrson, B., and Arnesson, A. (2003). Tillförsel av oorganiskt och organiskt selen till mjölkkor. (Supplementation with inorganic and organic selenium to dairy cows). In Swedish with an English summary. *Svensk Veterinar Tidning (Swedish Veterinary Journal)* **55:** 17-23.

Pehrson, B., Ortman, K., Madjid, N., and Trafikowska, U. (1999). The influence of dietary selenium as selenium yeast or sodium selenite on the concentration of selenium in the milk of suckler cows and on the selenium status of their calves. *Journal of Animal Science* **77:** 3371-3376.

Radostits, O.M., Blood, D.C., Gay, C.C., and Hinchcliff, K.W. (1999). Selenium and/or vitamin E deficiences. In: *Veterinary Medicine.* WB Saunders Company Ltd, London, New York, Philadelphia, Sydney.

Rayman, M.P. (2000). The importance of selenium to human health. *The Lancet* **356:** 233-241.

Rosenberger G. (1978). In: *Krankheiten des Rindes.* Verlag Paul Parey, Berlin, Hamburg.

Rotruck, J.T, Pope, A.L., Ganther, H.E., Swanson, A.B., Hafeman, D.G. and Hoekstra, W.G. (1973). Selenium: Biochemical role as a component of glutathione peroxidase. *Science* **179:** 588-590.

Schwarz, K., and Foltz, C.M. (1957). Selenium as an integral part of Factor 3 against dietary necrotic liver degeneration. *Journal of the American Chemical Society* **79:** 3292-3293.

Smith, L.R., Hogan, J.S., and Conrad, H.R. (1988). Selenium in dairy cattle: its role in disease resistance. *Veterinary Medicine* **83:** 72-78.

Spallholz, J.E. (1997). Free radical generation by selenium compounds and their prooxidant toxicity. *Biomedical and Environmental Science* **10:** 260-270.

Surai, P. (2002). In: *Natural Antioxidants in Avian Nutrition and Reproduction.* Nottingham University Press, Nottingham UK.

Surai, P. (2000). Organic selenium: benefits to animals and humans, a biochemist's view. *Biotechnology in the Feed Industry.* Edited by T.P. Lyons and K.A. Jacques. Nottingham University Press, Nottingham UK, pp. 205-260.

Weiss, W.P. (2003). Selenium nutrition of dairy cows: comparing responses to organic and inorganic selenium forms. In: *Nutritional Biotechnology in the Feed and Food Industries.* Edited by T.P. Lyons and K.A. Jacques. Nottingham University Press, Nottingham UK, pp. 333-343.

Whanger, P.D. (2003). Metabolic pathways of selenium in plants and animals and their nutritional significance. In: *Nutritional Biotechnology in the Feed and Food Industries.* Edited by T.P. Lyons and K.A. Jacques. Nottingham University Press, Nottingham UK, pp. 51-58.

Whanger, P.D. (2002). Selenocompounds in plants and animals and their biological significance. *Journal of the American College of Nutrition* **21:** 223-232.

Whanger, P.D., and Butler, J.A. (1998). Effects of various dietary levels of selenium as selenite or selenomethionine on tissue selenium levels and glutathione peroxidase activity in rats. *Journal of Nutrition* **118:** 846-852.

Yan, L., and Spallholz, J.E. (1993). Generation of reactive oxygen species from the reaction of selenium compounds with thiols and mammary tumor cells. *Biochemical Pharmacology* **45:** 429-427.

Capítulo 16

Granjas de vacuno lechero en la Unión Europea: ¿Tienen futuro?

David E. Beever
Ruminations Ltd., Marlow, Bucks., Reino Unido

Introducción

La única respuesta posible para la pregunta del título del presente capítulo es «sí». A pesar de las continuas reducciones del precio de la leche, las incertidumbres sobre su futuro y el continuo aumento del número de granjeros que ven pocas oportunidades de futuro en negocios con beneficios decrecientes y, a pesar de las altas inversiones en trabajo y capital, las granjas de vacuno lechero tienen futuro en la Unión Europea. Sin embargo, el tipo de negocio que existirá dentro de 10 años será muy diferente al actual. Existen muchos factores que influirán sobre el desarrollo futuro del sector del vacuno de leche en la Unión Europea. En cualquier caso, los beneficios a obtener dependerán principalmente de cómo interactúen dichos factores.

La granja de vacuno

En 2002, más del 60% del total de la leche producida en el Reino Unido se vendió por debajo del coste de producción (Colman y col., 2004). Estas pérdidas continuadas están ligadas a escasas y decrecientes inversiones de capital para la mejora de estas granjas. Esta situación ha dado lugar a la desaparición de numerosas granjas (grandes y pequeñas). Una situación similar en cuanto a la falta de beneficios existe en varios estados miembros donde los precios de la leche permanecen bajos con pocas posibilidades de que aumenten en un futuro inmediato. Sin embargo, Colman y colaboradores (2004) observaron que en torno al 80% de los granjeros entrevistados en el Reino Unido planeaban permanecer con su explotación aumentando el tamaño del rebaño y el negocio global.

La población

Europa tiene una gran población a la que debe alimentar. En la actualidad el suministro de alimentos es, en general, satisfactorio. Los ciudadanos de la Unión Europea buscan mejorar su situación económica y, aunque gastan una creciente proporción de sus ingresos en artículos no alimentarios, en general muestran una creciente preocupación por consumir alimentos saludables incluyendo productos lácteos de calidad. Al mismo tiempo, los medios de comunicación recuerdan al consumidor constantemente aquellas características de la leche y de los productos procedentes de vacuno que están relacionados con la salud. Es tranquilizador comprobar que un alto porcentaje de la población europea aún consuma productos lácteos en formas muy variadas con base en que reconoce sus beneficios nutricionales como parte de una dieta equilibrada.

El aumento del poder adquisitivo y del conocimiento por parte del consumidor ha originado un aumento del interés por los sistemas productivos utilizados en producción animal. De hecho, el consumidor actual demanda la utilización de sistemas más respetuosos con el bienestar animal y el medio ambiente.

Comercio mundial

Hasta muy recientemente, la Unión Europea era más que autosuficiente en producción de leche y productos lácteos. La Organización Mundial del Comercio ha propuesto acuerdos a corto y largo plazo cuya finalidad es reducir las restricciones y aumentar las oportunidades de otros países para exportar productos de vacuno a la Unión Europea a precios competitivos. Esta política es de interés para las empresas involucradas en la recogida y el procesado de la leche pero representa una amenaza para la viabilidad a largo plazo del sector lechero dentro de la Unión Europea. Aparte de esta problemática, han de tenerse en cuenta otros aspectos negativos de la exportación no controlada de leche y productos lácteos de terceros países. En primer lugar, la calidad de los productos lácteos originados en la Unión Europea es, en general, superior a la de los producidos por numerosos países potencialmente exportadores. En segundo lugar, muchos países que quieren suministrar productos lácteos a la Unión Europea son incapaces de satisfacer la demanda de los consumidores europeos en relación con el bienestar animal y la conservación del medio ambiente. Por tanto, mientras que los consumidores estén interesados en obtener alimentos de calidad producidos en base a técnicas respetuosas con respecto al bienestar animal y el medio ambiente a precios competitivos, habrá un mercado para estos productos lácteos. Estudios de mercado recientes muestran que el interés por este tipo de productos aumentará en el futuro. En tercer lugar, tal y como se ha observado ante recientes escándalos alimentarios (encefalopatía espongiforme bovina, fiebre aftosa, *Salmonella* en aves y contaminación por dioxinas de las materias primas), el consumidor, motivado en gran medida por las noticias de los medios de comunicación, toma decisiones reflejo de sus conocimientos y apreciaciones sobre la seguridad alimentaria.

Para que muchos países lleguen a ser exportadores importantes de productos lácteos a la Unión Europea, será necesario que mejoren estos aspectos relacionados con el bienestar animal, el medio ambiente y la seguridad alimentaria. Por ejemplo, los productores de Nueva Zelanda creen que es necesario modificar o prohibir determinadas prácticas de manejo (corte de colas, inducción del parto) que no son aceptadas por el consumidor de la Unión Europea.

Escenario de la Unión Europea

Un aspecto que ha captado el interés de los políticos durante las recientes negociaciones de la Organización Mundial del Comercio es la elevada superficie disponible en la Unión Europea para el crecimiento de forrajes que son una materia prima importante en la alimentación de rumiantes incluyendo las vacas lecheras. Esta superficie forrajera es un activo altamente valorado para la producción de carne y de leche de rumiantes. Mientras que pocos gobiernos de los estados miembros de la Unión Europea parecen preocupados por el porvenir de las granjas, algunos productores esperanzados, muchas veces utilizando medios excesivamente severos, intentan constituir mercados al por mayor.

Aumento de las fuentes de alimentos

Los hábitos de consumo de la población europea han variado de forma importante en los últimos años, en gran parte, debido a su mayor poder adquisitivo y, en parte, debido a la escasez de tiempo de las familias. Estos cambios han llevado consigo el aumento de venta de productos ya elaborados y listos para consumir, así como un mayor consumo de alimentos fuera de los hogares, tanto en restaurantes como en establecimientos de comida rápida. Asimismo, estos cambios en los hábitos alimenticios han dado lugar a un incremento de la disponibilidad de subproductos de elevada calidad procedentes de las industrias alimentarias para humanos. Muchos de estos subproductos son materias primas ideales para rumiantes. Así, los subproductos procedentes de la industria cervecera han sido utilizados por los productores de leche durante mucho tiempo. Además, los subproductos de la industria del almidón, patata, residuos de panadería, bollería e industrias confiteras son de uso común en dietas para vacas lecheras. Los rumiantes son un destino ideal para estos subproductos de la industria especialmente si se compara con alternativas tales como la producción de energía o los vertederos municipales.

Amenazas inmediatas y futuras

Los efectos de la reciente expansión de la Unión Europea sobre la industria lechera aún no han sido cuantificados. La amenaza que suponen los sistemas de producción a bajo coste de los países del Este sobre ciertas regiones claves en la producción de leche del Norte y el Oeste Europeo aún no se ha analizado. La eliminación de barreras comerciales permite a países como Nueva Zelanda ampliar sus exportaciones a la Unión Europea. La reciente expansión de la industria vacuno lechera en determinadas zonas de Nueva Zelanda (por ej., South Island), en sustitución del ganado ovino, es una muestra del optimismo que existe en dicho país sobre su potencial para exportar a Europa. De forma similar, otros países están encontrando nuevas oportunidades para aumentar su producción de leche. Por ejemplo, Brasil es un país emergente en el escenario internacional como productor de leche con una producción que pasó de 14.000 millones de litros en 1995 a más de 19.000 millones en 2000 y con una producción prevista para el 2010 de 29.000 millones. Por contra, la producción lechera de la Unión Europea ha permanecido prácticamente constante debido al sistema de cuotas lecheras.

Una parte importante de la leche producida en Brasil será exportada en forma de productos lácteos a Estados Unidos donde la producción de leche se ha reducido de forma considerable debido a los crecientes problemas de tipo medioambiental. No es deseable que en el futuro parte de estos productos lácteos se comercialicen en la Unión Europea. En cualquier caso, se espera que un aumento de la producción lechera en Brasil ejerza una fuerte presión sobre el precio mundial de la leche dada la abundancia de mano de obra barata y la gran cantidad de tierra disponible de Brasil.

Las cuotas lecheras se introdujeron en la Unión Europea en 1984 como medida para frenar la producción reduciendo así la carga económica a soportar por el exceso de producción. En este sentido, el sistema de cuotas ha sido útil a corto plazo ya que ha conseguido limitar los excesos lácteos. Sin embargo, a largo plazo las cuotas han limitado el progreso de la industria reduciendo el número de productores que han decidido aumentar su producción. En su punto máximo, el sistema de cuotas del Reino Unido aumentó cuatro-cinco veces el precio preponderante de la leche, con una cuota (licencia) para producir leche de 4.000 libras de rendimiento medio por vaca frente a un valor de mercado de menos de 1.000 libras por vaca. A partir de ese momento, los precios de la cuota lechera cayeron. Sin embargo, aún en el año 2006, los productores eran conscientes de la importancia de la cuota y estaban preparados para adquirir derechos de cuota a fin de aumentar el tamaño de sus rebaños. Esta inversión en derechos contribuyó de forma notable a reducir el dinero disponible para inversiones en mejoras tales como máquinas de ordeño, alojamientos, almacén de materias primas e instalaciones en general que podrían haber mejorado la eficacia de las granjas. Cabe destacar que el objetivo actual de la Comisión es que la agricultura se desarrolle en una economía de mercado completamente libre. Pero aún existen límites de producción debido a una intervención sobre la producción de más de 20 años. Aunque los partidarios de abolir la cuota son numerosos, la Comisión ha indicado su continuidad durante los próximos años quizá debido a la carencia de mecanismos adecuados que eviten volver a los mismos problemas que originó el exceso de leche de finales de los años 70 y principios de los años 80.

Por tanto, es muy posible que la industria láctea tenga que modificar sus estructuras y modelos actuales. La amenaza real que ejerce la producción láctea de algunos de los nuevos países miembros sobre la industria lechera establecida en los países fundadores de la Unión Europea, es impredecible pero dada la reducción de las ayudas que se contemplan es de esperar que los productores más pequeños y menos eficientes no sobrevivan. El objetivo de este trabajo es revisar las prácticas actuales de la industria lechera identificando las fortalezas y debilidades de los sistemas existentes y visualizar los posibles escenarios futuros para las granjas de vacuno lechero de la Unión Europea.

Sistemas actuales y futuros de producción lechera

Las razas

En la Unión Europea existen diversos sistemas de producción lechera pero, con limitadas excepciones, la raza predominante es la vaca Holstein. El objetivo inicial no era el de sustituir razas como la Parda Suiza, la Jersey u otras razas locales por la Holstein pero la selección genética ejercida sobre esta raza para mejorar la producción de leche la ha convertido en la raza de elección para la mayoría de los productores. En los años 80 la Frisona era la raza dominante en la mayoría de los rebaños europeos. Sin embargo, en su búsqueda por mejorar los rendimientos, los productores europeos se han decantado por vacas Holstein genéticamente mejoradas ya que esta raza ha sido capaz de satisfacer sus demandas. Debe tenerse en cuenta que algunos productores, tales como los que suministran leche para su posterior procesado, prefieren vacas que producen leche con un mayor nivel de sólidos totales. Por este motivo, en zonas muy limitadas existe interés por potenciar la raza Jersey. Asimismo, en otros países como Irlanda en los que la producción de leche se basa en regímenes extensivos, se ha importado genética Holstein de Nueva Zelanda. Esta iniciativa se basó en la creencia de que esta vaca era más eficiente en sistemas extensivos y podría ser una solución para mejorar la fertilidad, problema común en vacas Holstein de alta producción.

Recientemente, en Irlanda se ha estudiado la posibilidad de utilizar cruces de varias razas para mejorar la productividad global de las explotaciones. Así, la raza Roja Noruega se consideró como una firme candidata para cruzar con Holstein con el objetivo de mejorar la fertilidad y los problemas podales. También, la raza Jersey podría ser una candidata adecuada para cruzar con Holstein. De hecho, los cruces industriales son comunes en la producción de terneras destinadas a carne obtenidas a partir de vacas lecheras debido a su mejor conformación y eficacia alimenticia. Los cruces entre razas manifiestan la heterosis (vigor híbrido) mejorando la productividad. Aunque en la mayoría de los casos la ternera cruzada se utiliza para mejorar la producción de carne, el vigor híbrido también se manifiesta en cruces de razas lecheras. Sin embargo, la mejora en productividad global a obtener es inferior al 5% y sólo afecta a los animales de la primera generación.

La siguiente cuestión es cómo cruzar vacas de la generación F1 para obtener las generaciones siguientes. En la industria porcina, la productividad de las razas Landrace y Large White es similar lo que permite realizar cruces recíprocos o rotativos con éxito. En vacas lecheras, sólo la raza Frisona es similar a la Holstein por lo que podrían obtenerse resultados de este cruce semejantes a los que se obtienen en porcino. En el resto de los casos, como cuando se cruzan Jersey y Holstein, se aconseja realizar un primer cruce con Pardo Suiza o Ayrshire previamente a cruzar las hembras híbridas de la F2 con cada una de las razas del primer cruce. Dado que se precisan cerca de 3 años desde la fecundación hasta el primer parto, se necesitaría un mínimo de 7 años para completar el ciclo de cruces. Por tanto, es complicado modificar la política de cría de novillas para lograr ventajas en el desarrollo genético de razas avanzadas dado que se podría reducir el valor comercial global del rebaño. Por tanto, no es sorprendente que Cunningham (2004) redujera la importancia debida a las mejoras obtenidas por el cruce de varias razas exclusivamente a la generación F1.

La alimentación

Base forrajera

Las materias primas básicas disponibles para la mayoría de los productores no han variado mucho en los últimos años. La hierba fresca es la principal materia prima que puede ser producida a coste relativo bajo y que está disponible en la mayoría de las explotaciones. La hierba puede utilizarse mediante pastoreo directo o tras su conservación normalmente como silo aunque en varios países todavía se utiliza el heno. Afortunadamente para los productores, los precios de los cereales han sido relativamente bajos durante años lo que ha permitido que fueran una fuente importante en la alimentación del vacuno lechero. Asimismo, la disponibilidad de subproductos procedentes de la industria de la alimentación humana ha aumentado, especialmente para aquellas granjas situadas cerca de núcleos urbanos. Sin embargo, en los últimos años, la inclusión de cereales en piensos para vacuno se ha visto reducida debido a la escasez global de los mismos.

Los recursos herbáceos son una fuente barata de nutrientes pero presentan serias limitaciones. Así, su calidad nutricional es impredecible ya que depende de la estacionalidad y del manejo de las parcelas. Además, la disponibilidad depende del clima viéndose seriamente afectada en caso de precipitaciones insuficientes lo que compromete el aporte nutricional en épocas de sequía propias del verano. Un problema adicional es que, a pesar de los recientes avances que se han conseguido en los métodos de ensilado, lograr silos de calidad uniforme con base en hierba es complicado. Condiciones pobres (condiciones climáticas en el momento de la cosecha, tipo de ensilado y cubierta de los silos inadecuada) afectan la calidad del silo lo que, a su vez, puede provocar reducciones del consumo y de la productividad de los animales. La ingestión voluntaria de silo (materia seca) de hierba es siempre inferior a la obtenida cuando ese mismo forraje se pasta directamente. Por tanto, para obtener un nivel nutricional adecuado es necesario disponer de otras materias primas.

El contenido en materia seca de la hierba varía entre un 12 y un 20% e incluso más en función del clima y del estadio vegetativo de la planta. En el mejor de los casos, para conseguir un consumo diario de 16 kg de materia seca, la vaca necesitará consumir diariamente 80 kg de hierba fresca (equivalente al 12% de su peso vivo). Sin embargo, si el animal consume hierba húmeda estas cantidades ascenderán hasta los 130 kg, es decir, una cantidad superior al 20% de su peso vivo. Este nivel es superior a la capacidad de ingestión del animal. De hecho, el consumo máximo en pastoreo raramente excede los 17-18 kg de materia seca al día lo que equivale al 2,8-3,0% de su peso corporal. Además estos niveles de ingestión sólo se alcanzarán en condiciones ideales y, aún así, sólo permitirán obtener producciones diarias de en torno a los 27 kg de leche. Las vacas en lactación son capaces de comer diariamente en torno al 4% de su peso vivo. Por tanto, para aumentar la producción lechera, es necesario suministrar suplementos alimenticios más concentrados. De aquí que se precise suministrar concentrados a los animales en la sala de ordeño. Cuando se suministra pienso disminuye la ingestión total de materia seca en forma de hierba aunque la elección de piensos con características nutricionales adecuadas puede limitar este efecto negativo.

El objetivo principal cuando se suplementa con piensos a las vacas en pastoreo es mejorar el beneficio económico. Si no se redujera la ingesta de hierba, cada kilo de pienso extra (en materia seca) aumentaría en 2,2-2,4 kg la cantidad de leche producida. Esta práctica es rentable con precios actuales de la leche y los piensos. Sin embargo, al incrementar la cantidad de concentrado se reduce el consumo de hierba lo que generalmente reduce el beneficio teórico. Se estima que si el concentrado lograra aumentar la producción láctea en 1,2 kg por kilo de pienso extra, la práctica sería rentable. Sin embargo, si la eficacia es inferior a 1 kg/kg la práctica de suministrar concentrados extras es cuestionable. Un menor consumo de hierba de los animales en pastoreo permite aumentar las reservas de forraje a utilizar durante el invierno. Además, la hierba conservada resulta más cara que la hierba pastoreada por unidad de energía metabolizable (EM) lo que debe ser tenido en cuenta.

Por otro lado, una mayor disponibilidad de alimento forrajero producido en la explotación durante el invierno reduce los costes anuales de alimentación ya que se precisa comprar menos alimentos externos durante esta época. Además, es frecuente que la vaca en pastoreo no cumpla las expectativas teóricas propuestas debido al acortamiento que sufre la hierba. Este fenómeno se detecta rápidamente ya que los rendimientos lecheros disminuyen y la composición de la leche se ve afectada negativamente. Periodos de deficiencias nutricionales en vacas lecheras dan lugar a problemas relacionados con la fertilidad debidos, en gran medida, a las pérdidas excesivas de condición corporal. El consumo de forrajes pobres e ingestas erráticas predisponen a las vacas a desplazamientos de cuajar que es un problema costoso. Sayers y colaboradores (2003) y Williams y colaboradores (2004) indicaron que las vacas alimentadas con base en pastos de primavera presentan pH ruminales inferiores a 6,0 durante periodos prolongados debido al alto contenido de carbohidratos solubles de esta hierba. La acidosis ruminal, que ocurre cuando el pH del rumen cae por debajo de 6,0, produce trastornos digestivos que reducen el consumo de alimento y dan lugar a una mayor incidencia de problemas metabólicos.

La importancia de la suplementación con concentrados de vacas en pastoreo es difícil de evaluar y sus beneficios económicos potenciales no dependen exclusivamente del aumento de los kilos extra de leche obtenida por kilo de pienso suministrado.

Una consideración final a tener en cuenta en relación con los sistemas basados en el consumo de hierba en pastoreo es la estacionalidad. La hierba está disponible principalmente entre abril y septiembre, siendo particularmente abundante durante los meses de mayo y junio. Los sistemas diseñados para explotar praderas en extensivo precisan disponer de hierba suficiente entre febrero y noviembre, principalmente en los países del Norte de la Unión Europea, lo que se traduce en una mayor producción de leche durante los mejores meses de la hierba y en unos menores precios durante varios meses. Sin embargo, se está produciendo un aumento de la proporción de leche que se procesa en vez de ser consumida en fresco. Los procesadores de leche necesitan asegurarse un suministro constante para garantizar la eficiencia de la planta de procesado a la vez que se controlan los costes de transporte.

La revisión bibliográfica de DIAL/FMG (2004) acerca del impacto de la estacionalidad sobre los precios futuros de la leche concluyó que en vez de ampliar el ratio entre el pico mensual y el mínimo de las producciones (que normalmente en el Reino Unido es de 1,24:1) debería mantenerse como parámetro de referencia para los compradores de leche. Si los productores medios se pasaran a un tipo de producción primaveral ganarían aproximadamente 0,2 libras por litro en términos de reducción de costes de producción con una pérdida de 0,8 libras por litro debido al aumento del coste de transporte y a los costes de procesado. Los beneficios del aumento de la producción de leche en primavera son difíciles de establecer. Únicamente se predijo una mejora del margen hasta 0,68 libras por litro para el 25% de los mejores productores que se pasaron de su perfil de producción normal de 1,13:1 a producir más leche procedente de hierba con un ratio de 1,50:1. Estos resultados sugieren que la producción primaveral de leche no mejorará los márgenes a largo plazo, al menos, de la manera que la mayoría de los productores desearían. Por tanto, esta estrategia no es recomendable para los productores medios aunque es interesante para los que puedan disponer de hierba barata.

Alimentación con raciones mixtas

En contra de los sistemas extensivos basados en el pastoreo y el silo de hierba, en la alimentación con raciones mixtas se utilizan otras materias primas disponibles en la granja o que pueden comprarse a precios competitivos. El objetivo es suministrar raciones que permitan alcanzar el potencial de producción de las vacas en lactación. Algunos forrajes alternativos, como los silos de forraje de maíz o de grano de cereal, son materias primas apropiadas que se pueden producir fácilmente en muchas granjas. En Europa el silo de maíz ha constituido una parte importante de las dietas para vacas lecheras durante muchos años siendo en los climas del norte donde se ha producido un incremento de la producción más relevante. En la actualidad, el forraje de maíz crece de manera rutinaria en muchas granjas del Norte de Inglaterra y está aumentando en Irlanda, principalmente en Irlanda del Sur. La remolacha forrajera también es un cultivo altamente nutritivo que se puede utilizar en dietas para vacas y su uso ha sido común durante muchos años en determinados países de la Unión Europea. Es un cultivo que a los granjeros les gusta o que odian porque mientras que los rendimientos pueden ser buenos la necesidad de lavarla antes de suministrarla a menudo disuade a los granjeros.

En las zonas que no son adecuadas para la producción de maíz, el silo de grano de cereal es una buena alternativa. Puede cosecharse con un amplio rango de contenido en materia seca pero tanto fermentado como tratado con urea, molido o tratado enzimáticamente se puede utilizar una vez que ha alcanzado un grado de madurez avanzado. El grano de cereal húmedo cosechado en un estadio de madurez temprano se puede procesar en granja tanto por enrollado, tratamiento cáustico, prensado o ensilado.

Otras leguminosas forrajeras de elección son la alfalfa o el trébol rojo que pueden cultivarse como cosechas puras o junto con trébol blanco. Las leguminosas pueden ser difíciles de ensilar o de henificar y, debido a su alta capacidad tampón, es aconsejable tratarlas cuando se van a utilizar para producir silo.

Asimismo, las leguminosas pueden ser difíciles de cultivar en determinados tipos de suelos pero las mejoras del consumo y la productividad las hacen dignas de consideración. Una iniciativa reciente es el cruce de hierbas ricas en azúcar con el objetivo de que el contenido adicional de carbohidratos hidrosolubles mejore la utilización global del nitrógeno en el rumen y mantenga una mejora de la productividad (Moorby y col., 2001). Sin embargo, la literatura existente sugiere que el incremento del contenido de azúcar es impredecible y, a menudo, sólo es marginalmente mejor que el alcanzado con variedades tetraploides mientras que no hay información consistente disponible sobre la mejora de la productividad. Además de los elevados niveles de carbohidratos hidrosolubles de los silos preparados a partir de hierbas ricas en azúcar, se han observado niveles muy altos (>190 g/kg de materia seca) de ácidos procedentes de la fermentación que podrían afectar al consumo y la eficacia de transformación del grano en el producto animal final.

Si se dispone de varias materias primas, propias o compradas, incluyendo fuentes proteicas (soja, colza y gluten feed), fuentes energéticas (remolacha, melaza y pulpa de cítricos) y varios subproductos (de cervecería o destilería), los productores disponen de un amplio rango de materias primas para la formulación de la ración. En tales situaciones, es posible suplementar con menos concentrado o, incluso, no suplementar en la sala de ordeño reduciendo el coste de la ración o modificando los ingredientes con el objetivo de conseguir raciones más equilibradas. Alimentar con raciones mixtas normalmente requiere de algún tipo de mecanización con costes asociados. Sin embargo, según van aumentando las necesidades de las vacas lecheras también aumenta la necesidad de incluir en la dieta niveles adecuados de fibra físicamente efectiva y de formas equilibradas de almidón (con respecto a sus características fermentativas en el rumen). El atractivo de suministrar raciones mixtas parece que reside no sólo en los costes globales sino también en la productividad. En estos sistemas se puede utilizar silo de hierba aunque las materias primas tampón también pueden presentar ventajas cuando el pasto envejece o cuando la cantidad o la calidad de la hierba son limitantes. Muchos productores son reacios a interrumpir la alimentación en la sala de ordeño bajo la creencia de que las vacas necesitan comer para que la bajada de la leche sea adecuada. Para otros es una opción para suministrar alimento adicional evitando la necesidad de establecer grupos de vacas. Sin embargo, es interesante señalar que en la mayoría de los rebaños que se han dejado de alimentar en la sala de ordeño no se han observado efectos adversos sobre la productividad del animal.

Los beneficios de utilizar raciones mixtas, una vez cubiertos los costes de amortización del carro mezclador a los 10 años de la compra, en un rebaño de 100 vacas que reciba el 60% de la alimentación anual en forma de ración mixta puede ser tan sólo de 0,4 libras (0,6 céntimos de euro en la Unión Europea) por kg de alimento en materia seca. En vacas alimentadas con 20 kg diarios de materia seca, estas cantidades serán de 8 libras (12 en la Unión Europea) diarias pero cuando se comparan con posibles costes de alimentación diarios serán de 2,00 libras (2,85 en la Unión Europea) por vaca y ventas de leche de 5,40 libras (7,70 en la Unión Europea) por vaca.

Otro inconveniente de las raciones mixtas es la necesidad de almacenar materias primas. Para un productor grande, el almacenamiento en un cobertizo es la opción más adecuada a un coste que puede ser amortizado durante muchos años de uso continuado. Sin embargo, no es una alternativa adecuada para productores más pequeños. En estos casos, es conveniente comprar materias primas mezcladas de acuerdo a una especificación acordada y almacenar en tolvas.

Tamaño del rebaño

En la Unión Europea hay en torno a 19 millones de vacas lecheras aunque el tamaño de los rebaños es muy variable estando concentrados en el Norte los más grandes. En el Reino Unido, el tamaño medio del rebaño es superior a 80 vacas pero hay algunos rebaños con más de 300 e incluso algunos con más de 1.000.

Comparado con otros países de la Unión Europea, estos rebaños son grandes. Incluso en Estados Unidos hay que tener en cuenta el tamaño del rebaño (Hutjens, 2004). También hay rebaños grandes en los países de Oriente Medio como Arabia Saudí.

Durante los últimos años, el número total de productores de vacas de leche de la Unión Europea ha disminuido con un concomitante aumento del tamaño del rebaño y parece que estas tendencias van a continuar. Al mismo tiempo, el número de vacas ha disminuido en gran medida como consecuencia de los aumentos de los rendimientos lecheros que se pueden obtener a partir de vacas mejoradas genéticamente cuando se alimentan adecuadamente por lo que se necesitan menos vacas para alcanzar la cuota anual.

Rebaños grandes permiten cubrir los costes fijos con ventas superiores de leche obteniéndose más beneficios cuanto más eficiente sea el uso de los recursos. En contra, muchos productores que no pueden aumentar el tamaño de sus rebaños necesitan encontrar otras fuentes de beneficios independientes de la producción lechera. En la actualidad se está produciendo un aumento del número de granjeros que buscan empleo fuera de la granja a tiempo parcial. Estos granjeros no serán los suministradores de la mayor parte de la leche producida en la Unión Europea que en 2004 ascendió hasta 118.000 millones de litros.

A la vez que aumenta el tamaño de los rebaños, la disponibilidad de mano de obra especializada se está convirtiendo en una limitación importante en numerosas granjas. La importancia de la mano de obra de tipo familiar ha disminuido dado que hay un creciente número de hijos/as que no desean dedicarse a la agricultura en la que los beneficios son escasos en comparación con el trabajo que se realiza. Los rebaños de gran tamaño han de manejarse como unidades de negocio eficientes. En el Reino Unido el objetivo es una producción de 750.000 litros de leche al año por mano de obra equivalente a tiempo completo. Sin embargo muchos granjeros no alcanzan estas producciones lo que demuestra la influencia del tamaño del rebaño y el coste de la mano de obra sobre la producción lechera. En un análisis comparativo, Hutjens (2003) publicó que el objetivo de producción era de 550-680 kg de leche por unidad de mano de obra en Estados Unidos. Debido a que cada vez es mayor la necesidad de mano de obra especializada pero ésta cada vez es más escasa, es necesario mejorar la mecanización de la granja con el objetivo de mejorar el uso de los recursos limitantes mientras que, al mismo tiempo, se mejoran las condiciones laborales generales. Indudablemente, el trabajo con vacas lecheras puede ser gratificante pero las aspiraciones pueden verse afectadas fácilmente cuando hay un exceso de tareas secundarias que no permiten utilizar eficazmente la mano de obra cualificada y costosa.

El aumento de las inversiones en la granja podría incluir la mejora de la sala de ordeño para disminuir las necesidades de personal y del tiempo de ordeño o la introducción de robots para extraer completamente la leche. Otras inversiones podrían estar relacionadas con la mejora de la cama, la mejora del flujo de vacas tanto dentro de la granja como en la entrada a la sala de ordeño (que también disminuirá la incidencia de cojeras), el vaciado periódico de la fosa de purines y la disponibilidad de más espacio cubierto para la preparación de alimento. Estas inversiones, que generalmente están asociadas con un aumento del tamaño del rebaño, son caras pero son necesarias para los productores que intenten permanecer de forma rentable en el sector.

Un análisis económico realizado en la industria del Reino Unido por Colman (2004) reveló que los rebaños pequeños (~80 vacas) con prácticas de manejo adecuadas cuando funcionan eficientemente presentan beneficios globales similares a los de los rebaños grandes con una media de 180 vacas. Estos resultados indican que no siempre es necesario aumentar el tamaño del rebaño para mejorar los beneficios. Asimismo, los rebaños pequeños que funcionan bien obtienen mayores rendimientos por vaca cuando utilizan una nutrición adecuada que no compromete la salud animal, la calidad de la leche y la fertilidad del rebaño. Tras estudiar los costes asociados al aumento del número de vacas, la cuota, el personal y los alojamientos, es importante revisar el negocio e identificar donde se pueden mejorar los márgenes. Sólo cuando el negocio esté funcionando con una eficacia óptima debe contemplarse la posibilidad de aumentar el tamaño del rebaño.

Colman y colaboradores (2004) observaron una diferencia en el margen de 4,57 libras por litro entre el 10% de los rebaños líderes y los clasificados como medios en cerca de 400 rebaños en el Noroeste de Inglaterra. De dicha cantidad, 1,42 libras por litro se debieron al incremento del precio de la leche. El resto (3,15 libras por litro) se debió, casi totalmente, al mejor manejo. En particular, los rebaños con mejor manejo y con un mayor cuidado de los detalles alcanzaron mejoras de los rendimientos sin comprometer la sanidad animal, la fertilidad o la calidad de la leche.

Consideraciones futuras en las granjas de vacuno lechero de la UE

En este trabajo no es posible revisar todas las consideraciones futuras y, por ello, sólo se han identificado las tres principales. Para mejorar los márgenes obtenidos por el productor es necesario considerar las oportunidades de mercado. La importancia de las consideraciones medioambientales está aumentando desde el punto de vista legislativo. Los productores han de cumplir dichas normas disminuyendo sus emisiones al medio ambiente. Finalmente, debe considerarse la utilización de sistemas nutricionales mejores. A continuación, se discuten varios aspectos que podrían mejorar los márgenes globales en la producción de leche.

Oportunidades de mercado

Las opciones de los productores para mejorar los márgenes generales son limitadas dado que es poco probable que el precio de la leche suba. Añadir a la leche valor en la propia granja donde se produce a través del procesado o de la obtención de productos lácteos de alto valor añadido es una ruta posible. De hecho, los productores que lo han hecho están recogiendo los beneficios. Sin embargo, estas oportunidades no están disponibles para todos los productores ya que existe un límite en el nicho de mercado para la cantidad de productos generada para cualquier tipo de mercado. Algunos granjeros, a los cuales inicialmente atrajo el precio diferencial, han modificado sus prácticas de manera que su leche puede ser clasificada como orgánica. Sin embargo, no se han cubierto las predicciones que existían para el consumo de este tipo de leche y productos lácteos. A pesar de los repetidos intentos que se han llevado a cabo para instigar confianza en este sector de la industria, la demanda global permanece prácticamente constante. En Dinamarca, donde el periodo de conversión a la producción orgánica fue sólo de 12 meses (en la mayoría del resto de países de la Unión Europea la conversión llevó 2 años), se ha producido un suministro excesivo de leche en relación a la demanda, al igual que ha ocurrido en muchos otros lugares de la Unión Europea. En el Reino Unido se estima que en torno al 40% de la leche orgánica suministrada a la Cooperativa Suministradora de Leche Orgánica se está vendiendo actualmente en mercados tradicionales. En consecuencia, el precio diferencial existente entre la leche orgánica y la convencional se ha reducido y el número de productores que se pasan a la producción de leche orgánica ha disminuido significativamente. Al mismo tiempo, algunos productores ya existentes con anterioridad han abandonado los sistemas orgánicos de producción de leche (aunque se prevé que su demanda aumente en el año próximo) volviendo a los sistemas de producción convencionales que les permiten utilizar materias primas más baratas mejorando los márgenes.

En la mayor parte de la Unión Europea, la raza Holstein seguirá siendo la raza dominante durante algún tiempo. Sin embargo, debido a que está aumentando la proporción de leche destinada a la elaboración de productos lácteos, se están reconsiderando las ventajas obvias de las razas que producen leche con mayor contenido de sólidos. Por ello, el número de vacas Jersey ha aumentado en algunos países y esta tendencia parece que va a continuar. Las líneas americanas y danesas presentan una composición de la leche mejor que la vaca típica. Sin embargo, la vaca Jersey no sólo es capaz de producir leche con un mayor contenido de sólidos que la Holstein sino que tiene un menor coste de mantenimiento debido al escaso contenido de lactosa en relación con el de grasa y proteína. Por tanto, la eficacia de conversión del alimento global en la raza Jersey es mayor que el de la Holstein (Beever, 2003). Considerando un rebaño de 100 vacas Holstein con una producción lechera anual de 7.500 litros (37 g de grasa/kg de leche; 31,5 g de proteína/kg de leche) se necesitarán sólo 113 vacas Jersey (5.100 litros de leche, 49,5 g de grasa/kg de leche; 39,5 g de proteína/kg de leche) para obtener el mismo rendimiento anual de grasa y proteína (51,3 toneladas). Se estima que, para obtener estos mismos resultados, las vacas Holstein necesitarían 543 toneladas de alimento en materia seca (con una EM media de 11,5 MJ/kg de materia seca) en comparación con sólo 500 toneladas para la vaca Jersey. La diferencia neta de 43 toneladas permitiría mantener otras 10 vacas produciendo una cantidad adicional de 4,5 toneladas de proteína y grasa lácteas. La vaca Holstein tuvo una eficacia de conversión de 94,5 kg de sólidos lácteos (grasa y proteína) por kg de alimento en materia seca en comparación con 102,6 g por kg de la Jersey lo que supone una mejora general de más del 8%. Además, se estimó que el rebaño de 113 vacas Jersey produjo 492 toneladas de agua en la leche en comparación con las 665 toneladas de las vacas Holstein lo que supone una diferencia de 163 toneladas anuales de agua que los procesadores de leche no quieren debido a los costes extras asociados con el transporte y la conservación después del procesado.

Aspectos medioambientales

A pesar de que el número de vacas en la Unión Europea es inferior al de hace 20 años, el impacto ambiental de la producción ganadera en la actualidad está controlado por la mayoría de los Gobiernos de los países de la Unión Europea que han aumentado las presiones ejercidas sobre la industria para reducir las emisiones totales. Las más importantes son las debidas a carbono, nitrógeno y fósforo. De hecho, existe legislación con respecto a la aplicación en muchas áreas del nitrógeno natural y artificial contenido en las deyecciones.

Las vacas excretan carbono de diferentes formas; en las heces como alimento sin digerir o biomasa microbiana intestinal; en la orina como metabolitos de desecho y en la respiración como dióxido de carbono y metano. Un rendimiento medio de 25-30 litros de leche diarios generará 5-6.000 litros de dióxido de carbono y en torno a 600 litros diarios de metano. El mayor efecto del metano que del dióxido de carbono sobre el calentamiento global está dando lugar a iniciativas que reduzcan las emisiones de metano. A lo largo de los últimos 20 años, se han propuesto numerosos aditivos alimentarios que limitan la producción de metano en el rumen pero pocos han tenido éxito. Los yonóforos, que son promotores de la producción de propionato en el rumen reduciendo así la cantidad de hidrógeno disponible para la síntesis de metano, posiblemente sean los que más éxito han tenido. Sin embargo, su uso ha sido prohibido en muchos países y, parece que a largo plazo, lo estarán también en la Unión Europea. En Australia se ha llevado a cabo durante muchos años un programa de investigación para desarrollar una vacuna que redujera e incluso eliminara todos los metanógenos (bacterias productoras de metano) del rumen. Tras los intentos iniciales de eliminar el 100% de los metanógenos, se ha conseguido disminuirlos en un 20% y un estudio reciente ha publicado una reducción tan sólo del 7,7%. Incluso si se consiguieran reducir aún más, existe la duda de si estas mejoras se traducirían en mejoras de la productividad.

La somatotropina bovina (BST) se ha venido utilizando de manera común en Estados Unidos durante los últimos 8-10 años ya que tiene la capacidad de reducir indirectamente los niveles de metano. La BST mejora el rendimiento lechero y cuando la cantidad de metano producida como resultado del mantenimiento del animal y la producción de leche se compara con el incremento del rendimiento lechero total, la carga de metano total se reduce por litro de leche producida. Es poco probable que el uso de BST llegue a estar permitido en la Unión Europea. En la actualidad, las vacas de alto rendimiento son una alternativa importante para controlar o reducir las emisiones de metano.

Con base en los datos disponibles sobre rendimientos vacunos medios, sería de esperar una excreción de entre 20 y 30 litros de metano por litro de leche producida. En contra, Hattan (2003) observó un mayor rendimiento en vacas al inicio y mitad de la lactación con un valor medio de 16,7 litros de metano por litro de leche. Las excreciones aumentaron progresivamente de 13,8 (semana 6) a 19,5 (semana 30) litros de metano por litro de leche según disminuyó el rendimiento lechero y aumentó el consumo. Un aumento de la media global de los rendimientos del Reino Unido de 2.000 litros por vaca y año reducirían las emisiones de metano en casi 3 litros por litro de leche producida. Asumiendo este mayor rendimiento medio, se necesitarían menos vacas para producir la cuota lechera anual del Reino Unido de 14.000 millones litros estimándose en una reducción de la producción de metano de 27.000 toneladas anuales lo que representa más del 10% de las niveles estimados en la actualidad. De forma similar, si en los principales países productores de leche de la Unión Europea tuvieran lugar mejoras semejantes en la producción lechera, la disminución de la excreción de metano de 228.000 toneladas anuales sería equivalente a, aproximadamente, el 90% de la producción actual del Reino Unido. Claramente, tales mejoras podrían suponer una importante contribución a los esfuerzos globales para reducir las emisiones totales de metano procedentes de las explotaciones ganaderas. Sin embargo, tales mejoras se conseguirían mediante la intensificación de la producción cuando el objetivo de la mayoría de los gobiernos es extensificar las producciones.

En un contexto similar, Garnsworthy (2003) estudió el impacto ambiental de las altas tasas de reposición de las vacas, tal y como ocurre en numerosos rebaños, dada la baja fertilidad y el precoz expurgo. Este autor concluyó que las excreciones anuales de metano se podrían reducir mediante una modesta mejora de la fertilidad de las vacas, lo que se traduciría en una reducción directa del número de sustituciones necesarias en el rebaño.

La situación respecto a las emisiones de nitrógeno es más compleja. La cantidad de nitrógeno excretado en las heces está relacionado con la digestibilidad del alimento en el tracto digestivo y con la digestibilidad microbiana del nitrógeno en el intestino delgado. La excreción de nitrógeno en la orina refleja las ineficiencias en el rumen y en el metabolismo de los hospedadores. La ración óptima buscará el equilibrio entre la energía disponible en el rumen y el nitrógeno disminuyendo dicha pérdida. Sin embargo, no se podrán evitar muchas de las pérdidas que tienen lugar durante el metabolismo posterior a la absorción, especialmente respecto a la regeneración normal de la masa proteica corporal. Sin embargo, reducir la cantidad de aminoácidos catabolizados para producir glucosa (debido a la mejora de la producción de propionato ruminal) podría contribuir de manera importante sobre la reducción de la excreción de nitrógeno urinario global.

La mayoría de las raciones para vacas lecheras contienen al menos un 17-18% de proteína total ya que la proporción de esta proteína convertida en proteína láctea nunca ha de exceder los 300-350 g/kg (0,30-0,35%). Esto representa una carga medioambiental importante así como un coste elevado para el productor. Por ello, sería interesante especular por qué los niveles de proteína de la dieta permanecen tan altos cuando la eficiencia global es tan baja. Un mayor suministro de proteína en la dieta en forma de suplemento fue considerado como una vía para mejorar el consumo voluntario de silos de hierba relativamente húmedos. Para alimentar vacas de leche se utilizan muy pocos silos de hierba muy húmeda dado que la base forrajera general para vacas de leche ha cambiado drásticamente con la introducción del silo de maíz y del grano de cereal. Así como hay evidencias considerables de que al aumentar el contenido de proteína de la leche generalmente mejora el rendimiento en proteína de la misma, se han observado pocos efectos sobre el contenido de proteína de la leche (Keady y col., 2000) debido a los incrementos paralelos del rendimiento lechero.

Con base en las evidencias actuales, los niveles de proteína de la ración se podrían reducir sin que se produjeran efectos negativos sobre la productividad. Además, niveles altos de urea en plasma, generados como consecuencia de elevadas pérdidas de nitrógeno en el rumen o en los tejidos, podrían tener un efecto negativo sobre la fertilidad global y la calidad de la leche para el procesado.

Reducir los niveles de proteína de la dieta también podría mejorar el estado sanitario de los animales en términos de reducción de cojeras. Hattan (2003), comparando alimentos para vacas lecheras ricos en almidón o en proteína, concluyó que niveles altos de proteína al inicio de la lactación estimulan las pérdidas de condición corporal.

A pesar de que la ingesta de EM no mejora, la suplementación con proteína puede aumentar significativamente el rendimiento lechero con una mejora asociada del rendimiento de grasa de la leche aunque el aumento en la proteína láctea es mucho menor. Como consecuencia, las vacas alimentadas con altos niveles de proteína presentan pérdidas de energía de los tejidos corporales significativamente mayores a las 6 y 12 semanas de lactación. Este hecho podría estar asociado con una disminución de la fertilidad.

Las vacas lecheras excretan fósforo principalmente en las heces. Por ello, la disponibilidad de las fuentes de fósforo de la dieta puede influir sobre la excreción fecal y sobre la cantidad de fósforo necesario para cubrir los requerimientos de las vacas actuales. Revisiones recientes han sugerido que los niveles de fósforo de la dieta podrían reducirse sin efecto alguno sobre el estado sanitario y la productividad y, en mayor medida, si se considera que el fósforo podría formar complejos con otros iones minerales en el intestino llegando a ser indigerible. Por el momento, parece ser que no se alcanzará ninguna reducción sistemática de las excreciones de fósforo totales en vacas lecheras.

Mejora del manejo nutricional

Aunque en la mayoría de los rebaños hay una determinada proporción de vacas muy eficientes y rentables, muchas vacas en la Unión Europea no alcanzan su potencial productivo. Recientemente, el Plan Nacional de Registro ha realizado una revisión bibliográfica sobre la vida productiva de las vacas en Holanda. En 2003, la vida productiva media de todas las vacas estudiadas fue de 27.000 litros. Esta cantidad, comparada con los 19.000 litros que se obtuvieron en 1988, demuestra el impacto que han tenido durante los últimos 15 años la mejora de la genética y la alimentación con el objetivo de obtener un mayor rendimiento lechero. El número medio de lactaciones de las vacas registradas permaneció constante en 3,3 mientras que el intervalo entre partos aumentó en 2 días por año a lo largo de todo el estudio. En 1930, el número medio de lactaciones en el Reino Unido fue de 3,0. En 1940, este valor se había incrementado hasta 3,4 y a 4,0 en 1950 con un máximo de 4,76 alcanzado en torno a 1970. Actualmente está en 3,45, y aunque es mejor que la media actual de 2,77 de Estados Unidos, este valor supone pérdidas de potencial considerables. Se considera que hasta que la vaca no haya producido un exceso de 30.000 litros de leche a lo largo de su vida productiva, el coste de depreciación de la vaca será inferior al 10% del precio actual de la leche. La mayoría de las vacas son capaces de conseguir rendimientos superiores y la vida productiva debe ser un aspecto a tener en cuenta por todos los ganaderos.

Una baja fertilidad supone un coste significativo en la producción lechera. En muchos rebaños, la tasa de concepción en el primer servicio es inferior al 50% necesitándose 2,0-2,5 servicios para la fecundación por lo que aumenta el intervalo entre partos con una tasa anual de reposición de en torno al 30%. Generalmente, la tasa de concepción en el primer servicio ha de ser del 65% con no más de 1,5 servicios por concepción, intervalos entre partos entre 365 y 380 días y tasas de reposición del 20%. Muchas granjas con manejos adecuados están consiguiendo estos objetivos.

Las razones por las que la fertilidad es baja son complejas. Indudablemente, los rebaños grandes con menos mano de obra cualificada tienen menos tiempo para la detección de celos que es un factor elemental. A este respecto, el uso de podómetros podría ser una inversión aconsejable aunque sea costosa. Según Cunningham (2004), en la raza Holstein existe una endogamia significativa que puede contribuir a la disminución global de la fertilidad debido a la reducción de la forma física. Sin embargo, el principal factor que contribuye a la disminución de la fertilidad es la temprana y, a menudo, pérdida severa de condición corporal que conlleva un aumento del número de vacas que muestran un comportamiento anormal durante el celo. La solución que están proponiendo algunos genetistas es crear una raza robusta ya que algunas líneas son menos propensas a tener una eficacia reproductiva baja. Sin embargo, estas iniciativas son a largo plazo y, en realidad, no son una solución rápida para los productores actuales.

La alimentación de las vacas debe ser óptima con el objetivo de controlar la extensión y la duración de las pérdidas de condición corporal y el intervalo entre partos. En vacas de alto rendimiento, las pérdidas de grasa corporal en las 10 primeras semanas de lactación han de ser como máximo de 60 kilos (Beever, 2003). Una estrategia que se puede llevar a cabo para reducir la movilización de tejido adiposo corporal es la disminución de la proteína de la ración. Asimismo, evitar cantidades excesivas de grasa en dicho momento puede ayudar ya que, generalmente, las grasas estimulan la producción de leche en vez de aumentar la repleción del tejido corporal. Por tanto, las opciones son muy limitadas pero, a la vez, muy importantes. Optimizar la salud del rumen para conseguir consumos elevados es un punto prioritario del manejo de las vacas para todos los ganaderos. Para conseguir una buena salud ruminal es necesario suministrar raciones con niveles adecuados de fibra efectiva. De acuerdo con la tasa de degradación ruminal, se pueden suministrar niveles de almidón relativamente altos en forma de fuentes equilibradas. Sin embargo, en vacas de alto rendimiento, es aconsejable evitar altos niveles de concentrados de almidón en dietas ofrecidas en el momento del ordeño. En este contexto, suministrar una parte importante del alimento en forma de ración mixta presenta ventajas y es normal observar mejoras, tanto en la condición corporal como en el rendimiento de la leche, cuando se suministra más alimento de esta forma.

Este fenómeno, que en la actualidad se está observando en un creciente número de granjas, sugiere una posible mejora de la eficacia de la conversión global. Esta mejora puede determinarse como g de sólidos lácteos (grasa y proteína) por kilo de alimento consumido en materia seca que es un dato que típicamente se encuentra en la literatura australiana o como litros de leche, corregidos por la composición estándar, por kilo de alimento en materia seca tal como propusieron Quinn y colaboradores (2004). El concepto de eficacia alimenticia ha sido comúnmente utilizado en el sector porcino y avícola durante muchos años y se conoce en el bovino pero hasta ahora no se ha reconocido su importancia en las vacas lecheras. Los resultados de Quinn y colaboradores (2004) mostraron que al modificar el manejo nutricional, introduciendo raciones mixtas, en torno al 80% de los rebaños incluidos en el estudio mostraban una mejora significativa de la eficacia alimenticia durante los primeros 12 meses a partir del cambio. En particular, este trabajo mostró una mejora sustancial en varios países como Francia, Alemania, Reino Unido e Irlanda siendo Francia el país más eficiente. Sheehy y Quinn (2004) llevaron a cabo un estudio a lo largo de 2 años y observaron mejoras del rendimiento lechero de 742 kg con aumentos del rendimiento de grasa y proteína de 32 y 29 kg, respectivamente. Asumiendo una mejora genética media del rendimiento lechero del 3% anual, los análisis de estos resultados permiten concluir que entre el 60 y el 80% de la mejora global fue atribuible a mejoras del manejo y de la alimentación. Beever (2004) concluyó que una modesta mejora de la eficacia alimenticia de 1,1 a 1,3 kg de leche por kg de alimento en materia seca podría reducir los costes globales de la producción de leche en 1,3 libras (1,85 céntimos de euro) por litro.

Conclusiones

Los propietarios de rebaños de vacas lecheras de la Unión Europea han experimentado algunos retrocesos en cuanto a mano de obra e inversiones. Dado que los precios de la leche no parece que vayan a subir en los próximos 5-10 años, los granjeros que deseen permanecer en el sector vacuno lechero necesitarán mejorar sus márgenes de producción para ser económicamente rentables. Dar un valor añadido a la leche mediante el procesado en la granja es una verdadera opción pero no está disponible para todos los productores para los cuales la única opción es un mayor control de los costes. Este trabajo ha intentado estudiar algunos de los aspectos que los productores de vacas lecheras necesitarán para mantener sus explotaciones en un futuro inmediato habiéndose obtenido un número importante de conclusiones.

Entre las opciones disponibles, debería considerarse aumentar el tamaño del rebaño una vez que la explotación actual esté funcionando con una eficiencia máxima. Este hecho podría ser sorprendente para los productores que han hecho grandes inversiones en cuotas o en vacas extras. La transformación en productores lecheros de primavera o verano ha atraído a numerosos productores con base en que la hierba es la fuente de nutrientes más barata. Sin embargo, la rentabilidad de estos sistemas es cuestionable a largo plazo dada la estacionalidad de la producción. Finalmente, una buena nutrición permite reducir algunos de los costes principales de la industria lechera incluyendo los debidos a la disminución de la fertilidad, a una composición pobre de la leche o a una escasa longevidad. Las granjas de vacas lecheras de la Unión Europea tienen muchas opciones entre las que elegir para ser rentables y mantenerse en el futuro.

Agradecimientos

El autor desea agradecer la ayuda aportada en la elaboración de este trabajo al profesor David Colman, la Unidad de Negocios Agrícolas, la Escuela de Estudios Económicos y la Universidad de Manchester.

Referencias bibliográficas

Beever, D.E. (2003). Managing dairy cows for optimal performance. Recent Advances in Animal Nutrition in Australia. 14, pp. 33-41. University of New England, Australia.

Beever, D.E. (2004). Opportunities to improve the performance and profitability of dairy farms through better nutrition. 'Knowledge Agriculture, Perspectives towards a new model of milk production. pp. 6-8. Richard Keenan & Co, Borris, Co Carlow.

Colman, D. (2004). Reducing the efficiency gap. 'Knowledge Agriculture, Perspectives towards a new model of milk production. pp. 14-15. Richard Keenan & Co, Borris, Co Carlow.

Colman, D., Farrar, J. & Zhuang, Y. (2004). Economics of milk production England and Wales 2002/03, Farm Business Unit, School of Economic Studies, The University of Manchester.

Cunningham, E.P. (2004). The genetic dimension. 'Knowledge Agriculture, Perspectives towards a new model of milk production. pp. 9-11. Richard Keenan & Co, Borris, Co Carlow.

Dairy Industry Association Limited (DIAL)/Federation of Milk Groups (FMG). Seasonality and the future of the UK dairy industry. Report of the DIAL/FMG seasonality working group, June 2004.

Garnsworthy, P.C. (2003). The impact of dairy cow fertility on methane emissions. European Association Animal Production, meeting no 54, p. 283. Wageningen Academic Publishers, The Netherlands.

Hattan, A.J. (2003). Energy utilisation in high yielding dairy cows. PhD, The University of Reading.

Hutjens, M.J. (2004). Meeting the educational needs of dairy clientele in 2020. In 'Nutritional Biotechnology in th Feed and Food Industries' (eds; T.P Lyons & K.A. Jacques). pp. 205-10. Proceedings Alltech 20th Annual Symposium, May 2004.

Keady, T.W.J., Mayne, C.S. & Fitzpatrick, D.A. (2000). The effects of concentrate energy source on milk composition of lactating dairy cattle offered grass silage. In 'Milk composition' (eds; R.E Agnew, K.W.Agnew & A.M.Fearon). pp. 119-24. British Society Animal Science, Occasional Publication no 25.

Moorby, J.M., Miller, L.A., Evans,R.T., Scollan, N.D., Theodorou, M.K. & MacRae, J.C. (2001). Milk production and N partitioning in early lactation cows offered perennial ryegrass containing a high concentration of water soluble carbohydrate. Proceedings British Society Animal Science, 2001, p. 6.

Quinn, E., Purcell, C., Voss, M. & Downey, L. (2004). Quantifying the impact of TMR feeding on dairy and beef farms. DRC Dairylink, **1:** 16-19.

Sayers, H.J., Mayne, C.S & Bartram, C.C. (2003). The effect of level and type of supplement offered to grazing dairy cows on herbage intake, animal performance and rumen fermentation characteristics. *Animal Science,* **76:** 439-54.

Sheehy, S. & Quinn, E. Establishing the economic value of the farm productivity gains derived from the Keenan Integrated Nutrition and Feed Delivery System. 'Knowledge Agriculture, Perspectives towards a new model of milk production. pp. 12-13. Richard Keenan & Co, Borris, Co Carlow.

Williams, Y.J., Walker, G.P., Doyle, P.T., Egan, A.R & Stockdale, C.R. (2004) Rumen fermentation characteristics of dairy cows grazing different allowances of Persian clover- or perennial ryegrass- dominant swards in spring. Australian Journal Agricultural Research.

Índice alfabético